FÍSICA

DE

ARISTÓTELES

Edición del célebre crítico literario
Juan Bautista Bergua

Introducción, traducción y notas de
Edmundo González-Blanco

Presentado por
Manuel Fernández de la Cueva Villalba
Profesor de Filosofía

Colección La Crítica Literaria
www.LaCriticaLiteraria.com

LaCriticaLiteraria.com

Copyright del texto: ©2011 Ediciones Ibéricas
Ediciones Ibéricas - Clásicos Bergua - Librería Editorial Bergua
Madrid (España)

Copyright de esta edición: ©2011 LaCriticaLiteraria.com
Colección La Crítica Literaria
www.LaCriticaLiteraria.com
ISBN: 978-84-7083-952-8

Edición original: Física, Aristóteles
©1935 Librería Editorial Bergua - Ediciones Ibéricas

Imagen de la portada: Busto de Aristóteles junto con La Tierra

Ediciones Ibéricas - LaCriticaLiteraria.com
Calle Ferraz, 26
28008 Madrid
www.EdicionesIbericas.es
www.LaCriticaLiteraria.com

Impreso por LSI (Internacional)

ÍNDICE

PRESENTACIÓN

La presente edición de la "*Física*" de Aristóteles fue traducida, prologada y comentada por Edmundo González-Blanco en el año 1935. Valorando la edición actualizada del que fuera mi profesor y amigo D. Guillermo R. De Echandía, lo que pretendemos con este trabajo es facilitar que los lectores accedan a un libro tan importante como lo es la "*Física*" del Estagirita. Para ello, en la presente edición, sólo hemos hecho correcciones formales al texto dejándolo íntegramente tal y como fue publicado en los años treinta del siglo pasado.

Aristóteles (384-322 a. C.) es uno de los filósofos más interesantes e importantes de la Historia del Pensamiento, no sólo por al originalidad de sus ideas en diferentes ramas del saber –la metafísica, la física, la lógica, la política, la ética, etc.-, sino también porque él es el primer autor que realiza una síntesis o compendio de todo el pensamiento filosófico anterior. El lector que no conozca a este eminente pensador, apodado como "el Filósofo", podrá conocer y disfrutar de una completa síntesis del pensamiento de Aristóteles y de su repercusión posterior en la *Introducción* del presente libro.

La "*Física*" fue escrita hacia el año 335 a. C. y se compone de ocho libros. En el Libro I busca los principios de las cosas naturales. En el Libro II, en cambio, estudia las causas de la naturaleza. El libro III trata el movimiento y el concepto de 'infinito'. El libro IV, V y VI son una continuación del libro anterior. De todos ellos indicamos que en el libro IV Aristóteles estudia el tiempo y, en este capítulo, se encuentran algunas de las páginas más bellas que sobre este tema jamás se han escrito. En el Libro VII estudia la relación del Primer Motor con los móviles y, por último, en el Libro VIII demuestra la necesidad de un Primer Motor y defiende una de las tesis más importantes del libro que es la eternidad del movimiento. Dice Aristóteles: "*Así, el Primer Motor mueve en verdad en un tiempo infinito y con un movimiento eterno, por ser indivisible, carecer de partes, y no tener magnitud alguna*".

Respetando la solera de la sabiduría de nuestros antepasados, esperamos que el lector disfrute de esta significante e importante obra maestra del pensamiento.

Corral de Almaguer, mayo de 2011
Manuel Fdez. de la Cueva Villalba
Profesor de Filosofía

INTRODUCCIÓN

§ 1. REFLEXIONES GENERALES SOBRE EL SISTEMA DE ARISTÓTELES

Hay, en la historia de la cultura griega, un sistema, muy analítico, por la exactitud, el enlace y el rigor de sus procedimientos; muy sintético, por la extensión de los objetos que comprende; eminentemente práctico, por la naturaleza de las relaciones a que se aplica. Este sistema es el aristotelismo. Él representa, en el mundo especulativo, lo que el pitagorismo en la esfera de los estudios de la naturaleza, y lo que la escuela histórica en el orden de las ciencias sociales. Si el pitagorismo creó las matemáticas y la física sobre las bases de la especulación, y si la escuela histórica creó la política moderna sobre las bases de la ciencia experimental, el aristotelismo creó la lógica y la metafísica sobre las bases de la razón y de la observación, de lo ideal y de lo positivo, de los principios y de los hechos. Sin embargo, aun siendo parcos en la atribución de excelencias, y reconociendo la parte que el progreso verdaderamente filosófico tiene que arrebatar a las teorías aristotélicas, no puede negarse que su comprensión excede en mucho a la que el pitagorismo y la escuela histórica ofrecen en sus campos respectivos. El aristotelismo, en efecto, es el primer orbe armónico de todas las disciplinas, el primer organismo de las ramas del saber, la primera enciclopedia. No hay método, no hay investigación, no hay estudio, que a él sean absolutamente extraños. Arte, dialéctica, moral, derecho, religión, historia natural, teorías físicas, hipótesis astronómicas, todo se trata por el aristotelismo según las enseñanzas de la experiencia, y todo cae y puede ser amparado bajo el manto de tan vasta y tan orgánica doctrina. En la época en que nació, ella fue la cadena de oro que dio enlace a todas las ciencias, y, en nuestra época, ya purgada de sus errores, la creen aún no pocos filósofos susceptible de convertirse en la ciencia primera, una y toda, que informe y comunique su espíritu a todas las demás ciencias secundarias.

Ciertas preocupaciones que, en tiempos lejanos ya de nosotros, adquirieron autoridad y fuerza de cosa juzgada, impidieron mucho la realización de este ideal, y contribuyeron a inspirar a los sabios un desdén visible y bastante justificado hacia la concepción peripatética. No debemos extrañarnos de ello. Durante dos mil años, el aristotelismo ha influido en la educación del género humano de una manera inmediata, severa, despótica. En Atenas, en Alejandría, en Roma y en Constantinopla, la acatan y desenvuelven Simplicio, Temistio y Filopón; en las universidades europeas de la Edad Media, la comentan y la siguen los metafísicos cristianos; en las escuelas de El Cairo, de Bagdad, de Córdoba y de Granada, la desfiguran y la alteran los judíos y los musulmanes. Nuestro mundo moderno, en los primeros pasos de su marcha, rompió con esta tradición, y declaró guerra a muerte a Aristóteles y a los procedimientos científicos que empleó en la investigación y en la exposición de la verdad, queriendo llegar a ella por muy diverso camino que el de la deducción o silogismo. ¿Podía ser de otro modo? Despojada la ciencia de un maestro único, y concedida a todos los hombres la hegemonía filosófica, no podía la acción antiperipatética hacer otra cosa que protestar contra aquel mundo científico y literario, que, en el transcurso de veinte siglos, había bajado la cabeza ante la autoridad de Aristóteles, y he aquí por qué se llegó a despreciar al aristotelismo. Empero, tan pronto como el espíritu autoritario desapareció del pensamiento de todos, tan pronto como el Estagirita fue estudiado crítica e imparcialmente en sus textos originales, tan pronto como se vino en conocimiento de que el Aristóteles de la Escolástica no era el Aristóteles verdadero, las cosas han cambiado por completo, y se ha visto a la filosofía volver, como la cigüeña, a su antiguo campanario. Los tres pensadores más imponentes de la era moderna, Espinosa, Leibniz y Hegel, son aristotélicos, del más puro y genuino aristotelismo, del aristotelismo que ve en la realidad la unidad actual del pensamiento, y que considera a la pura razón como esencia de las cosas. Espinosa reduce la física, la metafísica y la moral a la lógica, conforme en un todo a las ideas aristotélicas. Leibniz, como Aristóteles, da en su sistema una importancia mucho mayor a la individualidad que a las formas universales ideadas por Platón. Finalmente, Hegel, el filósofo más alto de toda la filosofía moderna, a vueltas de su excesivo dogmatismo y de sus construcciones a priori, acaba por volver a la concepción aristotélica de la idea, de la naturaleza y del espíritu, que, para él, no eran más que grados de ser del pensamiento.

Pero, sin anticipar cotejos y asimilaciones que desarrollaré más adelante, es imposible desconocer la transcendencia enorme del aristotelismo en el proceso histórico de la cultura occidental, y el impulso por sus ideas dado a los elementos superiores de la civilización europea. Se ha dicho muy exactamente que, después de los fundadores de religiones, el fundador del Liceo es el pensador que ha ejercido mayor influjo en la humanidad. Es increíble lo que se ha escrito, y se escribe aún, alrededor de él y de su obra. Alrededor de él, y no desde él propio. La filosofía antigua y la erudición moderna han sido tan desmedidamente prolíficas en la producción de comentarios y de estudios sobre Aristóteles y sobre sus libros, que el crítico más valeroso se detiene completamente abrumado ante la masa de materiales de consulta, y opta por conocer directa y personalmente al Estagirita en sus fuentes originales. Así lo he hecho yo, en la medida en que es dable hacerlo en una época saturada de crítica progresiva, que rectifica constantemente las anteriores exégesis filológicas e históricas. No creo se me haya escapado ninguna de las rectificaciones de importancia real y de carácter definitivo, aunque mi conocimiento de la literatura aristotélica no sea completo, ni con mucho. Sin embargo, he puesto a contribución cuantas obras, monografías, memorias, disertaciones y opúsculos pude haber a tiro, y hasta varios trabajos míos inéditos, que hacía muchos años dormían en mis estantes el sueño de los justos. Con cuyas francas declaraciones espero merecer la benevolencia o, a lo menos, la indulgencia, de los especialistas, de los aficionados y del público en general.

§ 2. DATOS BIOGRÁFICOS SOBRE ARISTÓTELES[1]

La cuna del fundador del Liceo se meció en Estagira, colonia griega de Tracia, en la Calcídice, y su tumba se abrió en la isla de Eubea, de donde descendía su madre, Festis o Faestias. Su vida ofrece la curiosa particularidad de haber Aristóteles nacido y muerto en los mismos años que Demóstenes (384 y 322 a. de Cristo).[2] Fue el último representante de una familia ilustre, que hacía remontar su descendencia hasta Esculapio, y en la que parecía hereditaria la afición a los estudios de la naturaleza y al arte de curar. Su padre, Nicomaco, era médico y amigo de Amintas II, rey de Macedonia,[3] y dejó escritas algunas obras.[4] No es inverosímil que Aristóteles se consagrase al estudio de la medicina, y hay quien dice que ejerció esta profesión durante su juventud, abandonándola a la muerte de su padre, para seguir las lecciones de Platón. Quedó huérfano muy joven,

---

[1] Hay seis biografías de Aristóteles: 1) la de Diógenes Laercio, en el *De vitis philosophorum,* donde recoge algunas de sus máximas; 2) un largo pasaje de Dionisio de Halicarnaso, en sus *Episfolae ad Ammaeum*; 3) la *Aristoteleous bios kai sugra mata auton,*del autor anónimo de Menago; 4) bajo tres formas, la atribuida falsamente a Ammonio; 5) la de Hesiquio de Mileto, que se intitula *Peri Aristotelous,* y que la crítica tiene por apócrifa también; 6) la de Suidas, en el artículo Αριστοτελης de su *Lexikon.* Todos estos textos pueden leerse en el tomo I de la edición de las obras de Aristóteles, hecha por Buhle de 1791 a 1800. La fuente de las dos primeras biografías (la de Diógenes Laercio y la de Dionisio de Halicarnaso) debe buscarse en las *Cronicae* de Apolodoro de Atenas (140 años antes de Cristo). Poseemos, además: 1) dos pasajes del músico Aristoxeno, contemporáneo y amigo de Dicearco, y, como él, filósofo peripatético; 2) algunas palabras de Megárico Eubulido; 3) dos extractos concordantes, uno del historiador Timeo de Tauromemio, y otro de Epicuro; 4) un epigrama de Teócrito de Chios; 5) las noticias del erudito alejandrino Hermipo de Esmirna (200 años antes de Cristo).

[2] Apolodoro, en sus *Cronicae,* pone el nacimiento de Aristóteles en el primer año de la Olimpiada XCIX (384 antes de Cristo), deduciendo acaso esa fecha de la de su muerte, ocurrida a los sesenta y dos (o sesenta y tres) años, en el tercero de la Olimpiada CXIV, al tiempo que, en la isla de Calauria, se envenenaba Demóstenes. Todos concuerdan con Apolodoro en los años que vivió Aristóteles, y sólo Eumelos le hace llegar a los setenta, pero sin fundamento alguno.

[3] Al ser Amintas familiar de Filipo el Macedonio explica el crédito que Aristóteles tuvo y conservó posteriormente entre los príncipes de esa dinastía.

[4] Suidas le atribuye seis libros.

a los diez y siete años, y marchó a Atenas, donde un tal Proxenes de Atarne se encargó de su educación, e hizo que estudiara las ciencias. Aristóteles conservó siempre gran agradecimiento a su tutor, adoptando, cuando éste murió, a su hijo Nicanor, y ordenando, en su testamento,[5] que se erigiesen estatuas a Proxenes y a su esposa.[6] En una de sus biografías, se habla de la mocedad borrascosa del filósofo, que, por lo visto, llevaba vida disoluta, dilapidando su patrimonio. Indica otra biografía[7] que, agobiado por las deudas enormes que le produjeran sus dispendios continuos, se metió a soldado, y que, por no ver porvenir en esta carrera, se dedicó al comercio, abriendo una droguería. ¿Puede conciliarse semejante tradición con la que nos presenta a Aristóteles en Atenas, en 367, estudiando filosofía bajo la dirección de Platón? Veinte años permaneció cerca de éste, hasta su muerte, acaecida en 347. Tal es el dato biográfico más seguro, y tal lo que se sabe de Aristóteles, antes de entrar en la escuela de Platón, o sea, en la Academia. Hay quien le hace inscribirse en ella a los diecisiete años, aserción falsa, puesto que entonces su instrucción corría a cargo de Proxenes todavía. Pero no es menos errónea la afirmación de Eumelos, que retrasa la entrada de Aristóteles en la Academia hasta la edad de treinta años. En veintitrés, según queda insinuado, debe colocarse la fecha más probable de la inscripción de Aristóteles en el grupo de los discípulos directos de Platón.

Mucho se ha hablado sobre la índole de las relaciones personales de Aristóteles con su maestro. Si hemos de aceptar los rasgos físicos que al Estagirita atribuyen sus biógrafos (voz escasa, piernas delgadas, ojos pequeños), no extrañaremos el genio cáustico que también le atribuyen, ni que este genio provocase disputas y altercados entre él y Platón. Pero no son de admitir ciertas anécdotas injuriosas para ambos. Se acusa a Aristóteles de ingratitud para con el maestro, y a Platón de desamor para con el discípulo. Se afirma que a Platón le desagradaban las costumbres

---

[5] El testamento de Aristóteles, que nos ha conservado Diógenes Laercio, parece auténtico a casi todos los críticos.

[6] A dar crédito a esta noticia, que pertenece al Pseudo-Ammonio, no es fácil suponer que Nicomaco influyese mucho en el espíritu de su hijo. El biógrafo asegura que Aristóteles fue educado por Proxenes, cuyo hijo Nicanor recibió el mismo servicio del Estagirita, y la hija de éste en matrimonio. La noticia debe ser exacta, porque, en el testamento de Aristóteles, se regula dicho matrimonio, y se menciona a Proxenes.

[7] La de Timeo, cuyas tendencias calumniosas son conocidas. A él, y únicamente a él, debemos la información de haber disipado Aristóteles su patrimonio, de haber entrado en el ejército, y de haberse dedicado, más tarde, a vendedor de drogas.

licenciosas y la manera de vivir desordenada de Aristóteles; que le encocoraba lo humorístico e insidioso de su ingenio; que le reprochaba el usar siempre anillo de oro y el excesivo esmero que ponía en su adorno exterior, para ocultar las imperfecciones de su cuerpo; que, por todo ello, hubo entre los dos hombres desavenencias innumerables. Asimismo se supone que Platón se resintió cuando, debilitado su espíritu por los años, viose obligado a dejar la Academia por las capciosas cuestiones a que le provocaba Aristóteles, de quien dijo que era como gallo joven que se enfrentaba con el gallo viejo del gallinero. Se asegura, en fin, que el discípulo llegó a suplantar al maestro en la enseñanza, hasta que Jenócrates, de vuelta de un viaje, arrojó de la Academia a Aristóteles, y restableció en ella a Platón.

Poco fundamento tienen todas estas especies, debidas en gran parte a Eubulido, sucesor de Euclides en la escuela de Megara, y apasionado y encarnizado enemigo de Aristóteles. Que éste, habiéndose instruido en la doctrina de Platón, se dedicó a combatirla, desde que llegó a Atenas hasta que murió en Eubea, no cabe duda. Pero ello ¿qué prueba, sabiendo, como sabemos, que, cuando fundó escuela propia, admitió diferencias de opinión entre sus discípulos, y que él mismo ejerció el derecho de libre crítica? También Platón ejerció este derecho en su escuela, por lo cual estimaba a Aristóteles (a quien llamaba el lector) como el más inteligente de sus discípulos, y, al compararle con Jenócrates, decía que el primero necesitaba freno y el segundo aguijón. A su vez Aristóteles, no obstante las disconformidades que con su maestro haya podido tener, le apreciaba grandemente, como lo confirma el que, al decir de Apolodoro, levantase un altar en honor de Platón, con una descripción laudatoria. Hay textos positivos y correspondientes a una época posterior al último viaje de Platón a Sicilia, los cuales demuestran que Aristóteles le permanecía fiel. Olimpodoro nos ha conservado un fragmento de cierta elegía de Aristóteles a Eudemo (no a su discípulo de Rodas, sino a otro del mismo nombre, condiscípulo suyo en la escuela de Platón), elegía en que expresa la mayor admiración por el maestro. Dionisio de Halicarnaso niega que, mientras vivió Platón, levantase Aristóteles escuela contra escuela, que fundase en ella un grupo independiente, y que, aprovechando días de ausencia de Jenócrates y de Espeusipo, forzase al maestro, ya octogenario, a abandonar la Academia. Aristóteles se consideró a sí mismo (y por todos fue considerado) como uno de tantos platónicos, durante mucho tiempo, y, en un pasaje de su *Ethica ad Nicomachum*, refrenda el fervor que el maestro le inspiraba, y la pena que sentía al no poder seguirle. Por otra parte, la debilidad de espíritu de Platón en su vejez no aparece en sus biografías. Todas convienen en que murió a los ochenta años, y Cicerón, en su tratado *De senectute*, asegura que aun escribía en edad tan avanzada.

Menos verosímil todavía es la enemistad de Aristóteles con Jenócrates, y su expulsión por éste de la Academia. A la muerte de Platón, fue elegido jefe de esa institución su sobrino Espeusipo. Aristóteles, que contaba entonces treinta y siete años, creyó conveniente abandonar a Atenas, en compañía precisamente de Jenócrates, el que sólo más tarde sucedió a Espeusipo. En sus obras, Aristóteles impugnó la ideología, no la persona, del fundador de la Academia, y la verdadera índole de las relaciones con su maestro se halla ilustrada por la célebre sentencia de la *Ethica ad Nicomachum*: "Amigo de Platón, pero más amigo de la verdad".[8] Esta posición ideológica responde a la diferencia de temperamento mental que entre ambos filósofos existía. Platón, genio creador y elevado, se remontaba con alto y atrevido vuelo a las regiones superiores del pensamiento humano, convirtiendo la filosofía en el arte supremo de discurrir e investigar, y manifestando tanta elocuencia como inteligencia, y tanta imaginación como reflexión. Aristóteles, más positivo y más profundo, hizo de la filosofía una ciencia, impuso límites a la dialéctica y a la poesía, dictó reglas al raciocinio, expuso seca y áridamente sus concepciones, como pensador que era más que artista, y así edificó aquella gigantesca construcción de saber organizado y razonado, cuya sustancia lógica universal se ha conservado durante todos los siglos posteriores. Y

---

[8] Con poco acuerdo escribe Murray (*The literature in the ancient Greece,* XVII): "Un discípulo más ferviente o menos original, por ejemplo, Espeusipo, no hubiera considerado como términos antitéticos a Platón y a la verdad". Al hacer esta observación irónica (¡oh el socorrido humorismo británico!), el erudito inglés demuestra que su conocimiento de la filosofía de Grecia es muy inferior al que tiene de su literatura, y, en el caso concreto que nos ocupa, nulo por completo. Espeusipo, contrariamente a lo que dice Murray, fue el discípulo *menos ferviente y más original de Platón.* Así hubo de reconocerlo Aristóteles, que, aun refutándole duramente, admiraba su maravilloso talento de exposición y la penetrante energía intelectual con que *reformó radicalmente* el platonismo. La filosofía de Espeusipo era, en efecto, como he demostrado en otra obra (*El universo invisible,* 123), un emanatismo inverso al platonismo, el cual establecía una escala de degeneración sucesiva, que iba del numen o deidad producido por el Dios Supremo, y colocado en segundo lugar (δεύτερον) o grado después de Él, al hombre, que participa en tercer grado (τρίτον) de la esencia de la Divinidad, y del hombre a la mujer, y de la mujer al animal, y del animal a la planta, y de la planta a la piedra. Frente a este espiritualismo decadentista, Espeusipo proclama un espiritualismo *evolucionista,* por el que coloca la vida en el desenvolvimiento de la potencia al acto. La crítica de Espeusipo pulveriza la. noción platónica de las ideas, de la unidad y del bien, a la manera que el análisis noblemente escéptico pulveriza todos los sistemas dogmáticos exclusivos.

todo ello sin perder el espíritu helénico un instante. Aunque nacido en Estagira,[9] ciudad de una colonia griega, distaba mucho de haber conservado el fondo tracio, un tanto bárbaro, de los macedonios, por cultos que éstos fuesen. En aquella colonia se hablaba el griego, se sentía en griego, se pensaba a lo griego, y Aristóteles no fue nunca un heleno a medias, sino un heleno puro, tan castizo heleno como Parménides o como Anaxágoras. Por lo demás, como buen patriota, y por más que no hiciese nunca política, era partidario de los macedonios, contra cuya dominación se sublevaba por entonces Grecia.

Continuando mi biografía, y dejando a un lado las fugaces relaciones de Aristóteles con el pequeño potentado Temisón de Chipre, consignaré que, acompañado de Jenócrates, se trasladó a Atarne y a Asos (Misia), al lado de su amigo Hermias, dinasta de ambas ciudades. Parece ser que Aristóteles vivió en estrecha amistad con Hermías, a quien conocía desde Atenas, donde ese monarca, hombre muy aficionado a los estudios filosóficos, había oído lecciones de Platón y del propio Estagirita. Esta su amistad estrecha con Hermias dio motivo a comentarios nada favorables para la moralidad del filósofo. Hermias había sido, en otro tiempo, esclavo y eunuco de un tirano de Atarne, llamado Eúbulo, al cual sucedió, y, como él, era amante de la filosofía y de otras cosas menos filosóficas.

Traicionado por el caudillo Mentor, cayó Hermias en manos de los persas, y Artajerjes le hizo degollar. Aristóteles se conmovió profundamente, y consagró a su camarada un notable peán, que intituló *Himno a la virtud*, que parece cantaba a diario en las comidas, y que mandó grabar en el mausoleo de Hermias, a quien también levantó una estatua en el templo de Delfos. La inspiración triste de aquella composición, en la que llora la muerte del amigo, no ha sido superada por ningún poeta, y es el paso de una magna ola negra, de una trágica desesperanza, de una enorme amargura, de una grandiosa explosión sollozadora. Ya veremos que muerte y composición fueron, para el filósofo, origen de graves peligros, puesto que se le acusó de impiedad, por haber celebrado a Hermias como a un dios. Mas la acusación, como en otro tiempo la de Sócrates, encubría motivos políticos evidentes.

Pasó tres años en Asos y, en 345, y, llevado de su afecto a Hermias, casó con su sobrina o hermana Pitias, bajo románticas circunstancias, pues la salvó en cierto modo, durante una revolución. De Pitias hubo una hija, y

---

[9] Por incontrovertible pasa el lugar exacto de su nacimiento, atestiguado por Diógenes Laereio, que acaso tomó el informe de Hermipo. Véase a Egger, *De fontibus Diogenis Laertii*, 18, 21.

a su hijo Nicomaco lo concibió con una esclava y concubina suya llamada Herpilis, con la que contrajo nuevas nupcias después del fallecimiento de su primera esposa. De la Misia, y siempre con Jenócrates, marchó a Mitilene, donde permaneció poco tiempo, y de allí a Atenas, donde fundó una escuela de retórica, que impugnaba el método de oratoria de Isócrates, bien que, si los discípulos de ambos promovieron entre sí violentos combates, los maestros se respetaron mutuamente. Apuntan algunos biógrafos que, al abrir cátedra de literatura preceptiva, para enseñarla personalmente, invocó, en justificación de su iniciativa, una estrofa de Eurípides: "Sentirse triste vilmente, y dejar hablar a los bárbaros", cambiando esta última frase, y diciendo: "Y dejar hablar a Isócrates". La obra de Aristóteles titulada *Rethoricen*, que aspiraba a dar a los géneros literarios las formas más convenientes, suponía procedimientos declamatorios muy distintos de los que Isócrates seguía, y que eran una mezcla poco feliz de especulación y de observación, de teoricismo y de empirie, de pensamiento y de técnica. No obstante, si Aristóteles fustiga frecuentemente a Isócrates, también adopta sus puntos de visa más a menudo de lo que quisiera. Parece que en una de sus obras perdidas, la *Exhortación a la filosofía*, Aristóteles anteponía al platónico el modo isocrático de exponer, y cuantas veces, más tarde, alude al buen estilo, entiende por tal el estilo propio de Isócrates. Entre los anteriores maestros de retórica, Isócrates, aunque no bastante filosófico para Aristóteles, es, con mucho, el más filosófico.[10] Pero volvamos al intento.

En 342, segundo año de la Olimpiada CIX, el rey Filipo de Macedonia le llamó a Pella, para confiarle la educación e instrucción de su hijo Alejandro, que entonces contaba diez y siete años. Cuatro invirtió Aristóteles en la enseñanza de su regio discípulo, y, en ellos, pudo enmendar los errores pedagógicos y didácticos que con él cometieran sus anteriores maestros Leónidas y Lisímaco. Residió Aristóteles en el Palacio Ninfeum de Pella y en Estagira, con Alejandro, que le mostró siempre gran afecto, y a quien su preceptor supo inspirar amor a las ciencias, y adquirir grandes conocimientos de moral, política, elocuencia, poesía, música, historia natural, física y hasta medicina. El hecho de llevar

---

[10] Murray, *The literature in the ancient Greece, XVIII*. Algunos críticos suponen que el hecho de profesar lecciones de retórica, para luchar contra las enseñanzas de Isócrates, quizá dio origen al hecho posterior de haber abierto, viviendo Platón, una escuela rival de filosofía. Pleno derecho me asiste para poner en tela de juicio motivación tan concreta de ese tránsito. A lo menos, así parece desprenderse de algunos de los datos consignados con anterioridad en el texto.

Alejandro continuamente consigo la famosa edición de la Ilíada, arreglada por Aristóteles,[11] y el respeto que inspiró, en la casa de Píndaro, cuando la toma de Tebas, previenen en favor de la excelente dirección literaria que el monarca macedónico recibió de su profesor.[12]

A la edad de veintiún años, uno después de la muerte de Filipo, Alejandro marchó contra el Imperio Persa, y Aristóteles volvió a Atenas. Agradaba poco al último el plan de conquista de Asia, pero, una vez que empezó a ponerse en ejecución, su parecer no tuvo nada de humanitario o cosmopolita, pues encareció a Alejandro que se mostrase padre para con los griegos, y señor para con los bárbaros, tratando a los primeros como deudos y como amigos, y sirviéndose de los segundos como de plantas y de animales. Alejandro desechó el consejo, y se negó a hacer una diferencia ostensible entre unos y otros, por creer que el cielo le había enviado para ser un reformador común a todos, y un gobernador y reconciliador del universo. Otra dificultad, puramente privada, pero de peor carácter, aunque no provocase manifiesta desavenencia del educador con el educando, se presentó entre ambos. Tenía Aristóteles por discípulo a un tal Calistenes, de quien decía que "era un magnífico orador, pero falto de juicio". A pesar de ello, le apreciaba mucho, y le dejó en su lugar, como consejero espiritual, cerca del rey. Calistenes, que consideraba posible permanecer en la corte sin adular, y que se atrevió un día a reprocha a Alejandro sus costumbres disolutas,[13] fue acusado de complicidad en una conspiración, y condenado a muerte. Gran dolor e indignación debió sentir Aristóteles ante hecho tan injusto, y quizá se

---

[11] Aristóteles no atribuía a Homero más que la *Ilíada, la Odisea* y la perdida epopeya humorística *Margites*. Difería en esto de Platón, de Tucídides y de Herodoto, que, contestes en admitir por homéricos los dos primeros poemas, o los consideraban como los únicos del legendario vate, o colgaban, además, a éste otros, que Aristóteles tenia por espúreos.

[12] Vuelve a la carga el impenitente Murray (*The literature in the ancient Greece*, XVIII), metiendo fajina, y gastando el primentero de su cáustico e insulso lenguaje: "Nada se conoce de las enseñanzas dadas a Alejandro por Aristóteles. Es de temer que hubiese poco de común entre el que deseaba ser rival de Aquiles y el gran expositor de la vida *contemplativa*, que reducía a la exclusiva posesión de aptitudes transcendentales. El verdadero amigo de Aristóteles parece haber sido Filipo. Acaso se le había contagiado algo de la admiración hacia un príncipe convertido, que tantos chascos dio a Platón y a Isócrates". Conjeturas puramente arbitrarias son éstas, y, además, están en desacuerdo con los datos más seguros de las biografías de Aristóteles.

[13] Plutarco, De *vita Alexandri*, LIII.

debilitaron de una manera sorda e indirecta sus relaciones con Alejandro. Pero no es creíble lo que dice Plinio, a saber: que el filósofo, de acuerdo con Antipáter, emponzoñara a su discípulo. Alejandro feneció de muerte natural, a consecuencia de su vida disoluta, como lo atestiguan las memorias de sus lugartenientes Ptolomeo y Aristóbulo, que consignaban a diario las acciones del monarca. Estaba reservado al infame emperador romano Caracalla utilizar la calumniosa imputación contra Aristóteles, para expulsar a los peripatéticos de Alejandría, y para quemar sus libros.

Aristóteles permaneció junto a Alejandro, mientras éste fue rey, un año más, hasta el 335 antes de Cristo. No es cierto que pasase a Asia Menor y a la India, en calidad de acompañante del conquistador. Alejandro llevaba consigo un grupo agregado a su ejército y compuesto de ingenieros y de geógrafos, los cuales recogían todos los objetos raros todas las plantas exóticas y todos los animales desconocidos que encontraban, para enviárselos a Aristóteles, que, con materiales tan preciosos, pudo escribir sobre las tres secciones de la historia natural. Platón había comprado a un precio enorme, en la Magna Grecia, una sola obra de Pitágoras, en tanto que Aristóteles, gracias a la munificencia de Alejandro, dispuso de todas las producciones de sus antecesores. El discípulo procuró al maestro la suma de 800 talentos (cerca de 4.000.000 de pesetas), sólo para componer la Historia animalium, y puso millares de personas a disposición suya, para que le ayudasen a completar sus colecciones zoológicas.[14]

Trece años residió ininterrumpidamente Aristóteles en Atenas, desde la muerte de Alejandro. Fue probablemente en este tiempo cuando escribió casi todas sus obras, y cuando fundó su escuela de filosofía en un edificio, sito en las afueras de Atenas, y al que estaba adosado un Peripaton o paseo cubierto, cerca de una arboleda de Apolo Licio, de donde el nombre de Likeios o Liceo, que se dio al lugar de sus enseñanzas. Llamaron a sus discípulos los peripatéticos, porque Aristóteles acostumbraba a filosofar paseando. Antístenes había comenzado sus lecciones en el Cinósargo, gimnasio para los bastardos, y de la Academia había tomado posesión Jenócrates. El Liceo no era sólo una escuela de filosofía, sino de cultura general, menos, cercana a la Academia que a las Bibliotecas Alejandrinas, y, como ellas, fue probablemente protegida por la generosidad de Alejandro. Ninguna institución de esta índole duró tanto como el Liceo de Aristóteles, y de su seno salieron hombres celebérrimos. El omnívoro saber de Aristóteles y su genio organizador encontraron allí ancho campo donde extender su actividad intelectual. En plena armonía con sus

---

[14] Ateneo, *Symposio*, XI, II. Plinio, *Historia naturalis*, I, XVI.

compañeros de estudio (συμφιλοσοφοῦτες) con quienes departía amistosamente y a quienes dejaba plena libertad de pensar, les encaminó a emprender observaciones e investigaciones personales y colectivas, que enriqueciesen sus conocimientos propios, e hiciesen progresar los de la comunidad académica. Cada diez días nombraba un arconte didáctico, que, en calidad de auxiliar o suplente suyo, mantuviese el orden de la escuela, y, en ciertos días del año, el maestro comía con los discípulos.

Fallecido Alejandro, Aristóteles, como macedonio, se vio inquietado por los atenienses, los cuales, ya que no pudieran reprocharle actos de deslealtad política, quisieron ver en sus enseñanzas sombras y lejos de impiedad religiosa. Eurimedón, el Gran Sacerdote de Atenas, lanzó contra él una imputación de ateísmo, imputación sostenida por un ciudadano llamado Demófilo, y hay quien asegura que el Areópago le condenó a muerte. Se le acusó también de sacrilegio, por haber levantado altares a Hermias y a su primera esposa, y, al considerar que tan piadoso rasgo se convertía en crimen, y, advertido y medroso de lo que a Sócrates ocurriera por motivos no menos livianos, marchó a la isla de Eubea, diciendo, al irse, que se retiraba para ahorrar a los atenienses un segundo atentado contra la filosofía. En aquella isla rindió Aristóteles su grande alma al Creador, a los sesenta y dos años de edad, dejando a su hija Pitias y a su segunda esposa Herpilis con su hijo Nicómaco, de los cuales, así como de sus demás parientes y allegados, habla con afecto sumo en su testamento. Se murmuró que había muerto envenenado. Pero los mejores biógrafos afirman que sucumbió después de haber sufrido, durante muchos años, una enfermedad hereditaria del estómago. Los estagiritas, que debían gratitud al filósofo, por los muchos beneficios que les hiciera en vida, lloraron su muerte con dolor profundo, y, como homenaje póstumo, inventaron fiestas y juegos, que llamaron aristotélicos.

§ 3. CARACTERÍSTICA CIENTÍFICA DE ARISTÓTELES EN SU LABOR ENCICLOPÉDICA

Se ha dicho y repetido que las matemáticas fueron las únicas ciencias conocidas de los antiguos, de las que no trató especialmente Aristóteles. En nuestros días, Carterón[15] se ha atenido a ese parecer clásico por el tenor siguiente: "Aunque las matemáticas fuesen entonces las únicas ciencias que presentaban demostraciones satisfactorias para la razón, Aristóteles no les consagra ninguna parte de su sistema. Él mismo deja entender[16] que estaba poco versado en esas ciencias, y así, verbigracia, la única fórmula que conoce bien es la de la proporción directa, y notámosle embrollado y confundido, al tratar de las proporciones inversas. A pesar de esfuerzos notables, no consigue establecer una teoría matemática del movimiento. Además, piensa que la cantidad no está más que en la superficie de las cosas, no en su esencia, y quiere penetrar en el dinamismo profundo que las anima, por lo cual desconfía de los excesos metafísicos a que se habían entregado los matemáticos de la escuela de Platón, y una de sus ambiciones más caras era arruinar aquellas metamatemáticas. En fin, aprecia la utilidad de las ciencias del cálculo, menos por el valor de los lazos rigurosos con que unen los conceptos, que por la dignidad ontológica de sus objetos, abstracciones sin realidad".

Antes de poner los ojos en este juicio de Carterón, conviene notar que el hecho de que no conservemos ninguna obra de Aristóteles relativa a las matemáticas no prueba que no haya escrito nada al respecto. En primer lugar, sólo poseemos una pequeña parte de la producción filosófica de los griegos, en todo el espacio comprendido entre los siglos VII y III antes de Cristo. Por lo que toca a Aristóteles en particular, ignoramos cuántas obras compuso, cuántas se han perdido, y cuántas son auténticas. Las ediciones más completas dan un texto (inmutable desde 300 años antes de Cristo) de cuarenta y seis obras, de las cuales únicamente se tienen por dudosas cinco o seis a lo más. Pero ningún crítico admite hoy que todas las obras que escribió Aristóteles sean las conocidas. Amante omnívoro del saber, el Estagirita empleó sus energías intelectuales en coordinar los conocimientos científicos y filosóficos, con arreglo a un plan totalitario, universal, enciclopédico, y a un método que no ha sido todavía substituido por la posteridad. Críticos hay que elevan el número de sus obras a sesenta

---

[15] *La physique d'Aristote*, I, 16.
[16] *Metaphysicorum*, XII, VIII.

y seis, otros a ciento doce, y algunos a ciento cincuenta y ocho.[17] Y ni aun este último guarismo parece exagerado, si hemos de juzgar por los seiscientos fragmentos que la crítica ha venido recogiendo y clasificando con escrupulosidad erudita. Estos *Fragmenta*[18] (entre los que corresponde el primer lugar a la *Constitutio Athenae*, descubierta hacia 1890 ó 1891 en un papiro del Museo Británico, y publicada por Kenyon) abarcan las materias más variadas, pues versan sobre la crecida del Nilo, sobre los signos de las estaciones, sobre los metales, sobre la agricultura, sobre la anatomía de los animales, sobre la retórica, sobre la poética, sobre la definición, sobre las categorías, sobre los contrarios, sobre la sofística, sobre los pitagóricos, sobre Arquitas de Tarento, sobre las doctrinas de los magos de Persia, sobre el alma, sobre las ideas, sobre la moral, sobre el amor, sobre las pasiones, sobre la embriaguez, sobre el bien, sobre la educación, sobre la riqueza, sobre las colonias, sobre la justicia, sobre la historia, sobre la nobleza, sobre la monarquía, sobre los hombres de Gobierno, sobre la política de los diversos Estados, etc., etc. Entre estos fragmentos, cuya elocuencia elogió Cicerón, figuran también diálogos al modo platónico, discursos, cartas[19] y poemas. Y yo pregunto si varios de los muchísimos escritos a que corresponden esos fragmentos, y que no han llegado hasta nosotros, no desenvolverían temas de matemáticas. ¿Por qué no creerlo así, tratándose de un espíritu tan infatigable y de aptitudes tan varias como Aristóteles?

---

[17] Dejo aparte la conjetura hiperbólica de los que hablan de cuatrocientas obras (quinientas cincuenta pone el peripatétiso Ptolomeo), y la más hiperbólica aún de los que (como Andrónico) elevan su número a mil. Los tres catálogos de las obras del Estagirita, el de Diógenes Laercio, el del anónimo de Menago y el árabe de Casiri, aunque sean incompletos, y aunque no resuelvan la cuestión de la autenticidad de dichas obras, acusan la prodigiosa fecundidad de su autor. De los ciento cuarenta y seis títulos de Diógenes, ciento treinta y dos se encuentran en el anónimo, que quizá copió a aquél, y que parece haber sido Hesiquio de Mileto. En todo caso, entre Diógenes y Hesiquio hay un fondo común. ¿Cuál es a su vez la fuente común de ambos catalogadores? Zeller (*Die Philosophie der Griechen*, II, II, 53) conjetura que es Hermipo, el cual reveló las obras de Aristóteles que poseía la Biblioteca dé Alejandría.

[18] La mejor colección que de ellos conozco es la de Heitz (*Fragmenta Aristotelis collegit, disposuit et illustravit Heitz*), la cual ocupa todo el tomo VII de la edición, grecolatina de las *Opera Omnia* de Aristóteles, hecha en París por Didot, de 1862 a 1869.

[19] El catálogo árabe de Casiri dice que Andrónico conoció *veinte libros* de cartas reunidas por un tal Artemón, cartas que eran citadas como modelos del género epistolar.

Comprendo que el argumento es negativo, y, amén de ello, puramente conjetural. Pero negativos y conjeturales son asimismo los argumentos de Carterón. No cabe pensar que los Fragmenta que nos faltan fueran inferiores a los que conocemos, y todo induce a creer que Aristóteles trataría en algunos de ellos asuntos matemáticos, tanto más cuanto que, en el tomo IV de la edición Didot, está incluido su tratado geométrico De insecabilibus lineis. Platón fue su principal maestro en filosofía, y sabido es que el frontispicio de la Academia ostentaba este rótulo: "No entre aquí el que ignore la geometría". Si Aristóteles la hubiese ignorado, ¿habría sido admitido por Platón en la Academia? Digamos, por otra parte, que el método mismo señalado por Aristóteles, en su madurez, le había llevado, en su juventud, a engolfarse en las investigaciones de índole matemática de Eudoxo y en el simbolismo numeral de los pitagóricos. Pero, mientras que Platón, entendimiento eminentemente especulativo o teórico, inventó las matemáticas transcendentes, Aristóteles, entendimiento más empírico y más práctico, sacó del olvido las matemáticas aplicadas, haciendo ver que eran útiles al hombre de Estado, y determinó los límites entre ellas y la física, límites que aparecían todavía confusos en Platón,[20] el cual no comprendió que las matemáticas se distinguen de la física por sus objetos, que, lejos de constituir esencias separadas, se sacan por abstracción de los objetos de la física misma. Una tradición científica respetable y respetada por los mejores eruditos indica haberse perdido la obra aristotélica que se ocupaba de las matemáticas, y el profesor Nock, que ha hecho utilísimas indagaciones acerca de este punto, afirma que dicha obra era la titulada *Peri tes en tois masemasin ocesias*, de la que sacó Proclo todo lo que emite de contrario a las ideas de Platón.

Basta lo dicho para dejar quebrantados en gran parte los argumentos en que Carterón se funda. Puede concederse a este erudito que el Estagirita se mostró siempre muy poco afecto a las especulaciones de carácter matemático, en que los primeros discípulos de Platón, sobre todo Jenócrates, se complacían. Aristóteles, en efecto, habla desdeñosamente de los "sueños matemáticos" de Jenócrates, quien afirmaba una noción geométrica muy amplia, sin magnitudes ni cantidades circunscritas a un valor únicamente positivo, y que traía a su mente una noción más exenta de la inmensidad del universo en que vivimos, y nos movemos, y somos. Jenócrates se sumía con delicia en estas concepciones geométricas, que evidentemente tenían poca transcendencia, aunque a él se le apareciesen

---

[20] Cantú, Storia *universale*, III, XXII. Compárese con Mansión, *Introduction à la physique aristotélidenne*, IV.

como un tesoro inagotable en resultados. Se trata de vanas superfetaciones, que, por fortuna, no forman cuerpo con el fondo del sistema,[21] es decir, de escorias que pueden separarse fácilmente del pensamiento fundamental de Jenócrates, purificado y despejado, tal como lo purificó y lo despejó Aristóteles. Distinguía éste lo físico de lo matemático, como va dicho, y deslindaba muy bien ambos conceptos. Pero estaba muy lejos de desconocer la importancia de la ciencia del cálculo para los físicos, como confiesa Carterón, y, en sus Physicorum, emplea a menudo fórmulas matemáticas. Euclides debe considerarse como un discípulo de Aristóteles, a lo menos en el método, y los quince libros de sus *Elementa*, cuya fama no se ha extinguido aún, están impregnados del más puro aristotelismo. Porque aquel gran geómetra lo debió casi todo a Aristóteles, que fue el primero que habló de axiomas y de definiciones, que determinó las condiciones de una demostración rigurosa, que estableció la distinción entre las matemáticas propiamente dichas y las matemáticas mixtas, y que, entre las ciencias auxiliares de la física (que, por lo demás, no clasifica entre física y matemáticas),[22] distingue las que son más matemáticas que las otras. Separando la aritmética, la geometría, la agrimensura y la estereotomía de la mecánica, de la óptica, de la astronomía y de la música, contribuyó a los progresos de cada una de ellas, formuló la teoría de la abstracción, y, no solamente mostró que los conceptos matemáticos son, cuanto a su existencia, objetos naturales, sino que indicó el papel que juegan en su construcción. Estableciendo luego una distinción particular entre la aritmética y la geometría, para atribuir lo concreto a la una y lo abstracto a la otra, dejó de adherir el pensamiento a un objeto considerado como no reconstruido por la razón, y de recibir sus reglas, y nadie ignora que una revolución científica de esta índole es la que ha hecho de las matemáticas, no sólo el tipo, mas también el instrumento, del conocimiento racional. Finalmente, hizo uso de las letras del alfabeto para indicar cantidades indeterminadas,[23] invención cuyo honor se atribuye a Vieta, aunque Cicerón, en sus cartas a Ático, se sirvió asimismo, y mucho después de Aristóteles, de igual artificio, para indicar objetos no definidos y precisados concretamente.

---

[21] Véase mi obra sobre *El universo invisible*, 124.

[22] *Physicorum*, II, II.

[23] *Naturalem auscultationem*, VII, VI. Aristóteles emplea el término indeterminado o indefinido (ἄπειρον) por oposición a lo acabado o perfecto (ὅλον) Una cantidad indeterminada equivale a un número sin valor propio o substantivo, y aplicable, por ende, a todos los casos que requiera el cálculo.

En resumen de todo lo dicho, justo es aseverar que Aristóteles nunca se mostró insensible a los halagos matemáticos, o sea, de los números y de las figuras. ¡Y qué mucho, tratándose de un hombre que, por cultivar todas las disciplinas espirituales, cultivó hasta la poesía! Porque el austero Aristóteles era también poeta, y algunas de las pocas composiciones en verso que de él conocemos son de las más inspiradas del lirismo helénico, sin contar otras que conservaron Diógenes Laercio y Olimpodoro, las cuales contienen preciosas noticias sobre hombres y cosas de su tiempo, en relación algunas con la propia vida del Estagirita. En sus escritos todos, adviértese aquella suavidad y aquella elegancia de dicción que tanto encantaban a Cicerón y a Quintiliano. ¿Cómo, pues, Carterón[24] se atreve a hablar de la "negligencia del estilo de Aristóteles" y del "carácter singularmente tosco de su terminología"? Ya Whewel,[25] y en pos de él Stuart Mill,[26] censuraron no sin cierta razón, en los filósofos griegos, y principalmente en Aristóteles, que, al explicar las cosas, hayan concedido valor excesivo a las voces y a las frases de uso común. Pero no debemos extrañarnos de ello. Aquellos filósofos raras veces conocieron otra lengua que la suya, y esto hizo que les fuese más difícil que a nosotros, poseedores de varios idiomas, adquirir una predisposición al descubrimiento de lo que pueda haber de ambiguo en las locuciones vulgares. Por lo demás, bueno será observar que, en Grecia, las gentes del pueblo, en el hogar, en la calle, hasta en el mercado, para pedir al vendedor un pescado o una cebolla, empleaban palabras como materia, energía, génesis y otras, que la pedantería intelectual de nuestra época ha reservado para el vocabulario científico. Y ello (reconozcámoslo) sin que deje de ser cierto que los escritos del Estagirita no tienen más que las cualidades severas del estilo técnico, a propósito de lo cual escribió Bonitz aquella su frase de *Aristotelis insignis in scribendo negligentia*, que acabamos de ver repetida por Carterón.

Aristóteles creó verdaderamente, no sólo la primera enciclopedia del saber humano de aquella época, sino la primera forma correcta de exposición científica. Los primeros filósofos griegos exteriorizaron sus opiniones, unas veces en poemas sobre la naturaleza de las cosas (en lo que fueron imitados más tarde por el epicúreo romano Lucrecio, así como por Voltaire, autor de tantas soporíferas poesías didácticas) y otras en series de aforismos (en lo que les siguieron Pascal, Larochefoucauld y

---

[24] *La physique d' Aristote*, I, 2.
[25] *History of the inductive sciences*, 1, 42, 50.
[26] *A system, of logic*, I, IV, 1.

tantos otros), pero siempre conservando carácter alegórico y resplandor religioso en la manera. Platón escogió el diálogo, en sustitución del poema y del aforismo, y la filosofía, perdiendo su condición de sagrada, se apartó de los grandes símbolos, y se hizo humana, profundamente humana.[27] Sin embargo, Platón, al acopiar todos los hechos observados y todos los principios discutidos hasta su edad, introdujo una distribución regular en los conocimientos humanos, y, por este concepto, preparó bien los caminos a Aristóteles, el cual, dando de mano al poema, al aforismo y al diálogo, fue el primero en servirse del tratado, única forma correcta de exposición científica, a juicio suyo.

Los escritos de Aristóteles fueron clasificados con esmero cuidadoso por los comentadores griegos de los primeros siglos de nuestra era, y en especial por Adrasto (150 de Cristo). Dichos escritos se corresponden, en la división que de ellos hicieron los peripatéticos posteriores, con las dos especies de conferencias que Aristóteles daba en el Liceo. Las lecciones de la mañana se dirigían exclusivamente a los discípulos, y versaban sobre filosofía y sobre ciencias experimentales, mientras que las de la tarde eran públicas, y trataban de retórica y de temas políticos. La misma dualidad ofrecen los escritos de Aristóteles. Unos se llamaron acromáticos o esotéricos, únicos verdaderamente científicos, y otros, acroáticos o exotéricos (ἐξωτερικοί) dedicados al vulgo, parte de ellos, en forma de diálogo, poesía o carta. La reputación de Aristóteles en la antigüedad se funda por completo en los de la primera clase, convertidos a la larga en obras para la publicación, aunque también le dieran fama y nombradía los diálogos semipopulares, los (ἀκροαματικοίλόμος) o materiales para lecturas, y también los denominados escritos hipomnemáticos, anotaciones sin orden, seguramente dedicadas a la consulta. A este género de libros parecen haber pertenecido las *Institutiones*, la *Ethica ad Nicomachum*, y los estudios de ciencia política en que la escuela coleccionó y analizó ciento cincuenta y ocho constituciones diferentes de Estados bárbaros de aquel tiempo. El mismo Aristóteles lo hizo con la de Atenas y con la de Esparta, y, antes que sus discípulos hubiesen dado cumplida cima a su labor gigantesca, sacó a luz un gran tratado teórico, los *Politicorum*, que popularizó su firma en gran medida, a causa de lo muy interesante del tema que motivó la obra, y a pesar de lo abstruso y difícil de algunas de sus partes. El texto más detallado que poseemos sobre la clasificación de los escritos de Aristóteles es el presentado por Elías, intérprete peripatético del siglo VI, en el preámbulo de su comentario de las

---

[27] Véase mi obra sobre *El universo invisible*, 215.

Categorías. Elías nos dice que entre los escritos *suntagmatika*, los unos son autoprosopa, porque Aristóteles habla sólo dirigiéndose al lector, y que estos escritos se identifican con los llamados también acroamáticos, mientras que los otros son diálogos, y reciben la calificación de exotéricos (διαλογικα α καί έξωτερικα λεγονται). Los primeros redúcense a un conjunto de notas, que el autor destinaba a su propio uso, y que habría que someter a un nuevo examen, al paso que los segundos, metódicos y regulares, se redactaron para los lectores poco aptos en filosofía. Así, en los escritos aeroarnáticos, Aristóteles emplea las demostraciones necesarias, y, en los exotéricos, procede por razones encaminadas a persuadir.

La distinción anterior nos lleva a la que divide los escritos de Aristóteles en publicados y no publicados o apenas publicados. Pongamos que Quintiliano haya consultado el tratado de *Rethoricen* y los *Topicorum*. Cicerón, que se alaba de haber leído esas obras, no las conoce más que de segunda mano. Thurot[28] observa que, cuando Cicerón anuncia que va a seguir al Estagirita, la verdad es que sus *Topicorum*, si se los examina de cerca, no guardan relación con los textos del filósofo griego que el orador latino invoca. En todo caso, ni el tratado de *Rethoricen*, ni los Topicorum, pueden haberles dado a Quintiliano y a Cicerón la idea que se formaron del estilo aristotélico. Por eso, muchos críticos rechazan la división apuntada, y vuelven a la división tradicional, que está corroborada por multitud de testimonios. Cicerón, en su tratado *De finibus*, asegura que Aristóteles y Teofrasto dejaron dos géneros de escritos, uno de los cuales popularites scriptum quod έξωτερικόν apellabant. Clemente Alejandrino habla también de έξωτερικα κοινα τε καί εσωτερικα. Aulo Gelio opone asimismo los esoterika a los exoterika. Plutarco, en su *Vita Alexandri*, hace igual distinción, e identifica a los exoterika con los diálogos. Por último, Estrabón consagra la diferencia entre ambas clases de escritos, y juzga a los exotéricos como obras dialécticas.

Después de haber seguido la división tradicional de los escritos de Aristóteles, falta considerar los pasajes en que el mismo filósofo griego habló de sus discursos exotéricos. Hay cuatro interpretaciones de esos pasajes: 1) la antigua interpretación de Santo Tomás, según la cual los discursos exotéricos tenían la significación de consideraciones hechas al margen de las cuestiones tratadas; 2) la moderna interpretación de Zeller, para quien eran las obras dadas al público, las que circulaban fuera de la escuela peripatética, aquellas en que el filósofo griego salía de si mismo,

---

[28] *Cioéron et la réthorique d' Aristote*, 2.

para perseguir un objeto exterior; 3) la interpretación de Thurot, que los mira como discusiones orales de Aristóteles, en las que se seguía el método dialéctico; 4), la interpretación de Ravaisson, muy semejante, que ve en ellos escritos confeccionados con arreglo a tal método, y redactados en forma de diálogo. El propósito de hacer del conjunto de las obras de Aristóteles una enciclopedia perfecta e íntegra, y de suplir los desarrollos y los complementos que le faltan, ha inducido a muchos autores a fantasear casi a priori cosas que de ninguna manera constan en la tradición bibliográfica de la escuela peripatética. ¿Que pensar, por ejemplo, de aquella nuestra obra sobre la filosofía, mencionada por el mismo Aristóteles en el capítulo II del libro II de los *Physicorum*, y a la que remite, con ocasión de los dos sentidos en que, según él, debe tomarse la causa final?[29] ¿Era un tratado esotérico o un discurso exotérico? ¿Se trata quizá de su grande obra de *Exhortación a la filosofía*, perdida o no publicada, pero de cuya existencia no cabe dudar, puesto que consta por las referencias que el propio Estagirita hace de ella, con motivo de comparar el estilo isocrático con el platónico? He aquí lo que ignoramos y acaso ignoraremos siempre. Y es que, en materia tan confusa, todos los esfuerzos de la crítica se estrellan contra la oscuridad de los documentos y la inseguridad de los testimonios.

Las obras del Estagirita que hasta nosotros han llegado ¿son las esotéricas, reservadas a los discípulos predilectos, o las exotéricas, que sólo se ocupaban de cuestiones preliminares? La respuesta no es difícil, porque, por un extraño capricho de la historia, y con la excepción única, en todo caso, de la Constitutio Athenae, ni una sola obra de las exotéricas se ha conservado. Las que poseemos, y que circulan como de Aristóteles, encuadran todas en el grupo de las esotéricas, lo uno por la asombrosa fuerza de abstracción que en ellas se derrocha, por el tipo de elevación a que responde su contenido, por el esfuerzo que allí se hace para alcanzar las mayores alturas de la ciencia, y lo otro por curarse menos del estilo su autor, ya que, en las exotéricas, al cabo destinadas a lecciones públicas, predominaba el buen decir. Por lo demás, engañaríase gravemente quien creyera que, en el Aristóteles actual, existen obras determinadas y personales, como los diálogos de Platón, y equiparables a ellos desde el punto de vista filológico, técnico, artístico y literario. Tenemos únicamente ὁπομνήματσ esto es, notas recordatorias de escuela, bien que sometidas, desde el comienzo del Peripato, a numerosas correcciones y transformaciones, mediante las cuales los discípulos del Estagirita

---

[29] Véase a Heitz, *Die verlorenen Schriften des Aristoteles*, 180.

intentaron reconstruir, piedra por piedra, el demolido edificio de la tradición aristotélica. Diversos escolarcas pusieron en este trabajo de elaboración sucesiva sus manos y su entendimiento, aportando, un día y otro día, nuevos cambios de plan y nuevas formas de redacción. Ello explica el lenguaje variado e insinuante, los hechos recordados sin consignación explícita, las repeticiones, los pasajes encubiertos y las contradicciones de detalle. Ello explica también las innumerables controversias que en torno a la autenticidad de las obras de Aristóteles han surgido siempre, y que todavía perduran, siendo de lamentar que esas obras, ya oscuras por sí mismas, lo fuesen aún más en manos de los comentadores. Hay muchas con iguales títulos que las de los peripatéticos Teofrasto, Eudemo y Teodecter, y esto principalmente dio pie a las dudas. Los críticos optimistas señalan, como hecho incontrovertible, la serie no interrumpida de comentadores desde Adrasto, Andrónico de Rodas y Alejandro de Afrodisia, que sostienen ser auténticas las obras por ellos apostilladas, fundándose en la unidad de pensamiento y de estilo, ó sea, en la identidad de fondo y de forma. Pero los críticos exigentes y descontentadizos no se han conformado con un argumento tan general, han movido disputa sobre los pormenores que más ilustran, han andado muy remirados en aseverar las cosas, limitándose, en muchos casos, a dar a la autenticidad de las obras de Aristóteles calificación de probable, y han deducido que varias de ellas carecen de valor autosotérico ante el tribunal de la erudición. No me propongo entrar por ahora en lid, pues cada uno de los volúmenes que formarán mi traducción de las obras completas de Aristóteles irá precedido de la crítica documental e interna del libro o libros que en él se incluyan. Aquí sólo quiero dar al lector una visión sintética o de conjunto de la bibliografía aristotélica, a fin de que entre con la preparación necesaria en el estudio de la obra cuya traducción ofrezco hoy al público de habla española.

Omito, claro está, las primicias filosóficas del ingenio de Aristóteles. Nada queda de esa producción juvenil, aunque sepamos que su primer escrito fue una epístola compuesta al modo isocrático, y en la que exaltaba la vida contemplativa, por oposición a la vida práctica (προτρατιχος είς φιλοσίαν) criterio irrevocable, para él, que no lo abandonó en momento alguno de su laboriosa y fecunda existencia. Preocupado por la historia de la filosofía anterior a él, preludió sus trabajos con la crítica escribiendo el tratado *De Xenophane, Melisso et Gorgia*, que conservamos en el tomo I de la edición Didot.[30] Comparando entre sí el mérito de las escuelas jónica, itálica, abderense, eleática y platónica, que le habían precedido, echó abajo varios de sus sistemas, a favor de un examen crítico, injusto a veces, pero que procuró elementos a la historia de la filosofía. A ratos, parece retroceder de Sócrates a Tales, y reducir la realidad cósmica a un principio puramente físico, la vida orgánica a un hilomorfismo evolucionarlo, y las ideas a la sensación, si no fuera que, distinguiendo ésta de las nociones necesarias y absolutas, se acerca al idealismo de Platón, aun en los puntos en que le combate.[31] Así, en su crítica de la teoría de las ideas, se limita a hacer a éstas inmanentes en las cosas, y lo único que reprocha a Platón es haberlas separado de las cosas mismas, haciéndolas trascender del mundo fenomenal. Pero uno de los más importantes diálogos de la juventud, que citan Plutarco, Cicerón y casi todos los comentaristas, y que la crítica reputa auténtico, el *Eudemuss sen de ánima*, nos revela un Aristóteles platónico por la doctrina y hasta por el estilo, pues no es más que una imitación del *Fedón*. Otros diálogos de la misma época se citan como evidentemente apócritos, y fueron ya señalados como tales por Hesiquio de Mileto. Algunos, sin embargo (como aquel en que habla de la bigamia de Sócrates), parecen auténticos o menos dudosos.

Mas lo que importa considerar aquí es que la causa de tantas dudas en punto a la autenticidad de los escritos científicos de Aristóteles estriba en la circunstancia de que tales escritos no se publicaron íntegramente. Esto ha hecho que, en torno a ellos, la crítica se haya visto forzada a atenerse a los dos relatos clásicos de Estrabón y de Plutarco. El relato del primero,[32] contenido en el libro XIII de su *Geographica*, dice que en Escepsis, ciudad de la Troada, habían nacido dos filósofos socráticos (es decir, dos discípulos de Platón), Erasto y Coriscos. El hijo del último, Neleo, fue discípulo de Aristóteles, y después de Teofrasto, a quien el maestro había legado su Biblioteca. Teofrasto, a su vez, la transmitió a Neleo, en unión de la suya propia. En lugar de dar al público tesoro intelectual tan rico, Neleo lo llevó a Escepsis, y lo transfirió a sus herederos, gente ignorante (ἰδιόταις αντρωποίς), que lo pusieron bajo llave. Sabedores, empero, de que Atalo, rey de Pérgamo, hacía buscar por tierra y por mar libros para su rica Biblioteca, que competía con la de Alejandría, escondieron la de

---

[30] Por apócrifo tienen muchos críticos ese tratado. Mas sus razones no son del todo convincentes.

[31] Cantú, *Storia universale*, III, XXII.

[32] Hace de él un buen resumen crítico Mullach, en sus *Fragmenta philosophorum graecorum*, III, 294, 301.

Aristóteles en una cueva, donde permaneció ochenta y siete años, y donde la humedad y la polilla debieron alterar los textos. El año 100 de Cristo, los adquirió muy caros Apelicón de Teos, ciudadano de Atenas, el cual, más bibliófilo que filósofo,[33] transcribió a su arbitrio las letras, llenó torpemente alguna de las lagunas, y publicó los textos cuajados de faltas.[34] Depositados después en la Biblioteca de Atenas, allí continuaron, hasta que, tomada la ciudad por Sila (el año 85 antes de Cristo), el vencedor las transportó a Roma, donde pasaron a manos del gramático Tiranión.[35] Partidario éste de Aristóteles, sobornó al guardián de la Biblioteca en que estaban las obras del filósofo, las tuvo a su disposición, e hizo sacar varias copias. Pero los escribas eran malos, no se tomaron el trabajo de confrontarlas con los originales, y las copias resultaron defectuosísimas, como ocurría entonces con todas las que se destinaban exclusivamente a la venta.

Veamos lo que Plutarco, en su Vita Silae, añade al relato de Estrabón, cuyo testimonio, si posee algún valor informativo, es por haber sido discípulo del mismo Tiranión, el autor de la Geographica. Según Plutarco, a su regreso de Asia, en que combatiera con Mitrídates, partió Sila de Efeso para Atenas, y, en esta ciudad, recogió la Biblioteca de Apelicón, "en la que se encontraba la mayor parte de las obras de Aristóteles y de Teofrasto, que hasta entonces desconocían muchos". Trasladadas a Roma, Andrónico de Rodas, por conducto de Tiranión, consiguió copiarlas, y las

---

[33] De aventurero y mero aficionado a la filosofía califica Ateneo a Apelicón. Parece, a creer a Ateneo, que Atenión (a quien Plutarco, en su Vita Silae, llama Aristión o Aristón), que gobernó en Atenas hasta la toma de esta ciudad por Sila, sin ser uno de los jefes de la escuela peripatética, sentía por ella vehementes simpatías, y que, por eso, eligió por teniente suyo a Apelicón, que fue derrotado en Delos por el romano Orobio. Esto explicaría que Sila se apropiase su Biblioteca.

[34] En tanto se pudrían en Escepsis los manuscritos de Aristóteles y de Teofrasto, los sucesores de éste, no teniendo a mano más que algunos libros exotéricos, cultivaban más la dialéctica que la filosofía propiamente dicha. Los que vinieron después filosofaron y aristotelizaron mejor, aun considerando las deficiencias en que la edición de Apelicón abundaba.

[35] Con arreglo a los informes de Plutarco, era Tiranión un ateniense, que, para escapar al despotismo de Aristón, se había refugiado en Amiso (Ponto Euxino), donde pasaba por un hábil cultivador de la gramática. Durante la guerra de los años 74 a 72 antes de Cristo, cayó en poder de Lúculo, y fue reducido, más o menos explícitamente, a la esclavitud. Lúculo se lo regaló a su teniente Murena, que se lo había pedido. A su regreso a Roma, el año 66 antes de Cristo, Murena lo libertó. Tiranión instruyó a los hijos de Cicerón, y debió morir viejo.

editó, con los títulos que llevaban en su tiempo, el año 50 antes de Cristo, no sin alterarlas con adiciones y con cambios de gran monta. De suerte que, conforme a este segundo relato, los antiguos peripatéticos, hombres de mérito y de sabiduría, no parecen haber consultado más que una pequeña e inexacta porción de los escritos de Aristóteles y de Teofrasto, a causa de la ignorancia e incuria de los herederos de Neleo.

Pero los relatos de Estrabón y de Plutarco se hallan en contradicción con el de Ateneo, quien afirma que Ptolomeo Filadelfo compró al propio Neleo las obras de Aristóteles, y que las colocó en la Biblioteca de Alejandría. Dejando aparte la cuestión, suscitada por algunos críticos, de si Neleo vendió los originales que poseía, o simples copias de ellos, quedan en pie otras cuestiones de mayor importancia. Si los parientes de Neleo eran tan poco instruidos, ¿cómo encerraron los escritos en un subterráneo, para librarlos de la avidez bibliománica del rey de Pérgamo? ¿No andarían mezclados los escritos de Aristóteles con los de Teofrasto? ¿Por ventura las obras científicas de Aristóteles no podían existir más que en la Biblioteca de Neleo? No parece fácil que esas obras desaparecieran, de súbito, a la muerte de Teofrasto. ¿Cómo Diogenes Laercio, Alejandro de Afrodisia, Simplicio, Hermipo, que escribió un libro sobre Aristóteles, y Cicerón, que tuvo a Tiranión en su casa como preceptor de sus hijos, no hablan de la misteriosa desaparición de tales obras? Por otra parte, Demetrio Falereo, discípulo de Teofrasto y uno de los organizadores de la Biblioteca de Alejandría, ¿había de prescindir de ellas? ¿Acaso no se conocían en otras escuelas filosóficas, además de en la peripatética? ¿No dice Cicerón que Penecio y Herilo de Cartago estaban sin cesar nombrando a Aristóteles? Los megarienses, encarnizados enemigos de éste en vida, ¿no prosiguieron, después de su muerte, la polémica contra su doctrina? Estilipón, el último de los megarienses, escribió un diálogo, intitulado *Aristóteles*. ¿Y las referencias al Estagirita del epicúreo Hermarco?... Resulta, pues, inverosímil que sólo Apelicón hubiese gozado entonces del privilegio exclusivo de manejar a Aristóteles directa e íntegramente.

Por la índole de los asuntos que desarrollan las obras del Estagirita se han dividido en teoréticas, orgánicas, lógicas y prácticas. Entre las primeras, figura el libro de los *Physicorum*, cuya versión española tiene el lector entre las manos. No voy a presentar ahora su estudio analítico, tarea que reservo para más adelante. Sólo quiero indicar las relaciones que la física de Aristóteles guarda con su metafísica. Este término metafísica ha sido introducido en el lenguaje filosófico por Aristóteles, o más bien, por sus comentadores, y significa propiamente la investigación de la razón suprema de las cosas, o la explicación transcendental de éstas por sus principios primeros y por sus fines últimos. Aristóteles, pensador que, a pesar de su espíritu positivo, se condujo siempre por miras más altas que las de los jonios, siguió fielmente, en este punto preliminar y capital, la tradición de su maestro, continuador a su vez de la tendencia intelectual de Parménides y de la escuela eleática, que había sacado a la filosofía de las estrechas vías del sensualismo y del empirismo, en que la colocara la escuela jónica. Los primeros filósofos griegos se habían detenido en la superficie de las cosas, o dígase, en la apariencia de los fenómenos, sin querer reconocer, por encima de ellos, la substancia inmutable que los produce y que los explica. Por el contrario, los filósofos griegos posteriores admitieron, además del conocimiento sensible y del mundo fenomenal, un conocimiento transcendente y un mundo Inteligible, capaces de satisfacer plenamente al pensamiento, y de explicar de una manera amplia y completa la realidad. El objeto propio de la filosofía fue, desde entonces, el ser, y el Estagirita pudo aprovechar con fruto esta idea, y conciliarla con su austero realismo. Según él, la sensación no es más que la condición o causa ocasional del conocimiento, y, amén de las ideas variables y determinadas que de las cosas sensibles nos formamos, hay todo un orden de nociones transcendentes, que el espíritu humano necesita esclarecer, para poder penetrar en la naturaleza intima de los seres, y para poder discernir los elementos subjetivos y objetivos de sus representaciones. Este singular e interesante estudio, que Aristóteles llamó filosofía primera, y del que habla en dos pasajes de los Physicorum, fue ya conocido, si hemos de dar crédito a Plutarco, en el primer siglo de nuestra era. Y, más tarde, cuando los comentadores de Aristóteles empezaron a coleccionar y a ordenar sus obras, se encontraron, después de haber registrado los tratados de física, de lógica y de moral, con unas disertaciones de extraño carácter, que no correspondían a ninguna de las ramas conocidas del saber, y a las que, a falta de otro mejor, pusieron el título de metaphysica, como si dijéramos post-physicam o supraphysicam, esto es, ciencia, que debe tratarse después de la física, ciencia que está sobre o por encima de la física, ciencia que tiene por objeto de su inquisición cosas superiores a la física o a la naturaleza material, ciencia que versa sobre lo que hay de inmaterial y de general en las mismas cosas materiales y concretas a las que mira siempre desde un punto de vista, abstracto, ciencia de las causas primeras y de los seres suprasensibles, ciencia, en una palabra, que representa la continuación o el complemento de la física, pero que, por lo mismo, raya a mayor altura que ésta (μετά τσ φυσικα) Tal es, según los autorizados testimonios de Porfirio y de Alejandro de Afrodisia, el origen de la palabra "metafísica", introducida, al parecer, en la ciencia por Andrónico de Rodas. Desde entonces, se viene utilizando ese nombre, hoy ya técnico, para designar las investigaciones que, pasando más allá de las formas del pensamiento y de las facultades de la inteligencia y del alma, penetran en las formas del ser y en el fondo íntimo de la realidad y de la vida.[36]

No son pocos los críticos que creen probable sea inauténtico el libro de los *Metaphysicorum*, aún no creyéndole posterior a *Eudemo*, y considerándole como una especie de introducción a los *Physicorum*. Carteron[37] no vacila en afirmarlo, si bien estima lícito invertir ese orden, puesto que, siendo el objeto de la física la realidad sensible, por sí misma nos pone en el camino de la metafísica, que es el estudio de la realidad primera. Sin embargo, el ser natural no posee más actualidad que aquélla de que un móvil es susceptible. La naturaleza es un compuesto de materia y de forma, y el estudio de la forma individual o específica no es esencial al físico más que en concepto de causa motriz y de causa final, mientras que el metafísico sólo atiende a la forma pura.[38] Una excepción única, aunque capital, señala Aristóteles, en el libro VIII de los Physicorum. A su parecer, el físico debe alcanzar el primer motor, de suyo inmóvil y forma pura, so pena de dejar el universo visible inexplicable en su condición fundamental. Pero, si la metafísica penetra la física, coronándola, la física presta también ayuda a la metafísica, porque la teoría de la substancia no puede prescindir del movimiento, dado que la materia y la forma son igualmente eternas e increadas. La dificultad que se experimenta en distinguir las dos disciplinas es característica del dualismo aristotélico.

En el punto a que han llegado nuestros conocimientos críticos, sería la mayor de las ligerezas negar la manifiesta autenticidad de los principales libros de los *Metaphysicorum*. El I o Alfa, que sirve de introducción a la obra, considéranlo evidentemente apócrifos varios eruditos, y ya los antiguos lo atribuían a Pasicies de Rodas. La tradición testifica que Aristóteles legó los Metaphysicorum, que no había acabado, a Eudemo, el cual no los terminó tampoco. De aquí las interpolaciones y un desorden

---

[36] Los mejores comentarios sobre la metafísica de Aristóteles son, aparte el ya antiguo de Tartareto, titulado *Clarissima singularisque totius philosophice necnon Metaphysice Aristotelis expositio* (1494), los modernos de Biese, *Die Philosophie des Aristoteles in ihrem infieren Zusammenhange* (1835); Michelet, *Examen critique de Pouvrage d'Aristote intitulé la Métaphysique* (1836); Ravaisson", *Essai sur la métaphysique d'Aristote* (1838); Bonitz, *Observationes criticae in Aristotelis libros metaphysicos* (1842); Christ,. *Studia in Ansíeteles libros metaphysicos collata* (1853); Essen, *Bemerkungen über einige stellen der Aristoteles Metaphysik* (1862); Rolphes, *Aristoteles Metaphysik* (1904); Sentroul, *L'objet de la métaphysique selon Kant et Aristote* (1905).
[37] *La physique d'Aristote*, I, 17.
[38] Cantú, Storia *universale*, III, XXII.

tal, que San Agustín consideraba un prodigio que se llegase a comprender un tratado tan descentrado y tan abstruso. Después de haberlo leído cuarenta veces, Avicena confesaba que no lo entendía bien.[39] Sospecho que aquí está la causa de que muchos lo hayan declarado inauténtico, o, a lo menos, dudoso. Ningún otro, en efecto, de los tratados de Aristóteles, ofrece vicios más radicales en la esfera de la especulación, ni se presta a confusiones más graves cuanto a las nociones primeras o a las ideas matrices.

A las veces se supone que lo típico de Aristóteles en cuestiones de física es no haber tenido más que conocimientos confusos o falsos de mecánica, reproche que el mismo Bossuet dejó pasar por los puntos de su pluma. Sin embargo, tal suposición es errónea. Cierto que muchas de sus ideas sobre el mundo visible proceden de observaciones deficientes de los hechos naturales, y que a los libros en que expuso dichas ideas sólo les queda hoy valor arqueológico o de recuerdo histórico, por más que en otro tiempo gozasen algunos de alta y merecida estimación. El examen de esos libros solamente es útil como testimonio de su saber y del saber de su tiempo. Mas, por lo mismo, resulta admirable descubrir los innumerables puntos en que Aristóteles se anticipó a la ciencia de nuestros días, determinando, con mayor o menor precisión, pero siempre con intuición certera, verdades físicas que entran en el acervo de los conocimientos contemporáneos. Tal sucede, y es fácil notar, en sus dos tratados capitales *De mundo* y *De coelo*.

Los cosmología del Estagirita contiénese en el tratado De mundo ad Alexandrum. Aunque este libro se atribuye a otro autor, puede juzgársele, por ser muy antiguo, como de igual autoridad que si fuese aristotélico. En una época en que los estudios mecánicos, estáticos y ópticos estaban todavía en mantillas, produce admiración la hondura de puntos de vista con que Aristóteles sorprende los más oscuros misterios de la naturaleza. Discurriendo por tan vasto reino, no pasa sin atribuir el movimiento de rotación a dos fuerzas centrales,[40] que coinciden, en el fondo, con la centrípeta y la centrífuga de los modernos físicos y astrónomos. Sabedor

---

[39] *Physicorum*, I, IX.

[40] De *mundo*, II, III, No sería justo olvidar la prioridad de Platón respecto a Aristóteles en el abordar e ilustrar tan importante punto. Esa prioridad ha sido puesta en claro por Grote, en la obra que intitula *Plato's doctrine respecting the rotation of the earth and Aristotle comment upon that doctrine*. A esclarecer el mismo tema dedicó Zeiler uno de los capítulos más interesantes de su monografía *Ueber die Lehre des Aristoteles von der Ewigkeit der Welt*. También lo toca Gomperz, en su erudito libro sobre *Les penseurs de la Gréce*.

Aristóteles de que ciertos eclipses de luna y ciertas estrellas visibles u observables en Egipto no lo eran en Grecia, infirió la redondez del globo, cuya superficie calculó en 400.000 estadios,[41] sin incurrir en pecado de excesiva inexactitud, antes atinando en lo general, puesto que entendió no hallarse España a demasiada distancia de las Indias, lo que, siglos más tarde indujo a Colón a arriesgarse en la búsqueda de un continente transatlántico.[42] Fundado en el hecho de esa forma esférica de la tierra, Aristóteles formuló bastante claramente la ley de la gravedad de Newton, considerando el peso de los cuerpo como una tendencia de éstos a ir hacia el centro (*pùnto a cui son tratti d'ogni parti i pesi*, que repetiría, en la Edad Media, el Dante). Según él, las partes tienden hacia ese centro, en todos los sentidos, con una fuerza igual y a distancias iguales. En este punto, Aristóteles profundizó la cuestión, casi virgen en su tiempo, de la pesantez, tanto absoluta como específica, y declaró, con legítimo orgullo, haber analizado la primera antes que ningún otro investigador.[43] En su tratado *De coelo*, presintió el principio de Arquímedes, base de la hidrostática, al indagar por qué un pedazo de madera es más pesado en el aire que en el agua.[44] Partiendo del postulado físico de que el fuego es imponderable y el aire ponderable, consiguió pesar el último, afirmó la presión atmosférica, y adivinó la utilidad que de ella se puede derivar para la construcción de las máquinas hidráulicas. No tengo por cosa fácil conjeturar en qué se fundó para mezclar con tan felices, intuiciones aquel horror al vacío, que por tanto tiempo prevaleció en la tradición científica, hasta que el saber moderno dio con él al traste. Por muchos que fuesen los atisbos de verdad en la apreciación de los hechos, faltábale la exactitud en algunos de los ensayos que intentó para aclararlos. Sin embargo, alcanzó esa exactitud y se anticipó a la ciencia moderna, cuando aplicó a las máquinas no hidráulicas el sistema de las fuerzas compuestas, que imprime a los cuerpos un movimiento en dirección a la diagonal del paralelogramo. Desgraciadamente, se equivocó al buscar la causa de que la palanca o la balanza de brazos desiguales ponga en equilibrio pesos diferentes, causa que encontraba en las propiedades del círculo, no sorprendiéndole que una figura geométrica tan rica en maravillas

---

[41] Gosselin, *Mesures itinéraires*, 18 (en la traducción del libro I de la Geographica de Estrabón)
[42] Véase a Jourdain, *De l'influence d'Aristote et de ses interprètes sur la découverte du Nouveau-Monde*, 10, 18, 45, 61.
[43] *De mundo*, IV, III.
[44] *De coelo*, IX, iv.

determinase una maravilla más.[45] De todos modos, tenemos en Aristóteles mucho de doctrina mecánica adonde volver los ojos y el pensamiento, pues, con mayor conocimiento de los temas que otro alguno de sus coetáneos, estudió los aspectos concretos del movimiento uniforme, analizó con relativo acierto el movimiento curvilíneo, y explicó de una manera sugestiva, aunque incorrecta, la gravitación. En lo que estuvo más firme fue en declarar la acción combinada de los remos y del timón, y bien se advierte que le era familiar, no sólo el hecho de que la acción del poder es tanto más eficaz cuanto más dista de su punto de apoyo, pero asimismo las condiciones necesarias para el equilibrio. La observación de Marte cubierto por la luna llamó su atención, y dedujo que aquel astro nos presenta siempre la misma cara. En el indicar el motivo del centelleo de las estrellas, anduvo peor orientado, porque hizo partir los rayos del ojo. No nos detengamos en esta hipótesis, contraria a las modernas. Pero cierta cosa es que Aristóteles fue el primero en dilucidar la redondez del espectro de los rayos solares al pasar por una abertura cualquiera,[46] y el primero que, antes que Galileo, sostuvo que las mareas dependían de la luna.[47] Ni se olvidó de tratar de descubrir el mecanismo de la visión y de la voz, no sin éxito, puesto que, si no llegó a la certidumbre apodíctica y a la verdad exacta en lo referente a ambos fenómenos, estuvo a dos pasos de eso, como se ve meditando sus tratados *De coloribus y De audibilibus*. Pocas obras pueden presentarse, en la historia de la ciencia griega, por modelos (como lo son esas dos) de amena investigación, de análisis altamente correctos y de arte prodigioso en el desenvolvimiento del asunto, así como de orden y de método en la exposición. Tan excelentes cualidades facilitaban muchas veces a Aristóteles los medios de remediar sus propios errores, en medio y a pesar de los cuales llegó a veces a concepciones ingeniosísimas. El mismo espíritu reina en su libro *Naturalem auscultationem*[48] y en su tratado *De mechanica*, donde revela poseer aquella familiaridad con el manejo de las observaciones que sólo por el trabajo propio se adquiere, amén de su atenimiento escrupuloso a las reglas del procedimiento científico necesario para examinar y para juzgar

---

[45] Capelle, *Aristotelis quaestiones mechanicae*, 18, 21. Compárese con Mentucla, *Histoire des mathématiques*, I, III.

[46] *De coelo*, II, XIV; IV, IV. Compárese con el *De partibus animalium*, II, II.

[47] *Demirabilibus auscultationibus*, LX.

[48] Véase a Prantl (*Simbolae criticae ad Aristotelis physicas auscultationes*, 34, 81), y a Zebolt (*In Aristotelis placita de physica auscultatione ver de principiis*, 44, 78).

con acierto los resultados de los estudios ajenos. Aunque a ratos se ladea, desbarra y desatina, por entre las dudas, las confusiones y las equivocaciones, acierta a menudo en la solución dada a algún problema físico o astronómico. ¡Qué de ilusiones y de despropósitos no resaltan en sus libros *De mundo* y *De coelo*! Y, sin embargo, el Estagirita, como antes Anaxímenes y Jenófanes, y como después Piotino y Jámblico, sostuvo la pluralidad de mundos habitados, y frases suyas implican el conocimiento de telescopios primitivos y de cristales de aumento.[49]

Meteorologicum libros quator es una obra en que los fenómenos intermitentes de la naturaleza exterior se examinan con tal poder de observación sutil, que difícilmente hubiera podido darse en aquella época otra obra del mismo género que alcanzase a superarla. Contiene, es verdad, errores de bulto, como aquel que hace de la Vía Láctea un meteoro permanente. Pero, en conjunto, abunda en puntos de vista sugestivos y en aciertos de gran precisión. Aristóteles procuró darse cuenta de los cambios que sufren el aire y el mar, así como de la violencia y de la dirección de los vientos, y explicó de un modo correctamente científico el enfriamiento causado por un cielo sereno, y la formación del rocío como consecuencia de tal fenómeno. Tampoco anduvo muy distanciado de la verdad en sus hipótesis sobre los volcanes y sobre los temblores de tierra, que atribuyó a la fluidez del núcleo interior del globo. Llevole este atisbo a presentar la teoría del calor central cuya existencia probable estimaba de acuerdo con el aumento de temperatura en el interior del planeta, con las aguas termales y con los efectos volcánicos. En suma: en esto, como en otras cosas, la meteorología dio un gran paso de avance con las doctrinas desarrolladas en el tratado aristotélico.

También lo dio la historia natural. *La Mineralogía* no se atribuye a Aristóteles, sino a su discípulo Teofrasto. Pero ambos debieron tomar parte en su composición. Aristóteles fue el primero que hizo mención de las concreciones cristalinas que hoy llamamos estalactitas y estalagmitas, y el primero asimismo que enlazó la mineralogía con la geología, viendo en las rocas efectos producidos, en los primeros días de la naturaleza, por el cuajamiento en masa de una zona esférica compuesta de materias ligeras, y de otras que habían pertenecido a zonas algo más superficiales. Para Aristóteles, los minerales, pétreos o metálicos, no constituyen grado alguno del ser natural que no esté comprendido en los cuatro elementos o cuerpos simples. En los tiempos modernos, las investigaciones de Boyle, Hales, Priestley, Macque, Sthal y Bécquer han corroborado, con sus

---

[49] Véase mi obra sobre *El universo invisible*, 77.

investigaciones químicas, la doctrina peripatética, y no sin asombro confiesa Fredault que "al presente tratamos como principios de las substancias compuestas los cuatro elementos, tierra, agua, aire, fuego, que Aristóteles había indicado hace siglos".

En materia de botánica, nos queda su tratado *De plantis*,[50] donde describe la fisiología de la raíz, la dirección de las ramas, el movimiento de las hojas, la germinación de las semillas, los accidentes de la floración, la formación de los granos y de los frutos, pasando luego a indagar los internos fenómenos de esos elementos. A su juicio, es evidente que residen en la planta viva fuerzas mecánicas y físicas, que dan señales de obrar en ella como obran en las substancias materiales. Pero no es menos evidente que esas fuerzas no bastan por sí para apear las dificultades que surgen de las causas, tan diversas como misteriosas, que entran en juego en la vida de las plantas. En esta vida, que Aristóteles llama vegetativa, para distinguirla de la vida sensitiva de los animales y de la vida racional del hombre, aparece por primera vez la finalidad como rectora de la materia orgánica. No requieren esa finalidad los minerales, que son de suyo más toscos, firmes y duraderos, mientras que las plantas, como menos sólidas, compactas y estables, no podrían subsistir, si no recibiesen la soberanía del principio vital, que es su forma creadora. Aun los vegetales más imperfectos obedecen a esa soberanía, de la que no les priva su simplicísima estructura. Hierbas y árboles son seres propiamente orgánicos en cuanto derivan su unidad y su concierto de las rayos vitales, o sea, de una fuerza fisiológica, interna y activísima, que es inmanente a sus propiedades corpóreas, y que regula y modera sus funciones primarias, las cuales son: dar cabida al humor que las raíces roban a la tierra; correr de la savia, en mil vueltas y revueltas, insinuando los principios nutritivos por los vasos capilares, hasta comunicarlos a las hojas y a la corteza; ascender de la savia a abrir trato y comercio con la atmósfera, para tomarle prestados unos gases, y devolverle otros;[51] descender de la savia, rica y

---

[50] También se ha querido colgar a Teofrasto la paternidad de este tratado. Alejandro de Afrodina dice que sobre las plantas no existe más que libro de Teofrasto. Sin embargo, consta que Aristóteles determinó la estructura morfológica de las calabazas con gran aparato científico. Poseemos, además, obras de agricultura y de caza, que llevan el nombre de Aristóteles. Estas obras resultan sospechosas, por motivos de estilo, pero pueden ser labor de su juventud.
[51] Intuición poderosísima esta de Aristóteles al admitir gases atmosféricos, tomados y devueltos por la savia. Habla de gases en general, por no conocer todavía los dos que ha puntualizado la ciencia moderna: el ácido carbónico, que es el absorbido, y el oxígeno, que es el expelido.

abastada con los acopios de aire y de luz, haciendo escala en diferentes puntos, a fin de descargar la provisión de materiales que cada vaso ha menester; germinar de las flores en. que tienen su asiento los órganos deputados a la preparación dé los gérmenes; fecundación de los óvulos, merced al polen henchido de virtud seminal; producción de los frutos, mediante el ovario fecundo y la cubierta de las semillas; en fin, sazón y madurez. Todas estas operaciones vegetativas, que Aristóteles, casi por completo de acuerdo con la ciencia moderna, conocía y consignaba, parecíanle, por su delicadeza, blandura, variedad, viveza, gracia y fecundidad, de imposible explicación por las solas energías vulgares de la, substancia material, que es ruda, dura, grave, seca, estéril e inerte. Y no deja de ofrecer interés ver a Aristóteles señalar un fenómeno general, común a toda la vegetación terrestre, a saber: que, a diferencia del hombre y de los animales, carecen las plantas de tipo único, en quien se miren y se resuman todos los tipos. Este fenómeno general lo ha comprobado la paleontología en las criptógamas de los tiempos primarios, en las gimnospermas de los secundarios, y en las monocotiledóneas y las dicotiledóneas de los terciarios. Otra observación suya muy sugestiva concierne a la distinción entre la nutrición y el crecimiento de la planta, ininterrumpida la primera hasta la muerte del organismo, y detenido el segundo en un cierto volumen, por obrar una cierta composición de partes, y por realizar una cierta figura regular y simétrica, lo cual pide facultad diferente de la asimilación simple. Aristóteles considera estos hechos a la luz de su teoría de la generación. La vida vegetativa no preexiste en el germen, sino que está en potencia, y es traída al acto por ministerio de un poder derivado del generador. El óvulo procura la materia orgánica, y la fecundación determina la forma viviente.

Se puede decir que la zoología fue una creación de Aristóteles, como lo demuestra su tratado De animalibus, titulado, en algunas ediciones, De historia animalium. Buffon, en su Histoire naturelle, reconoce la fundación de la ciencia zoológica como propiedad legítima del Estagirita por las siguientes palabras: "La Historia animalium de Aristóteles es tal vez lo más selecto que poseemos en este género de estudios. A juzgar por los datos de su obra, parece que conocía a los animales mejor y desde puntos de vista más generales que los que hoy nos ilustran. Aunque los modernos hayan añadido sus descubrimientos a los de los antiguos, no sé que tengamos acerca de historia natural muchas obras contemporáneas que puedan competir con la de Aristóteles". Y, después de haber citado varios ejemplos, para demostrar cuán exacto conocedor de la naturaleza había sido el Estagirita, concluye diciendo: "Aristóteles acumula concertadamente los hechos, y no escribe una sola palabra que sea inútil. Dentro de un volumen pequeño, incluyó un número casi infinito de hechos diferentes, y no creo posible reducir a menores términos todo lo que tenía que decir sobre esta materia, tan poco susceptible de precisión, y para cuya exposición clara y ordenada se necesitaba un genio como el que él poseía. Aun suponiendo que hubiese sacado de todos los libros de su tiempo lo que contiene el suyo, el plan de la producción, la distribución de los asuntos, la elección de los ejemplos, lo acertado de las Comparaciones y un cierto colorido en las ideas que yo llamaría de buen grado carácter filosófico, alejan toda duda de que dejase de ser más rico en conocimientos que cuantos le prestaron auxilio". Obra exclusivamente suya fue, en efecto, el atrevido y realizado proyecto de compendiar en breves páginas todo el inmenso panorama del mundo zoológico, con su *Historia animalium*, donde reunió una multitud prodigiosa de hechos exactamente descritos, y donde puso la base de las clasificaciones de Linneo y de Cuvier. Y acrecienta el valor del libro la excelencia de su forma, pues, por su estilo alusivo y elíptico, por las anécdotas que se hallan indicadas, por las observaciones que constantemente se consignan, por los ejemplos que se prodigan sobremanera, por el encanto de difusión científica que en él prevalece, y por las fulguraciones de ingenio que relampaguean aun en las partes menos amenas o curiosas, no produce, ni la más leve fatiga, ni enfadosa aridez, en la lectura. Ahora, por lo que atañe a la autenticidad do la obra, la crítica sólo se la concede a sus nueve primeros libros. EL X y último no parece ser auténtico, porque contiene una doctrina antiaristotélica sobre los gérmenes femeninos.[52]

El primer libro de anatomía comparada que conoce la historia de las ciencias es el tratado *De partibus animalium* de Aristóteles. Antes que nadie, descubrió los nervios (llamados después por sus discípulos espíritus animales), distinguió las venas de las arterias, y advirtió los cuatro estómagos de los rumiantes. Observó, además, que el hombre posee un cerebro más voluminoso que ningún otro animal, que es el único que duerme echado sobre la espalda, que es el solo mamífero que tiene la pupila inferior resguardada por pestañas, y que los vasos sanguíneos van al corazón. Desde luego, resultaría absolutamente imposible restaurar la anatomía comparada de Aristóteles en cuanto se refiere a la explicación de

---

[52] Acerca del tratado zoológico de Aristóteles, han escrito, entre otros, Köhler, *Aristotelis de moluscis cephalopodibus commentatio* (1820); Prantl, *De Aristotelis librorum ad historiam animalium pertinentum ordine atque dispositione* (1843); Forschammer, *De ratione quam Aristoteles in disponendis libris de animalibus secutus sit* 1846); Meyer, *Thierkunde des Aristoteles* (1855); Wimmer, *Lectignes aristelicae e libris de historia animalium* (1861); Heck, *Die Hauptgruppen der Thiersysteme bei Aristoteles und seinen Nachfolgen* (1885).

los detalles, porque, entre otros errores, cometió el de hacer pasar de la tráquea al corazón el aire que respiramos, y el de suponer que la masa encefálica es un cuerpo húmedo y frío, destinado a templar el ardor cardíaco. Sin embargo, sería una injusticia grave dar por desahuciados algunos de sus puntos de vista, únicamente porque la empirie es insuficiente en ellos. No cabe dejar de consignar que los naturalistas modernos han llegado a muchos descubrimientos fecundos, inspirándose en los principios anatómicos del Estagirita. Cuvier confesaba que su ley de la correlación de los órganos, que le permitía reconstruir por entero un fósil con la observación de sólo una pequeña parte del esqueleto del animal fenecido, la había sacado del estudio y de la meditación del principio de las causas finales establecido por Aristóteles. En éste, se halla también la concepción teórica de las dos leyes de la unidad de la composición y de la desigualdad del desarrollo, leyes intuidas por Belon, definitivamente formuladas por Geoffroy Saint-Hilaire, y que han cambiado radicalmente la protología de las ciencias naturales, introduciendo en ellas la noción importantísima de la evolución, que Aristóteles había colocado en su cima.

Creador de la historia natural y de la anatomía compalada, Aristóteles lo fue también de la biología, entendida al modo moderno. Sus tratados De *generatione et corruptione*, De *generatione animalium*, De *animalium motione*. De *respiratione*, De *vita et morte*, De *longitudine et brevitate* "vitae y De *juventute et senectute*, están informados por una tendencia fundamental, que imprime carácter y sello inconfundible a sus ideas, y que ofrece mucho interés por la razón sola de que, en unión con los demás escritos de Aristóteles, han dominado en toda la ciencia durante dos mil años. Aristóteles era observador tan agudo como pensador ingenioso, y Haeckel,[53] al hablar del tratado De generatione, emite el siguiente juicio: "Podría alegar multitud de observaciones curiosas de la doctrina evolucionista de Aristóteles, para demostrar cuánto se había familiarizado este gran naturalista con las investigaciones ontogenéticas, y cuánto se había adelantado por esté respecto a los tiempos posteriores". En efecto: es un timbre glorioso de Aristóteles el haber encauzado la idea de la epigénesis en las vías de los hechos comprobados. Cuando considero que, en los tiempos modernos, filósofos como Leibniz, fisiólogos como Haller, y naturalistas como Bonnet, rechazaron tan fecunda idea, para sustituirla

---

[53] *Anthropogenik*, 24. Compárese con Huit (*La philosophie de la nature ches les anciens*, 190, 201) y con Meyer (*Der entwickelungs gedanke bei Aristotelis*, 90, 102).

por la de preformación, encaje o involución, hasta que Wolff volvió por los fueros de la verdad, en su Theoria generationis (1750): cuando esto considero, no puedo menos de admirar la penetración profunda con que Aristóteles sondeó uno de los mayores arcanos de la vida, estableciendo aquella su doctrina epigenética, que hoy comprueba a toda hora el microscopio. Mediante argumentos convincentes, demostró Aristóteles que la evolución de todo organismo consta de una serie de formaciones nuevas, y que, en ninguna de las sustancias, antecedentes, existe vestigio alguno de la forma del organismo acabado, antes son cuerpos sencillísimos, que tienen una significación muy diferente. El germen o embrión que de ellas resulta, muestra, en las diversas fases de su desarrollo, una composición interna y una configuración externa completamente distintas de las del organismo acabado, y nunca nos las habernos allí con partes preformadas o encajadas involutivamente. Al originarse un ser orgánico, nace, en la materia, algo que antes no fue, y la realidad de la epigénesis asegura la continuidad de la generación. Aristóteles abunda en opiniones de esta índole en lo tocante a la educción y a la mezcla de los elementos, es decir, a la actuación de las energías vitales en la constitución de las substancias orgánicas, y a la unión de estas sustancias, aun después de sufrir alteraciones en punto a sus cualidades. La bioquímica de nuestra edad anda todavía sobre las huellas de Aristóteles, como reconoce Dammer.[54] Y es que, lejos de engolfarse en indigestas lucubraciones, el Estagirita redujo la biología al estado de ciencia. ¡Ciencia inmensa por el número y por la variedad de los seres que pertenecen a su dominio, como asimismo por la muchedumbre de problemas que cada uno de ellos plantea a la inteligencia humana! Pero Aristóteles no se arredró ante tal cúmulo de obstáculos cognoscitivos. Deseoso de enlazar los conceptos de la biología con los por él expuestos en el campo de la física, no abandonó su noción central de movimiento, sin la cual no cabe dar un paso bien orientado en los estudios de la naturaleza. Su definición de la vida es más cabal y supera en mucho a las que han dado los sabios modernos, sin excluir a nuestro Letamendi,[55] que

---

[54] *Kosmos*, VII 105. Compárese con Pouchet (*La biologie aristotelique*, III, VI) y con Marchi (*Des Aristoteles Lehre von der Thierseele, introducción*).

[55] *Curso de patología general*, I, 133, 149. Letamendi reduce la vida a la ecuación $V = f$ (I, C), que quiere decir: "Vida es una función indeterminada de la energía *individual* y de las energías *cósmicas*".Fuera de otras tachas, esta fórmula cuadra solamente a los vivientes organizados, no a los espirituales, y más bien determina los actos vitales que la vida considerada en sí propiamente, siendo, por tanto, muy inferior a la definición de Aristóteles. Véase a Mir, *La creación*, 302.

es quien aspiró a formularla con precisión matemática. Para Aristóteles,[56] "la vida es el principio sustancial, que hace que un ser se mueva a sí mismo". Mas, por movimiento vital, Aristóteles no entiende un acto cualquiera, sino nacido de la actividad propia e interna del ser orgánico. Aquello decimos que propiamente vive, que en sí mismo tiene movimientos u operaciones autónomas, las cuales mudan y perfeccionan al ser orgánico, por virtud de un principio secreto y embebido en su centro mismo. Cuanto poseyere un ser orgánico actividad más íntima e identificada con su existencia, más alta vida gozará. Así como, en general, la verdadera esencia de toda generación consiste en su fin,[57] y lo mismo tiene aplicación a los seres orgánicos. Vivir es obrar, sin duda, mas no simplemente mediante acciones que muestren a los ojos la vida, sino mediante aquella sustancia eminente que con la operación se identifica e iguala, por ser la vida nombre sustantivo, como lo enseñó Aristóteles,[58] al declarar que "vivir para los que viven es ser". Todo viviente es un pequeño mundo (microcosmos), o sea, un todo, cuyas partes han de servirle de instrumentos. La vida es el fin, y la constitución corpórea es el medio que permite a aquélla formarse (ἐποίησε) Como por doquiera en la naturaleza, también en el ser orgánico es el τέλος o la tendencia a un fin el elemento esencial y supremo. La nutrición no es originariamente efecto del calor, pues, si bien se realiza con su auxilio, debe ser la conveniencia final la que la solicita y la encamina a una producción como a su fin.[59] En el organismo, se patentiza con singular claridad el hecho de que, en la naturaleza, no se trata primariamente de los elementos componentes materiales, sino esencialmente del carácter del todo a que sirven esos elementos. No lo entendieron así aquellos filósofos de que hace mención Aristóteles en el libro II de su tratado De *generatione animalium*, los cuales, privando a los seres orgánicos de iniciativa autónoma, redujeron su vida a simples movimientos mecánicos, los dejaron hechos máquinas artificiosamente labradas, dieron a la virtud de los átomos las propiedades e industrias que en los animales nos llenan de admiración, y, las sensaciones y las habilidades que tan parecidas son a las nuestras, las achacaron a la sutilísima fábrica de sus organismos. Empero, para concebir la formación orgánica, no se ha de atender a las fuerzas elementales, sino que es necesario e indispensable fijar la atención en la

---

[56] *Physicorum*, VIII, IV
[57] *De partibus animalium*, I, I
[58] *De anima*, II, V.
[59] *De anima*, II, IV.

actividad finalística de la forma del todo, que emplea aquellas fuerzas como instrumentos suyos. La necesidad de estos instrumentos debe concebirse como puramente condicional, pero en modo alguno como causal, con relación al fin, que es el concepto más noble de los que el naturalista maneja. La conveniencia final de la vida acompaña siempre a los procesos mecánicos de la naturaleza, y por conveniencia final de la vida entiende Aristóteles la manera de existir de los cuerpos organizados. La ἀναγηαία φόσις y la κατά τόν λόγον φύσις son rigurosamente distinguidas por él,[60] aunque no separadas, y repetida y expresamente exige que el naturalista procure señalar ambas causas: las mecánicas y las teleológicas. En su biología, trata siempre de hallar, apreciándolas con el debido esmero, las leyes generales de la conveniencia final.[61] "Dios y la naturaleza no hacen nada en balde" (o θεός καί ή φύσις ούδέν μάτην ποιοῦσιν) era su apotegma favorito. Adoquiera, la naturaleza da a una parte lo que quita a la otra, y nunca dota a un animal de más de un medio suficiente de protección. El caballo, por ejemplo, carece de cuernos, porque su defensa está en la ligereza de sus pies y en la fuerza de sus pezuñas. Parca, circunspecta y hacendosa, como una buena ama de casa, la naturaleza prefiere adaptar un órgano a muchos fines, mediante algunas transformaciones, a formar uno nuevo por entero. Comúnmente se vale de las partes generales para distintas funciones especiales, disponiéndolas con mucha prudencia y con estricta parsimonia. La boca, verbigracia, destinada in genere para la recepción de los alimentos, se emplea, además, para diversas otras operaciones, como la respiración, la sonrisa y el gesto de los labios, la manifestación natural de afectos y de pensamientos, etc. Vemos así que la naturaleza lo dispone todo cual lo suele hacer un varón sabio, que otorga a cada uno lo que pueda servirle de provecho,[62] utilizando las sustancias apropiadas, supeditando a ellas las renitentes, elaborando los miembros y los aparatos precisos para la consecución del fin totalitario del organismo individual, y produciéndolos en el orden de sucesión conveniente a su destino. Primero forma los órganos fundamentales (que, por lo mismo que lo son, poseen un carácter más general de requisitos que los otros), luego las partes más principales de la constitución corpórea, y, por último, los instrumentos de que ésta se sirve para ciertas acciones aisladas. En una multitud de pasajes, Aristóteles,

---

[60] De partibus animalium, I, II.

[61] Pesch, *Die grösse Welträtsel*, I, 418. Compárese con Zeiler, *Die Philosopie der Griechen*, II, 402.

[62] *De partibus animalium*, IV, x.

anticipándose al evolucionismo moderno, reconoce un tránsito continuo de lo inanimado a lo animado, de lo imperfecto a lo perfecto, de lo inferior a lo superior. "La naturaleza (dice)[63] efectúa tan paulatinamente el tránsito de los seres inanimados a los animados, que, a consecuencia de su continuidad, quedan ocultos el límite preciso entre ambos reinos y la posición de los miembros intermedios. Después del reino de los entes privados de vida, viene el de los vegetales, y, entre las diversas clases de éstos, no sólo se manifiestan diferencias de animación imperfecta o perfecta, sino que todo el mundo de las plantas parece como animado en comparación con las cosas inorgánicas, y como inanimado en comparación con los animales. Asimismo es continuo el tránsito de las plantas a la esfera zoológica, porque, respecto de algunos animales marinos, como los actinios y las esponjas, es lícito dudar si son animales o plantas... En algunos de esos organismos de transición no se nota ninguna sensibilidad, y en otros se advierte de modo muy ambiguo". El mismo progreso paulatino de la evolución vital se observa en la formación del cuerpo, en la manera de vivir, en la propagación, en la manutención de las crías, etc. Ostentando la fuerza de su talento en estas importantes cuestiones, estableció el Estagirita que las transiciones se suceden con tal continuidad, que un grado de vida no se distingue de otro sino en extremos insignificantes, a causa de la proximidad en que se encuentran. Sería extraño (δεινὸν γὰρ που) que esos grados se encontrasen inmóviles (ἐγκάθ-ηνται) en el proceso de la sucesión, y que no tendiesen conjuntamente (ξυντείνει) a una sola idea o forma (εἴς μίαν τινὰ ἰδέαν), sea alma, sea de otro nombre (εἴτε ψυχήν. εἴτε ὁ δεῖ καλειν).[64] En otra parte, Aristóteles ilustra el mismo asunto con nuevas luces. Llama analogía al lazo que predomina en las especies y en los géneros,[65] y que compone todas las formaciones y su diverso funcionamiento en una maravillosa e inquebrantable unidad, apareciendo por lo menos semejanza allí donde ya no es posible que la igualdad exista. Aristóteles procuró probar dicha analogía en todos sus aspectos. He aquí unos pocos ejemplos no más. A los huesos corresponden, en los peces, las espinas, y, en otros animales, las lorigas y las conchas. Para los vegetales, la raíz tiene la

---

[63] *De historia animalium*, VIII, I.

[64] En este punto, el criterio aristotélico se arrima mucho al platónico, como lo han hecho notar Ritter (Geschichte der alten Philosophie, II, 221) y Vacherot (Histoire critique de l'école d'Alexandrie, I, 10).

[65] Véase a Meyer (Thierkunde des Aristoteles, 334), a Trendelenburg (Historiche Beitrage, I, 151) y a Zeller (Die Philosophie der Griechen, I, 257).

misma importancia que la cabeza para los animales (homo est arbor inversa, que refrendaron después los latinos). Unión conexa e interna atraviesa todos los dominios de la naturaleza orgánica, siendo determinadas formas básicas las que, en las clases más heterogéneas de las cosas, se repiten convenientemente escalonadas. Hasta más allá de la totalidad de los seres orgánicos hace el Estagirita extensiva aquella analogía, viendo en el movimiento en general una especie de vida, y hasta de estímulo de varias sensaciones (πολλαί τινες αἰσθήσεις) y en el principio formal una equivalencia con el espíritu, concepto que un aristotélico moderno[66] amplía todavía, poniendo en comparación los tres grupos de actividades inorgánicas con la triple actividad orgánica. Así como el ser inorgánico establece su volumen y su tipo cuantitativo mediante el influjo combinado de la cohesión y de la dilatación, el ser orgánico se labra su estructura y su tipo cualitativo mediante el desarrollo lento y gradual de sus partes anatómicas. Así como las sustancias inorgánicas se mantienen en su estado por virtud de la fuerza de inercia, los organismos cuidan de conservarse por la nutrición, asimilándose y segregando constantemente materias alimenticias. Y, así como las cosas privadas de organización aspiran a comunicar sus propiedades a otras cosas, los individuos organizados tratan de transmitir su entidad específica a nuevos individuos por ministerio de la generación. El trabajo prestado en los procesos naturales puede medirse con exactitud por equivalentes estados de movimiento causados de cualquier modo en la materia, y toda injerencia de una fuerza extrínseca a la forma quebrantaría la serie de esos equivalentes, bien como "un desliz de pluma que ocurre en una ecuación correctamente planteada falsea todo el resultado del cálculo".[67] Sin embargo, el que se conciba el principio formal como causa formal, nada tiene que ver con el fisicismo, que lo somete todo a la consideración mecánica.[68] Las propiedades que observa el físico, en cuanto se hacen perceptibles a los sentidos, proceden, no del principio formal, sino de fuerzas materiales. Empero estas fuerzas no engendran de por sí el principio formal, que debe su origen, en cada caso, a un ser antecedente, dotado de energía generatriz.[69] Debo añadir que si Aristóteles, por las

---

[66] Pesch, Die grösse Weltratsel, I, 423.

[67] Lange, Geschichte des Materialismus, II, 273.

[68] Pesch, Die grösse Welträtsel, I, 341.

[69] Respecto de los vivientes, dice Aristóteles (De generatione animalium, II, I): σκληρά μὲν οὖν καὶ μαλακά καὶ γλίσχρα καί κραῦρα, καὶ ὅσα ἄλλα πάθη ὑπάρχει τοῖς ἐμψύχοις μορίοις θερμότης καὶ ψυχρότης ποιήσειεν ἄν, τὸν δέ

razones que he dado anteriormente, creó la zoología y la anatomía comparada con toda precisión científica, supo también enlazar la última disciplina intelectual con la biología, estudiando, no sólo las semejanzas, mas también las diferencias, entre las distintas especies orgánicas. Muy particularmente advirtió en nuestra especie diferencias notabilísimas con respecto a los animales, diferencias que creyó le autorizaban a constituir un reino de por sí, el reino humano, encumbrado infinitamente sobre los demás reinos naturales (sensitivo, vegetal y mineral), en lo cual le siguen los más juiciosos sabios modernos.[70] En contraste con los brutos, tiene el hombre la cabeza erguida, los ojos situados horizontalmente, en actitud de abarcar extensiones inmensas, y los órganos del lenguaje hablado y de los gestos colocados en la cara. Además, se apoya sobre los dos pies, dejando en completa libertad los miembros torácicos para maniobrar con ellos. El examen de semejantes circunstancias demuestra que no ha podido intervenir en su origen la educación, y que la disposición vertical resulta de la contextura del esqueleto del hombre y del equilibrio que, produce la acción de sus músculos con el peso de los órganos abdominales. La figura recta concedida al hombre, que al cielo se levanta, y que por la tierra tiende la vista, revela dignidad regia e imperatoria. Asimismo, toda la construcción de las manos manifiesta el más admirable mecanismo, tan característico del hombre, que ni aun los cuadrumanos tienen las manos de igual conformación. En el libro IV de su tratado *De animalibus*, observa Aristóteles que "entre todos los seres vivos, es el hombre el único de estatura derecha o erecta, por ser divinas su naturaleza y su condición, y por ser también su obra la más divina, conviene a saber, entender y poseer sabiduría, que no le resultaría fácil alcanzar si la posición del cuerpo fuese horizontal o inclinada, por cuanto la pesadez del organismo hace más tardo el ejercicio de la mente". Y, hablando de la mano, insinúa: "La mano no es un instrumento solo, sino muchos, o dígase, instrumento de instrumentos. Al que podía abrazar muchas artes, diole la naturaleza un

---

λόγον ᾧ ἤδη τὸ μὲν σὰρξ τὸδ᾽ὀστοῦ, οὐκέτι ἀλλ᾽ ἡ κίνησις ἡ ἀπὸ τοῦ γεννήσαντος τοῦ ἐντεγεχεία ὄντος ὅ ἐατι δυνάμει ἡ ἐξ οὗ γίνεται., ὥσπερ καὶ ἐπὶ τῶν γινομένων κατὰ τέχνην, σκληρὸν μέν γὰρ καὶ μαλό νὸν τὸν σιδηρον ποιεῖ τὸ θερμὸν καὶ τό ψυχρόν, ἀλλὰ ξίφος ἡ ἄνησις ἡ τῶν ὀργάνων, ἔχουσα λόγον τὸν τῆς τέχνης. Este pasaje del Estagirita demuestra cuán gravemente erraría quien equiparase la antigua, noción peripatética de la forma con el moderno concepto científico de la fuerza.

[70] Véase a Geoffroy Saint-Hilaire (Histoire naturelle générale, II, 200), a Godron (De l'espèce et des races, II, 419), a Quatrefages (L'espèce humaine, IX, xxx), a Calleja (Anatomía descriptiva, 34, 40) y a Mir (La creación, 649, 653).

instrumento que para muchas cosas fuese a propósito... El último dedo es pequeño aunque robusto, y el de en medio, más largo, como el remo en medio de las barcas, porque lo que se agarra es necesario que aquel dedo lo abrace más".

La psicología de Aristóteles está expuesta en sus tratados *De anima*, *De sensu et sensili*, *De memoria et reminiscentia*, *De somno et vigilia*, *De insomnis*, *De divinatione per somnum* y *De physiognomonica*. De estos tratados, el más importante y científico de todos, y el más perfecto cuanto a la forma, es, sin duda, el *De anima*. Acerca de él han escrito muchos autores, entre los cuales merecen mención particular Steinhart, Simbolae criticae ad Aristotelis de anima libros (1843); Wolff, Von dem begriffe des Aristoteles über die Seele (1848); Wadington, De la psychologie d'Aristote (1848); Brentano, Die Psychogie des Aristoteles (1867); Grote, Aristotle (1872); Barco, Aristoteles expositione critica della psicologia grecca (1878); Craignet, Essai sur la psychologie d'Aristote (1883); Siebech, Aristoteles (1899); Mauthner, Aristotle (1907); Busse, Aristoteles über die Seele (1911); Piat, Aristote (1912). El Estagirita condensó el primero su sistema psicológico en la célebre definición científica del alma como entelequia primaria del cuerpo vivo. Por confesión de Wundt,[71] esa definición es, en nuestra época, la única que promete iluminar al mismo tiempo el problema del desarrollo orgánico y el problema del desenvolvimiento espiritual. La reciprocidad universal y constante de lo físico y de lo psíquico inclina a creer que lo que llamamos alma es el ser intrínseco de la misma unidad que exteriormente contemplamos como cuerpo que la reviste. Poco amigo de confundir la psicología con la metafísica, Aristóteles rehúye de intento las cuestiones de si el alma es distinta del cuerpo, de si el principio que en nosotros siente, piensa y quiere, es el mismo que conserva y que repara nuestro organismo, y de si proceden de la misma fuerza vital el entendimiento y la nutrición. Tales cuestiones, planteadas por Platón, estimábalas ociosas de todo punto, y limitábase, siguiendo su criterio general en cosmología y en biología, a afirmar que el alma es la forma, de que el cuerpo es la materia. Mas, aunque tal fuese su opinión, no por ello se entienda que negase la existencia, en nosotros, de una entidad psíquica superior a la organización física. Taxativamente declaró lo contrario, cuando escribió aquella conocida frase de que el alma venía al cuerpo desde fuera (φόραθεν). Sin

---

[71] *Grundzüge der physiologische Psychologie*, I, 457, 463. Compárese con Hertling, Materie *und, Form und die Definition der Seele bei Aristoteles*, 71, 81, 127, 138.

embargo, disimuló su creencia de manera que quedase en la oscuridad el origen y el destino del alma, y aún parece que él mismo no abrigaba suficiente claridad respecto de ambos extremos.[72] Por eso, no puede afirmarse categóricamente que admitiese la creación inmediata del alma por Dios mismo, y su inmortalidad en una vida futura. Si el alma es la entelequia (esto es, no la actividad, sino la realidad, base y raíz de la actividad) del cuerpo natural organizado que tiene aptitud para vivir, no es posible que haya sido sacada de la nada sin un milagro manifiesto. Y, si el alma no es más que la forma del cuerpo, de la cual parte el movimiento vital con su forma peculiar, al desprenderse de aquél se confundirá con la sustancia infinita. Consecuencia inevitable desde el momento en que Aristóteles no distinguía suficientemente el alma del cuerpo, antes reducía el hombre a un principio único, y no veía que el alma no puede ser observada sino por el alma misma. Así es como, renegando de Platón, retrocedía hacia el pasado, del cual se muestran aún adoradores ciertos fisiólogos modernos, que quieren exagerar su ciencia hasta el punto de observar, como si fuesen fenómenos de la materia, los fenómenos del espíritu.[73] Adviértase, empero, que el principio único a que Aristóteles reducía el hombre no es tal principio único, en el conjunto de su sistema. Prescindiendo de su distinción entre alma ($\pi\nu\epsilon\hat{\upsilon}\mu\alpha$) y espíritu ($\psi\upsilon\chi\acute{\eta}$). Por ser distinción común a todos los pensadores helénicos e implícita en la semántica de la lengua griega, nos encontramos con que Aristóteles (como más tarde sus discípulos Filopón y Averroes) admitió, a base de esa distinción, un dipsiquismo, y hasta un tripsiquismo. Para él había un alma vegetativa o nutritiva, común a las plantas, a los animales y al hombre, la cual se desarrolla en primer término, por ser el fundamento general de la vida. Síguele, en la evolución psíquica, el alma sensitiva o afectiva, común a los animales y al hombre, la cual representa una etapa posterior, que se eleva sobre la que le precede. Finalmente, admite Aristóteles un alma racional o intelectiva, exclusiva del hombre, y que es la única verdaderamente espiritual. Pero la reducción de la actividad anímica a estas tres esferas no agotaba toda la vida psíquica. Por una parte, el cuerpo mismo vive, y no es un cadáver que el alma galvanice, sino que obra a impulsos de la apetición. Por otra parte, el alma es motora del cuerpo, y, aunque esta influencia motriz no sea puramente externa (como pensaba Platón, que la comparaba con la que el barquero ejerce sobre su barca),

---

[72] Véase a Kleugten, *Philosophie der Vorzeit, 857. Compárese con Brentano, Aristoteles Lehre von Ursprung des menschlichen Geistes*, 12, 19, 38, 45.
[73] Cantú, *Storia universale*, III, XXII.

sino interna, Aristóteles deja en pie aquella motriz, sin calificar con precisión su naturaleza. Y así resultó que, en vez de tres, acabó por dar al hombre ¡cinco almas! Anatole France,[74] con su maligno gracejo, se burla de esta concepción, haciendo decir a Aristóteles, en una conversación con su maestro, habida en los Campos Elíseos: "Según mis cálculos, oh Platón, encuentro cinco almas en el hombre y en los animales: 1) la nutritiva; 2) la sensitiva; 3) la motriz; 4) la apetitiva; 5) la razonable. El alma es la forma del cuerpo, al que hace perecer, pereciendo ella misma".

Hay, en esto, algo más que un rasgo irónico del humorista francés, porque Aristóteles y sus discípulos desacreditaron profundamente la ciencia del alma con su formalismo intelectualista y abstracto. Las indagaciones que hicieron no pasaron de la parte descriptiva o taxonómica, y, aún allí, se detuvieron en la superficie. Pero su concepción fundamental del compuesto humano, de nuestro principio vital, de nuestra forma sustancial (para emplear la terminología peripatética) y de su unidad intrínseca, perdura en nuestra época, a despecho de todos los progresos de las ciencias experimentales. Esa concepción es bien conocida. Para Aristóteles, nuestra alma es una a la vez que múltiple. Nuestra alma es idéntica a sí misma a la vez que distinta de sí propia. Y el lazo de sus facultades es la vida orgánica o el animal específico, que obra en todas las potencias, e influye en todas las operaciones, representándolas secretamente, por lo que no debemos buscar el individuo verdadero fuera de su alma o forma sustancial. Esta psicología se convierte insensiblemente en antropología, o, por mejor decir, ya lo es. Aristóteles, en efecto, había establecido la tesis de la unidad del ser humano, declarando al espíritu principio formal del mismo. El pensamiento de Aristóteles no ofrece en esta parte la menor sombra, pues sus disquisiciones psicológicas y antropológicas tienden siempre a demostrar que el cuerpo y el alma no componen más que una sustancia en el hombre, siendo el alma la forma del cuerpo. En esto se diferencia la humanidad de la Divinidad. El espíritu divino, en la concepción aristotélica, no es un ser universal, sino una forma pura, sin mezcla de materia, y el espíritu humano no es un ser singular, sino una forma sustancial, que sirve de causa o de razón activa a la vida del cuerpo. El filósofo concibe mejor la formalidad absoluta e inmune de toda composición que la formalidad relativa del alma, tal como se reconoce en la materia. Sin embargo, esta última la percibe y la siente en sí misma, y no puede negarla sin negarse a sí propia. Según Aristóteles, la unidad de la esencia del hombre se funda y

---

[74] *Le jardín d'Epicure*, 121.

tiene por base la naturaleza formal del alma. Admírese, desde luego, la sencillez de esta ficción. No se quiere determinar con ella lo que es el espíritu en sí, y sólo los neoescolásticos han podido incurrir en tal error, suponiendo y afirmando que Aristóteles, al hablar del alma como de una forma sustancial, se refirió a lo íntimo de su naturaleza. Lo más que realmente puede sostenerse es que el Estagirita se refirió a la naturaleza del hombre considerada en su unidad, es decir, en su causalidad interior. Aristóteles no se ocupó de la esencia del alma más que con relación al cuerpo, y, si admitía al propio tiempo facultades y funciones espirituales, ello sólo prueba que su teoría es incompleta en este punto. Y, sin embargo, es lo cierto que el objeto que se propuso, al excogitar su doctrina formalista acerca del ser del alma, es, bajo una determinación particular, el objeto fundamental de toda antropología metafísica: hacer ver que hay un mundo del espíritu, como hay otro de la naturaleza, y que la compenetración de ambos es la humanidad. Aristóteles, pues, creía haber descifrado el misterio con admitir que el alma es una forma que existe y que obra en sí y por sí, el cuerpo un compuesto o una agregación insubsistente, y el hombre una unidad viviente en que el dualismo de esos dos elementos se armoniza. No entendía por esto que el alma una obrase con todas sus potencias en las tres (o cinco) esferas de la vida, como si dirigiese, por ejemplo, con la inteligencia, o formase los órganos con el instinto,[75] antes reconocía una diversidad absoluta de las potencias vitales o somáticas, de suerte que cada una de sus clases quedase circunscrita a su propia y natural esfera, y que cada una de las potencias superiores o anímicas no pudiese obrar sino en aquellas de las inferiores que están puestas normalmente a disposición suya: el entendimiento en la voluntad y en la fantasía, mas no en el crecimiento orgánico, y la facultad apetitiva en la fuerza motriz, pero no en el proceso interno de la asimilación. Por tal camino, juzgaba haber practicado, en la psicología platónica, correcciones de transcendental importancia. Platón distinguía entre almas originarias de animales y otras que han descendido de cuerpos humanos a los brutos. Aristóteles nada sabe de este último linaje de almas (exigidas por la escatología de la metempsicos pitagórica, refrendada por Platón), ni conoce más que almas propias de animales.[76] La vida sensitiva no permanece extraña a la vegetación, sino que está como subsumida en ella. En el animal, la vegetación es tan espontánea y tan expedita como en la

---

[75] Véase a Pesch, *Die grösse Welträtsel,* I, 451.

[76] Véase a Brandis *(Aristoteles und seinen gleichzeitigan,* I, 1285, 1305), *a Lewes (Aristotle,* 166) *y a Zeiller (Die Philosophie der Griechen,* II, I, 513).

planta. Preséntase al bruto como agradable a sus órganos particulares lo adecuado a su organismo total, y "todos los animales obedecen al deleite sensible".[77] Además, poseen aquella facultad de apreciación, que los escolásticos llamaron más tarde aestimativa, especie de entendimiento, sin ninguna aptitud propia para pensar. En el hombre mismo, prevalece esa facultad sobre la razón, a lo menos cuando se trata de operaciones mentales ininterrumpidas, en que actúan conjuntamente todas las facultades del alma, porque la consecuencia a que Aristóteles llega, por lo que a este punto toca, consiste únicamente en afirmar que la inteligencia no es más que la sucesión de pensamientos,[78] teoría renovada por Espinosa y por Hume. Podría también servir para ilustrar este criterio de Aristóteles sobre la escasa participación de la inteligencia en la vida psíquica su opinión sobre el sitio en que propia y realmente reside nuestro principio vital. Platón se adelantó a los modernos fisiólogos, dando al alma por mansión el cerebro. En oposición con él, Aristóteles creía que el asiento de las facultades anímicas es el corazón, fundándose en la razón falaz de que el centro es, en todos los cuerpos naturales, el lugar más noble, y que aquella víscera ocupa, en el cuerpo humano, una situación central. Los escolásticos árabes, y especialmente Averroes, siguieron esa doctrina de Aristóteles, y consideraron también el corazón como el órgano principal y la fuente de todas las funciones psicofísicas.[79] Tenía asimismo Aristóteles opiniones muy interesantes sobre la conexión formal y continua de los fenómenos psíquicos, o sea, sobre lo que después había de llamarse ley de la asociación de las ideas. Platón, en el *Fedón*, había hablado ya ligeramente de esta asociación como de una asimilación objetiva de los conceptos de semejanza y de desemejanza, y dividida en empírica y racional. Pero no la desenvolvió de un modo riguroso, antes bien, la desfiguró con violentas especulaciones, nacidas de su creencia en una reminiscencia de vidas anteriores, que, en la vida actual, representaba un despertar paulatino del entendimiento. Aristóteles, por lo contrario, se guió, en ésta como en todas las cuestiones psicológicas, por puntos de vista más empíricos, estableciendo la relación esencial del espíritu con la sucesión, y explicando la reproducción de los conocimientos por generación cronológica la vida del espíritu, en su aspecto formal y

---

[77] *De partibus animalium*, VIII, I.

[78] *De anima*, I, III.

[79] Véase a Freind *(Historia médica,* 255), a Sprengel *(Beyträge zur Geschichte der Medicin,* II, 381), a Renán *(Averroes et l'averroisme,* 58) y a Mir *(La religión,* 29).

continuo, no puede determinarse, según Aristóteles, sino por una serie de momentos, en que todo consiguiente es referible a su antecedente, y en que la armonía entre los movimientos internos y los movimientos externos del sentimiento, de la intelección y de la volición, surge espontáneamente del orden concreto en que se manifiestan los actos anímicos. Se halla implícita esta espontaneidad en nuestra naturaleza, pero cuando se fija por el hábito, adquiere cierta flexibilidad compatible con el determinismo de los fenómenos mentales. Por eso, Aristóteles distingue entre las asociaciones necesarias, que no es dable al espíritu evitar, porque son verdaderas leyes psíquicas, y las asociaciones contingentes u ocasionadas por la repetición mecánica de los mismos actos. Con esto, parece separar la sensación de la idea, pero es para derivar de aquélla el conocimiento intelectual. Aristóteles llega a decir taxativamente que, por la asociación, las impresiones orgánicas se convierten en imágenes, y éstas en ideas. A pesar de todo, no sería justo calificarle de sensualista, y creo que lo único que sobre el particular se debe sostener es que no tuvo nociones claras sobre la espiritualidad del alma, o que, a lo menos, no las expresó con la precisión que hubiera sido de desear. Esto no obsta para que pongamos en duda su sensualismo, pues niega que la idea sensible pueda convertirse en idea de la sustancia, de la causa, de lo infinito, de lo absoluto, y admite, en el conocimiento, no una evolución propiamente transmutativa, sino un orden meramente cronológico. Para él, la idea sensible es anterior a las otras ideas. Pero, además de los sentidos particulares, hay "un sentido general, el entendimiento, más elevado que el mundo de las contingencias fugaces, y que no puede derivarse de la experiencia". Quien así habla no merece, ciertamente, ser contado en el número de los sensualistas.

Desenvolvió Aristóteles sus opiniones estéticas en las dos obras que intituló *Rhetoricen*[80] y *Poeticen*. La primera, sacada de las recopilaciones de su discípulo Teodectes, y reeditada en segunda instancia por su sucesor Teofrasto, parece indicar una continuación personal y complementaria de la censura iniciada por Sócrates contra los retóricos de la época. La crítica socrática, tal como la interpretó y la amplió Aristóteles, puso coto a la retórica gravedad de oradores y de sofistas, e inauguró un nuevo curso de análisis declamatorio, que sometió la elocuencia a una aplicación metódica

---

[80] Esta obra, aun no suponiéndola incontestablemente de Aristóteles, se redactó, a no dudarlo, sobre un original suyo. No así otro tratado del mismo género que se le atribuyó, el *De rhetorica ad Alexandrum*, el cual, aunque forma parte de la colección aristotélica, no es auténtico por concepto alguno.

de observaciones acerca del corazón humano.[81] En su tratado de *Rhetoricen*, Aristóteles analiza las virtudes y los vicios de los cultivadores de la elocuencia, para discernir lo que debe ser atribuido a falta, lo que es efecto de la casualidad, y lo que pertenece a la naturaleza o a las pasiones.[82] Rechaza los lugares comunes, tan estimados en su siglo, y que permitían a los retóricos componer con destreza socorrida discursos sin enjundia, o hacer improvisaciones lamentables. Entiende por elocuencia una cultura práctica de todo el espíritu, que fortalezca el carácter, que procure nociones precisas acerca de lo justo y de las leyes fundamentales de la verdad, y que desarrolle hasta un grado máximo las facultades más elevadas del hombre. Exige, en el que quiere ser retórico, abundante manantial de tópicos literarios, gran extensión de conocimientos filosóficos y espíritu de observación respecto de las cosas del mundo. Finalmente, pone el mérito de la dialéctica en el uso que de ella se haga.[83]

Poeticen diríase una réplica individual al reto dirigido por Platón[84] a "alguien, que no es poeta, pero sí amigo de la poesía", a fin de que diera, "en sencilla prosa", justificación a un asunto que carecía de sentido. Ignoramos si el texto actual de esa obra es el mismo que Aristóteles redactara,[85] aunque todo induce a creer que abundan en ella adiciones y comentarios de otros preceptistas. Aristóteles no era, en efecto, poeta, ni entusiasta de lo bello, como Platón, ni tenía tanta imaginación como su maestro, por lo cual debía ser poco apto para sentir profundamente entusiasmos calológicos. "Ocupado toda su vida en discusiones positivas y racionales, atribuía importancia secundaria a una ciencia ajena a sus estudios, y que requiere gran libertad".[86] No podemos, pues, hacer gran caso de su tratado de *Poeticen*, que ha llegado a nuestro poder, no sólo confuso y casi ininteligible, sino que también mutilado e incompleto, a juzgar por el asunto delineado en su comienzo, y que no aparece desarrollado en el resto de la producción, porque lo que queda de ella no

---

[81] Por merecedoras de consideración, en lo relativo a este punto, señalaré las amplias y detenidas reflexiones que sobre él hace Benoit (*Essai historique sur les premiers manuels d'invention oratoire*, 18, 46).

[82] *Rhetoricen*, I, x.

[83] *Rhetoricen*, I, IV.

[84] *De republica*, 607.

[85] En los *Politicorum*, el propio Aristóteles cita el tratado de Poeticen como un libro futuro.

[86] Cantú, Storia *universale*, III, XXII. Ha de advertirse, sin embargo, que entró en algunos estudios de detalle, como el de coleccionar las *didascalias*, catálogos de las representaciones anuales, que sacó de las listas oficiales.

es más que un fragmento sobre el arte dramático, cuyos preceptos se deducen de las obras maestras del teatro griego. Añadamos que, en el decurso del tratado, alternan embrolladamente conceptos de gramática con otros de lógica, y éstos con los concernientes a la retórica y a la poética, que es indudablemente el fundamento de la obra,[87] la cual se limita, las más de las veces, a tópicos vulgares y a una inducción experimental de lo que se había hecho hasta aquella época, sin pretensión de dictar reglas absolutas a los vates futuros. Es indudable que, en medio de tantas opiniones literarias y de tantas discusiones estéticas como hubo entonces y después en la escuela de Alejandría, se concedió poca o ninguna importancia a los preceptos poéticos de Aristóteles. Posteriormente, empero, ellos fueron la cantera beneficiada por los preceptistas, y un escritor italiano[88] encuentra asombroso que, mientras que su *Organum* y sus *Metaphysicorum* son con frecuencia objeto de un desprecio injusto, los pedantes modernos, que, en su admiración por los antiguos, no saben tener más que desdenes para los hombres de su tiempo, y poner trabas al genio que osa franquear las barreras escolásticas, quieran a toda costa conservar como reglas absolutas los preceptos poéticos del Estagirita. El mismo Lessing, hombre de pensamiento avanzado e independiente, pretendía que en compensación de los libros eruditos de Aristóteles, reducidos actualmente a fragmentarias reliquias, quedan otros (¿cuáles?) henchidos de enseñanza artística y de doctrina estética, en los que "no habló como historiador, sino como maestro, ni legisló para su raza y para su centuria, sino para todas las generaciones venideras, con certidumbre tan grande como la que tienen los teoremas de Euclides". Algo hiperbólica le parece a un crítico español[89] la sentencia anterior del citado estético alemán, y a fe que nadie negará, como no fuere por motivo de erudición literaria, o por retener la integridad relativa del texto, que se pueden, sin detrimento de la teoría del arte, cercenar algunos aforismos aristotélicos, que han prevalecido por largo tiempo con carácter dogmático, y que han perecido, sin menoscabar por eso un ápice de gloria al incomparable filósofo. Fuera de los cánones fundamentales, cimentados en los eternos principios metafísicos, siempre se cumplirá el axioma horaciano, verificándose la incesante rehabilitación de muchas formas caídas en desuso, y perdiendo la índole de novedad reciente las que ahora prevalecen con honor.

---

[87] Valle-Ruiz, *Estudios literarios*, 196.
[88] Cantú, *Storia universale*, III, XXII.
[89] Valle-Ruiz, *Estudios literarios*, 196.

Sentadas estas premisas, digo que Aristóteles no puede llamarse estético con propiedad, y con rigor. Algunos historiadores han considerado el libro de Aristóteles como un primer ensayo de filosofía del arte. Hay, sin duda, en este libro del Estagirita pensamientos acertados que, como su metafísica en general, atestiguan que tuvo nociones más minuciosas y más concretas de la belleza que Platón. Así, lejos de ser desterrada, como en la República de este pensador, la poesía, se la aplica una frase exagerada que, en la mente de Aristóteles, se extendía probablemente a todas las artes, a saber: que la poesía es algo a la vez más filosófico y más serio que la historia, porque la primera se ocupa casi siempre de lo universal, al paso que la segunda se ocupa casi siempre de lo particular. Hay, en estas palabras, como una mira anticipada y un presentimiento de la filosofía del arte, pero no esta filosofía. Aristóteles tropezó siempre, como la mayoría de sus compatriotas, con aquella percepción arraigada de las ideas abstractas y aquel desconocimiento de las ideas en su naturaleza especial y sistemática, inconveniente que tanto se censuró en los griegos, y que no era más que una consecuencia indirecta del principio sobre el que descansaba la antigüedad pagana: la unidad amórfica y protoplásmica de las ciencias.

Y ¿qué enseña Aristóteles acerca de lo bello y del arte? De lo bello en general no trata en parte alguna de su obra, y, cuanto al arte, es, según él, "habilidad inteligente dirigida a la producción de una obra visible".[90] La actividad artística supone la existencia del plan de la obra, el conocimiento del fin a que se dirige y la elección de los medios de que necesita. A esto se reduce el concepto filosófico que Aristóteles formó del arte, concepto sensualista y antropomórfico que le indujo a no admitir más causa inmediata del arte que la imitación,[91] ni a darle otro objeto en última instancia que el objeto mismo de la vista, del oído y del tacto. ¿Qué hubiera dicho Platón de semejante discípulo? ¿No habría advertido la claridad insuficiente con que veía el objeto que atribuía al arte? En un pasaje, lo hace derivar, no ya solamente de la imitación, sino que asimismo del deseo de saber. Pero, en otro lugar, dice que tócale a la pintura representar, no lo que es, y sí lo que debe ser. También afirma que la tragedia es la representación de lo mejor en su forma dolorosamente extrema, a fin de purificar el corazón humano por la piedad y por el terror. Por lo que respecta a la fábula cómica, Aristóteles[92] no le reconocía otro

---

[90] *Ethica ad Nicomachum*, VI, IV.
[91] Véase mi *Historia general de la literatura*, introducción.
[92] *Poeticen*, V.

fundamento estético que lo ridículo. Esta doctrina se halla justificada por razones históricas. La risa estaba, por decirlo así, ennoblecida entre los antiguos, cuya filosofía, eminentemente práctica, escudriñaba sabiamente los más íntimos resortes del alma, y señalaba sus efectos. Todo el arte cómico de los griegos se subordinaba a ese principio: tanto la exposición, el nudo y el desenlace de la acción, como los caracteres de los personajes y la intención moralizadora que, en último término, debía ofrecer la pieza. Semejante intención moralizadora se basaba en los efectos naturales de lo risible en el ánimo, y a veces se buscaría en vano en el contexto o en alguna de las partes de la obra. En efecto: cuando el espectador contempla los objetos ridículos (dichos, actos o escenas), prorrumpe en espontánea carcajada. Pero si, al dirigir interiormente la reflexión, descubre, en lo que se le representa, algo como una imagen de sí propio, o se sorprende a sí mismo inclinado siquiera a un mero asentimiento, cesa la risa, verifícase la reacción, y el sentimiento vigoroso de la propia dignidad despierta un saludable rubor, que puede tomar los caracteres de la vergüenza. Por eso, el poeta griego sólo cuidaba de revestir su copia con todas las trazas de la verosimilitud, sin ponerle al pie el rótulo que descubriese la intención que dirigía su mano".[93] De todo lo cual hay que deducir que Aristóteles propone como meta del arte el ideal, más bello o más sublime, pero con realización ajustada a las tristezas, durezas e impurezas de la realidad.

Los escritos de Aristóteles sobre retórica y sobre poética, escritos de autenticidad tan dudosa,[94] están hoy todavía más olvidados que los de Hegel, con quien tiene muchos puntos de semejanza, así en la vulgaridad de las reglas, como en la arbitrariedad de los conceptos. Aunque el método estrictamente científico del tratado de *Rhetoricen* implica, naturalmente, una crítica del método, mitad científico, mitad empírico, de Isócrates, es indudable que si Aristóteles le critica, también le sigue algunas veces, como indiqué al trazar su biografía. En cierto sentido, su falta estriba en su doble modo de pensar sobre Isócrates, a quien encomia, por ser mucho más reflexivo y más culto que el promedio usual de los oradores, pero a quien a la vez desdeña, por ser mucho más fogoso y más sensible que los filósofos. "En esta sección, como en otra cualquiera, siguió el temperamento moderado, evitó las exageraciones de los extremos, y cayó,

---

[93] Varona, *Estudios literarios y filosóficos*, 52.
[94] Varios de los συμλοσοφοῦτες han contribuido a estos trabajos, y las conferencias han sido repetidas y nuevamente elaboradas por diferentes *escolarcas*, como vimos en el § 2.

por decirlo así, entre dos retoños".[95] Lejos de mostrar, en su análisis, facultades superiores, su crítica es vulgar, y sus ideas mediocres e incultas. Como un ejemplo de ello, recordemos el juicio que, en el capítulo xv del tratado de *Poeticen*, forma de aquel sublime pasaje de la *Iflgenia de Eurípides*, en que la joven doncella, cuando ve que ha sido engañada, para recibir la muerte, se abate y se ahoga en su abandono, como una criatura, para no sufrir daño. Después, cuando ha pasado el primer choque ofuscador, y cuando recobra el dominio de sí misma, y cuando sabe que Aquiles se halla dispuesto a combatir y a morir en defensa de su causa, se eleva a la sublimidad de un brillante martirio por causa de la Hélada. ¡La vida de un Aquiles vale lo que mil mujeres como ella! Este sentimiento es el suyo propio, desde el punto y hora en que se ha levantado por encima de todos los personajes de la obra, y hasta ha empequeñecido a su soberbio y joven héroe, como nota Murray.[96] Pues bien: Aristóteles (tales eran su profundidad y su perspicacia críticas) la toma ¡como un tipo de inconsecuencia!... Bastante indicaba, con esto sólo, que la poesía, como elemento externo de nuestra vida, no había encarnado muy adentro en su espíritu frívolo, grosero y ramplón en todo lo que fuese arte. Mas, para comprender los grandes errores que implican los principios generales de la estética aristotélica, es menester que tomemos la cuestión de más atrás.

Hemos visto que, según Aristóteles, la poesía es más científica y más verdadera que la historia, porque tiene un objeto más universal. Tamaño prejuicio fu puesto de nuevo en moda por Schopenhauer, con quien Aristóteles compartió, durante cierto período, el favor de los adversarios más radicales y más furibundos del carácter científico de la historia. Tales son Ribera, Labriola, Gentile, Schnürery y otros.[97] El secreto de su negativismo está en su aristotelismo. La ciencia, desde los tiempos de Aristóteles (o mejor puede decirse, desde los días de Sócrates), no ha dejado de tener por objeto τό καθόλου, τό ἀναγκαῖον, τὴν οὐσίαν lo universal, lo necesario, lo esencial, es decir, lo genérico y sistemático, y su carácter fundamental ha sido la subordinación de los hechos conocidos. Pero la historia trata siempre de cosas individuales, contingentes, concretas, y es, por ende, un saber o un conocimiento, mas no una ciencia. Creo haber ya presentado bastantes objeciones a esta idea, que, como veremos al ocuparnos de la inducción, es una limitación arbitraria, que hará siempre inaceptable el criterio aristotélico por lo que a la noción de la

---

[95] Murray, *The literature in the ancient Greece*, XVII.
[96] *The literature in the ancient Greece*, XII.
[97] Véase a Altamira, *Cuestiones modernas de historia*, 105, 137.

ciencia toca. Si la he traído a cuento, es tan sólo para hacer ver que Aristóteles niega la condición de ciencia a la historia, y, sin embargo, por una contradicción palmaria, indica lo universal y lo absoluto como fin del arte. Cur tam varie? Aristóteles, que reprocha a Platón el haber arrojado de su república ideal a los poetas,[98] hubiera debido tener más en cuenta que su concepto de la ciencia conducía, a lo menos teóricamente, a esta exageración. Los aristotélicos han sido en este punto más consecuentes que su maestro. Donde San Isidoro de Sevilla[99] encomia a Platón, reconociendo que la distinción establecida por este filósofo entre los conceptos de ciencia y arte es verdad de gran importancia, y que después nadie ha puesto en duda, no vacila en añadir a sus elogios el apoyo de la autoridad de Aristóteles, para dar por carácter de la ciencia lo universal y lo necesario (quae aliter evenire non possunt), y por materia del arte lo particular, lo contingente (quae aliter se habere possunt), lo relativo, lo verosímil, lo meramente opinable. Y, en nuestra época, los que, como Croce,[100] atacan la posibilidad del fundamento científico de la historia, se han visto obligados a incluirla, en cuanto disciplina, en el arte.[101] Esto es

---

[98] El germen de este exclusivismo estaba ya en Pitágoras, que hubiese querido crear un mundo político compuesto sólo de geómetras y de filósofos. Platón dijo después, con un profundo sentimiento de tristeza y al mismo tiempo con una fina ironía: "Muestro a los hombres sencillamente su deber, y contestan ¡que mi estilo es encantador!... La poesía es una completa ficción. No es la verdad, ni la sombra de la verdad. Es la copia de la sombra, inútil como toda tercera copia, y, sin embargo, es capaz ¡de envenenar un pueblo y de enloquecerle con su deleite! Debe ser completamente desterrada de la Ciudad de la Justicia". Platón habla de la poesía como ha hablado Ruskin en nuestra época de la forma literaria, según la discreta observación de Murray {The literature in the ancient Greece, XIV).
[99] Etymologiarum, I, I; II, XXIV.
[100] En su Storia ridotta, sotto concetto generale dell'arte, publicada en 1893, dedicó un largo estudio a la tan debatida cuestión. Tres años más tarde (1896), dio a luz la misma obra, considerablemente aumentada y con distinto título: II concetto della storia nelle sue relazione col concetto del arte. Compárese con la doctrina protológica de la belleza, que el mismo autor expone en la segunda edición (1904) de su Estetica como scienza della expressione e linguistica generale. Para ampliar detalles sobre las teorías estéticas de Aristóteles, véase la Geschichte der hellenischen Dichtkunts de Bode, Aristoteles und Kunts de Meyer, Aristopha-wes umd Aristoteles de Brentano, y el Analyse critique de la poétique d'Aristote de Martin.
[101] Con anterioridad a Croce había sostenido la misma tesis nuestro Menéndez Pelayo, en un discurso académico que intituló De la historia considerada como obra, artística, y que incluyó en el tomo I de sus Estudios de crítica literaria.

absurdo como principio, pero es lógico como corolario del principio en que Aristóteles funda la definición de la ciencia.

Más acertado anduvo el Estagirita en sus tratados sobre la teoría del conocimiento y sobre la legislación del raciocinio, son a saber: *Organum sive Logica, Categoriae sive Hameneia, Analytica priora, Analytica posteriora, Topicorum* y *Refutatio argumentorum sophistarum.* El *Organum*, como los *Metaphysicorum*, debe haber tenido sus capitales líneas especulativas derivadas de las investigaciones originales de Aristóteles. Dígase lo mismo de las *Categoriae*, donde el Estagirita determina, ante todo, las leyes objetivas de la razón en correspondencia epistemológica con las leyes subjetivas del pensamiento. De los dos Analytica, el comentarista Adrasto conoció cuarenta libros, cuatro solamente de los cuales se miran como auténticos. Los Topicorum ofrecen prueba de autenticidad en las numerosas citas que de ellos hace el propio Aristóteles. Cuanto a la Refutatio, su verdadera paternidad ha suscitado fuertes dudas entre los críticos.

La epistemología y la dialéctica merecieron igual atención a Aristóteles. Pero quiso reducir la última disciplina intelectual a sus justos límites, considerándola como arte destinado a ejercitar el espíritu, y colocándola muy por debajo de la sabiduría verdadera, que, al pasar' de los instrumentos de la ciencia a la ciencia misma, busca objetivamente la verdad. Epistemología y dialéctica, o dígase, teoría del conocimiento y legislación del raciocinio, forman las dos partes de la lógica, la cual considérese, con Ravaisson, como la forma de la ciencia, o, con Zeller, como la ciencia de la forma, es un conjunto de reflexiones sobre los giros del pensamiento en su marcha, reflexiones en que se mezclan la criteriología y la metodología, y que están destinadas a fijar el procedimiento propio de la ciencia, que es la demostración. En este sentido, la lógica es la ciencia de las ciencias (ars artium, como expresivamente la llamó, más tarde, Bacon, en su Novum Organum); la propedéutica o el vestíbulo de todo saber; la canónica mental que enseña a conocer las cosas por sus causas o razones; la didáctica suprema que, acopiando los datos intelectuales, indica los procedimientos conducentes a las conclusiones de silogismos demostrativos.[102] Sin embargo, el silogismo es siempre una deducción, mas no es siempre una demostración propiamente dicha, por ser más general que ésta. Así lo reconoce

---

[102] Véase a. Fonsegrive, *Théorie du syllogisme, catégorique a après Aristote* (en los *Annales de la Faculté de Lettres de Bordeaux*, 1881; número 45).

Aristóteles[103] con su advertencia de que "toda demostración es forzosamente un silogismo, al paso que no todo silogismo es demostración" (ἡ μὲν γὰρ ἀπόδειξις, συλλογισμός τις ὁ συλλογισμός δὲ οὐ πᾶς ἀπόδειξις). Sin embargo, la labor lógica de Aristóteles, en lo tocante al silogismo, no ha sido, ni puede ser, aventajada,[104] por cuanto, ha dado al método disciplina, claridad y precisión. Como dice un gran autor francés,[105] aunque el silogismo no sea un instrumento para descubrir la verdad, es muy propio para desarrollar un principio en todas sus consecuencias, y para poner de manifiesto el enlace de las ideas. Sobre todo sirve poderosamente para desenmascarar el error, pues raras veces resiste un sofisma a la prueba del silogismo. El análisis que de la proposición hizo el pensador de Estagira es una de las obras maestras del espíritu humano, y las reglas que estableció para el raciocinio son la expresión genuina de la naturaleza de las cosas.

¿Dónde fundar la certeza del conocimiento humano? Anaxágoras y Heráclito la habían fundado en el alma del mundo, y Pitágoras y Platón en una verdad, considerada aparente en el alma del hombre, a la que atribuían otra verdad primera, distinta de aquélla. Tales hipótesis parecíanle a Aristóteles logomaquia pura, metafísica paradójica, conocimiento absolutamente cierto a priori que algunos filósofos ofrecían a la venta a precios excesivamente razonables, pero que nadie jamás había poseído. Por eso, fundó la certeza del conocimiento humano en la inteligencia particular, sin distinguir el objeto inteligible del sujeto inteligente. Para él, el alma forma por sí misma y de su propia substancia todas las cosas que entiende, y no existe separación alguna entre las ideas y la mente que las concibe. Con tan feliz acuerdo, si, por una parte, repetía la célebre fórmula de Protágoras de que "el hombre es la medida de todas las cosas", preludiaba, por otra, la no menos célebre fórmula de Vico de que "la inteligencia sólo conoce lo que hace". Las ideas no son más que

---

[103] Analytica priora, I, IV.

[104] No son pocos los eruditos que niegan ser el silogismo invención de. Aristóteles, y que colocan su origen en las escuelas filosóficas de la India. Cantú (Storia, universale, III, XXII) se hace eco de la opinión de los que afirman haber Calístenes enviado a Aristóteles un sistema técnico de lógica integral, que le había sido comunicado por los brahmanes, y que se convirtió en el fundamento del método peripatético. Su silogismo se halla, efectivamente, en el filósofo indio Kanada en esta forma: 1) Aquella montuña orde; 2) porque humea; 3) lo que humea arde; 4) la montaña humea; 5) luego arde. Algunos reducen este silogismo a tres formas, lo cual lo adapta más al silogismo griego.

[105] Maret, Théodicée chrétienne, III.

modificaciones del alma, y carecen de realidad propia fuera de ella. Y que esta consideración subjetiva del conocimiento humano es intachable ante la crítica, lo prueban las matemáticas, ciencias cuya exactitud objetiva tanto exageran sus cultivadores. Muchos siglos antes de que Dougald Stewart probase extensamente que las matemáticas se fundan, no en los axiomas, sino en las definiciones, y que presentase este criterio lógico como un descubrimiento suyo, Aristóteles lo había establecido casi en los mismos términos. En su sentir, la geometría no se deduce de los axiomas, cuya evidencia se percibe de modo directo e intuitivo, pero cuya imposición es tan inexorable para la inteligencia como fecunda para sus creaciones científicas. Dedúcese de las definiciones, es decir, de fórmulas fabricadas subjetivamente por la inteligencia, y que, correspondan o no a la naturaleza del objeto definido, son los ἀρχααὶ o principios que sirven de premisas originarias a las matemáticas y aun a toda ciencia. Sin llegar al nominalismo radical de Hobbes, que miraba a aquellos principios como convenciones arbitrarias de los hombres relativas a la significación de las palabras, Aristóteles jamás pensó que pudiesen rigurosamente referirse a una necesidad absoluta en la esencia de las cosas.[106] Pero, aunque las proposiciones de las matemáticas no sean absolutamente apodícticas, ni se identifiquen de una manera completa con la existencia exterior, que es, físicamente, de muy extrema complejidad, no les niega Aristóteles todo valor, ni toda certidumbre, dentro del campo que han elegido, y en el cual, en calidad de símbolos, convienen a todos y cualesquiera objetos, sin excitar en la inteligencia la idea de ningún objeto particular. Así, con respecto a una cosa dividida en partes iguales, la proposición 2 (a + b) = a + 2 b es una verdad que tiene tanta extensión como la realidad entera.

El Organum es la obra maestra de Aristóteles.[107] En ella están recogidas muchas enseñanzas desperdigadas por los diálogos platónicos, y entretejidas en completo y razonado conjunto, y en forma de síntesis, después de haber sido sometidas a severo análisis. Como teoría del

---

[106] Véase a Whewell, *Philosophy of the inductive sciences*, I, 237. Compárese con Stuart Mill, *A system of logic*, II, IV, 2.

[107] Han escrito ampliamente acerca de su contenido, entre otros, Freire-Owen (*The Organon and other logicai treatrises o f Aristotle*, 28, 53*), Kirschmann (*Organon übersetzt und erlantert*, 81, 84), Kampe (*Die Erkenntnissthorie des Aristoteles*, 70, 87, 118, 187), Biese (*Die Erkennmtnisslehre des Aristoteles und Kant in Vergleichung ihrer Grundprincipdem*, 18, 36, 77), Pranti (*Geschichte der Logik im Abendlande*, I, 455, 470), Franck (*Esquisse d'une histoire de la logique, précedée d un analyse de l' Organon*, 18, 38), Barthélemy Saint-Hilaire (*De la logique d'Aristote*, 38, 40, 81, 83*) y Thurot (*Etudes sur Aristote*, II, I, III).

conocimiento y como legislación del raciocinio, la lógica de Aristóteles ha sobrevivido a todas las crisis de la ciencia. Su publicación fue entonces oportunísima para remediar las consecuencias del caos ideológico en que habían sumido a la filosofía los apriorismos, las cavilaciones, las contradicciones y las luchas de las escuelas precedentes. Los filósofos de la escuela jónica no eran hombres de lógica, y apenas pensaban en ella. Se lo vedaba su propio y exaltado empirismo, que no reconocía más que un principio material, del cual, por transformación, surgían las sensaciones. El desprecio a los conceptos racionales, absoluto y total en sus sistemas, más que en ningún otro, de los conocidos, conducía a un escepticismo infando. Tampoco se libró Pitágoras de abstracciones perniciosas, que negativamente llevaban al mismo fatal término. Con la epidemia sofística, la realidad objetiva de las cosas anduvo aún más desterrada del pensamiento griego, y más cegada la fuente de la certidumbre. Los sofistas negaban de raíz materia, sentidos, experiencia, espíritu, razón, verdad, error, virtud, vicio, y se precipitaron en la sima del más fiero nihilismo intelectual. Sócrates se propuso salvar del naufragio las ideas de Dios, del alma humana participante de la esencia divina (καὶ ἀνθρώπου γε ψυχὴ τοῦ θεοῦ μετέχει),[108] de las causas finales, del orden del mundo, del bien y del mal, demostrando que no tenían solamente una existencia lógica, sino que también una realidad substantiva. En estos puntos estribó toda la filosofía de Sócrates. Filosofía imperfecta, por cierto, puesto que, exaltando el conocimiento de uno mismo (el γνωθι σεάυτον inscrito en el frontón del templo de Delfos), declarando que, fuera del hombre, sólo sabía que no sabía nada, e identificando la ciencia con la virtud,[109] excluía todas las investigaciones de la física y, en general, todos los estudios que tienen por objeto el mundo exterior, y reducía la poética a una moral transcendental. Con todo, no fue Sócrates completamente insensible a la atracción de establecer por separado un sistema sencillo de poética, y dio a la filosofía un método, integrado por la definición y por la inducción. Platón reconoció como deber suyo perfeccionar ese método, y creó la dialéctica, que, ayudada por la mayéutica o interrogación, buscaba lo real y lo verdadero, partiendo de lo aparente y de lo opinable. Aristóteles no tardó en advertir que la mayéutica no conducía más que a la probabilidad, y que hacíase necesario que las aserciones relativas a lo existente dependiesen de la certidumbre del conocimiento. "Os doy probabilidades,

---

[108] Jenofonte, Memorabilia, IV, III.
[109] Jenofonte, *Memorabilia*, I, VI. Platón, *Fedón*, 96. Diógenes Laercio, De *vitis philosophorum*, III, CIX.

no me pidáis más", exclamaba Platón.[110] Su discípulo no se contentó con actitud tan desvaída, y quiso llegar a la ciencia cierta y a la universalidad substancial, fundándose en la afirmación inmediata de que el conocimiento atestigua por sí mismo la existencia de su objeto Por lo demás, convino con su maestro en no atreverse a emprender la tarea injustificada e insensata de cambiar o de falsificar lo más mínimo hecho tan grandioso, lo que hubiera equivalido a echar un borrón en el frontispicio de la poética. No sin razón observa Harms[111] que, ni Platón, ni Aristóteles, saben una palabra de la certidumbre de un conocimiento que carezca de objeto, o que no corresponda a una cosa real. Este moderno galimatías era tan ignorado de ellos, que siempre concebían como íntimamente ligadas la lógica y la metafísica, o sea, la forma y el objeto del conocimiento. Platón y Aristóteles se encontraban en el estado de una filosofía crítica, que examina el conocimiento a la vez por su forma y por su objeto. Pero tal examen partía en ambos de convicciones positivas, por cuanto sostenían la posibilidad del conocimiento y de la ciencia, y estaban muy lejos de la desesperada filosofía moderna, que pretende fundar el conocimiento en la imposibilidad de conocer nada. Posición mental es ésta indigna de un filósofo, y sólo explicable en un hombre del vulgo. El conocimiento es inmediato o mediato, pero nunca deja de ser conocimiento. Percibimos inmediatamente lo particular, y lo universal lo percibimos mediatamente, esto es, por arte de definiciones, inducciones, ilaciones analógicas y raciocinios deductivos. Pero, en uno como en otro caso, lo que se piensa no merece entrar en la categoría de las verdades ciertas sino en cuanto se halla conforme con lo que es. El conocimiento proviene de una imagen (species expressa de los escolásticos) o semejanza con algo que existe fuera de nosotros, y presupone la percepción sensitiva. Dado un hecho, la ciencia debe demostrar su origen, estudiando el proceso de aquella percepción, proceso que, por más que sea interno, supone e implica siempre un influjo externo (species impressa de los escolásticos). Es imposible pensar sin las percepciones de los sentidos (οὐδὲ νοεῖ ὁ νοῦς τὰ ἐκτός μὴ μετ αἰσδήσεως ὄντα[112] y los principios del

---

[110] *Timeo*, III.

[111] *Geschichte der Logik*, 46. Compárese con Vacherot (*Théorie des premiers principes selon Aristote*, 18, 36), con Brandis (*Uebersicht über das aristotelische Lehrgebasinde*, 180, 192) y con Biese (*Die Philosophie des Aristoteles*, I, 165, 182).

[112] *De sensu et sensile*, VI. De *anima*, III, VIII. Aceptó Santo Tomás (*Summa theologica*, I, LXXIX, 2), este concepto aristotélico, cuando sentenció que *intellectus humanus in principio, est sicut tabula rasa, in qua nihil est scriptum.*

conocimiento derívanse de la intuición del ser empíricamente dado (τòδε τι) En los libros de Aristóteles, no se han de buscar las enseñanzas apriorísticas, ni las encantadoras abstracciones, en cuya contemplación agotan los idealistas las fuerzas del ánimo. Realista de pura cepa y poseedor de todos los elementos de un análisis sólido de la facultad cognoscitiva, lo que va a enseñarnos, en tono, no ya positivo, sino crítico, es la conciliación del conocimiento sensitivo con el conocimiento racional. Aunque el primero surta de contenido al segundo, sólo le ofrece este contenido bajo imágenes de entes materiales, y no puede producir un conocimiento verdaderamente universalizado, y propiamente científico, por ende. Así, el Estagirita distingue la inteligencia de los sentidos, lo necesario de lo contingente, y las formas constitutivas del espíritu de sus aplicaciones particulares. No a la ligera, sino laboriosa y certeramente, estableció este término medio entre el sensualismo y el idealismo. En su opinión, la imagen sensible y materialmente orgánica por sí sola puede ser iluminada por la influencia efectiva de la luz intelectual interna, y elevada a la categoría de función inmaterial.[113] La inteligencia levanta la imagen sensible a su propia altura, constituyendo interiormente, unida con ella, una causa eficiente realmente unitaria, y habilitándola para, una operación espiritual, esto es, supramaterial, o, mejor dicho, supraorgánica. Al fin, se produce, como por desasimiento, en la esfera superior de la conciencia, un conocimiento que sobrepuja a la percepción sensitiva, por el carácter universal que toma, y el conocimiento adquirido por los sentidos queda libre y limpio de lo que poseía de material y de accesorio.[114] A partir de entonces, le es dable al conocimiento convertirse en ciencia. Y, estando todas las ciencias progresivamente ordenadas, no menos que las causas que buscan, la filosofía tiene por objeto principal las causas más elevadas, o sea, los principios primeros, que alcanza por medio de conceptos universales y de proposiciones cuyo valor es siempre el mismo en casos diferentes. En la serie de causas, hay una causa primera, y, en la serie de cambios, un cambio final,[115] por lo que el conocimiento camina entre ambos extremos, para recorrer los cuales necesita un punto de donde arrancar y un límite en que detenerse, hasta que, colocado en esta cumbre del pensamiento, puede vislumbrar la unidad fecunda del acto puro o Dios, que es substancia existente y perfección absoluta (ἐνέργεια οὖσα, ἐνέργεια ἡ καθ᾽ αὑτήν) Ahora bien: las condiciones de la existencia real

---

[113] Pesch, *Die grösse Welträtsel*, I, 67.
[114] Pfeiffer, *Scholastik und Naturvissenchaften*, 46.
[115] Véase en mi obra sobre *El universo invisible*, 113.

se encuentran en los cuatro principios causales: dos internos, la materia y la forma, y dos externos, el movimiento y el fin. Aristóteles,[116] admite, pues, la causa material (τὴ ὕλην καὶ τό ὑποκειμενον) la causa formal (τὴν οὐσίαν καὶ τό τι ἥν εἶναι) la causa motriz (ὅθεν ἡ οἰρχὴ τῆς κινήσεως) y la causa final (τὰ οὗ ἕνεκα καὶ τὰγαθόν). La material determina físicamente la entidad primitiva de una cosa, la formal le imprime su sello individual y específico, la motriz destruye la oposición del no ser y del ser, haciendo pasar el primero al segundo, o dando a la materia su forma, y la final tiende a la realización de una forma en la materia. Mas, a poco que se examinen de más cerca las cuatro causas, vienen a reducirse a las dos primarias, puesto que el movimiento y el fin se hallan continuamente en íntima conexión con la materia y con la forma, así en las obras de la naturaleza como en las del arte. En la Divinidad, causa primera, que está exenta de toda materia, encontramos simplemente la forma pura, el principio de todo movimiento y el fin supremo del mundo. Aristóteles mismo, a pesar de la distinción, cuádruple establecida por él, explica de ordinario la naturaleza por sólo dos clases de causas: la material o mecánicamente necesaria y la final o teleológicamente conveniente.[117]

Doctrina capital de la lógica aristotélica fue la de las categorías, que forman las bases de la ciencia, y en las que se disponen sus primeras proposiciones. Estas categorías o genera summa son diez, a saber: substancia (οὐσία), cualidad (ηοιόν), cantidad (ηοιὸν), relación (ηρότι), acción (ηοιεὶν), pasión (ηάσχειν), tiempo (ηότε), lugar (ηοῦ), situación (κεῖσθαι), y hábito (εχειν). Los defectos de semejante clasificación ofrécense demasiado obvios para que requieran un examen minucioso, y su mérito no sería bastante a recompensarlo.[118] Stuart Mill[119] dice muy bien que esa clasificación es "un simple catálogo de las distinciones groseramente consignadas por el lenguaje de la vida común, con poco o ningún empeño de penetrar, por medio de un análisis filosófico, en la

---

[116] *Metaphysicorum*, I, III.

[117] Tomo esta oportuna observación de Pesch (*Die grösse Welträtsel*, I, 340).

[118] A los que deseen conocer un juicio crítico de alguna extensión, razonado y erudito, acerca de las categorías aristotélicas, remitioles a Trendelenburg (*Geschichte der categorien Lehre*, 18, 46).

[119] *A system of logic*, I, III, 1. Compárese con Gorland, en cuya obra *Aristoteles und Kant* (1909), se-señalan cuidadosamente las razones que el filósofo de Koenisberg tuvo para desechar la tabla peripatética de las categorías, aunque (confesémoslo) la nueva tabla que él propuso no vale mucho más que la que el Estagirita había presentado.

razón de tales distinciones. Un análisis de esta especie, por ligero que hubiese sido, habría hecho ver que la enumeración era, por una parte, redundante, y, por otra, deficiente. Al paso que se omiten algunos objetos, se hallan otros repetidos con diferentes títulos. Es como una división de los animales en hombres, cuadrúpedos, caballos, asnos y jacos. No resultaría, por ejemplo, una exposición plena de la índole de la relación la que excluyere de tal categoría la acción, la pasión y la situación local. La misma observación puede aplicarse a las categorías ηότε (o posición en el tiempo) y ηοῦ (o posición en el espacio), mientras que es meramente verbal la distinción entre la última y κεισθαι. Respecto a la clase que forma la categoría εχειν es manifiesta la inconveniencia de elevarle a summus genus. Por otra parte, la lista de Aristóteles no toma en cuenta nada, fuera de las substancias y de los atributos. ¿En qué categoría hemos de colocar las sensaciones u otros cualesquiera estados del espíritu, como el sabor, el olor, la audición, el dolor, el placer, el júbilo, el temor, la esperanza, el pensamiento, el concepto, el juicio y los demás? Probablemente hubieran sido colocados por la escuela peripatética en las categorías de ηοιεῖν y de ηάσχειν, y motivadamente incluirían en ellas la conexión que guardan con sus objetos los que son activos, y con sus causas los pasivos, mas no las cosas mismas, o sea, los estados del espíritu o hechos de conciencia, los cuales, si deben contarse indudablemente entre las realidades, no pueden mirarse como substancias, ni como atributos".

Si duro se muestra Stuart Mill con Aristóteles, aún más duro (y, desde luego, más despectivo) se muestra Bourdeau.[120] "Aristóteles (dice) admite diez categorías del entendimiento, que son, para él, otras tantas formas de la existencia, y, fuera de las cuales, nada puede concebirse. Sin embargo, el mismo autor de este sistema famoso propone, en un apéndice, añadir a las diez categorías cuatro más: la oposición, la prioridad, la simultaneidad y el movimiento. En fin, en los Topicorum, distingue todavía los cinco atributos o predicables[121] que llama dialécticos, y únicos sobre los que discute". Ahora bien: no más correcta que la distribución de las categorías es la que Aristóteles hace de los predicables, sistema de distinciones que de él y de su discípulo Porfirio ha pasado a nosotros,[122] habiéndose arraigado muchas de ellas en la fraseología científica, y algunas hasta en la vulgar. Los predicables son una división quíntupla de los nombres

---

[120] *Théorie des sciences*, introducción.
[121] Atributo o predicable es sinónimo de categoría, pues esta palabra griega (κατηορία) significa *atribución*.
[122] Véase a Boecio, *Predicamentorum Aristotelis liber* 15, 43, 54, 61,

generales, no basada, como de costumbre, en una diversidad de su significación o del atributo que connotan, sino en una diversidad de la clase que denotan. Podemos predicar de una cosa cinco variedades distintas: un género (γένος), una especie (εἶδος), una diferencia (διαφορὰ), una propiedad (ἴδιον) y un accidente (σὺμβεβηκός). El citado Stuart Mill[123] nota que estas distinciones no expresan lo que el predicado es en su propia significación, sino la relación con el sujeto a que se encuentra atribuido en un caso particular. No hay nombres que sean exclusivamente géneros, y otros exclusivamente especies o diferencias, sino que un mismo nombre se refiere a este o aquel predicable, según el sujeto de que está predicado en un caso concreto. Animal, por ejemplo, es género con respecto a hombre o a Juan, y es especie relativamente a substancia o a ser. Rectangular es una de las diferencias del cuadrilátero en geometría, y es meramente uno de los accidentes de la mesa en que escribo. Por consiguiente, las palabras "género", "especie", etc., redúcense a términos relativos o a vocablos aplicados a ciertos predicados, para explicar la conformidad que existe entre ellos y un sujeto determinado, conformidad que no está fundada en lo que el predicado connota, sino en la clase que denota, y en el lugar que, relativamente al sujeto singular, ocupa dicha clase en una clasificación dada.

En la cuestión de los métodos científicos, Aristóteles nunca llega a apartarse de las realidades positivas de la materia. Su postulado es que debemos empezar por estudiar los fenómenos de cada clase, para después averiguar sus causas.[124] Sólo fundándonos en hechos determinados y perceptibles por los sentidos, y acomodando a ellos, tal como los entendemos, nuestras conclusiones y nuestras síntesis, podremos alcanzar los principios universales y suprasensibles, por los que se explica la existencia. Los platónicos llevaban razón al encaminar la ciencia hacia lo permanente y lo eterno, y al darle por objeto propio lo universal. Pero se equivocaron al suponer que a esto no puede llegarse por la experiencia, y un examen más profundo de la realidad sensible les hubiera convencido de que sólo la inducción nos puede dar el conocimiento de las leyes naturales (επγυδὴ γήο). Los que atienden, ante todo, a la observación de los hechos de la naturaleza podrán poner los principios descubiertos en armonía con la realidad. Por el contrario, los que, como los platónicos, desdeñan

---

[123] A system of logic, I, VII, 2. Compárese con Mutschmann (Divisione quae vulgo dicuntur Aristoteles, 70, 91) y con Kuhn (De notionis definitione qualem Aristoteles constitucrit, 44, 81).

[124] De partibus animalium, I, I.

inducir la verdad de la consideración de las cosas singulares, sólo conseguirán poner aquellos principios en armonía con sus opiniones. La falta de experiencia fue lo que hizo que los platónicos se extraviasen en la indagación de los principios de los seres, a pesar de hallarse siempre dispuestos a idear hipótesis de todo género.[125]

El ingenio reposado de Aristóteles no podía transigir con tales audacias platónicas. Pero toda su sobriedad metafísica, toda su energía lógica, toda su superstición empírica (diría más bien), no fueron suficientes para librarle del espíritu teórico y abstracto que caracteriza todo el saber griego. Incurrió en el error de no haber, por lo menos, una distinción importante: la que existe entre la intuición o vista imaginaria y la observación o vista real de los fenómenos. Como los idealistas de su época, no se preocupaba más que de la subordinación de lo particular a lo universal, que es lo que constituye la unidad del pensamiento y del ser, sin ocuparse para nada de la legitimidad subjetiva de nuestras inferencias, de las relaciones que existen entre estas inferencias y su objeto concreto, de lo que el cardenal Ptolomeo[126] llamó después praevia apprehensio o reconocimiento de la identidad ideal de los objetos en la diversidad de sus determinaciones fenoménicas. La percepción directa o refleja del fondo de la existencia por la razón pura nada tiene de común con las percepciones sensibles sobre las que trabaja el entendimiento, y Aristóteles se engañó al suponer que, para que las inducciones sean válidas, basta que sean generales. Por eso, en vez de señalar los distintivos de toda buena práctica inductiva, se limita a insinuar que los pensadores deben tener siempre en cuenta en tales casos esta regla de conducta tan provechosa, a saber: que la ley hallada sea la verdadera, esto es, que diga relación real, universal y permanente a los efectos naturales, pues, si el principio determinante de los fenómenos fuese meramente accidental, entraría en la esfera del acaso y de los hechos

---

[125] De *historia animalium*, I, VI. De *amimalium motione*, I. *De generatione et corruptione*, I, II. *De coelo*, I, XIII. *Topicorum*, I, XII. *Analytica posteriora*, I, XXI.

[126] *Philosophia mentís et sensuum*, x, xv: *Inductio non petit praeviam apprehnsionen omnium omnino singularium, sed tantummodo plurimorum: nihilominus legitimus modus est indagandi evidenter prima principia... Maxima difficultas est circa, inductionem physicam, quamodo sit illa legitumus modus evidenter colligendi et cognoscendi naturas rerum. Defendendus tamem est tamquam amnino legitimus: aliter omnes scientiae humanae essent mera systemata* (llamábanse entonces *systemata* a las hipótesis) *exceptis ad summum arithmeticis.*

que no tienen lugar en el orden donde reina el determinismo de los efectos y de sus condiciones.

Conocida totalmente la teoría aristotélica de la inducción, debo hacer observar que su principal mérito está en haber proclamado que tal método es para la investigación de la verdad su legitimus modus. Aristóteles fue el primero de los antiguos que indicó la forma de encontrar la realidad por el camino de la demostración inductiva.[127] No habiendo en aquélla más que leyes o principios, no pueden ser los fenómenos sino apariencias o reflejos de la apariencia universal, y todas nuestras investigaciones deben, por consiguiente, dirigirse en última instancia a los primeros, y de ellos no puede pasar, porque fuera de ellos no hay nada. En este punto concreto, está Aristóteles totalmente de acuerdo con Platón. Pero se separa de él, al admitir que para conocer la unidad de las cosas es preciso tener intuición de muchas, y comparar las diferencias que presentan, ya que, de lo contrario, sólo imaginaríamos una unidad abstracta, y que se supone intuitiva por el pensamiento, sin haberlo comprobado en la realidad. ¿No es esto erigir en regla definitiva y absoluta de la inteligencia la percepción de los sentidos y el método de comparación? Sí, contesta. Aristóteles, pero en la percepción de los sentidos y en el método de comparación está justificada la clave que ha de abrirnos las puertas del mundo exterior, cuyas leyes no podemos sacar de nuestra conciencia. La experiencia: he aquí sin contradicción el medio más conveniente para la investigación de la verdad, es decir, de la realidad. Por ella únicamente llegará el entendimiento a encontrarla. Elevándose por la inducción de lo particular a lo general, el entendimiento alcanza lo verdadero, no sólo con más certidumbre, sino con menos trabajo y con menos esfuerzo que colocándose de pronto en las alturas de la abstracción. Una vez penetrado de este pensamiento, el espíritu recorre en los hechos el punto de partida de su ciencia, y, después de ponerlo en práctica, advierte las relaciones de los fenómenos con las grandes leyes del mundo, y la de las leyes entre sí. Entonces llega a las causas por los efectos. La inducción es, pues, una deducción sacada de hechos particulares en que se reconoce la universalidad de la ley, una comparación sin la cual la unidad del ser que

---

[127] En sus Analytica posteriora, Aristóteles distingue la inducción de la deducción, designando a la primera como ἀπόδειξις ὅτ... y a la segunda ἀπόδειξις διότι.... En la dialéctica de las escuelas cristianas, se tradujeron por *demonstratio quia vel quod sit* y *demonstratio propter quid*. El hecho de que hasta el siglo XIII no se encuentre una versión latina de los *Analytica posteriora*, obliga a ver en la última transcripción una imitación directa del tecnicismo lógico musulmán.

se busca no es nada, una inferencia enteramente física que se inicia por observación, y que se termina por comprobación experimental. Posible es que, parte de esto o mucho de esto, sea impracticable en la generalidad de las ocasiones. Pero, tratándose de cuestiones de experiencia, las conclusiones que formemos no serán ilegítimas lógicamente, mientras les demos un valor fenoménico. Puede, en tal concepto, decirse que el procedimiento inductivo será valedero siempre que comprenda todos los casos particulares de una clase determinada.

A pesar de la profundidad de su análisis, Aristóteles no llega a determinar de una manera precisa lo que es inducción. Llevado de cierto afán impaciente por descubrir la verdad en toda su amplitud, daba una extensión excesiva al concepto de experiencia, como medio de comprobación de todos los casos homogéneos posibles,[128] sin ver que sólo de los que conocemos y podemos comprobar directamente es lícito colegir la universalidad de las leyes. A priori, la inducción no parte de lo conocido, sino a reserva de efectuar su comprobación cuando se la haya comparado con lo actualmente desconocido. Descendiendo, empero, al terreno de los hechos, se nota fácilmente que sólo podemos formular inducciones sobre aquellos de que tenemos noticia directa. El Estagirita no lo comprendió así. Persuadido de que sus observaciones habían agotado el conocimiento de los hechos naturales, se creyó dispensado de dejar en estado de cuestión abierta cuanto el experimento no pudo entonces comprobar, con lo cual venía, contra su voluntad y contra su deseo, a preparar el camino a los que renunciaron a extender los dominios de la ciencia sobre experiencias más numerosas y mejor hechas que las suyas. La Escolástica es una prueba de ello. En vez de observar por sí misma, se atuvo en todo a los principios físicos sentados por Aristóteles, haciendo de ellos las aplicaciones más absurdas en el campo de la ciencia natural. Ni aun siquiera puede decirse que hiciera con ellos en este campo lo que hizo con sus principios metafísicos en el campo de la teología, es decir, esclarecerlos a la luz de la observación y del experimento, que han ido dándonos a conocer las leyes de la naturaleza, y confrontarlos con los resultados científicos adquiridos. Lejos de ello, los impuso tiránicamente como cosa inmutable y definitiva, tronó contra la sustitución de sus axiomas, y, por su parte, no hizo más que comentarlos con sutiles argumentos, extraños siempre y opuestos muchas veces a las verdaderas reglas por las que nos hemos guiado nosotros en la exacta y múltiple

---

[128] Reconoce y pretende disculpar Lewes (*Aristotle*, 115) este defecto del Estagirita.

observación de los hechos. ¿Ni cómo podía ser de otro modo? ¿Cómo hubiera sido posible que se comparasen las doctrinas de Aristóteles con una ciencia que no existía, y las explicasen sus seguidores con un espíritu crítico e independiente de que estaban en absoluto desprovistos? El examen propio faltó por completo en la Edad Media, y fue una de las principales causas de su estacionamiento científico. En el terreno teológico, las opiniones del Estagirita se rectificaban siempre, y aun se rechazaban cuando era preciso. Pero, en el terreno filosófico, se seguía fielmente su pensamiento, sin cuidarse de que estuviese o no conforme con la realidad. El procedimiento no podía ser más a propósito para enervar los espíritus y favorecer la pereza intelectual. Así se vio, en el espacio de doce siglos, reducida la ciencia a una miserable y arbitraria interpretación de las teorías de Aristóteles. Por lo demás, nada más lejos de mi ánimo que inculpar al filósofo griego. Ya he insinuado que su opinión sobre la universalidad de las observaciones hechas por él relativamente a las leyes cósmicas fue sólo la ocasión de una dirección científica que abortó a causa del espíritu de la época. Los escolásticos falsearon el pensamiento de su maestro al suponer que podemos comprender la naturaleza mediante la lectura de los libros que se ocupan de ella. Aristóteles no admitía más libros que el de la naturaleza misma, a cuyo conocimiento sólo podemos llegar por la observación metódica e inmediata de sus fenómenos, y esto por observación propia, sin que haya autoridad intrínseca en ella, ni en la de otros experimentadores. Si Aristóteles hubiese aparecido en los siglos medios a los que se llamaban aristotélicos, seguramente no hubiera reconocido por suyos esta clase de adeptos, y más bien hubiera apoyado a los que contradijesen sus opiniones en lo que tenían de erróneas. No hubiera entrado, no, en la idea de un investigador como él, el ser siempre tratado como autoridad, porque "el verdadero pensador quiere ser censurado por el pensamiento de otro".[129] Por lo demás, repitamos que Aristóteles, ni planteó el problema de la inducción con exactitud, ni le encontró solución que satisfaga al filósofo menos exigente, ni aplicó siempre el método de observación con la corrección debida. Un aristotélico moderno[130] concede que el Estagirita pecó de superficial al manejar la inducción, desestimando el valor de la comprobación experimental, que los resultados de observaciones someras necesitan, por lo cual sucedió que los hechos que tan penosamente reuniera no fueron examinados con la prudencia y con el discernimiento

---

[129] Strauss, *Der alte und der neue Glaube*, prólogo.
[130] Pesch, *Die grösse Welträtsel*, I 64.

que su importancia demandaba. Muy a menudo, la sed de saber que le consumía llevábale a inferir una ley universal de unas cuantas noticias defectuosas, y a aceptar, sin maduro análisis, como bueno lo que de otros oía, o lo que en obras ajenas hallaba consignado. Tampoco vio con claridad, en todos los casos, los límites precisos entre la inducción y otros métodos afines a ella, pero que de ella se distinguen en la práctica, y esto le hizo caer a menudo en confusiones de conjunto y en errores de detalle.

Comentando este asunto, Eucken,[131] el sabio helenista alemán y uno de los fundadores de la escuela neoaristotélica, expresa la misma idea. La noción exacta de la inducción en Aristóteles no es fácil de precisar, puesto que emplea a menudo esta expresión para la simple analogía, que, sin embargo, difiere de la inducción, y la emplea hasta para la simple explicación de conceptos abstractos por medio de ejemplos. Allí donde la inducción tiene un sentido más riguroso, significando el paso de lo particular a lo general, Aristóteles se hallaba todavía dispuesto a saltar bruscamente de uno a otro extremo. Así, relativamente a las diversas ramas de las ciencias naturales, ha concluido frecuentemente, en las cuestiones generales como en las cuestiones particulares, con una gran seguridad, fundándose solamente en un pequeño número de hechos, para llegar a formular leyes, y ha emitido aserciones que traspasaban con mucho la esfera de sus observaciones personales. Lo mismo hicieron sus discípulos de la Edad Media. Los escolásticos, en general, no fueron más que metafísicos de acarreo en la interpretación de la naturaleza. Aun aquellas de sus teorías en que aparecen vislumbres de verdad (la de los cuatro elementos como representando un estado cuádruple de agregación, la de los efectos químicos y fisiológicos de la luz solar, la de la influencia transcendental de los movimientos sidéreos en los movimientos de las cosas terrestres, etc., etc.), no contienen nada analítico, nada concreto, nada referente al orden de la inducción y del empirismo. Se sirvieron para su construcción de observaciones deficientes de los hechos naturales, y rara vez, casi nunca, del método propio de la ciencia. Y es, como dice Peschel[132] refiriéndose a sus doctrinas geológicas, no porque creyesen deber usar de este método, sino porque no podían usar otro, atendido el estado de la razón en aquellos tiempos. Entonces se observaba y se comparaba con igual penetración que ahora, pero los medios de discernir la verdad del error no se ejercían o no podían ejecutarse por las

---

[131] *Die Methode der aristotelischen Forschung im ihrem Zusammenhang mit den philosophischen Grundprincipien des Aristoteles*, 54, 99, 113, 117, 167, 188.
[132] Geschichte der Erdkunde, 207.

preocupaciones teológicas o por las imposiciones eclesiásticas. De sus presentimientos científicos no cabe deducir el acierto de sus procedimientos lógicos o la exactitud de sus concepciones metafísicas. Es como si se dijera que en la mitología cartaginesa estaba explicado el fenómeno de las mareas al modo moderno, porque los cartagineses creían que el agua era hija de la luna.

¿Por qué Aristóteles zahiere tanto el platonismo? Lo zahiere, principalmente, porque no emancipaba de un modo íntegro la razón, a causa de su método dogmático. El optimismo intelectual de los platónicos era tan exagerado como el pesimismo intelectual de los sofistas. Según Aristóteles, la investigación de la verdad es, en un sentido, fácil, y, en otro, difícil, lo cual se echa de ver en que "ni nadie se siente enteramente privado de su luz, ni nadie tampoco puede alcanzarla de una manera adecuada". A cada uno le es dado adquirir algún conocimiento de la naturaleza, y, "aunque este o aquel individuo no añadan nada a tal conocimiento, o le añadan poco, todavía, si se considera la totalidad de lo que se conoce, resulta un conocimiento grande". Por este lado, la investigación de la verdad parece fácil. Mas, cuando se atiende al punto de comprender bien el todo de alguna cosa, o sus partes determinadas, dícese con razón que la investigación de la verdad es difícil. Por eso, Aristóteles[133] encarece la necesidad de empezar el estudio de una materia por una idea clara de sus dificultades. "A los que desean acertar, les es ventajoso saber dudar a tiempo, pues sus dificultades se ven luego coronadas con abundancia de medios para resolverlas. Desatar un nudo no es para el que lo ignora, antes bien, esta misma ignorancia da lugar a que en el hecho se revele su falta de inteligencia en el mismo" (ἀλλ᾽ ἡ τες διανοίας ἀπορὶα δηλοῖ το τοπερὶ τοῦ πρὲγματοη). Por consecuencia, es preciso considerar primero todas las dificultades, ya que a los que discuten, sin haber pensado antes en los varios extremos posibles, "les sucede lo que a los que ignoran por dónde han de pasar. Y hay más, y es que ni siquiera saben si, finalmente, han hallado lo que buscaban, por no poseer conciencia neta de lo que se proponen, como la posee el que comenzó por prepararse bien" (τό γάρ τὲλος τούτῳ μὲν οὗ δηλον, τῳ δὲ καλῶς αροηπορηκότι δήλον).

En las obras morales del Estagirita, *Ethica ad Nicomachum*, *Ethica ad Eudemum* y *Magna Moralla*, hay visibles huellas de tres distintos investigadores: el mismo maestro, Eudemo y otro. Algunos críticos suponen que la *Ethica ad Eudemum* tiene tres libros comunes a la *Ethica*

---

[133] *Metaphysicorum*, I, III.

ad Nicomachum, los cuales son del mismo Eudemo, y que el resto de la segunda obra es de Aristóteles.[134] Concibió éste la moral como el punto de partida de las otras dos ciencias prácticas, la economía y la política, y empezó por separarla de la religión, de la cual no conocía más que el éxtasis místico y el culto oficial. Cierto que admitía la existencia de un Dios amante de sí, no del hombre, y que vive absorto en su propio pensamiento (ἐστὶν ἡ νόησις νοήσεως νοησις).[135] Si hay un principio cierto en la filosofía de Aristóteles, es, sin duda, que Dios, en calidad de primer motor, mueve el mundo, pero sin conocerlo. Dios sólo puede conocerse a sí mismo, y, si su pensamiento pudiese abrazar otro objeto, perdería sus perfecciones y su felicidad. "¿Cuál es el estado habitual de la inteligencia divina? Si en nada pensase, y si existiese como un hombre dormido, ¿qué se habría hecho de su dignidad? Pero, si piensa, dependiendo su pensamiento de otro principio, el pensar no será ya su esencia, sino un simple poder de pensar, y entonces la inteligencia divina no será la esencia mejor, porque lo que le da su valor es el pensamiento. Finalmente, ora forme su esencia el intelecto como facultad, ora el pensamiento como operación, ¿en qué pensará? O pensará en sí mismo, o en otro objeto, y, en el último caso, o el objeto pensado permanecerá siendo idéntico de continuo, o irá cambiando. Dígase categóricamente que el objeto de su pensamiento es el bien o la primera cosa que se presente. ¿No resultaría absurdo que tales y cuales cosas fuesen el objeto de su pensamiento? Por ende, es claro que piensa en lo más excelso y en lo más divino, y que no cambia de objeto. De lo contrario, pasaría de lo mejor a lo peor, y esto sería, ya un movimiento imposible en un primer motor inmóvil. Si no fuese más que una potencia de pensar, es probable que la continuidad le produjera cansancio... Hay cosas que vale más no verlas que verlas, y, de no ser así, el pensamiento no sería lo más excelente que existe. La inteligencia divina, pues, piensa en sí, que es lo más excelente, y su pensamiento es el pensamiento del pensamiento... El pensamiento humano no tiene por objeto a sí mismo, mientras que el pensamiento eterno alcanza su objeto en un momento indivisible, y piensa en sí durante la eternidad".[136] Embebecido en contemplarse a sí mismo, "contempla

---

[134] Fuentes para el estudio de estos puntos dudosos son Fischer (*De Ethicis Nicomacheis et Eudemiis quae Aristoteles nomine tradita sunt*, 19, 47), Schleiermacher (*Ueber die Ethischen Werke Aristoteles*, 28, 35) y Carrau (*Morale à Nicomaque avec une étude sur Aristote, introducción*).

[135] *Metaphysicorum*, XII, IX.

[136] *Metaphisicorum*, XII, IX.

también en los hombres lo que hay en ellos de mejor, y lo que más se asemeja a su propia condición, esto es, la mente y la inteligencia".[137] Aristóteles encuentra muy natural que "los dioses hagan mercedes a los que honran el principio superior que en ellos reside, el cual está muy por encima, de la virtud".[138] Tal es el Dios aristotélico, un Dios supremo, pero manco, raquítico, remilgado, casi sin vida, sin perfecta personalidad, una especie de abstracción, en realidad poco diferente de la platónica.[139] Ese Dios, que aparta los ojos de las cosas pertenecientes a los reinos mineral, vegetal, animal, como de carga pesada e indigna de su majestad y de su grandeza, y por temor de contaminarse con el conocimiento del mundo, tampoco gusta de tener trato con el hombre, cuyos asuntos mira con frialdad, y "si le ama, no es porque le interese su bien, sino porque ve acatado en él su ser divino".[140] De aquí que la moral de Aristóteles, asistida de principios metafísicos tan duros, carezca de fundamento religioso. No se le ofreció a Aristóteles poner a Dios por fuente de la moralidad, ni por tipo de la santidad, ni por protector de la justicia. Sus doctrinas éticas ofrecen un aspecto puramente racionalista[141] en todos sus extremos, y entrañan una sanción exclusivamente humana y empírica, que tiene grande afinidad con la moral independiente de nuestros días.[142] Humanismo y empirismo tan marcados no podían ofrecer a Aristóteles más que una teoría ética de la dicha o de la felicidad (εὐδημονία) como fin,[143] de la prudencia, o sabiduría (αυδουλια) como medio, y, finalmente, de la virtud, entendida unas veces como nobleza de sentimientos (εὐγένεια) y otras como valor, denuedo, fortaleza de ánimo (εὐανδρία). Para nada entra, en esta moral, la idea religiosa de una vida futura o de una existencia personal posterior a la muerte, en que los buenos recibirán su premio y los malos su castigo, idea que ya Píndaro había en gran parte

---

[137] *Ethica ad Nicomachum*, X, IX.
[138] *Ethica ad Nicomachum* VII, I.
[139] Zeiler, *Die Philosophie der Griechen*, III, 633.
[140] *Mir, La religión*, 601. Compárese con Rolfes, *Die Aristoteles Auffassung vom verhältnisse Gottes zur Welt und zum Menschen*, 18, 29, 40, 57, 81, 92.
[141] Véase a Denis (*Le rationalisme d'Aristote*, 18, 47) y a Gillet (*Du fondement intellectuel de la morale d'après Aristote*, 19, 50).
[142] Ceferino González, *Historia de la filosofía*, I, 311.
[143] Véase a Grant, The etics of Aristotle, 19, 38, 74, 81. Compárese con Rondelet, *Exposition critique de la morale d'Aristote*, 18, 46. Consúltese también a Ollé-Laprune, *Essai sur la morale d'Aristote*, 81, 98.

bosquejado.[144] Dejándose llevar con exceso de lo positivo y de lo experimental, Aristóteles se equivocó, o se quedó muy corto, en todo aquello que traspasa los límites de los sentidos, o que depende de la voz interior,[145] y trató negligentemente de la inmortalidad del alma, pues supuso que el hombre pierde la memoria después de la muerte. Sin embargo, en uno de sus libros éticos,[146] temiendo malquistarse con venerables tradiciones de su patria, hizo esta tímida observación: "Pretender que la suerte de nuestros hijos y de nuestros amigos no nos interesa después de su muerte o de la nuestra, sería un aserto demasiado duro y contrario a las opiniones aceptadas". Concesión harto floja a las preocupaciones populares, y expresada sin calor y sin convicción por el representante de una filosofía que, como todas las de Grecia, era aristocrática y sólo buena para avivar la agudeza de los ingenios, sin ponerse jamás en contacto social y espiritual con las necesidades y con las creencias del vulgo.[147]

El fundamento de la moral de Aristóteles era la idea del sumo bien y del último fin. Ambas cosas parece comprenderlas en un sentido hedonístico o exageradamente eudemónico, pues las confunde e identifica con el bienestar y con la suma de goces que derivan del ejercicio perfecto de la razón. Sin embargo, conviene observar, con Croce,[148] que no sería equitativo considerar, sin más examen, la doctrina de la felicidad de Aristóteles como exclusivamente hedonística, eudemónica o utilitaria, en todas sus consecuencias. La felicidad es, ciertamente, el sumo bien y el último fin de sí misma. Pero, en la felicidad, incluye de antemano Aristóteles la virtud, en la cual no está la otra como agregada, sino como intrínseca, y para la cual los bienes exteriores son bienes necesarios, mas sólo como instrumentos. El hombre virtuoso debe ser amante de sí mismo (φίλαυτος) pero debe ser a la vez justo, temperante, liberal de lo propio, pronto a ceder a los amigos honores o cargos, o sea, amante de sí mismo en el sentido más alto de la palabra (amante, no de lo empírico, sino de lo

---

[144] Según Píndaro, los buenos serán eternamente (αἰειαἰῶνα) bienaventurados, y los malos serán castigados, aunque el poeta no dice si eternamente. Véase mi obra sobre *El universo invisible*, 60.

[145] Cantú, *Storia universale*, III, XXII.

[146] *Magna Moralia*, II, I.

[147] Explana atinadamente este concepto Schmidt (Die Ethik der alten Griechen dargestellt, 188, 192). También juzgan el mismo punto con acierto Ferri (Della filosofia del diritto presso Aristotele, 55, 81) y Lapie (De justicia apud Aristoteles, 19, 22).

[148] Filosofia della pratica, 256.

metaempírico), a diferencia del malvado, que es enemigo de sí mismo. Hizo cuenta Aristóteles de que los principios teleológicos por él sentados en materia de cosmología, de biología y de psicología, tenían también aplicación a la ética, cuyo concepto requiere que enseñe lo que debe ser, y resulta, por ende, incompatible con la negación de las causas finales. El fin es el alma de la ética, y su exclusión de ella conduce al determinismo, sistema negador de toda responsabilidad, de toda penalidad, de toda calificación de mérito o de demérito en los actos del hombre. Cuando no se puede aspirar autónomamente a ningún fin, no hay voluntad, ni hay libertad. Platón había concebido esta última como principio interno que obra bajo la dirección fatal de la inteligencia activa (νοῦς ποιητικὸς) y, en parte alguna de sus diálogos, habló de una facultad independiente de la razón, de la pasión y de la cólera, y que se determine a sí misma.[149] Aristóteles, por lo contrario, demostró el libre albedrío y el poder electivo del alma, no concibiendo ética sin fin a causa del cual exista la vida, y sin tendencia que se dirija a ese fin con autónoma determinación de la voluntad, es decir, sin libertad para hacer pasar las intenciones de la potencia al acto. Pero esta libertad tiene sus límites, y Aristóteles[150] inició un análisis acerca de la diversidad de la apetición, o βούλησις respecto al propósito o προαίρεσις observando que el propósito se ciñe a lo que puede hacerse, mientras que la apetición se proyecta a menudo sobre cosas imposibles.

Por inducción estableció Aristóteles como esencia de la virtud el justo medio armónico entre lo demasiado y lo muy poco, o sea, entre el exceso y la falta, teoría reproducida por Bodin en el siglo XVI. ¿Quiere esto decir que por semejante módulo ético puedan juzgarse cualitativamente pasiones como la concupiscencia, la envidia, el odio, o acciones como el adulterio, el homicidio, el hurto? Aristóteles no plantea la cuestión, aunque contesta a ella negativa e indirectamente, al referirse a las innumerables variedades interiores de la personalidad, sin advertir que con ello dejaba malparado su criterio ético del justo medio, porque aquellas variedades se apoyan en un sentimiento individual, psíquico, inmediato, íntimo, y nada tienen de común con una deducción lógica o con una proporción matemática entre lo excesivo y lo precario. Pero aquel sentimiento ¿implica el libro albedrío, o está sujeto a las leyes necesarias de la razón? ¿Acepta libremente la virtud, o sólo la prefiere al vicio por cálculo y por reflexión? ¿Es la virtud un acto de libertad, o aumenta y

---

[149] Véase mi obra sobre El universo invisible, 119.
[150] Ethica ad Nicomachum, III, II.

disminuye según aumenta y disminuye la ciencia del individuo? Sócrates había contestado a estas preguntas afirmando que nadie es malo voluntariamente (κακός ἑκών ουδεις) negando que la energía psíquica (θυμός) pueda resistir nunca a la atracción poderosa de las leyes racionales, y unificando la virtud con la ciencia, por hacer consistir la verdadera moral en conocerse el hombre a sí propio. Aristóteles rechazó este punto de vista, que resumía en el saber todo el bien. Sin embargo, se dejó ganar por algunas de sus sugestiones ideológicas. No sólo atribuyó a cada potencia del alma su virtud propia, tomada en el sentido originario de fuerza (αρετὴ) sino que, al calificar las facultades humanas por su perfección, formó dos clases de virtudes: las intelectuales y las morales. Pero ¿cómo pueden las intelectuales considerarse como virtudes, no siendo imputables a la persona, ni meritoria su práctica, por ende? También las morales abarcan una clase muy vasta, que no reduce su actividad a la rectitud de la conducta, sino que se extiende a todo hábito que perfecciona las potencias mixtas de que se compone la naturaleza humana. La rectitud o equidad no constituye de suyo la vida íntegra, sino la virtud unida a otras cualidades, que resultan útiles al hombre, aun no siendo morales por sí mismas, porque contribuyen a la mayor asepsia y pulcritud de su espíritu, mediante la catártica purificación de sus facultades superiores.[151] Con gran viveza y claridad lo advierte Croce:[152] "El problema relativo a la identidad o a la distinción entre la teoría y la práctica suele hacerse remontar al célebre dicho de Sócrates de que la virtud es conocimiento y la maldad ignorancia, y a la corrección de Aristóteles, que aun aceptándolo, notaba la parte que corresponde al elemento no intelectivo. Empero, como ocurre en otros casos, aquel dicho y aquella corrección han adquirido, con los siglos, más profundidad de la que genuinamente tuvieron o pudieron tener, lo cual, si no ha ayudado a la exactitud de la interpretación histórica, ha estimulado y fecundado mucho el pensamiento. Leyendo sin prejuicios los Memorabilia de Jenofonte, los Diálogos de Platón, la *Ethica ad Nicomachum* y las *Magna*, Moralia de Aristóteles, aparece evidente que la cuestión que allí se agita es la de apreciar la importancia que el desenvolvimiento mental tiene para la vida moral, y la de averiguar si, con relación a ésta, basta el saber, o si concurren, además, otras disposiciones naturales, y la disciplina de los afectos. A Sócrates, que había exagerado el valor del saber y concebido la virtud como conocimiento (λόγος). Aristóteles respondía, corrigiendo,

---

[151] Véase a Kuchn, De catharsis notione, 74, 81.
[152] Filosofia della pratica, 94, 104.

que la virtud no era simplemente conocimiento, sino algo realizado con conocimiento (μετὰ λόγσο). En estas asaz ingenuas consideraciones se puede encontrar, implícito a todo más, pero no ciertamente explícito, el problema de la identidad o de la distinción entre la teoría y la práctica, que sólo más tarde se planteó en términos exactos, sin que por ello deje de ser arriesgado convertir a Sócrates en un intelectualista y a Aristóteles en un voluntarista. No obstante, cierto es que la filosofía aristotélica, de acuerdo con el buen sentido, conservó la distinción de las dos formas del espíritu, la teoría y la práctica, el conocimiento y la voluntad: distinción que pasó también a la filosofía escolástica (ratio cognoscibilis et ratio appetibilis) y a la del Renacimiento, pero que corrió, en los tiempos modernos, varias vicisitudes, siendo unas veces reforzada y otras atenuada y casi abolida". Por lo demás, el mismo Croce confiesa que, fuera de las importantes páginas de los libros III y VII de la *Ethica ad Nicomachum*, en que se inaugura el problema del factor intelectual que entra en el acto volitivo, o sea del estadio teorético de, la deliberación, este problema no obtuvo desenvolvimientos posteriores que valga la pena consignar.

El defecto de la moral aristotélica es su carácter más empírico que filosófico. Ya el tratado de *Rethoricen* está consagrado por entero a la descripción psicológica de los afectos, de las pasiones y de los hábitos. Pero donde la mezcla de los conceptos empíricos con los filosóficos y el abuso de la psicología descriptiva aparecen con más relieve es en la *Ethica ad Nicomachum*. Por altamente filosófica que esta obra sea en algunos puntos, en su mayor parte debe ponerse a la cabeza de los libros de los moralistas prácticos y de los preceptistas psicológicos, más que en la historia de la ética especulativa.[153] Este carácter lo reconoce el mismo autor, escribiendo: Πῶς ὁ περι τῶν πρακτῶν λόγος τύπῳ καὶ οὐκ ἀκριβῶς ὁφειλει λέγεσθαι. Aristóteles apoya también el prejuicio de que la moral teórica debe reducirse a la práctica por este tenor: Ἐπεὶ οὖν ἡ παροῦσα πραγματεία οὐ θεωρίας ἕνεκά ἐστιν ὥσπερ αἱ ἄλλος οὐ γὰρ ἵνα εἰδῶμεν τι ἐστιν ἡ ἀρετὴ σκεπρόμετα ἀλλ᾽ ἵν᾽ ἀγαθοὶ γενώμεθα ἐπει οὐδέν ἄν ἦν ὄφελος αὐτῆς etc. Fuera de esto la moral aristotélica, comparada con la estoica, conserva, históricamente hablando, la franqueza e inocencia del espíritu griego tradicional. La moral aristotélica aspira a la felicidad con antigua y completa devoción, mientras que la estoica corresponde a una declinación del alma griega, aunque en

---

[153] Tomo esta observación de Croce (Filosofia della pratica, 96).

esta declinación alboree la mañana del humanitarismo cristiano.[154] Aristóteles no desconoció este humanitarismo en su aspecto de fraternidad, pero lo representó bajo la forma general de la amistad, sentimiento que constituía para los antiguos una religión, y que llegó a ser el alma de sus asociaciones más elevadas. Laurent[155] observa que Aristóteles era digno de tratar tan simpático asunto, por cuanto sus relaciones con Hemias demostraron que latía en su pecho un corazón generoso, y que la inteligencia no había apagado en su alta los afectos. Lo que escribió sobre la amistad es una de las más bellas páginas que la antigüedad nos ha legado. "La amistad es el mayor bien de la vida. Nadie desearía vivir, aunque poseyese todos los bienes en abundancia, si no tuviera un amigo. ¿De qué sirven la fortuna, la gloria, la dominación, cuando no podemos hacer partícipes de ellas a las personas a quienes amamos? La amistad duplica las fuerzas del hombre, y es la guía del rico y del poderoso, el consuelo del pobre y del desgraciado, el consejero de la juventud, el apoyo de la vejez. La naturaleza misma la inspira, puesto que la experimentan hasta los seres desprovistos de razón. Pero el hombre es, por encima de todos, un amigo para su semejante. Ni es la amistad un lazo puramente individual, y, tanto como de las relaciones particulares, es el principio de la asociación política. La ciudad es para todos sus miembros lo que la amistad es para algunos. Y la amistad supera a la justicia en poder. Cuando los hombres se aman entre sí, la justicia no es necesaria. Mas, aun allí donde la justicia existe, no puede pasarse sin la amistad".[156]

El estudio de las cuestiones concernientes a la administración y a la gobernación del Estado mereció particular atención a Aristóteles, que consagró a ellas dos tratados de grande enjundia: los .Æconomicorum, libro cuyas teorías le hacen precursor de las más célebres que sobre el mismo asunto han circulado en el mundo moderno,[157] y los Politicorum, obra que, aunque no terminada, expone, en lo que de ella se conserva, profundas y sistemáticas doctrinas jurídicas y legislativas, consideradas por la crítica histórica[158] como la fuente en que se inspiraron Maquiavelo,

---

[154] Elementi storici differenriano l'ética, impregnata di sana, vita ellenica, di Aristotele, de quella degli stoici, in cui si scorge la decadenza del mondo antico e s'intravvedono i germi del futuro (como il cosmopolitismo, che precorre l'idea cristiana dell'unitá del genero umano). (Croce, Filosofia della pratica, 79).

[155] La Gréce, VII, II, 7.

[156] Ethica ad Nicomachum, VIII, I.

[157] Véase a Kinkel, Die sozialökonomischen grundlage der Staats und Wirthchaftslehren von Aristoteles, 11, 19.

[158] Véase a Oncken, Die Staatslehre des Aristoteles, 70, 81.

Hobbes, Rousseau y Montesquieu. Habíanle precedido en la tarea Epiménides, Arquitas de Tarento, Protágoras de Abdera, Jenofonte, Critón, Antistenes, Simón, Hipodamo de Mileto, Falcas de Calcedonia, Platón, Espeusipo y Jenócrates. A todos superó Aristóteles en erudición, doctrina, buen juicio y feliz razonamiento. Sus *Politicorum* contienen enorme suma de conocimientos científicamente ordenados, como conviene a una disciplina que, más que otra cualquiera, necesita manejar y clasificar esos materiales, los más complejos de todos, que se llaman documentos humanos. Así como para la historia natural recogió Aristóteles cuantos datos pudo, así también para sus *Politicorum* reunió ciento cincuenta y ocho constituciones de Grecia y de Italia, de la comparación de cuyas diferencias prácticas sacó enseñanzas empíricas, que confirmasen su teoría del Estado.

Aristóteles desarrolló magníficamente sus ideas políticas, cuyo punto de partida es la no oposición de la vida civil y de la naturaleza. El hombre es por naturaleza un animal sociable. No lo es por debilidad ingénita, sino por tendencia espontánea de su organización física y psíquica. La naturaleza no hizo al hombre para vivir solo, sino para asociarse a sus semejantes. La familia, institución la más primitiva, sencilla y lógica de todas las colectivas, demuestra cuán indispensable le es al hombre vivir en sociedad. "Si, al hombre no le es posible atender suficientemente a sus necesidades en el aislamiento, estará, como las demás partes del cuerpo social, bajo la dependencia del todo. Quien nada pusiere en común en la ciudad, ni nada requiriese de ella, ni quisiese formar parte del concierto que implica la ayuda mutua, por bastarse a sí mismo, tendría que ser una bestia o un dios. De donde resulta que existe en todos una inclinación natural e irresistible a la asociación, y el primero que la estableció produjo grande utilidad, porque si el hombre, al llegar a su mayor perfeccionamiento, es el animal más excelente, es también el más perverso, cuando vive aislado y nómada, sin leyes y sin justicia".[159] ¿Debe, empero, exagerarse el principio de sociabilidad hasta el punto de someter la vida civil al régimen comunista de la república platónica? Aristóteles contesta negativamente a la pregunta. "En una sociedad en que la benevolencia esté diluida entre todos, los afectos adolecerán de flojedad extrema, y será casi imposible que un padre diga con hondo cariño hijo mío, ni un hijo padre mío. Bien como echando un poco de miel en mucha cantidad de agua, se obtiene una mezcla que apenas conserva sabor dulce, de igual modo lo que hay de individual y de afectuoso en aquellas palabras

---

[159] Politicorum, I, I.

se disipa y se desvanece. Bajo semejante comunismo, es inevitable que el padre sienta escaso interés por el hijo, y el hijo por el padre. Y es que dos cosas contribuyen, principalmente, a despertar estímulos de convivencia y de simpatía en el corazón humano, la propiedad y el amor (το ἴδιον καὶ το αγαπητον) ninguna de las cuales puede subsistir en tal forma de Gobierno".[160]

El argumento de Aristóteles, por la verdad que contiene, es una pieza muy principal del proceso contra las utopías comunistas de Platón, errores brillantes que la experiencia destruye. El fundador de la Academia veía en la propiedad una consecuencia del egoísmo, y, en su concepción del amor, dio a éste una causa lejana (los partidarios de Pericles eran amantes de Atenas. Sócrates amaba lo que él llamaba la belleza, la verdad o la bondad, etc.), sin hacer demasiado caso del afecto personal y de la emoción apasionada e intensamente vibrante entre hombre y hombre. La magnífica concepción de Aristóteles sobre la amistad se explica mejor,[161] por ser el mismo amor platónico bajo un nombre más frío, pero más seguro y más conforme con las realidades humanas. Parco en su sentimentalismo, poseía aquella ecuanimidad y aquella ponderación que constituyen uno de los privilegios del moralista moderado y práctico. El hombre puede llevar una vida voluptuosa, o una vida contemplativa, o una vida civil, y sólo esta última es buena, en concepto de Aristóteles, el cual, aunque tan poco idealista, establecía por fin de la comunidad política la enseñanza y el fomento de la virtud social (πολιτικήαρετὴ) y consideraba las instituciones como medios para lograr tan importante objetivo. Proclamaba la doctrina característica de las épocas de ilustración, o sea, la doctrina de que el vicio viene de la ignorancia, y que la educación forma el carácter, aprovechando las disposiciones naturales del individuo y aquellos de sus hábitos que mejor conducen a la moralidad. Pero esa educación debe procurarla el poder (πόρος) es decir, el Estado, que, dada la estructura férrea de la ciudad antigua, era, en efecto, el gran elemento pedagógico. No viendo en cada individuo una personalidad señera, autónoma, inviolable, adoptó Aristóteles como teoría de orden político lo que era práctica general en su país, y, no sólo admitió la justicia de la esclavitud, sino que llegó a dar un apoyo científico a tesis tan nefanda. No se puede, sin embargo, censurar a Aristóteles por haber pretendido justificar con razonamientos aquella odiosa institución, puesto que

---

[160] *Politicorum*, II, I.
[161] Véase a Murray, The *literature in the ancient Greece*, VII.

ninguno de los filósofos paganos, hasta Séneca,[162] pronunció una sola palabra en favor de los esclavos, y ni éste siquiera expuso su humanitarismo sino de una manera muy deficiente y muy contradictoria.[163]

Son horrendas las aserciones con que se nos viene Aristóteles, en la exposición de su célebre teoría de la esclavitud. Hay individuos esclavos por su naturaleza y tan inferiores a sus semejantes como el cuerpo al espíritu y la bestia al hombre. Domina en ellos la materia, no poseen la razón en sí mismos, únicamente la comprenden cuando otros se la muestran, y su organización los coloca al nivel de los animales domésticos, ya que, con el auxilio de sus fuerzas corporales, unos y otros nos ayudan a satisfacer las necesidades de la existencia. Aristóteles hace a la naturaleza cómplice de su falsa doctrina. Según él, la naturaleza forma los cuerpos de los hombres libres diferentes de los cuerpos de los esclavos, dando a éstos el vigor necesario para los trabajos manuales, y destinando a aquéllos únicamente a las funciones de la vida civil, al incapacitarlos para doblar su cuerpo a tan rudas labores. Por consiguiente, los unos son naturalmente libres, y los otros naturalmente esclavos.[164] ¡Extraña aberración! No siendo entonces los esclavos otra cosa que prisioneros de guerra, ¿qué conexión cabe establecer entre la superioridad natural del amo y el hecho contingente de haber sido el esclavo vencido en una batalla? Compréndese que Hormero, con su arbitrariedad de poeta, pudiese permitirse decir que, "cuando un hombre cae en esclavitud, Júpiter le arranca la mitad de su alma". Más no se comprende que el discípulo de Platón afirmase ser la inferioridad y la superioridad naturales la única razón que, a sus ojos, legitimaba la diferencia entre el esclavo y el hombre libre.[165] Por lo demás, aunque anduvo fluctuando en su opinión, al fin vino a confesar que el poder del amo es contrario a la naturaleza; que, no ésta, sino la ley, establece la desigualdad entre el esclavo y el hombre libre; y que la servidumbre es injusta, por ser el producto de la violencia.[166] Aristóteles se olvidó aquí de sus principios, y también renunció a ellos cuando aconsejó a los amos que ofreciesen la libertad a los esclavos en premio de su trabajo.[167] Sin embargo, desde Aristóteles

---

[162] *De beneficiis*, III, xviii, XX.

[163] Esta observación desvirtúa la que hace Laurent (La Gréce, VII, II, 7), al encontrar abominable en Aristóteles que "justificase la esclavitud en una época en que ya comenzaba a rechazarla la conciencia humana".

[164] *De genratiane animalium*, I, V.

[165] *Politicorum*, I, II, XVI, XIX.

[166] *Politicorum*, I, II.

[167] *Politicorum*, VII, x.

comenzó la confusión que reinó hasta el fin del paganismo. Así, a la pregunta de si el esclavo puede ser nuestro amigo, responde que puede serlo como hombre, mas no como esclavo.[168] No menos contradictoriamente discute la cuestión de si el esclavo es capaz de virtud,[169] y la de si la mujer debe tener los mismos derechos que el hombre. Puede hallarse la bondad en la mujer, como puede hallarse en el esclavo. Pero, en general, la una es inferior, y el otro absolutamente malo (τὸ μέν χεῖϱονέ, τὸ δὲ ὅλος φοῦλόν ἔστι).[170] Todos los seres femeninos son imperfectos, mutilados, casi monstruosos.[171] El hombre es superior a la mujer, que ha nacido para obedecerle, como aquél para dominarla,[172] por la sencilla razón de que el ser perfecto está llamado a mandar al ser imperfecto.

Veamos ahora cómo encauza Aristóteles sus doctrinas sobre la organización social. Desde luego, como prototipo que fue de políticos positivos, respetó los hechos establecidos en la sociedad en que vivió, y expuso las razones que justificaban la existencia de las mismas instituciones civiles que reprobaba. Por ejemplo, condenó la tiranía, y trató, sin embargo, de los mejores medios de mantenerla.[173] Todo su conato puso en rechazar de la organización social la idea de perfección "No basta imaginar un Gobierno perfecto. Es preciso un Gobierno que pueda ser practicado, partiendo del estado actual de las cosas".[174] En su calidad de político experimental, recogió las Constituciones de ciento cincuenta y ocho naciones, democráticas, oligárquicas, aristocráticas, monárquicas,[175] y escribió, además, una obra especial sobre la Constitución de Atenas.[176] En verdad, por lo que atañía a la antinomia existente entre el principio de la unidad física de la especie humana y el hecho de la desigualdad civil de sus individuos, viose el Estagirita muy perplejo y muy embarazado, sin acertar a cuál de las dos realidades prestar asentimiento. Como Platón, ataca a los sofistas, que hacían de la utilidad material la base de la política, y de la fuerza física la base de la sociedad.

---

[168] *Ethica ad Nicomachum*, VIII, XVIII.
[169] *Ethica, ad Nicomachum*, I, V.
[170] *Poeticen*, xv.
[171] *De generatione animalium,* II, III; IV, III.
[172] *Politicorum*, I, II.
[173] *Politicorum*, V, IX.
[174] *Politicorum*, IV, I.
[175] Diógenes Laercio, *De vitis philosophorum*, V, XXVII.
[176] Ingeniosamente analiza esa obra Mathieu, en su *Essai sur la méthode suivie par Aristote en la disciussion des textes de la Constitution d'Athènes.*

No desconoce la importancia del factor del interés en la administración de la cosa pública, y, en su *Ethica ad Nicomachum*, suministra varias nociones sobre los conceptos del precio y del valor.[177] Pero sobre ellos coloca el concepto de la justicia, acerca de la cual sus investigaciones representan lo mejor que el mundo clásico nos ha transmitido en la materia. La justicia, "más admirable que el Vespero y que la Estrella de la Mañana",[178] considerábala Aristóteles en el sentido estricto de "virtud entre las virtudes",[179] y estimábala muy superior, como sentimiento universal y espontáneo, a todas las leyes positivas. Discutiendo si el derecho lo es por naturaleza o por convención, apunta explícitamente la idea de un ἁπλῶς δίκαιον, contrapuesta a la de un πολιτικόν δίκαιον[180]. El fin de la política es, pues, la justicia, y, al notar que la opinión común ve en la igualdad la realización de ese fin, Aristóteles declara que tal creencia está, hasta cierto punto, de acuerdo con su teoría. Falta, empero, fijar los límites de la igualdad y de la desigualdad.[181] Reconoce Aristóteles el derecho de contribuir a la formación del, Estado en toda clase de superioridad: en la nobleza, en la libertad, en la fortuna, en el número.[182] Pero, entre los elementos que se disputan la dirección de la sociedad, deben colocarse en primera línea la ciencia y la virtud,[183] que superan evidentemente al nacimiento y a las riquezas.[184] ¿Cuál será, por ende, el ideal de la organización social? La aristocracia, la gobernación de los mejores, el predominio de los ciudadanos sabios y virtuosos.[185] A los que aventajan por su inteligencia y por su moralidad a los demás individuos, se les inferiría una injuria, reduciéndolos a la igualdad común. Ello sería tan ridículo como si las liebres reclamasen su igualdad respecto de los leones. Tales personajes son dioses entre los hombres, y la ley no se ha hecho para ellos, sino que ellos mismos son la ley.[186] Por consiguiente, cuando una

---

[177] *Il carattere quantitativo della scienza economica si mostra già negli incunaboli di essa, nelle indagini di Aristotale circa i prezzi e il valore, ed o dato scorgerlo persino nei reri accenni degli scrittori medievali e della Rimascenza,* (Croce, *Filosofia della pratica*, 246).

[178] *Ethica ad Nicomachum*, V, I.

[179] *Ethica ad Nicomachum*, V, II.

[180] *Ethica ad Nicomachum*, V, VI, IX. *Magna Moralia*, I, XXXIII

[181] *Politicorum*, III, VII.

[182] *Politicorum*, III, VII.

[183] *Politicorum*, III, VII.

[184] *Politicorum*, III, V.

[185] *Politicorum*, IV, V.

[186] *Politicorum*, III, VIII.

raza o un individuo llegan a brillar con semejante superioridad, les son debidos la monarquía y el poder supremo (κυριον πάντων καὶ βασιλέα τόν ἔνα ταυτον)[187]. Adviertan bien estas palabras de Aristóteles aquellos que pretenden que su aristocracia de ciencia y de virtud no hiere la igualdad, por descansar sobre el mérito, y no sobre un privilegio de cuna o de rango. Aristóteles pensó aquí que concuerda perfectamente con la experiencia y con la razón la teoría que representa a los labradores, a los artesanos, y a los comerciantes como castas inferiores.[188] Por eso, los excluye de la ciudad, y les niega derechos políticos. "Los ciudadanos se abstendrán cuidadosamente de toda labor agrícola, de toda profesión mecánica, de toda especulación mercantil, trabajos que degradan el ánimo, y emplearán sus ocios en adquirir ciencia, en aumentar su virtud y en ocuparse en la cosa pública".[189] En apariencia, el principio de igualdad persiste. Pero, en realidad, esa aristocracia, de Aristóteles es tan sólo el derecho del más fuerte. Al despojar a la gran mayoría de los hombres de sus derechos políticos, la fuerza continúa siendo la base de la sociedad, y no hace más que cambiar de carácter e índole, puesto que de brutal se convierte en intelectual.[190]

No menos libre y decidida es la marcha de Aristóteles, cuando aplica su doctrina al orden de las relaciones internacionales, de la guerra y de la conquista. Hablando de los diversos modos por los cuales proveen los nombres a su subsistencia, coloca Aristóteles [191] la piratería en el mismo plano que la caza y la pesca, y no manifiesta ninguna reprobación contra el bandolerismo. En general, la guerra es, a sus ojos, un medio de adquirir, y, desde este punto de vista, la considera como una variedad de los ejercicios cinegéticos. Hay hombres nacidos para obedecer, como los animales, y, si se resisten a someterse, la naturaleza, misma autoriza la guerra contra ellos (τῶν ἀνθ ρόπων ὅσοι πεφυκότες ἄρχεσθαι μή´ θέλ οσιν, ὡς φύσει δίκαιον ὄντα τοῦτον τόν πόλεμον)[192]. ¿Y quiénes eran esos hombres? Todos los que el orgullo de los helenos calificaba de bárbaros, es decir, el género humano casi entero. Al escribir sobre el fin de la legislación, en sus aspectos pacíficos y bélicos, Aristóteles no piensa más que en los helenos, y no se digna ocuparte de los bárbaros.[193] En este punto, vuelve a su

---

[187] *Politicorum*, III, XI.
[188] *Politicorum* , VII, IX.
[189] *Politicorum*, VII, VIII.
[190] *Laurent, La Grèce*, VII, II. 7.
[191] *Politicorum*, I, II.
[192] *Politicorum*, I, III.
[193] Laurent, *La Grèce*, VII, II, 7.

dogma de la soberanía de la razón, y, bajo su influencia, declara que el heleno supera al bárbaro en entendimiento, como el hombre libre al esclavo. No se engañó, por tanto, el poeta[194] cuando dijo: "Tiene derecho el heleno a mancar al bárbaro". Siguiendo a Platón, declara Aristóteles impías las guerras entre helenos, porque son hermanos, y reconoce que los Estados deben organizarse para la paz, si bien confiesa que la mayor parte lo estaban para la conquista, no sólo entre los bárbaros, sino aun en las repúblicas que los políticos griegos admiraban como modelos, Lacedemonia y Creta, verbigracia, donde la educación y las leyes no tenían más objetivo que la guerra.[195] Pero es evidente, según Aristóteles, que las empresas guerreras no son el fin supremo del Estado, y sí solamente medios de alcanzarlo en ocasiones. A semejanza del hombre sabio, cuya felicidad consiste en la virtud, el Estado más culto será también el más dichoso. Los elementos de la felicidad son idénticos para los individuos y para las sociedades, por lo que los legisladores deben procurar hacer virtuosos a los ciudadanos a quienes gobiernan.[196] Apoyándose en este principio, no vacila Aristóteles en proclamar que la paz es preferible a la guerra,[197] en condenar el espíritu de usurpación, y en encontrar muy extraño que un hombre de Estado se proponga nunca la conquista como fin. Con ello, lejos de conseguir la felicidad de su patria, le preparará la servidumbre, por cuanto si el legislador mismo no piensa más que en la dominación, cada ciudadano no pensará a su vez más que en señorearse del poder absoluto:[198] sentencia profunda que la experiencia de los siglos ha confirmado.[199] Un observador superficial puede hacerse la ilusión de la gloria de las armas, porque la guerra sostiene, mientras dura, a los pueblos conquistadores. Pero les es fatal el triunfo, y "pierden, como el hierro, su temple, en cuanto sobreviene la paz".[200] Aristóteles añade que los hechos están de acuerdo con el razonamiento. "Se ha elevado hasta las nubes a Licurgo, por haber su república dominado a Grecia. Pero hoy, que está destruido el poder de Esparta, conviene todo el mundo en que, ni su legislador fue irreprochable, ni ella es dichosa. En efecto: sus instituciones subsisten, y, sin embargo, Esparta ha perdido toda su felicidad".[201]

---

[194] Eurípides, *Iphigenia*, 1400.
[195] *Politicorum*, VII, II.
[196] *Politicorum*, VII, II.
[197] *Politicorum* VII, XIII.
[198] *Politicorum*, VII, II.
[199] Laurent, *La Gréce*, VII, II, 7.
[200] *Politicorum*, VII, XIII.
[201] *Politicorum*, VII, XIII.

Con atención ha de notarse el blanco del Estagirita, que llevaba puestos los ojos en dejar altamente fijada, como ley suprema, la de la conservación del Estado. Observa un historiador[202] a este respecto que, disgustado sin duda por la continua movilidad de las repúblicas de su país, en vez de señalar los métodos del desarrollo de cada una de sus Constituciones, no pensó más que en dar fuerza al poder constituido, y en proteger contra las revoluciones al Gobierno, fuese bueno o malo. Para esto, creyó oportuno rebajar al que se distinguiese de los demás; matar la libertad del pensamiento; no permitir banquetes comunes, ni reuniones de amigos, ni instrucción, ni cuanto pudiera inspirar confianza u orgullo; atormentar a los viajeros; mantener espías; debilitar con contribuciones a la masa; indisponer a unos ciudadanos contra otros; dividir, en fin, a los poderosos y al pueblo.[203] El príncipe, según Aristóteles, debe empobrecer a los vasallos, a fin de que, ocupados en adquirir el sustento, no les quede tiempo para conspirar, ni para preparar revueltas. Por este motivo, y no por otro, se erigieron las pirámides de Egipto y los monumentos de los Pisistrátidas.[204]

¿Cómo el forjador de tan despiadados arbitrios pudo definir el Estado como asociación de hombres libres, ordenada a la seguridad general y al bienestar común? Esta definición aristotélica merece toda nuestra consideración, por lo justa y por lo correcta. De ella infiere Aristóteles que toda Constitución ha de ser equitativa, fácil de cumplir y subsistente por sí misma. No dejó sin castigar con la vara crítica las tres formas de Gobierno, monárquica, aristocrática y democrática, por creer que eran incapaces, cada una de por sí, de hacer feliz a una nación ¿Cuál es, pues, el mejor Gobierno? Aristóteles contesta, de modo socorrido, que aquel en que el mayor número de gobernados esté contento. Lo que más le importaba era agotar todas las diligencias de su estudio en fundar las mejores políticas en motivos de necesidad o de conveniencia, sin por ello apagar en absoluto el apetito de innovación. "La humanidad debe buscar, no lo que es antiguo, sino lo que es bueno, pues la razón nos dice que las leyes escritas no son inmutables. Mas, por otra parte, la experiencia nos enseña que hay que proceder con mucha prudencia en las reformas". Además, requiérese temperar la rigidez de las leyes, por el concepto de la equidad (τὸ ἐπιεκές). Aristóteles[205] lo definía como "corrección de la ley

---

[202] Cantú, *Storia universale*, III, XXII.
[203] *Politicorum*, V, IX.
[204] Politicorum IX, V.
[205] Ethica ad Nicomachum V, XI.

allí donde peca por su carácter de generalidad" (ἐπανό ϱθωμα νόμου ἢ ἐλλείπει διά τὸ καθόλου) o dígase, por su excesiva rectitud. Con esto, aplicaba Aristóteles al orden práctico la corrección de criterio que le hemos visto hacer a su maestro en el orden teórico, así epistemológico como metafísico. Ocupaba a Platón preferentemente el elemento de generalidad que el conocimiento ofrece, al paso que Aristóteles fijaba su atención en lo particular y en lo individual.

Tendiendo ahora la vista por las obras que pueden llamarse estrictamente científicas, y que Aristóteles escribió durante su segunda estancia en Atenas, unas pocas me quedan por mencionar. No haré cuenta de los libros matemáticos, que no se miran como auténticos, ni de la *Catóptrica*, de Herón de Alejandría, que circuló como de Aristóteles. Mayor atención piden los *Parvia naturalia*, tradatitos sobre las funciones comunes al alma y al cuerpo, porque, si algunos de ellos son recusables, los más ofrecen garantías de autenticidad. Casi plena es ésta en el tratado De *mirabilibus auscultationibus*, y plena del todo en el De problematis,[206] al que, en el volumen IV de la edición Didot, sigue un De *problematis ineditio, cum indice nominum et rerum.*[207] Sin embargo, no han faltado críticos antiguos y modernos que hayan negado ser auténtico ese libro, y que, tomándolo por sospechoso, hayan visto en él una serie de redacciones de los alumnos del Estagirita, o un conjunto de extractos sacados de autores diversos. Fue el humanista francés Estienne (1557) el primero que, en un prefacio a algunas obras de Aristóteles y de Teofrasto, declaró no pertenecer a aquél sino la parte más pequeña del *De problematis*, y ser más reciente el resto. Sylburgo (1585) no reconoció tampoco la mano de Aristóteles más que en unos cuantos problemas, y atribuyó los demás a Casio y a Alejandro de Afrodisia. Casaubón (1590) estuvo muy lejos de admitir la tesis radical de Estienne y de Sylburgo sobre la redacción de los problemas, que estimaba compuestos por Aristóteles en su mayor parte. Septali (1632), prolijo comentador de Aristóteles, hizo a éste autor de la obra entera. En el siglo XVIII, Harles sostuvo la misma afirmación, y la

---

[206] Véase a Stahr, *Aristotelia*, II, 158. Este crítico piensa que el *De problematis* no es de Aristóteles, sino obra de un peripatético posterior. Compárese con las acertadas observaciones hechos por Swab, en su *Bibliografphie d'Aristote*, y por Brandis, en su *Handbuch der Geschichte der grìechischen und romichen, Philosophie*. Mi sincera opinión es que los *Problemata*, no pueden ser equivalentes a escritos hipomnemáticos, y que deben buscarse entre las obras perdidas.

[207] El volumen V trae otro *Indicem nominanum et rerum*, que corresponde al conjunto de la edición.

hizo buena con razones de mucho peso, mientras que Buhle y Lévesque optaron por la negativa, e igual tendencia siguieron, en el siglo XIX, Pranti, Heitz y otros. Prudente anduvo Bussemaker en no dar entrada a esa conclusión, porque a buen juicio no la merece. Si hemos de estar a los informes de la docta antigüedad, los *Problemata* se tuvieron por de Aristóteles desde los tiempos de Cicerón, que los había leído en la biblioteca dejada por Sila y en los ejemplares clasificados por Andrónico de Rodas. En las *Noctae Atticae*, Aulo Gelio, no sólo hace referencias de los *Problemata*, sino que cita en griego varios de sus pasajes. El anónimo de Mesnago (tal vez Hesiquio) y el anónimo árabe, de fecha posterior seguramente a Ptolomeo y a Andrónico de Rodas, mencionan los Problemata como producción del Esta girita, y Diógenes Laercio los cataloga con perfecto orden. De ellos hablan también Plutarco y Calistrato, este último con ocasión de oponerse, en cierto lugar, a una opinión de Aristóteles. Plinio, en su *Historia naturalis*, al reproducir el parecer del Estagirita sobre la dirección de los vientos, alude a los párrafos 23 a 26 de los *Problemata*, consultados y estudiados asimismo por Apuleyo, Ateneo, Galiano y Macrobio. Todos estos autores encomian a Aristóteles por haber, en los Problemata, dado a la ciencia su método y su estilo. ¿Cuál es este método? La observación. No sólo Aristóteles observó mucho y muy exactamente, sino que proclamó ser la observación el camino que lleva a la verdad. Por oposición directa a Platón, que negaba la autoridad de los sentidos, y que buscaba la raíz de todo conocimiento en la contemplación espiritual, Aristóteles asentó la base de su especulación en la realidad de los hechos, y rechazó las hipótesis aventuradas de su predecesor. Lewes, en su Aristotle, llama con razón al Estagirita padre de la filosofía inductiva, puesto que él formuló el primero sus principios, y los formuló tan precisa y tan cabalmente, que ni aun Bacon le superó. Antes, en efecto, que con Bacon, había nacido con Aristóteles el método experimental e inductivo que procede objetivamente en la explicación de los fenómenos. El Novum Organum no es el comienzo de ese método, y sólo la ignorancia o la vanidad podrían proclamarlo así. Es muy cómodo despreciar un pasado que se desconoce, o atribuir a uno mismo lo que se niega a los demás. Pero ahí están las obras de Aristóteles para revelar cuántos descubrimientos hizo, cuántos otros preparó, y en cuántos puntos sobrepujó los horizontes científicos de su época, y vislumbró los que en la nuestra aparecen ya completamente amplios y despejados.

Tantas y tan ingeniosas teorías ponen en clara luz, juntamente con la fecundidad de la ciencia griega, el desembarazado genio de Aristóteles, que con asiduidad y con destreza la cultivó. En la indagación de las causas de los fenómenos naturales y espirituales nada le quedó por dilucidar, y lo que avalora esta labor, que ha sido la maravilla de las siguientes edades, es el indeficiente anhelo de buscar la verdad por todos los caminos bien orientados, y la genuina pureza con que se destacan las resplandecientes ideas adquiridas en las inexhaustas canteras de la cultura antigua. Como dice un gran autor italiano,[208] las conquistas de Aristóteles en el dominio de la inteligencia, no fueron menos audaces y menos vastas que las de Alejandro en los campos de Asia, y ya hemos visto cuánta, utilidad reportaron las del discípulo al maestro. Uno de los hombres menos propensos a la admiración, Voltaire[209] exclamó, en un rasgo de férvida ingenuidad: "¡Qué hombre aquel Aristóteles, que con la misma mano trazó las reglas de la tragedia, las de la dialéctica, las de la moral, las de la política, y que levantó hasta donde le fue dable el gran velo de la naturaleza!"

El movimiento que comunicó Aristóteles a la cultura intelectual se dejó sentir en todo el orbe por largos siglos. Su papel es único en los fastos del espíritu humano, y su actividad prodigiosa le hizo acreedor al respeto y a la admiración de las gentes. Si el descubrir verdades, y el combatir errores, no le libró de caer en otros muchos, fue porque no pocas veces se apoyaba, para explicar un fenómeno, en principios no bastante corroborados por la observación. Mas, con todo eso, en el dominio de la ciencia, y especialmente de sus métodos, Aristóteles no tiene rival. La escuela platónica es una escuela de doctrinas especulativas, que se han de comprobar por los hechos. La escuela aristotélica es una escuela de hechos, de que se infieren las doctrinas especulativas. Aristóteles constituye la investigación, de la verdad en la experiencia, que, con sus enseñanzas, solicita a la humana razón. No era posible consolidar el saber por un procedimiento dialéctico, como aquel a que Sócrates y Platón habían recurrido. Estos filósofos se dedicaron más bien al cultivo de las almas, y de ahí el carácter eminentemente práctico de sus ideas, que prepararon el triunfo del espiritualismo cristiano, y que inflamaron los corazones de amor al bien y a la virtud. Aristóteles se colocó en una región menos alta, pero en ella reinó como maestro, y él fue quien dio a la ciencia su verdadera forma y su peculiar estilo. El arte de Platón es divino, y las gracias de sus diálogos, inimitables; pero no es el suyo el lenguaje de la ciencia. Los predecesores de Aristóteles, sin exceptuar a Demócrito, no iban más allá de Platón. Los primeros sabios de Grecia se valían, en sus

---

[208] Cantú, *Storia universale*, III, XXII.
[209] El análisis de las obras de Aristóteles hecho por Voltaire, aunque superficial y ligero, denota haber sido elpatriarca de Ferney un buen conocedor del filósofo tracio.

enseñanzas, de gnome o sentencias, presentadas en orden confuso. Sus máximas eran a menudo proverbios ya extra ordinariamente extendidos, y que corrían de boca en boca entre el pueblo. Los enigmas o acertijos, como los proverbios, fueron también una forma de la sabiduría, y muchos de ellos se hallaban adaptados a lecturas públicas. En realidad, no hubo ninguna lectura pública, ni en Atenas, ni en Jonia, hasta 470. Anaximendró escribió sus obras científicas para que las aprendieran de memoria unos pocos discípulos laboriosos, y Jenófanes se dirigía únicamente al oído. Hubo de transcurrir todavía cerca de media centuria (cuarenta años), para que Herodoto escribiera sus relatos en forma de libros, a fin de que por sí mismas los leyeran las personas educadas, y para que Eurípides comenzase a coleccionar una biblioteca[210]. Pero, en todos estos autores, se echa de menos el lenguaje de la ciencia, y sus producciones, a pesar de ser de gran valor intelectual, son más poéticas que filosóficas. Sólo Aristóteles habló el lenguaje de la ciencia, lenguaje sencillo, natural, claro, grave, conciso sin sequedad, abundante sin superfluidad, ameno sin adornos, insistente sin digresiones. Aparece, pues, el Estagirita (y así lo reconocen los sabios modernos) como un genio extraordinario que, pronunciándose contra el dogmatismo platónico, se esforzó en dar una base positiva a la ciencia filosófica, y en metodizar de una manera rigurosa las demás ramas del saber. "En todas ellas (escribe Geoffroy Saint-Hilaire),[211] es como un maestro acabado que las cultiva aisladamente. Al mismo tiempo, ensanchó los límites de cada una, y penetró hasta sus profundidades más hondas". Cuvier[212] exclama: "En Aristóteles todo asombra, todo es admirable, todo es colosal. Con no vivir más que sesenta y dos años, pudo hacer millares de observaciones por demás delicadas y tan exactas, que no podría desvirtuarlas la más severa crítica". Blainville[213] dice también: "Las ciencias, naturales son las que más agradecidas deben estar a Aristóteles. Su plan fue inmenso y luminoso, y él puso el imperecedero fundamento de esas ciencias". Frente a tan ilustres testimonios, la única nota discordante la dio Lange, en el tomo I de su Geschichte des Materialismus. Lange niega a Aristóteles la calidad de gran físico y de gran, naturalista. Pretende que mucha parte de su erudición en materias de física, erudición que le colocó por encima de los demás filósofos griegos, la debió a la lectura de las obras de

---

[210] Murray, *The literature in the ancient Greece*, I.
[211] *Histoire générale des règnes orgamiques*, I, 18.
[212] *Histoire des sciences naturelles*, I, 132.
[213] *Histoire des sciences de Porganisation*, I, 847.

Demócrito.[214] Estima que Aristóteles describió a los animales de Egipto, no después de haberlos visto y estudiado, como podría deducirse de sus palabras, sino limitándose a copiar a Herodoto. Asevera que los escritos zoológicos de Aristóteles no ofrecen el menor indicio de que su ciencia hubiera sido aumentada por las victorias de Alejandro. Y así, por este tenor, fundado en suposiciones recusables, sigue Lange rebajando la personalidad intelectual de Aristóteles y el mérito de su labor científica. Sin embargo, vese obligado a reconocer que "continúa mereciendo los elogios que, en su *Geschichte der Philosophie*, le dirigió Hegel, por haber sujetado a la idea la riqueza y el desparramamiento de los fenómenos del universo real. Cualquiera que sea la parte original, grande o pequeña, que le corresponda en el desenvolvimiento de las diversas ramas del saber, el resultado incontestable de sus trabajos fue la sistematización de todas las ciencias entonces existentes... Reuniendo el conjunto de los conocimientos de su tiempo en un sistema integral, dio muestras de una sagacidad penetrante, y construyó un edificio coordinado sólidamente. Por otra parte, Aristóteles merecería un puesto de honor entre los filósofos, aunque sólo fuese como creador de la lógica, y si, por la completa fusión de ésta con la metafísica, disminuyó la importancia del servicio que había prestado a la ciencia, acrecentó, en cambio, la fuerza y el prestigio de sus doctrinas".

Se ha dicho, con exactitud, que Aristóteles se halla, por su carácter, así como por la época en que vivió, entre el filósofo ateniense y el erudito alejandrino. Era oriundo de un país semibárbaro, y, sin embargo, la topografía y el medio y la imaginación retrospectiva no lograron el deshielo de la razón y de la lógica, ni inocularle al pensador el virus de las terribles epilepsias guerreras y de los eléctricos espasmos del imperialismo. Cuando Alejandro le comunicó su idea de conquistar el Oriente, Aristóteles la desaprobó, por no parecerle "contemplativa", ni acorde con las tradiciones intelectuales del Ática. Esta postura, natural en un filósofo, está corroborada por su manera teórica de juzgar el universo, la vida, el hombre y la sociedad. Crecido bajo la sombra de Macedonia, no sentía simpatía alguna por la democracia, y las agitaciones de los políticos atenienses no tenían significación alguna para él.[215] Por este respecto, Aristóteles, fue, ante todo, un sabio especulativo o teórico, que únicamente se preocupó de cultivar la ciencia por la ciencia misma, y de introducir, con exactitud de lenguaje y con fecundidad de clasificación, un

---

[214] Esta conjetura habíala insinuado ya Mullach (*Fragmenta philanphorum graecorum,* I, 338).
[215] Murray, *The literature in the ancient Greece,* XVIII.

método que representó un progreso insigne del entendimiento humano.[216]
Pero fue, al mismo tiempo, uno de los mayores eruditos de su época, y
estuvo pertrechado de una masa de ciencia tan enorme, que apenas se
concibe que un solo hombre pudiera llevarla en su cerebro sin que éste
sufriese desequilibrio, y, sobre todo, que pudiese manejar la con tanto
brío, familiaridad, gallardía y cultura. Y, sin embargo, es así. En las obras
de Aristóteles, sorprende la asombrosa exuberancia de enseñanzas
culturales, los riquísimos tesoros de material empírico y el incomparable
caudal de doctrina filosófica, todo ello eslabonado por no sé qué red de
nervios y de vigorosa trabazón metódica, que arranca siempre de las ideas
madres, y que desciende hasta prender en sus mallas de acero el detalle
más ínfimo.

---

[216] Véase a Sottini, *Aristotele e il metodo scientifico*, 73, 81.

§ 4. INFLUENCIA DE ARISTÓTELES EN LA HISTORIA DE LA FILOSOFÍA

Cincuenta años después de Aristóteles, el Peripato se había convertido en una institución insignificante, y los escritos del maestro eran muy poco leídos, hasta que revivió la afición a los mismos en la época romana. Murray,[217] observa que, "en tales obras, mucho pertenecía al género de exploración, cosa esencialmente reformable, porque sólo servía para rellenar el camino sobre el que otros debían avanzar. Además, las investigaciones oficialmente organizadas requerían enormes sumas de dinero, y los distintos diádocos o sucesores de Alejandro reservaron sus liberalidades para sus capitales respectivas. Sobre todo, el deseo de alcanzar una ciencia universal se juzgó empresa muy superior a las fuerzas humanas, y seguramente valía, para probarlo, el mismo ejemplo de Aristóteles. Los grandes organismos de Alejandría tuvieron la dicha de emplear en materias aisladas, como la literatura antigua y la mecánica racional, más actividad y más oro del que podía disponer el Liceo en sus investigaciones universales, que abarcaban toda la enciclopedia científica. Hasta un gran palimates, como Eratóstenes, se hallaba, en tal respecto, muy distante de Aristóteles".

Los primeros discípulos del Etagirita fueron Teofrasto de Lesbos, Eudemo de Rodas, Estratóu de Lampsaco, Licón de Troada, Aristón de Ceos, Critolao, Jerónimo, Dicearco de Mesina, Arlstoxeno de Tarento y Demetrio Falereo. Aquel de ellos a quien el maestro estimó más, o, a lo menos, aquel de cuya inteligencia había formado un concepto mejor, fue Teofrasto, sin duda. Aunque siempre apreció la valiosa colaboración de Eudemo en la confección de su obra magna, debió haber preferido la del otro discípulo. Ello parece desprenderle de una anécdota contada por sus biógrafos. Dícese que Aristóteles, al morir, dividió su escuela entre Teofrasto de Lesbos y Eudemo de Rodas, y que, estando ya enfermo, mandó traer a cada uno una copa de vino. Y, así que hubo bebido de las dos copas, insinuó Intencionadamente: "Buenos son ambos vinos, pero el de Lesbos es más dulce que el de Rodas".

Un estudio detenido de cada uno de los discípulos mencionados me llevaría más allá de lo que tolera un trabajo de la índole del mío.[218] Mas no

---

[217] *The literature in the ancient Greece*, XVIII.
[218] Por extenso trata este asunto Zeiler, en los dos volúmenes de su Aristoteles *und die alten Peripatetiker*.

he de pasar en silencio que, después de decaída la escuela peripatética, como antes indiqué, comenzó la ordenación de los tratados del maestro, hecha, sucesivamente, por Andrónico de Rodas, por su discípulo Boeto de Sidón y por Jenarco. Vinieron luego los comentarios de Nicolás de Damasco (contemporáneo de los orígenes del cristianismo), los de Alejandro de Egea (maestro de Nerón), y los de Adrasto, comúnmente reputados como modelos de claridad, de sencillez y de cordura. Estos comentarios difundieron la labor filosófica de Aristóteles en el mundo imperial romano. Pero a todos sobre pujaron los de Alejandro de Afrodisia, que floreció a fines del siglo II de nuestra era, y al que debe considerarse como el intérprete más notable de Aristóteles. Sus comentarios ofrecen, desde las primeras páginas, un sello imponente de exactitud. Toda la obra corre tranquila, segura, concisa, y la exposición fiel está llena de consideraciones profundas y de reflexiones acertadas, exenta de personales intromisiones, y destituida de todo aparato de inoportunas apostillas. Parte de dichos comentarios fueron publicados en Venecia en 1520,[219] y traducidos en su totalidad al latín por el peripatético español Ginés de Sepúlveda, que vivió a últimos del siglo XV y casi todo el XVI, y que invirtió en tarea tamaña muchos años de su larga vida.

En el decurso de dos centurias, último período de la filosofía griega, que remató en un misticismo hiperbólico, no dejó de ser Alejandría el centro de aquella filosofía y el emporio de las ciencias que tanto la habían encumbrado. Algunos neoplatónicos, y especialmente Porfirio, rehabilitaron y comentaron la labor filosófica de Aristóteles, y es sabido que la Isagoge del discípulo de Plotino suplió, en parte, la pérdida de ciertas obras del Estagirita relativas al asunto, y que, con su opinión dudosa acerca de los universales, reproducida por Boecio, fue el punto de partida de las famosas controversias de los escolásticos sobre el realismo, el conceptualismo y el nominalismo. Porfirio, en efecto, había dejado escrito, según la traducción de Boecio: Mox de generibus et speciebus, illud quidem sive subsistant, sive in solis nudis intellectibus posita sint, sive subsistentia corporalia sint an incorporalia, et utrum separata a sensibilibus an insensibilibus posita, et circa haec consistentia, dicere recusabo. Estas palabras son la Escolástica entera. Ellas expresan la única idea que hizo progresos, y que suscitó vivas discusiones, durante el largo período en que la filosofía sirvió de esclava de la teología. Y ellas determinan también el nacimiento de la Escolástica con el nominalismo de Roscelin, y señalan su decadencia con el nominalismo de Occam. Pero

---

[219] Esta edición veneciana lo fue tan sólo del comentario a los *Analytica priora*.

volvamos al propósito.

La escuela del Estagirita ha sido, a no dudarlo, la cuna del panteísmo de Occidente en sus adeptos no cristianos. Encastillada en una psicología puramente metafísica y pródiga en forjar teorías del alma humana, esa escuela, con todas sus abstracciones y sus vaguedades, se mostró mucho más fiel que la de Santo Tomás al verdadero sentido peripatético, aun absorbiendo la teoría del alma humana en su teoría de la unidad del intelecto activo. Los secuaces católicos de Aristóteles han querido traducir en fórmulas espiritualistas ortodoxas las perspectivas materiales de su psicología espiritualista independiente. Creo que esto es dar una falsa idea del aristotelismo. Baste por de pronto saber que la misma palabra "conciencia" no tuvo, en ninguno de los psicólogos griegos, equivalente usualmente empleado. Mas, aunque tal es mi opinión, no por eso se entienda que los comentadores a que me refiero dejaron intacto el pensamiento del autor del tratado De ánima. Hay que distinguir, desde luego, entre los discípulos inmediatos y los partidarios posteriores, que pertenecen a la época de decadencia de la filosofía griega. Aquéllos no admitieron la teoría de Aristóteles sobre el espíritu separable, divino y a la vez individual, del hombre, sino en un concepto que se inclinaba mucho al materialismo, mientras que en los últimos esa doctrina recibió y alcanzó grandes desarrollos.

Uno de los primeros intérpretes del Estagirita en este punto fue Nicolás de Damasco, cuyas opiniones apenas difieren del materialismo antropológico, que era el mas familiar a los griegos. El alma no era para él mas que el resultado de la organización de las partes del cuerpo. Negaba, pues, su substancialidad, y no pareció muy preocupado por lo concerniente a su destino.[220]

De la misma escuela salió Aristoxeno el Músico. El materialismo puro llevó a Aristoxeno a no admitir más que formas, de modo que para él sólo aptitudes existían. Según esta teoría, la espiritualidad en el alma es inconcebible, por lo que, no pudiendo conciliar se la teoría con el principio de la espiritualidad, Aristoxeno acabó por negarlo. Las relaciones del alma con el cuerpo, equiparábalas a la de la armonía de las cuerdas en los instrumentos de música que la producen.[221]

---

[220] Averroes, De anima, III, 169.
[221] Compárese con la objeción que Platón (Fedón, 86, 93) pone en boca de uno de los personajes de sus diálogos: "El alma (hace observar Simmias a Sócrates) es semejante a la armonía de la lira, que se desvanece cuando la lira se rompe. El

Completamente igual en tendencias fue Dicearco, si se ha de juzgar por algunas de las noticias que tenemos sobre este filósofo. Dicearco admitía, al lado del alma individual, una fuerza general de vida y de sentimiento, que no se individualiza más que pasajeramente en las formas corporales.[222] Este ser en sí de las cosas es, pues, el espíritu universal, el cual toma cuerpo en la naturaleza, la gobierna por modo inconsciente, pero conveniente, y vuelve de él a sí mismo como intelecto único. En vez de personificarlo, Dicearco nos invita a que aprendamos a concebirle como personificándose en las personalidades de los hombres hasta el infinito.[223]

Afín a Dicearco por más de un concepto fue el filósofo y físico Estratón de Lampsaco. También éste nos exhorta a que por de pronto no veamos en el νοῦς (intelecto) de Aristóteles más que el conocimiento fundado en la sensación, y en la actividad del alma un movimiento real. Estratón hacía derivar toda existencia y toda vida de las fuerzas naturales inherentes a la materia.[224] Sus principios incluyeron, según parece, una tentativa de conciliación indirecta con la psicología de los epicúreos, que amenazaba suplantar a la aristotélica., una reforma doctrinal que obrase sobre su propia escuela y sobre las condiciones intelectuales muy complicadas de aquella época, y una reacción personal en pro del principio sensualista, que se bailaba en situación de dar lugar a equívocos, por las nuevas tendencias filosóficas.

Fácilmente se comprenderá que la teoría de la verdadera unidad del alma y del cuerpo, en cuanto teoría de la razón pura, no podía tener sitio en el sistema de estos filósofos. Teofrasto, el más metafísico de todos, emitió sobre ella una opinión más explícita. Para su siglo, era verdaderamente un innovador aquel Teofrasto. Merece plácemes, sobre todo, por ser uno de los que más insistieron en la gran doctrina de la

---

alma no tiene más que la unidad de una colección, de una relación, de un número". Conocida es la respuesta de Sócrates a esta objeción.

[222] Ueberweg. *Grundriss der Gescliichte der philosophie*, I, 198.

[223] La refinada metafísica hegeliana de Strauss en su período antiguo tiene evidentes relaciones con esta metafísica rudimentaria. Strauss (*Glaubenslehre*, I, 52; II, 524) habla en términos parecidos a Dicearco sobre la "fuerza general de vida y de sentimiento", y su personificación en los seres organizados. En su opinión, esa fuerza (Dios) no es una persona igual o superior a las demás personas, sino que es el eterno movimiento de lo universal, haciéndose sujeto a sí mismo. Por eso, el régimen del orbe no debe considerarse como un orden establecido por un espíritu que esté fuera, del mundo, sino por el espíritu inmanente, que es la razón de las fuerzas cósmicas y de sus relaciones.

[224] Lange, *Geschichte des Materialismus*, I, 31.

antropología aristotélica, en la doctrina de la unidad comprensiva de todo el hombre, del espíritu y de la naturaleza, enseñando que el espíritu (νοῦς) si bien colocado fuera (θύραθεν) y por encima (ἔςωθεν) de la naturaleza sensible, abrazaba a todo el individuo humano en una unicidad. Toda la escuela de Aristóteles ha admitido que, en el hombre, lo espiritual existe en lo físico, y lo físico en lo espiritual. Y el realismo idealista que los padres de la Iglesia Griega llevaron a la psicología, y su manera de concebir el cuerpo humano como σάρξ νοερως ἐμψυχωμένπ ὁ λογικως εμψυχωμένη,[225] fue lo que especialmente contribuyó a poner en auge la cuestión del principio interno y externo a la vez, causa universal de las diversas individualidades, individual por otra, parte en sí mismo, síntesis de los opuestos, que es el uno y el otro, sin ser ni el otro ni el uno (ἀμφότερα καὶ οὐδέτερα) como decía Aristóteles.[226] Para Teofrasto, el alma es a la vez producto e imagen del νοῦς y con su movimiento engendra substancia corporal. De tal suerte, el alma hace frente a dos direcciones: al νοῦς del cual nace, y a la vida material, que es su propia producción. La inteligencia es una y continua, y procede, a la manera del número, en línea recta, y no, como quería Platón que se produjese, en movimiento circular, eterno e ilimitado, igual al movimiento sin fin del universo, pero ponderable por partes divisibles y subdivisibles.

Esta concepción, ya tan extraordinariamente adulterada, recibe los últimos toques en la extrañísima fantasía o reforma filosófica de Alejandro de Afrodisia, uno de los principales comentadores de Aristóteles, de la época de los emperadores. Ya la escuela ha olvidado las tradiciones y las doctrinas primitivas, y se ha forjado una metafísica conforme a sus gustos y a las nuevas ideas. Con Teofrasto, se deja oír el conceptualismo en boga tres siglos antes, y con Alejandro de Afrodisia, las alteraciones epigónicas de la decrepitud griega. ¿Dependerían estas alteraciones de que en tal intervalo se hubiese introducido algún cambio en la composición de las obras de Aristóteles? Nada nos induce a pensarlo. La disposición actual de todas ellas procede de Andrónico de Rodas,[227] a lo menos en gran parte,[228] y, aun la más discutida, los Metaphisicorum, es auténtica,[229] habiendo

---

[225] Clemente Alejandrino, De incarnatione Unigeniti, xxv.

[226] Véase a Fouillée, La philosophie de Platon, III, 51.

[227] Plutarco, *Vita Silae*, XXVI. Porfirio, *Vita Plotini*, XXIV.

[228] Mercier, *Ontologie*, introducción.

[229] Después de los libros de Ravaisson (*Essai sur la métaphysique d'Aristote*, introducción) y de Zeiler (*Die Philosophie der Griechen*, V, 86), no se puede seriamente pensar de otra manera. Ambos críticos ven, en las obras

llegado hasta nosotros tal como el coleccionador la conoció y la ordenó, con sus defectos de incoherencias, de repeticiones y de citas de otras obras. Precisamente el comentario de Alejandro de Afrodisia fue el que fijó de una manera definitiva el texto, dándole una especie de carácter sagrado para todos los secuaces del Peripato.[230] Empero, dejando a un lado esta cuestión de crítica documental, me limitaré a decir que el sensualismo salido del realismo sustituyó en Alejandro de Afrodisia con el nombre de material (ό ύλικος νοῦς) el de intelecto pasivo, con el cual designaba Aristóteles la potencia preexistente a la voluntad. Esta potencia, según el comentador, no puede hallarse nunca en acto, porque, no siendo nada por su propia fuerza, antes de pensar, cuando piensa, se convierte en la cosa pensada.[231] El intelecto material no es, pues, mas que una aptitud (έπιτηδειοτς) de recibir ideas, semejante a un lienzo sobre el que no hay nada escrito, o más bien, a lo que no se escribió sobre él todavía,[232] puesto que compararle al lienzo, sería comparar a algo substancial lo que no es sino potencial.[233] Εοίκως πίνανίδι ἀγράφῳ, μᾶλλον δέ τῆς πινακίδος ἀγράφῳ ἀλλ οὔ τῇ πινακίδι αὐτῇ. Αὐτό γάρ τὸ γραμματεῖον ἤδη τι των ὄντων ἔστιν. Según Zimara, el hecho del conocimiento se verifica, indudablemente, mediante la intervención de Dios, que se apodera de la facultad individual como de un instrumento,[234] que desarrolla, dominándolo, el espíritu natural inseparable de la organización,[235] y por cuya influencia el hombre piensa, y se hace capaz de ciencia.[236] De este modo, el intelecto activo, el νοῦς πόιητικός, no es una porción del hombre, sino Dios mismo. Y, por esta cualidad de ser divino, es separable del cuerpo. Dios no entra en el alma sino en la relación momentánea de causa motriz exterior. No bien suspende su actividad, el alma cae en la nada, mientras la materia es devuelta a la masa general de lo inorgánico, para que de nuevo tome forma en las revoluciones del universo. Ahora bien: ¿cuál pudo ser el origen de la inmensa influencia de esta concepción sobre toda la filosofía posterior, aunque en su real progreso metafísico no sea una verdadera novedad? Lo ignoramos de todo punto. Hallábase su

---

heterosotéricas que llevan el nombre de Aristóteles, el límite de la división real del contenido de su filosofía.

[230] Barthélemy Saint-Hilaire, *La Métaphysique d'Aristote*, 274.

[231] Trendelenburg, *De anima*, 486.

[232] Renan, Averroès et *l'averroisme*, 129.

[233] Ravaisson, *Essai sur la métaphysique d'Aristote*, II, 302.

[234] Zimara, *Solutiones contradictionum*, 176.

[235] Lange, *Geschichte des Materialismus*, I, 47.

[236] Zeiler, *Die Philosophie der Griechen*, VI, 712.

sentido perfectamente determinado en el sistema y en las opiniones de Anaxágoras relativas al νοῦς, considerado como principio espiritual del universo. Toda la escuela alejandrina en su edad de oro, es decir, en los tiempos de Piotino, había admitido que las inteligencias particulares proceden de la Inteligencia Universal, y esta teoría era conocida en todas partes sin llamar mucho la atención, ni excitar la curiosidad. Pero la frase no había tenido nunca tal efecto, como en la boca de Alejandro. Los peripatéticos de Alejandría, Temistio, Simplicio y Filepón, nos atestiguan que en su tiempo ese pasaje había ya dado lugar a controversias innumerables, por lo que se vieron obligados a refutar a todo un ejército de disidentes.[237]

Vaya el lector ahora atando cabos, para después juzgar mejor el aristotelismo alejandrino. De las primeras evoluciones del Peripato en la antigüedad, y de los esfuerzos y comentarios de los primeros discípulos de Aristóteles, que, por su erudición, sus informes directos y su conocimiento de causa, tienen más derecho al título de intérpretes imparciales, surgen una psicología sensualista y una metafisica materialista. Aun entre los comentadores árabes tendremos más tarde ocasión de probar que Averroes, inspirado por un odio feroz contra Alejandro de Afrodisia, y que se separó de él en casi todos los puntos (en principio hasta en éste), tomó también, no obstante, en un sentido puramente panteístico, la teoría de la irrupción del espíritu divino en el hombre. Y, mucho más tarde, durante el Renacimiento y en la escuela de Padua, aunque los nuevos peripatéticos se dividieron en dos campos, explicando unos a Aristóteles según Averroes, y otros según Alejandro de Afrodisia, todos se dieron la mano y estuvieron de acuerdo en un punto: en negar la inmortalidad individual. A ninguno se le ocurrió seguir a Santo Tomás y demás filósofos de la Edad Media que llevaron más lejos que Aristóteles la individualidad y la separación de la razón, de que hicieron su anima rationalis inmortal. Desgraciadamente, esta tentativa de conciliación de Aristóteles con el cristianismo es absurda en su misma raíz. Dentro del orden espiritual y entre principios racionales y creencias religiosas, no hay transación posible, porque la necesidad no puede jamás convertirse en verdad. La fe no admite la fusión, sino que exige la unidad.[238]

Vuelvo sobre mis pasos, para referir la verdadera historia del aristotelismo. El ver en este sistema el acérrimo enemigo del sistema platónico es criterio estrecho de la Escolástica, que se ha ido entronizando

---

[237] Barthélemy Saint-Hilaire, *Traité de l'âme*, 305.
[238] Guizot, *Méditations et études morales*, prefacio.

con la rutina de los siglos, pero no fue el criterio de los neoplatónicos genuinos, ni tampoco el de los pensadores romanos, como nos lo demuestran de un modo evidente los escritos de nuestro Séneca, más conocido como moralista que como filósofo, aunque bien merece serlo en el aspecto último. Sino que los neoplatónicos fueron mucho más lejos que los pensadores romanos. Mientras el mundo latino, personificado filosóficamente en Séneca, se ocupaba en conciliar a Platón con Aristóteles, el mundo oriental, aún más ambicioso, aspiraba a hacer una vasta síntesis con todos los sistemas metafísicos de la Grecia y hasta con todas las teologías del Asia. El sincretismo, como se llama acertadamente a aquella conjuración universal de todas las ideas filosóficas de la antigüedad contra la idea católica a la sazón naciente, tuvo su foco en la escuela de Alejandría., a la que habían ilustrado primero los judíos helenistas, y que después se vio enriquecida por el saber de otros pensadores, menos tradicionalistas y más dados a prohija. Toda suerte de doctrinas, por heterogéneas que pudieran parecer. Ahora bien; en el número de estos neoplatóticos hay, no sólo los verdaderos y genuinos (Filón el Judio, Piotino, Jámblico, etc.), sino algunos teólogos cristianos del Oriente, educados en la escuela alejandrina, y no pocos peripatéticos armonistas y conciliadores. Es interesante observar que la propagación y el éxito de los comentarios de Teofrasto y de Alejandro de Afrodisia marcanel movimiento que llevó a la segunda generación de la escuela de Alejandría hacia el peripatetismo. Porfirio se ocupó principalmente de las fuentes del conocimiento de la filosofía de Aristóteles, y de aquí que en la Edad Media se le mirase como el introductor necesario a la enciclopedia filosófica, tanto por los cristianos como por los árabes. Máximo (el maestro de Juliano), Proclo y Damascio, son casi peripatéticos.[239] En más extensos ensayos sobre la explicación de los primeros principios, se desarrolló el realismo de Temistio, de Simplicio y de la escuela de Ammonio, hijo de Hermías, y el idealismo de Juan el Cristian (Juan Filopón): dos escuelas diametralmente opuestas entre sí, aunque fieles ambas a la filosofía del Peripato. El comentario de Siriano, el armonismo de la escuela de Atenas, la doctrina de David el Armenio, no son más que especies de peripatetismo. La cristiandad latina es peripatética y el mundo musulmán es peripatético. No bien el iluminismo alejandrino acaba de caer en los extremos de la teurgia, cuando la Europa entera se presta a tributar sus entusiastas homenajes a una autoridad filosófica que había, de

---

[239] Ravaisson, *Essai sur la métaphysique d'Avistote,* II, 540 Renan, *Averroès et l'averroisme,* 92. Vacherot, *Histoire critique de l'école d'Alexandrie,* II, 37.

entronizarse para más de diez siglos.

Simplicio es acaso el comentador más genuinamente aristotélico de todos los profesores de Alejandría. No alteró en nada la teoría del intelecto, ni desde el punto de vista metafísico, ni desde el punto de vista psicológico. A su juicio, el intelecto pasivo es perecedero, como todo lo que vive vida sucesiva.[240] Cuando obra, se identifica con la cosa pensada. Πὰς νοῦς ὅταν ἐνεργῇ, ὁ αυτός ἐστι τοι νοουμένοις, καὶ ἐστιν κπερ τὰ νοούμενα. Pero en cambio, en cosmología, influido por las ideas estoicas, se separó notablemente de su maestro, concibiendo la substancia como una fuerza cuya actividad se manifiesta por medio de la tensión o el esfuerzo. El acto puro e inmóvil de Aristóteles es tan abstracto como la idea de Platón. Lo único real es la acción en el movimiento y en el trabajo, vale decir, la acción en la naturaleza y en la humanidad. Para Simplicio, como para los estoicos, Dios no era otra cosa que la mente o el principio activo del universo. Hay, en verdad, una razón de las cosas o una ley con arreglo a la cual se desenvuelve el movimiento, y es verdad también que esta razón de las cosas es el pensamiento o la razón misma. Pero no debe separarse de las cosas que produce, pues, como entendió Heráclito, obra en el interior del ser y proyecta su forma fuera: es el ser mismo. La razón, que se halla, en tensión dentro de la materia, es el elemento que desenvuelve las potencias por medio de un movimiento o expansión gradual, a semejanza de la simiente que contiene de antemano en su unidad una sucesión indefinida de formas. "No se puede llamar imperfecto al movimiento, pretextando que no es acto, pues, por el contrario, es todo acto, y, si presenta sucesión y progreso, no es para llegar al acto, puesto que ya es actual, sino para crear, determinándose a sí propio".[241] Sólo la obra del movimiento es lo que pasa de la imperfección a la perfección, y de la posibilidad a la realidad. Pero el movimiento es, desde un principio, perfecto y todo él acto. Es el principio supremo, más allá del cual no podemos remontarnos, y que produce todas las cosas en la sucesión del tiempo. En el principio de la naturaleza hay un acto eterno de movimiento y una eterna generación, en que se unen inseparablemente la actividad y la pasividad. Pero esta relación del ser con el pensamiento y del movimiento con el acto ¿es relación de rigurosa identidad? ¿Cómo puede ser actual el esfuerzo de cada parte al mismo tiempo que el todo? ¿Cómo puede tener valor ontológico la actividad pensante, que sólo concebimos en lo puramente subjetivo? ¿Cómo puede afirmarse la igualdad del movimiento

---

[240] Renan, *Averroès et Vaverroisme*, 130.
[241] Simplicio, *Hypomtiemata*, 3, b.

y el ser del pensamiento y el acto, sin negar que lo que es pasa y se mueve, y que lo que piensa y se mueve obra? En esto hay una contradicción irresoluble. Si el pensamiento es acto puro, también lo será el verdadero ser, y, si no lo es, el movimiento tiene un valor ontológico que no explica Simplicio. Además, quedaría por averiguar si el movimiento es una razón o una voluntad, y si el elemento activo e interior al ser de que nos habla este filósofo requiere ser explicado por un principio superior a la inteligencia y a la realidad concreta.

Temistio insistió sobre la irreductibilidad metafísica del agente, que reside más allá de la materia y de lo homogéneo,[242] y aplicó la misma noción al intelecto, acerca del cual desarrolló una teoría bastante original. Según él, como según Alejandro de Afrodisia, el intelecto separado está fuera del hombre, y su unidad no contradice en última instancia su multiplicidad. Es uno en su fuente, es decir, no de otro modo que de un centro único se desparrama el sol en una infinidad de rayos.[243] El intelecto, como toda cosa, aspira a su perfección.[244]

Con más atenuaciones aún que en Temistio, se mostraba la tendencia peripatética en Juan el Gramático, apellidado Filopón, que pertenece ya a la época de extrema decadencia del neoplatonismo. Filopón acepta a un tiempo la metafísica de Platón y la de Aristóteles. Para él, Dios no es tanto el fin último (tesis aristotélica) como el principio primero (tesis platónica) de la especulación filosófica. Por eso, en teodicea Filopón parte del concepto de la simplicidad absoluta de Dios, que no permite predicar de su esencia atributo alguno positivo. Este concepto, más que platónico, es plotiniano, pues pertenece a aquella escuela clásica de Alejandría que quiso llevar a cabo la distinción de la filosofía transcendental y la ciencia positiva, y que abrió los caminos del cristianismo del Seudo Areopagita. De Filopón ha pasado después íntegramente a la teología de los musulmanes ese método o "camino de la negación" que a su vez tuvo una enorme trascendencia en la Escolástica cristiana. En él encontró su principal tópico la via remotionis, que, según Santo Tomás, sigue la

---

[242] Este concepto sólo lo creía válido Temistio tratándose de animales y de plantas, cuya creación ancestral era, para él, una rigurosa heterogenia. Pero, en su generación individual o en lo relativo a la producción del fuego y demás agentes físicos, suponía y afirmaba que el agente no estaba separado de la materia. Por donde se ve que Temistio lleva el problema a un terreno distinto de aquel en que lo había planteado el Estagirita. Averroes (*De coélo* et de mundo, 197) hizo ya sobre este punto excelentes observaciones críticas.

[243] Trendelenburg, *De anima*, 493.

[244] Renán, *Averroès et l'averroisme*, 130.

inteligencia humana para rastrear algo de la esencia divina, y en él aprendió el autor de la Summa el procedimiento por el cual distinguimos a Dios de los otros seres per negativas differentias, verbigratia, Deus non est accidens, corpus, etc.[245] Así como la teodicea positiva y formalista arranca, en la historia del Peripato, de Alfárabi y de Avicena, y no de Averroes, el aristotelismo platónico o teodicea negativa se remonta más allá del falso Dionisio, y tiene sus raíces en el sistema de Filopón. En la cuestión del intelecto activo, la posición de Filopón merece consideración especial, porque es singularísima. No sólo afirma, como Plotino, la inmaterialidad, simplicidad e inmortalidad del alma θεῖα, καὶ ἀσώματος, και ἀπαθής, sino que incluye esta concepción en la del intelecto activo. El intelecto, cuando está en acto debe identificarse (ἐξομοιοῦσθαι, ἐνυπαρχειν) con el objeto pensado.[246] No es a sus ojos otra cosa el νοῦς que la razón del género humano en conjunto. Por esto buscaba él la verdadera interpretación de Aristóteles en la inteligencia y en la comprensión del principio general que el maestro había formulado en el mismo libro III del tratado De anima (párrafo 2 del capítulo v). Este principio es que el νοῦς piensa siempre, lo que, en sentir de Filopón, equivale a decir que la humanidad piensa siempre. Es como si se dijera que el hombre vive en cierto modo siempre, puesto que siempre vive la humanidad. Ού γάρ τόν ἕνο τῷ ἀριθμῷ νοῦν λεγομεν ἀεί νοειν, ἀλλ᾿ ὅτι ἐν ὁλῳ τῷ κόσμῳ, ὁ ἀνθ ρώπινος νοῦς ἀει νοεῖ[247]. Aun pueden hallarse en Filopón otros singulares gérmenes de espiritualismo. La mucha importancia que concede a la teoría de la creación del mundo sin materia preexistente, y, sobre todo, la insistencia con que repite e inculca contra Temisto que la posibilidad del ser creado no reside más que en el agente, indican que la dirección cristiana del pensamiento de Filopón le llevó a adelantar algunos de los resultados concretos de la teodicea y de la cosmología de la Summa de Santo Tomás. Pero, aun dentro de este terreno, la filosofía filopónica suscitó muchas otras cuestiones bastante más difíciles y temibles. Filopón fue autor de una refutación del tratado de Proclo sobre la eternidad del mundo, y de un libro acerca de la cosmogonía de Moisés, en el que defendía el dogma cristiano de la creación ex nihilo con argumentos poco usuales y con tendencias no siempre de una ortodoxia rigurosa. En esta obra, se determina el verdadero carácter del racionalismo místico de

---

[245] Asin, *Bosquejo de un diccionario técnico de filosofía y teologia musulmanas*, 35.
[246] Renan, *Averroès et l'averroisme*, 130.
[247] Trendelenburg, *De anima*, 490.

Filopón, que no carece de analogía con el de los motacálimes,[248] y otras sectas musulmanas posteriores. Por lo menos, Maimónides[249] asegura que los motacálimes se inspiraron en las obras de Filopón para iniciar su sistema de conciliación de la ciencia griega con la religión musulmana.

Otro neoplatónico, el célebre Porfirio, fue de los que más contribuyeron a hacer conocer a Aristóteles. En su Isagoge modificó, aunque no sistemáticamente, el neoplatonismo. Su filosofía merece aquí particular mención. Trae una nueva doctrina de los predicables y un nuevo sistema de distinciones. Trae, sobre todo, la primera reforma de las categorías aristotélicas. Su posición ante el difícil problema de los cambios accesorios y substanciales de las cosas es original en grado suma. Según Porfirio,[250] si alteramos una propiedad que no sea de la esencia del objeto, determinamos meramente en él una diferencia, y le hacemos ἀλλοῖον. Mas, si alteramos una propiedad que sea de su esencia, le hacemos otro objeto (ἄλλο). En general, pues, toda variación realizada en alguna cosa la hace distinta de lo que era. Empero las simplemente especiales y ordinarias (las variaciones en las propiedades accidentales), la hacen sólo diferente, mientras que las especialísimas (las variaciones en las propiedades esenciales) la hacen otra cosa (καθόλου μὲν οὖν διαφορὰ προγινομένη τινὶ ἑτεροῖον ποιεῖ ἀλλ᾽ αἱ μὲν κοινῶς τε καὶ ἰδίως ἀλλοῖον ποιοῦσιν αἱ δὲ ἰδιαίτατα ἄλλο). En esto, Porfirio, amén de ser fiel al pensamiento fundamental de Aristóteles y de sus discípulos inmediatos, sin perjuicio de modificarlo muy personalmente, se aproximó a una idea más racional del asunto que sus discípulos posteriores, especialmente los escolásticos, los cuales, desconociendo la persistencia de la substancia dentro de sus alteraciones materiales, pensaban, por ejemplo, que el hielo se hacía hielo, no por poseer ciertas propiedades, sino "por participar de la naturaleza de cierta substancia general, llamada hielo en general, substancia que, con todas las propiedades a ella pertenecientes, residía en cada pedazo particular de hielo".[251] Falacia lógica, indudablemente, y aceptio partis per totum, recusable a todas luces, y a la que la ciencia moderna no ha reservado el grano de verdad más mínimo.

---

[248] Asin, *Algacel*, I, 51.
[249] *Moreh Nebojimi*, I, LXXI.
[250] *Isagoge*, III.
[251] Stuart Mill, *A system of logic*, I, VI, 2. El pensador inglés reconoce que Porfirio se acercó tanto a la verdadera concepción de las esencias, que no le faltó sino dar un paso más para que su doctrina fuese la misma que la ciencia moderna propugna.

Retrocediendo otra vez sobre nuestros pasos, consignemos que hacia el siglo IV, propagaron las doctrinas peripatéticas Temistio de Paflagonia, Asclepio de Trales, Filopón y Simplicio. Las Paraplirases Aristotelis librorum quae supersunt[252] del primero, las nuevas Paraphrases[253] del segundo, los Commentarla a los Metaphysicorum[254] del tercero y las Hipomnemata in Aristotelis categoriae[255] del cuarto, instruyeron a griegos y a romanos en la doctrina peripatética. Aunque no en todo pensasen lo mismo, convinieron en ver encerrada en esa doctrina la suma de la sabiduría humana, y sus propagandas de escuela obtuvieron clamoroso éxito entre el público docto. A partir del reinado de Justiniano (mediados del siglo VI), los sacerdotes nestorianos de Siria se aplicaron a traducir a Aristóteles. Pero, en Occidente, su nombre y sus libros no gozaron de mucho predicamento, ni de gran confianza, porque, al principio, la Iglesia no estaba muy conforme con el Estagirita, y, en siglos posteriores, más de una vez fueron sus obras condenadas al fuego. Necesitose que un varón tan grave y tan sabio como Casiodoro desarrollase las ideas peripatéticas en la Europa cristiana para que la personalidad intelectual de Aristóteles adquiriese prestigio. No lo logró, sin embargo, en tanta medida como Platón, gracias principalmente al influjo de San Agustín, cuyas ideas coincidían con las del discípulo de Sócrates en los puntos que no se rozaban con la fe, y, aun en éstos, le siguió muchas veces, como creo haber demostrado en otro libro.[256] Los escolásticos añadieron muy poco a lo que San Agustín había enseñado, y sus especulaciones teológicas se inspiraron muy a menudo en las de aquél.

Además de las obras del Doctor de la Gracia, leyeron los escolásticos, si bien no con tanta estimación, otras varias disertaciones de los Padres de la Iglesia Griega. Mas, por lo que toca a la verdadera dirección y organización del pensamiento, el entusiasmo por la metafísica terminó con el siglo VI. A la lógica, en el sentido rígido de la palabra, tendían todas las inteligencias medievales, que hasta entonces se venían perdiendo en las abstracciones y en el misticismo. En la época de Boecio, el movimiento

---

[252] Spengel publicó un texto crítico muy correcto deestas *Parapihrases*, en Leipzig y en 1866.

[253] Son muy raras, y poco accesibles, por ende, las ediciones de este libro

[254] En Ferrara y en 1583, dio a luz Patrizziuna versión latina de esta obra, con el siguiente título: *Philiponi breves, sed apprime doctae et utiles expositones inomnis XIV Aristotelis libros qui vocantur Metaphysici, quas Patricius de graecis latimas formas fecerat.*

[255] La mejor edición de las *Hypomnemata* es la de Venecia (1499).

[256] *El universo invisible*, 159, 164.

filosófico, que principiaba por los estudios dialécticos, era, con mucho, más importante que todo lo que se aventuraba en el terreno de la especulación trascendental. El método de la disciplina aristotélica, esa "legislación del raciocinio", comenzó a ser aplicado a partir de la primera mitad del siglo VII, y su aplicación produjo, hasta el siglo XI, resultados muy importantes. Boecio hizo más por el estudio analítico del conocimiento en su malograda vida que los apologistas de la Iglesia Latina en seiscientos años. Débesele, si no versiones de Platón, como parece haber confusamente indicado el rey Teodorico, la traducción de las dos primeras partes del Organum, de Aristóteles, a saber: el libro de las Categoriae y el de la Interpretatio, y la. de la Isagoge, de Porfirio. Ignoramos si los Analytica; los Topicorum y la Refutatio argumentorum sophistarum, fueron leídos, y se establecieron convencionalmente en las escuelas como clásicos. Pero existía una obra que podía suplirlos, cual era la Lógica del mismo Boecio, redactada conforme al sentido de la aristotélica. Aunque no es una de las obras características de ese filósofo, y menos aún la más personal e íntima, es acaso la más típica de las suyas, si la juzgamos con relación al espíritu del tiempo, espíritu favorable al comentarismo y al desmenuzamiento del trabajo intelectual.

Pero Aristóteles, el Aristóteles genuino, ¿dónde se hallaba? Según toda probabilidad, sólo la ciencia semítica trajo al mundo occidental los monumentos principales de la filosofía del Estagirita. Lo que se puede afirmar de la difusión de las doctrinas metafísicas, morales y políticas del filósofo griego, después de Boecio, es que la primitiva época del cristianismo carece de ella. Nada de lo que sabemos relativamente a las versiones y comentarios de Beda, Casiodoro y Alcuino arguye conocimiento directo del aristotelismo. Más aún: las noticias que tenemos indican que esta filosofía, mientras fue conocida incompletamente, halló una gran resistencia en la ciencia ortodoxa. De esto hablaré al ocuparme de la adaptación de Aristóteles a la Escolástica. Veremos bien que, una vez dispersados los místicos de Alejandría, la filosofía platónica y neoplatónica, y aun toda filosofía "profana", perdió casi completamente la estimación pública, y se concibe que, aun después de los grandes trabajos sobre Platón, llevados a cabo por Calcidio, Salustiano, Cesáreo y Nemesio, escribiese San Jerónimo estas palabras que retratan en compendio el espíritu de aquella época de fe más que de examen: "¿Quién lee ya a Aristóteles? ¿Cuántos conocen a Platón y a los escritores que han tratado de él? Sólo algunos viejos retirados los leen en algún rincón, mientras que nuestros pescadores de hombres, los apóstoles, gente oscura, son conocidos y citados en todo el universo". Según esto, es cosa cierta que la afición a la filosofía se perdía más cada vez, y que los antiguos pensadores dejaron por un momento de educar al género humano. Todo eso se recordaba entonces, se le dejaba irse en buena hora, y no se consideraba necesario enseñarlo, porque lo que el cristianismo enseñaba era más verdadero y más elevado. Pregunto, pues, de nuevo: ¿Dónde había quedado el idealismo platónico? ¿Dónde la doctrina de Aristóteles? Cosa averiguada es que hasta el siglo XIII sólo el Organum fue conocido de los filósofos, y no tan apreciado que se le tomase por regla en la enseñanza de las ciencias. Todos los que por aquel entonces escribían de filosofía se ocupaban muy somera y aun muy superficialmente de Aristóteles. El tratado *De dogmate Platonis*, del literato africano Apuleyo, es un resumen, harto enojoso y endeble, de la lógica aristotélica y de la filosofía natural platónica, en el que, sin embargo, no aparecen las extravagancias teúrgicas, cabalísticas y mágicas que se patrocinan en el *De Deo Socratis* del mismo autor. En las *Etimologiarum*, en la *Ethica* y en los demás libros de nuestro San Isidoro, el aristotelismo fue más dialéctico y más prudente. San Isidoro expuso muy breve, y a la verdad muy metódicamente, los principales tratados del Organum, y sin duda debió contribuir a que se los comentase en las escuelas latinas de Europa. Cuanto a las doctrinas metafísicas del Estagirita, no se conocían aún, ni siquiera en las círculos filosóficos de los árabes, por más que circulase entre éstos la llamada Theologia Aristotelis,[257] que no concuerda en nada con la verdadera mente del fundador del liceo, presentando, en cambio, notable analogía con los tratados herméticos, atribuidos al fabuloso personaje Hermes Trismegistro, y que según la crítica moderna, son simples formularios de iniciación o rituales (Poimandrés), que deben, sin duda, corresponder a una de las muchas sociedades ocultas que nacieron cuando el pensamiento griego plantó sus tiendas a la escasa sombra de las palmas de Alejandría, y cuando se formó un sincretismo que aprohijaba o reunía en su seno las más opuestas doctrinas, amalgamando a Platón y Fitágoras con Hermes y con los dogmas religiosos de los egipcios. Es de creer que esos libros, a causa de los rasgos cristianos muy pronunciados que en ellos aparecen, hayan sido escritos con el designio y propósito de hacer la guerra al catolicismo, de modo que no podemos atribuirles una antigüedad considerable.

Una de las doctrinas características de la supuesta Theologia de Aristóteles, y que se vuelve a encontrar en los árabes, era su concepción

---

[257] Este libro apócrifo fue traducido al latín e impreso en Roma en 1519 con el siguiente título: *Sapientissimi philosophi Aristotelis Stagiritae Theologia sive Mystica Philo-sophia secwndum Ægipcios, noviter reperta, et in latinum castigatissime redacto.*

del intelecto. La raíz más profunda de las ideas universales se halla en la inteligencia activa, cuya misión es depurar los datos de la sensación para hacerla inteligible,[258] y allí están las ideas o los prototipos según los cuales todas las cosas han sido hechas, y que el Creador ha injerido en el espíritu humano para servirle de principio de toda ciencia.[259] Desde este aspecto, la inteligencia activa es el Logos o Verbum por el cual Dios ha creado el mundo. Dios obra en la inteligencia activa, ésta obra en el alma humana, el alma en el cuerpo, y así la vida divina desciende hasta la materia inanimada.[260] Por donde se ve que esta doctrina del Aristóteles esotérico, de igual modo que el Hermes Trismegistro, la Institutio theologica de Proclo y otro libro apócrifo atribuído a Empédocles, está inspirada en las Ennéades, de Piotino.

La filosofía antigua se dividió en tres direcciones, al formularse el sincretismo alejandrino, método fundamental de la postrera metafísica pagana. Por medio de los nestorianos siríacos, penetró en la ciencia árabe; por medio de los árabes, penetró en la ciencia judía; finalmente, por medio de los judíos, penetró en la ciencia cristiana. Esta última influencia (unida a la segunda) pertenece a la historia de la Escolástica propiamente tal, que nos muestra igualmente cómo han vuelto a ella los nuevos tomistas. Porque no hay que engañarse: fuese o no cristiano, el escolasticismo genuino se desarrolló en épocas cristianas, y su presencia en la Edad Media tiene indudablemente más razón de ser que en la moderna su supuesta restauración. ¿Ni cómo podía ser de otro modo? Todo organismo filosófico es una forma histórica que el contenido de la conciencia va tomando según las condiciones de tiempo y de raza. Y, como observa Menéndez Pelayo, en sus Ensayos de crítica filosófica, esas condiciones, ni se imponen, ni se repiten, ni dependen en gran parte de la voluntad humana.

No hay duda que la Escolástica, en su calidad genuina de filosofía humana y racional, culmina en Santo Tomás, en sus predecesores Pedro Lombardo y Alberto Magno y en sus sucesores Duns Scott y Durand de Saint Pourcain. Pero los sistemas escolásticos anteriores a Santo Tomás no son tan teológicos y tan pobres en ideas metafísicas como generalmente se supone. Gerberto mismo, con valer relativamente poco, vale infinitamente

---

[258] Ravaisson, *Essai sur la métaphysique d'Aristote*, II, 542.

[259] Compárese con Scott Erígenes (De *divisione naturae*, II, II), con Santo Tomás (*Summa theologica*, I, XV, 1), con Duns Scott (*In Librum Sententiarum*, XXV, III, XIII) y con Goerres (*Kirche und Staat*, 91, 94).

[260] Renán, *Averroès et l'averroisme*, 131.

más que Santo Tomás como metafísico. La tendencia ecléctica y conciliadora domina en el origen del platonismo escolástico sobre las tendencias nominalistas, realistas y conceptualistas en que después se perdieron las escuelas. Encontrárnosla notablemente desenvuelta por el mencionado Gerberto en su tratado *De rationali et ratione uti*, tan leído hoy, y que pasó desapercibido en la época en que se dio a luz, a pesar de su mérito. Gerberto es, en efecto, uno de los más calificados precursores del armonismo transcendental que concilia a Platón con Aristóteles. En su sistema, no puede haber contradicción ni discordancia entre la noción de idea y la noción de forma. Alia sunt quidem dem verum formae, vel ut ita dixerim, formae formarum, alia sunt acetus, alia sunt quoedam potestates. Por consiguiente, estas formas de las formas no son más que los universales ante rem, necesarios, según Gerberto, para reformar, o más bien, para completar, la dialéctica aristotélica. Aliter enim rationale, vel ut universalius dicamus, aliter genera et species, diferentiae et accidentia in intellectibilus considerantur, aliter inteligentilibus, aliter in naturalibus. Tal es la doctrina unitaria, que Gerberto parece haber adivinado por algunos rasgos del Timeo y del Organum, aunque no conoció el Parmenides y los Metaphysicorum.[261] Tenga aquí un lugar también la justamente admirada glosa de Auxerre (siglo IX) sobre la obra de Marciano Capella, en cuyo comentario se rechaza la teodicea abstracta de Aristóteles, mientras que las doctrinas platónicas sobre las relaciones entre Dios el mundo constituyen un punto capital. Est autem mundus aeternus et intellectualis ille videlicet, primordialis causa quae in mente Dei semper fuit, quam Plato ideam vocat. Ni olvidemos a Bernardo de Chartres (perfectissimus inter platonicos), a Adelardo de Bath y a los demás platónicos y aristotélicos, que contribuyeron, juntos o aislados, a difundir en la atmósfera de las escuelas un gran entusiasmo por la filosofía pura.

Las teorías del nominalismo recibieron nueva fuerza de Gabriel Biel y de Pedro de Alliaco, y fueron ampliadas por éstos en algunos puntos. Así, en la grave cuestión de la eficacia o ineficacia de las causas segundas, se nos presentan uno y otro como los únicos de los peripatéticos y aun de los nominalistas que trasladaron toda actividad al Ser Divino,[262] desarrollando

---

[261] Véase a Pez (*Thesauvus novissime amecvotae*, I, II, 149), y a Hauréau (*Histoire de la philosophie* scholastique, I, 21).

[262] Kleugten, *Philosophie der Vorzeit*, 744. Hago excepción (respecto a ser Gabriel Biel y Pedro de Alliaco los únicos ocasionalistas del Peripato) con algunos aristotélicos árabes que tenían por generador de todo lo naciente al Espíritu Inercado, que, según su teoría, había llamado a la existencia el mundo material. Santo Tomás (*Quaestiones Disputate*, III, XII) menciona una opinión de

en un sistema completo lo que en la época de la filosofía cartesiana[263] se llamó ocasionalismo, y que fue seguido y a la vez desacreditado por Espinosa y por Malebranche. Su influencia, aunque menos violenta, en las escuelas modernas, está muy lejos de haber desaparecido completamente, como lo prueban las recientes opiniones y tendencias de Colding[264] y Ulrici.[265] Santo Tomás[266] cree, no sin razón, descubrir el origen de esta doctrina en la ideología de Platón.[267]

Una enumeración completa de los materiales platónicos de estudio de que disponía la Edad Media en sus comienzos nos haría penetrar más de lo justo en la historia general de la filosofía, sin gran ventaja para nuestro propósito. No puedo, sin embargo, dispensarme de observar que eran casi todos de segunda o tercera mano, y, en general, frutos de las especulaciones neoplatónicas de la decadencia. Tales son los autores pseudónimos de todas las compilaciones apócrifas de Alejandría tan en boga después, en los albores de la filosofía árabe: los libros herméticos, el falso Empédocles, etc. Consta también que Lucio Apuleyo fue casi tan conocido como San Agustín, y que algunos tratados de los más esenciales de Filón el Judío y del Seudo Areopagita circulaban con bastante aceptación. Pero mucho más leído parece haber sido el *De causis*, extracto de la Ετοιχείωσις θεολογική de Proclo, y que fue comentado por Santo

---

escuela, que atribuía la generación de las formas a la inmediata intervención de Dios, hallándose éste creando dondequiera que nacen animales, germinan plantas, y se forman cuerpos inorgánicos.

[263] Leiborita, en su tratado De *ipsa natura* (en las *Opera ommia*, II, 2, 58) observa que en Descartes se ocultan Malebranche y Espinosa. En efecto: Descartes (*Principia philosophiae*, II, XXXVI) enseñaba ya que debía reconocerse a Dios como causa directa y exclusiva del movimiento. *Deum ipsum, qui materiam simul cum motu et quiete in principio creavit et tandumdem motus et quietis in ea tota, quantum tune posuit, conservat.*

[264] Véase a Tyndall, The heat, 52.

[265] Gott und die Natur, 484

[266] *Summa theologica*, I, cxv,1

[267] Véase a Pesch, *Dic grösse Weltratsel*, I, 199. Los platónicos creyeron siempre que son las ideas supramundanas las que se asimilan a sí mismas la materia prima, y así engendran en ella las formas. Platón distinguía αἴτιαι (causas) δε ὤν γιγνεται τι y συναίτιαι (concausas) ἄνευ ων ου γίγεταί, poniendo aquéllas como las causas verdaderas en las ideas *preter et sùpramatwrales*, mientras que la naturaleza es sólo una *conditio sime qua non*.

Tomás, que lo atribuyó a aquel filósofo.[268] Cuanto a las obras originales de Platón, está hoy probado que un solo diálogo suyo, sobre el origen del mundo, el Timeo, ocupó algún tanto la atención de los escolásticos de la Edad Media. Este diálogo, si se prescinde de su significación religiosa esotérica, que la Escolástica no comprendió nunca, y se le mira como un ensayo correcto de introducción a la cosmología, resulta la investigación más evidentemente fútil o la menos inteligible de Platón, quedando reducida a un intento de construir, como Pitágoras, el mundo físico por medio de elementos de geometría abstracta, en lugar de los átomos de Demócrito.[269] Tal fue la desgracia de la Escolástica, que hasta cuando tuvo a su disposición algo directamente clásico, se encontró con lo más inferior o más indiscifrable en este orden. Y no fue esa su sola desgracia, sino que, además, dichos tesoros los recibió de manos de heterodoxos o infleles. Si su primer Aristóteles fue el de los árabes, su primer Platón fue el de Calcidio, traductor y comentador del Timeo a principios del siglo IV.[270] Ahora bien: Calcidio, lejos de apoyar las ideas de la filosofía ortodoxa, apoya las que le son más contrarias: eternidad del mundo, naturaleza divina del sol y de las estrellas, doctrina de las ideas separadas, no sólo de las cosas, sino de la esencia misma del Ser Supremo, etc., etc. En esa obra, muy estimada de los sabios, fue donde se inspiraron y se educaron, tanto o más que en las posteriores de Scott Erigenes, los más resueltos partidarios

---

[268] Ceferino González, en el tomo II de su *Historia* de la *filosofía*, considera ese comentario como aquel en que la especulación metafísica de Santo Tomás se eleva a mayor altura.

[269] *Véase a Murray, The literature in the ancient Greece*, XIV.

[270] Créese que Calcidio emprendió su trabajo a ruegos del obispo español Osio, tan célebre, por su misión diplomática cerca de Constantino Magno y por su intervención en los Concilios de Nicea y de Sardis. Osio se llama a lo menos el iniciador de tal empresa, aunque haga difícil su identificación con el prelado de Córdoba la heterodoxia del comentario, bien poco atenuada por algunas tradiciones de que el autor se hace eco, por ejemplo, la relativa a la adoración de los Reyes Magos y a la estrella que hasta Belén los condujo. Si admitimos esa hipótesis, Osio tendría un lugar eminente en la historia del platonismo, no sólo porque sirvió de Mecenas a Calcidio, sino porque el mismo tuvo, al parecer, intención de verter al latín el *Timeo*. Calcidio dice, en la dedicatoria de su obra: *Conceperas animo fiorente omnibus studiis humanitatis exceïlentique ingenio tuo spem dignam proventu operis ud hoc tempus intentati, ejusque usum a Graecis Latio mutuandum statueras. Et quamquam ipse hoc cum facilius tum comonodius facere posses, credo propter adrmirabilem verecundiam, et potius maluisti injungere quem te esse alterum judioares (Mullach, Fragmenta philosophorum graecorum, II, 147).*

del realismo panteísta en la Edad Media. Por lo que a esto toca, Aristóteles, aun habiendo presidido a la primera inspiración y educación del pensamiento europeo como legislador del raciocinio, ejerció menor influencia especulativa que Platón en el período más antiguo de la Escolástica. Por más que el estudio de la dialéctica fuese adquiriendo cada día mayor importancia, su predominio no se acusó hasta fines del siglo XI, época en que pudo hablarse de una Escolástica propiamente dicha, con su método peculiar, con sus grandes escuelas filosóficas (nominalismo, conceptualismo, realismo), y con notables cambios de punto de partida en la ciencia, innovaciones todas en que las doctrinas lógicas del Estagirita jugaron muy principal papel.

Respecto de la iniciativa en la adaptación e interpretación de Aristóteles, no hay espacio para la duda, pues este punto ha sido ya puesto en claro por la crítica. Desde que Jourdain (padre) dio a luz, en 1819, sus *Recherches critiques sur l'age et l'origine des anciennes traductions latines d'Aristote*, memoria excelente y llena de datos relativos a los comentarios griegos o árabes empleados por los doctores escolásticos, toda la Europa sabia se adhirió a la conclusión tan sagaz como sólidamente establecida por el erudito francés, a saber: que la enciclopedia íntegra de Aristóteles no fue conocida en el mundo cristiano de Occidente hasta el siglo XII y por medio de la traducción latina de textos, en su mayor parte árabes. "Todas las investigaciones históricas llevadas a cabo después no han alterado ni un ápice de la tesis de Jourdain", ha declarado rotundamente el primero de los arabistas españoles.[271] La Escolástica del primer período, la Escolástica de los universales y de las disputas entre nominalistas, conceptualistas y realistas, no conoció más diálogo platónico que el Timeo, ni más tratado aristotélico que el Organum, que Boecio tradujo y comentó tan incompletamente.

Es más que dudoso que ninguna otra obra de los dos grandes metafísicos griegos formase parte de la Biblioteca Escolástica antes del siglo XIII. Todos los críticos están conformes en que la suposición de un comentario de Mannón, maestro de la Escuela Palatina de Carlos el Calvo, sobre el De legi y el De república, es una fábula, y así lo hacen notar y lo comprueban los autores de la Histoire littéraire de la France. Scott Erigenes, cofrade y camarada de Maimón, ¿cómo no alude una sola vez a ese comentario, en ninguna de sus numerosas obras? Tampoco se encuentran investigadores dispuestos a sostener la existencia de versiones

---

[271] Asín, *Bosquejo de un diccionario técnico de filosofía y teología musulmanas*, 32.

de Aristóteles anteriores al referido siglo, y es extraño que algunos de los más distinguidos de entre ellos quieran a todo trance ampliar, por lo que a esto atañe, los tópicos del escolasticismo de la primera época. Si escuchamos al mismo Jourdain,[272] fácilmente nos resolveríamos a dar una contestación afirmativa. Se jacta él de haber encontrado en Beda[273] una colección de axiomas de Aristóteles y de otros filósofos, bajo el título de Sententiae ex Aristotesen authoritatum generalium aliquot philosophorum, donde aparecen citas de los Physicorum y de los Metaphysicorum, por lo que cree deber atribuir la colección a Boecio o a Casiodoro. Por otra parte, Barthélemy SaintHilaire[274] concluye, de las transcripciones que hay de los Politicorum, que Beda conoció también este libro. Pero los trabajos posteriores han relegado semejante hipótesis al país de las fábulas. ¿Cómo es posible que se remonte tan alto en la historia de la Edad Media una compilación donde abundan las sentencias de Averroes? Hoy día es un hecho fuera de duda que ese escrito, salido acaso del cuartel general averroísta, fue compuesto en el siglo XIV y en España. También ha quedado fuera de duda otro hecho, por mí señalado anteriormente: que los primeros traductores de Aristóteles fueron los sacerdotes nestorianos. Uno de ellos, Jacobo de Edesa, muerto en 708, tradujo las Categoriae. Honainben-Ishak, médico nestoriano muerto en Bagdad en 873, se dedicó a los mismos trabajos, de orden de los califas, y la historia nos enseña la importancia que adquirieron los estudios aristotélicos, no sólo en aquella ciudad, sino en las de Damasco, Alepo y otras. Hacia mediados del siglo X, Alfarabi de Khorasan, comentó el Organum, y su discípulo Avicena cultivó el peripatetismo en Bokhard, un lugar donde hoy sólo habitan bárbaros.

¿Cómo pasó a España, con los almohades, la cultura muslímica? ¿Cómo se organizó en Córdoba, antes de la Escolástica? Se ignora, pero el Gran Comentario, de Averroes, que nos ha sido transcrito por Baglovi, y que consta de diez tomos en folio, arroja viva luz en estas tinieblas. Averroes murió en 1198, cuando nacía Alberto Magno, y veintisiete años antes que naciera Santo Tomás. No sabía griego, ni siriaco, y no tenía a su disposición más que traducciones árabes, de la misma manera que Alberto Magno y Santo Tomás no tenían más que traducciones latinas. Pero ello no le impidió interpretar con bastante fidelidad el pensamiento fundamental de Aristóteles, ni que su Gran Comentario se convirtiese en

---

[272] *Recherches sur les anciennes traductions latines d'Aristote*, 21.
[273] *Opera Omnia*, II, 213.
[274] Véase a Renán, *Averroès et Vaverroisme*, 220.

una de las obras que más influjo alcanzaron en la historia de la filosofía.

Es un error imaginar a Averroes como un corruptor de Aristóteles, pues era escrupuloso y a las veces rígido en sus comentarios. Filológicamente, éstos no pueden parangonarse con los de Alejandro de Afrodisia o de Simplicio. Sin embargo, las obras de Averroes en general han encontrado aceptación en hombres capaces de pensar profundamente, y debe concederse que él estaba dotado de una cualidad superior: la de una percepción intuitiva de las materias de que se ocupaba. Pueden otros haber conocido muy bien el griego, pero él conocía mejor a Aristóteles. Esto es lo que, sobre todo, resalta en su teoría del intelecto separado, que tanto influyó en la filosofía cristiana de la Edad Media. Los escolásticos llamaron substantiae separatae, o sencillamente separata, a todas las formas puras o separadas de la materia, es decir, a Dios, a los ángeles y a las almas humanas después de la muerte. Los árabes asociaban el Ser Primero, a las inteligencias de las esferas celestes y a los espíritus, racionales separados del cuerpo. Aristóteles denominó τὰ κεχυρισμένα a esas mismas sustancias, y el texto de sus Metaphysicorum no aparece citado por los escolásticos antes del siglo XII. La consecuencia es palmaria. Semejante idea pasó, a través dé los árabes, a los escolásticos,[275] después de haber llegado en Averroes a su culminación. ¿Se dirá que el filósofo árabe entendió mal Aristóteles en este punto? De ninguna manera. La teoría del intelecto como elemento separable del cuerpo, eterno, impasible, divino, sustancia que reside en el alma como otro género de alma, que es independiente de suyo, que es diversa del individuo, como lo inmortal lo es de la corruptible y cuyo estudio pertenece al metafísico, y no al físico: esta teoría, digo, es propiamente de Aristóteles, y aparece en Alejandro de Afrodisia, en Temistio, en Filopón y en los comentaristas musulmanes anteriores y posteriores a Averroes. Cinco siglos más tarde, Malebranche formuló una teoría análoga, admitiendo una especie de razón objetiva e impersonal, que ilumina a todos los hombres, y por la que todo es inteligible.

Se ha señalado, como el mayor defecto de Averroes, su admiración por Aristóteles, admiración tan extraordinaria, que raya en supersticiosa. Averroes, en efecto, prodiga a su comentado los elogios más hiperbólicos, sin tino, coto, ni tasa. En sus comentarios a los Physicorum, al tratado De generatione animalium y al De anima, Averroes llama a Aristóteles el más sabio de los griegos, ser más divino que humano, pensador a cuyas

---

[275] Asín, *Bosquejo de un diccionario técnico de filosofía y teología musulmanas*, 35.

especulaciones nada han podido añadir sus sucesores más ilustres, y, en su obra contra Algacel,[276] remacha el clavo, exclamando: "La doctrina de Aristóteles es la suprema verdad. Aristóteles es el principio de toda sabiduría, la regla de la naturaleza, y como un modelo donde ésta ha querido perfilar el tipo perfecto del filósofo". No quiero cohonestar semejante falta. Con todo, debo recordar que, a la plena luz del siglo XVII, en 1661, hubo un crítico tan severo y tan talentudo como Balzac,[277] que de igual manera exageró las alabanzas al Estagirita por el siguiente tenor: "Antes que Aristóteles naciera, la naturaleza no estaba enteramente acabada". Luego si, después de los más brillantes adelantos de todas las orientaciones del entendimiento, el saber de Aristóteles arrancó exclamación tan panegírica a un autor reputado, puédese muy bien disculpar a Averroes de haber puesto, una confianza desmesurada en la autoridad del genio portentoso, a cuyo conocimiento nada parecía haberse sustraído.

Otra acusación contra Averroes, acusación que de hecho sólo alcanza a algunos de sus discípulos, es la de su irreligiosidad. Pero hoy día no puede sostenerse esa acusación, completamente desvanecida por las investigaciones históricas sobre los textos directos, y sólo apoyada tradicional mente en los dictámenes de algunos discípulos infieles de Averroes. En el abuso de dicción conocido por κατάχρησις incurrió frecuentemente, respecto al Gran Comendador, la crítica averroísta, aun la más autorizada, representada por Levi-ben-Gerson en España, Gaetano de Tiena, Vernias, Achillini y Cremonini en Italia, Sigerio de Brabante y Gerardo de Abbeville en Francia. La cual confundió a menudo términos equívocos en cuanto traducibles, y que no eran más que un modo de expresarse apartado del uso ordinario, con lo que constituye el fundamento y el alma de la doctrina averroísta, la interpretación del Alcorán, el nuevo concepto de la teología y de la filosofía. Entre los 219 errores condenados por el Sínodo de París de 1277, encuentro dos, justamente los más irreligiosos, que comprueban ese abuso de términos: Quod sermones theologi sunt fundati in fabulis...Quod fabulae et falsa sunt in lege christiana, sicut et in aliis. No hay orientalista moderno que ignore que los términos arábigos de que se valió Averroes equivalen a fábula, símil, alegoría, imagen, figura. Mas, para comprender la inocencia prístina de semejante dicción, bastaría recordar, con Asín,[278] que lo único que

---

[276] *Teháfot-el-Teháfot*, I, I, 3.
[277] *Socrate chrétien*, 228.
[278] *El averroísmo teológico de Santo Tomás* (en el *Homenaje a Codera*, 305).

Averroes enseña al servirse de ella es que Dios ha comunicado su revelación bajo el velo de metáforas o símbolos, asequibles al vulgo y sugestivas para los doctos. El tomar, pues, tal palabra por sinónima de "relación falsa, mentirosa, de pura invención y destituida de todo fundamento", fue, por parte de los averroístas latinos, o un error de traducción, o bien, y esto es lo más probable, un espejismo de subjetividad. Pues, a semejanza de nuestros teólogos ortodoxos, que acostumbran a decir que niega un misterio quien niega la explicación que ellos dan del tal misterio, aquellos teólogos heterodoxos solían suponer que afirmaba las consecuencias teológicas que ellos sacaban de las tesis filosóficas quien afirmaba estas tesis en principio. No debemos admirarnos de ello, porque el análisis del sistema averroísta era grandemente intrincado, y hubiera sido preciso acomodarse al tecnicismo, al sentido, al espíritu, a la mentalidad de los musulmanes, y adivinar, entre las filas de argumentos, la vibración del himno religioso. Y en parte, porque sus libros están llenos de ella, he llegado a deducir que los averroístas latinos desfloraron la lozanía del recto lenguaje de su maestro en materia de religión, sin dejar memoria de su verdor primitivo.

La primera aparición de la filosofía arábiga en el seno de la Escolástica se registra en el Concilio de París de 1209. En aquel mismo año, Felipe Augusto había prohibido la lectura de las obras de Aristóteles que trajeran consigo los cruzados, y el Concilio, después de condenar a Almarico de Chartres, a David de Dinant y a otros pensadores heterodoxos, añade: Nec libri Aristotelis de naturali philosophia, nec commenta legantur Parisiis publice vel secrete. El Concilio rechazaba el Aristóteles árabe, traducido del árabe, explicado por un árabe. El estatuto del legado Roberto de Courcon, publicado en 1215, es aún más explícito: Nec legantur libri Aristotelis de metaphysica et naturali philosophia, nec summa de iisdem, aut de doctrina magistri David de Dinant aut Almarici haeretici, aut Maurìtit Hispani.[279] El averroísmo era entonces refutado, ya bajo el

---

[279] Boulay, *Historia, Universitatis Parisiensis*, III, 82. Launnoy, *De varia Aristotelis fortuna in Universitate Parisiensi*, I, III Luguet, *Atristote et l'Université de Paris pendant le XIII siècle*, 19, 40. ¿Qué pensar de ese misterioso *Mauritius Hispanus*, cuyas doctrinas aparecen condenadas por Roberto de Courgon, juntamente con los libros de Almarico de Chartres y de David de Dinant? Según Renán, el *Español Mauricio* pudo ser una de tantas corrupciones del nombre de Averroes, extrañamente desfigurado por los copistas de la Edad Media. Esta conjetura es poco verosímil. El mismo Renán ha demostrado (y parece confirmarlo un texto de Roger Bacon) que hasta el tiempo de Miguel Scott (hacia 1217), el *Gran Comentario* de Averroes no fue conocido entre los

nombre de Aristóteles, ya bajo más vagas denominaciones, como expositores, sequaces Aristotelis, Aristoteles et sequaces ejus graeci et arabes, qui famosiores fuerunt ara bum in disciplinis Aristotelis, Avicenna et alii qui in parte ista Aristoteli consenserunt. Guillermo de Auvernia no incluyó en este número a Averroes, a quien calificó de philosopho nobilissimo. En cambio, combatió con energía a Aristóteles, y trató de blasfemo a Avicena. Más ecuánime y más justo, Roger Bacon declaró haber sido Avicena el primero en "poner en clara luz la filosofía de Aristóteles". El ser los comentadores árabes del Estagirita hombres de talento eminente y grandes amadores del saber hacia que empleasen todo su poderío intelectual en acrecentamiento de la cultura. Con esto se verificaba que la filosofía árabe nació, creció y se perfeccionó a impulsos del espíritu de erudición en consonancia con los esfuerzos del espíritu de investigación.

Ha dicho un distinguido historiador de la ciencia del conocimiento[280] que el llamado Renacimiento data en realidad, en lo que concierne a la filosofía antigua, a las matemáticas y a las ciencias naturales, del siglo XIII, de la publicación de las obras de Aristóteles y de la literatura árabe. En este orden de ideas, la primera y principal causa de la regeneración intelectual fue sin duda la propagación de aquellas obras[281] y de los escritos de los musulmanes.[282] Nunca se insistirá bastante en este punto, porque es error vulgarísimo el de retrasar la propagación de tales ideas hasta la fecha de la conquista de Constantinopla, que produjo la emigración de algunos literatos griegos a Italia. De aquí salió el

---

cristianos, lo cual se opone a que fuera condenado en 1215. El nombre de *Mauritius*, ¿será, como sugería Menéndez Pelayo (*Historia de los heterodoxos españoles*, I, 413) un diminutivo de *Maurus*? Esto es, en efecto, lo que sugería en 1880. Algunos años más tarde (1889), en un discurso inaugural sobre las vicisitudes del platonismo en España (incluido después en sus *Ensayos de crítica filosófica*), fue más lejos, sosteniendo (a mi juicio, sin razón) que en el heterodoxo Gundisalvo debe recaer la responsabilidad del misterioso *Mauritius Hispanus*.

[280] Prantl, *Geschichte der Logik im Abtíndlande*, III, 1.

[281] Lange *Geschichte des Materialismua*, I.192.

[282] Con toda intención digo *musulmanes* y no precisamente *árabes*. Munk (*Mélanges de philosophie juive et arabe*, prefacio), y después Dugat (*Histoire des philosophes et des théologlens musulmans*, introducción, 19), han llamado la atención sobre la palabra filosofía *árabe*, aplicada a la que floreció por aquel tiempo. Esa filosofía debería más bien nombrarse *musulmana*, puesto que todos los que la cultivaron y siguieron fueron persas o españoles.

humanismo o Renacimiento de las letras, mas no el Renacimiento de las ciencias, y aun, por lo que al humanismo toca, ya tendremos ocasión de ver que hubo comunicación amplia entre Grecia y los gramáticos italianos desde la segunda mitad del siglo XIV, comunicación que aumentó con la celebración del Concilio de Florencia (1438) y con la malograda tentativa de paz de las dos Iglesias, Oriental y Romana.

La escuela arabista, que en los tiempos modernos ha encaminado la atención publica hacia estos asuntos, cuenta apenas un siglo de existencia, pues tuvo origen cuando aparecieron las Mélanges de Munk, el Essai de Schmölders, la Histoire de Dugat y el Averroes de Renán. A estas obras siguieron otras muchas, cada vez más científicas y más severas en la recolección y en la comparación de los hechos, hasta el punto de llegar a hacer imposible que una persona culta se atreva tan siquiera a discutir los orígenes arábigos de la Escolástica, que por todos lados se ponen de manifiesto, y que casi anulan todo el valor y toda la originalidad del pensamiento de nuestros filósofos de la Edad Media, y, de rechazo, de toda la ciencia occidental de aquellos siglos.

Para determinar la misión histórica de los árabes en este punto, importa fijarse en la oscuridad de estilo y en el barbarismo de lenguaje que tanto se censuró en los escolásticos, y que no es más que una consecuencia lógica de la rutinaria ignorancia con que traducían, o, más bien, transcribían, determinadas voces del léxico filosófico musulmán, La sorpresa que esas frases oscuras y bárbaras puede producir a primera vista, cesa, una vez despojadas de su disfraz arábigo, con lo que se revela su acepción propia. Así, para convencerse de que Santo Tomás[283] y su discípulo Gil de Roma (Egidius Romanus)[284] no entendían una sola palabra de los textos que iban explanando, bastará, por ejemplo, recordar que nos hablan con mucho aplomo de Ciertos LOQUENTES vel GARRULANTES aut GARRTJIATORES in LEGE maurorum, cuya personalidad sólo podría identificar claramente el que viese en esos términos una servil transcripción de: los motacálimes de la religión muslímica.[285] Nada hay que canse más, a nuestro parecer, como buscar el sentido exacto de esa tecnología abortada.

Aunque nada se diga aquí de los averroístas del Islam, nuestra historia

---

[283] *Contra gentiles*, III, LXIX.

[284] *Tractatus de erroribus philosophorum* (editado por Mandonnet en su Siger de Brabant, 9).

[285] Asin, *Bosquejo de un diccionario técnico de filosofía y teologia musulmanas*, 28.

no queda incompleta, porque, en rigor, no existe averroísmo musulmán posterior a Averroes, ni en España, ni fuera de ella. Difícil es averiguar cuántos y cuáles fueron los verdaderos discípulos musulmanes de Averroes. Si se exceptúa a un filósofo murciano, el sutilísibo Aben-Sabin, protegido del emperador incrédulo Federico II (que recogió en Sicilia a cuantos sabios árabes y judíos arrojó de España la intolerancia religiosa de aquel tiempo), apenas podría citar averroístas. Las respuestas de aquel pensador a una serie de cuestiones filosóficas que los sabios italianos enviaron a Ceuta para confundir a los musulmanes, respuestas cuya publicación debemos al benemérito orientalista Amari,[286] ejercieron escaso influjo sobre la filosofía árabe, próxima ya a disolverse. Los teólogos anatematizaron las obras de Averroes, y los almohades y los admoravides las enviaron a la hoguera, prohibiendo por edictos su estudio como contrario a las enseñanzas de los textos sagrados. La tentativa de Aben-Sabin fue tan vana entonces como lo fueron otras más tarde. Sin embargo, en vida del filósofo murciano,[287] sus doctrinas hicieron en el mundo musulmán tanto ruido, por lo menos, como las de Avicena y las de Averroes, y Aben-Sabin, en poco tiempo, creó una escuela, cuyos adeptos, llamados los sabiniarios, duraron hasta el siglo XIV.[288] Diose a Aben-Sabin el nombre de Kotbeddin o "estrella polar de la religión", nombre un poco extraño, aplicado a quien, no obstante su prudencia habitual en

---

[286] Véase el *Journal Asiatique* de febrero-marzo de 1853.

[287] Aben-Sabin nació en Murcia el año 614 de la Egira (entre 1217 y 1218 de Cristo) de una noble e influyente familia árabe, que pretendía descender de la raza de Ali. Despúes de terminar los estudios de jurisprudencia y de filosofía, mostró por la última un gusto especial y un vivo entusiasmo. Poseedor de bienes de fortuna, a ella se dedicó por entero, como los pensadores de la antigüedad, y la cultivó en sus escritos y en sus conversaciones. Lecciones no sería la palabra propia, porque la enseñanza pública de la filosofía antigua no estaba permitida, y había que dar en secreto la enseñanza: privada. La casa de Aben-Sabin se llenó de discípulos ricos y pobres, y hombres de edad iban a escuchar con respeto y con atención a aquel joven de veinticinco a treinta años. Pasaban de mano en mano sus libros, y, en la calle, se le veía acompañado de un séquito numeroso, en el que no faltaban los mendigos, atraídos por la liberalidad del maestro. Según sus discípulos, a quienes no tenemos razones para creer mentirosos, la práctica de la virtud no estaba reducida al último lugar en la ciencia de Aben-Sabin, hombre de carácter elevado y franco, indiferente a los placeres como a los sufrimientos, despreciador de la ambición y del lujo, que "perdonó a los mismos enemigos que tramaban su muerte" y que "llegó hasta amarles".

[288] Makari, biógrafo de Aben-Sabin, dice que uno de los discípulos de éste, Abul-Harsan, llegó a adquirir cierta celebridad.

materias de fe, sudó siempre tinta para disimular su heterodoxia. Uno de sus biógrafos, el escritor egipcio Abul-Mehasin, se complace, en su *Manhel safi*, en repetir las acusaciones e invectivas de los fanáticos orientales contra un impío razonador del Mogreb, el cual no era otro que nuestro pensador. Había éste reflexionado demasiado sobre el desenvolvimiento de la humanidad para ser un musulmán fanático. Con todo, cuando llegaron al África occidental las Cuestiones sicilianas, remitidas por los filósofos de Roma, Aben-Sabin, por la prontitud de su ingenio, y a pesar de su juventud (veinticinco años),[289] contestó a ellas amplia y felizmente, pero también con la insolencia de un pedante y la jerga de un devoto, bien que, como confesó Federico II, era ya sospechoso de opiniones atrevidas. Aprovechose, pues, del desafío académico de los cristianos para dar el toque de alarma, para constituirse en defensor de las creencias muslímicas y del honor nacional, para afectar, en sus palabras, la esperanza de atraer al emperador a las verdades del islamismo, y para hacer como que le asustaba con sus argumentos. Esta conducta (Amari conviene en ello) resultaba ingeniosa, mas no bastó para que lograse una victoria definitiva sobre los ortodoxos recalcitrantes. Y pronto vemos a Aben-Sabin, llevado de su ira contra el fanatismo, pasar de Ceuta a Bugia, de aquí a Túnez, y, desde la última ciudad, refugiarse en el Oriente, a la edad de treinta años, después de haber sido favorecido por la opinión pública.

La exaltación de los grandes ideales filosóficos es, en Aben-Sabin, discreta para Aristóteles, pero irreductible en punto a la libertad de pensamiento, que él sentía al modo exquisito e íntimo de quien cuida su jardín intelectual, procurando verse libre de coacción interna, de tendencia idolátrica, de hábito sectario, de doctrinarismo vicioso. Mejor que ningún otro filósofo musulmán advirtió las divergencias que separan a Alejandro de Afrodisia de Aristóteles, divergencias sentadas por él como verdaderas y como estudiados en los libros conocidos.[290] Los peripatéticos más antiguos, como Temistio y Teofrasto, dieron por real la distinción que Aristóteles hizo entre el intelecto causal o activo, que pose la facultad de obrar, y el material que solamente posee la fuerza psíquica en estado de latencia. Separándose de distinción tan clara, Alejandro de Afrodisia

---

[289] Quince solamente tenia, cuando sorprendió a los sabios de España con un libro intitulado *Separación de los conocimientos.*
[290] Aben-Sabin menciona doce obras de Aristóteles, cuatro de ellas apócrifas probablemente. El resto de su enumeración corresponde a tratados cuyos textos poseemos, y de los cuales sabemos que se hicieron versiones árabes.

sostuvo que la acción y la pasividad pertenecen a un mismo principio generador y desorganizador, lo cual demuestra que no comprendió bien el pensamiento de Aristóteles. Interpretó a este Aben-Sabin con suma originalidad en muchos puntos, especialmente en el relativo a la existencia del mundo ab aeterno. Según él, la creencia en la eternidad del mundo, respecto de la cual Galeno y otros filósofos no se decidieron ni por el pro ni por el contra, se atribuyó a Aristóteles falsamente. Para probarlo, Aben-Sabin distingue la significación de las palabras "àlem" (mundo) y "kidem" (existencia ab acterno), que ofrecen dos puntos de vista diferentes de la idea de la creación. Por haber sido confundidas a menudo ambas palabras, han recibido significaciones generales, y, ninguno de los intérpretes ha admitido significaciones nuevas con relación a Aristóteles. De aquí ha resultado gran diversidad en sus opiniones sobre el alcance de los razonamientos del filósofo griego y de los términos que había empleado en una significación general. Unos entienden por la palabra àlem lo que está fuera de Dios y de sus atributos sublimes. Otros la aplican a todo lo que abarca el cielo. Otros, en fin, llaman "àlem" a la substancia con sus cualidades inherentes. Pero todos se apartan de la teoría de Aristóteles, que deslindó cuidadosamente las ideas de mundo y de creación. Aben-Sabin, después de hacerlo constar, explica el sentido de la palabra "kidem", pasa revista a los distintos pareceres, y llega a la conclusión de que el mundo ha sido creado.

Hay también otro punto en el que se halla irritado contra ciertos secuaces de Aristóteles o ascaritas, especialmente contra los motacalines (calificados con tanto acierto como los teólogos escolásticos del islamismo), que por la palabra àlem designaban exclusivamente los cuerpos, con sus cualidades y con sus accidentes, sin comprender en ella las substancias espirituales y las formas abstractas. Definían la substancia como lo envuelto es decir, como todo lo que tiene volumen, y es sensible al tacto. Pero la substancia debe concebirse como lo que subsiste en sí y por sí, como sustentáculo cualitativo de las cuantidades, como sujeto de los accidentes corpóreos, color, olor, gusto, etc., que no necesitan explicación, y de los accidentes espirituales, ciencia, longanimidad, generosidad, etc., que no existen más que en el alma racional. De acuerdo con Aristóteles, arguye Aben-Sabin que la substancia está separada o no separada de la materia La substancia separada se subdivide en cuatro géneros: materia prima, forma abstracta, entendimiento activo y alma racional. La substancia no separada es celeste o física y la última es elemental o compuesta. Siguiendo la división de la substancia adoptada por los mismos filósofos, y sometiéndola al análisis, puede haber substancias crecientes y substancias decrecientes. Sin embargo, algunos de esos filósofos no han encontrado medio de clasificar las substancias espirituales en el àlem, por juzgar que ello sería absurdo, cuando se trata de seres simples. Aben-Sabin considera infundado este escrúpulo dialéctico, y comprende en la idea del àlem el conjunto de los seres que pertenecen al mismo orden.

Admite, pues, un àlem físico, un àlem intelectivo y un àlem anímico, estimándolos, al igual que Aristóteles, como representaciones inteligibles de las naturalezas reales. En otros puntos convinieron ambos a dos. Mas no reina tan perfecto acuerdo en la cuestión de las categorías, cuyo número es restringible o ampliable. Aben-Sabin nota que las dudas sobre el número de las categorías no eran nuevas, y que en particular habían sido expuestas por Zenón el Sofista, en unión de otras de la misma clase, por ejemplo, si en efecto hay mundos no comprendidos en el horizonte, etcétera.

En psicología, Aben-Sabin distingue las tres especies de alma señaladas por Aristóteles (la vegetativa, la sensitiva y la racional), y agrega dos nuevas: el alma filosófica y el alma profética, que es la mas elevada de todas. Según Aben-Sabin, todos los sabios han hecho alusión a la inmortalidad del alma racional, como a una verdad muy conocida. El alma racional, que no es otra cosa que el entendimiento activo permanecerá eternamente. Lo que sirve de instrumento para comprender el ser posee formas necesarias para el acto mismo que constituye su especial función. Luego la potencia activa que reside en nosotros es para nosotros una forma, y, por consiguiente, es inmortal. Aben-Sabin pretende que Aristóteles se adhirió a esta concepción escatológica, por haber demostrado que el entendimiento activo no tiene principio lo que implica forzosamente que tampoco tendrá fin.

La filosofía de Aben-Sabin no fue poderosa para mantenerse mucho tiempo en las escuelas árabes de sabiduría, siquiera llegase a formular los principios del aristotelismo averroísta con más alto vuelo que los propios Aristóteles y Averroes. Esto no obsta para que en Aben-Sabin se resuma el mayor esfuerzo de la especulación musulmana en aquellos tiempos. El averroísmo árabe no dará un paso más. Los averroístas de Europa desandarán lo andado por los del Islam, y de Aben-Sabin no quedará más que el recuerdo de sus innovaciones. Los escasos averroístas anteriores a Aben-Sabin también nos presentarían aspiraciones parecidas, pero que, en realidad., no serían originales. Por ello, me apresuro a llegar a Sigerio de Brabante, discípulo inmediato de Averroes y colega de Santo Tomás en la Sorbona. Los tratados filosóficos de este averroísta, entre los que descuella el De anima intelectiva, han sido desenterrados, en nuestros días, merced muy principalmente a las investigaciones de Mandonnet,[291] y dejando aparte la tendencia exageradamente tomista de las conclusiones a que tan sabio crítico aboca.

El cuidado que pone Santo Tomás en la refutación de Sigerio de Brabante prueba que comprendía la importancia de su teoría. Es, en efecto, uno de los grandes sistemas que se han reproducido varias veces en la historia de la filosofía: el racionalismo irreligioso. Comparando una vez más concretamente su sistema con el de Averroes, tal como lo conocemos por los textos inmediatos, nos convenceremos de cuán impropiamente lleva su nombre el averroísmo latino, y de cómo es casi siempre la triste suerte de los grandes hombres el ser tenidos por jefes de sectas que ellos detestaron. Los miopes de inteligencia, que, según la experiencia enseña, no pueden entender la historia, creen que la incredulidad es signo inequívoco de fortaleza de espíritu. Pero el ejemplo de los averroístas latinos nos demuestra todo lo contrario. En la explicación de las relaciones de la razón con la fe, los compañeros de Sigerio no apuraban el sentido de independencia sino cuando se trataba de desenvolver tesis atrevidas.[292] En cualquier otra ocasión, se entregaban ordinariamente al servilismo peripatético, y creían haber conseguido la verdadera solución, o, por mejor decir, el verdadero grado de libertad y de respeto, cuando anteponían a la teología oficial las opiniones negativas del maestro ático. ¿Quién más fanático por Aristóteles que Sigerio? El Estagirita se convirtió para él en un Dios, como el Gran Comentador en su sacerdote. Por su conducta y por sus consejos, se vio renacer en filosofía el magisterio pitagórico, sin que quedase de la espontaneidad y de la autonomía intelectuales más que palabras vacías de sentido. El averroísmo se tornó verdadera tiranía en todo el rigor de la frase, y la autoridad, que, según los principios de toda investigación sana, pertenece de derecho a la comunidad racional entera, se concentró de hecho en el Estagirita y en su infalible intérprete Averroes. Para Sigerio y sus secuaces, las exigencias de la razón natural son antes que las exigencias de la fe revelada, pero añadían que la verdad aristotélica estaba a menudo en perfecta armonía con tales exigencias, y que, en los puntos dudosos, todo lo resolvía la perspicacia insuperable del Gran Comentador. Así, una de las cosas que aquéllos querían hacer tragar era que, mediante tal método, los pensadores inocentes y los tontos hubieran dejado con toda calma que los averroístas les demostrasen que lo eran.

---

[291] *Siger de Brabant et l'aveirroisme latin au XIII siècle*, introducción.
[292] Véase, sobre este punto, a Mandonnet, *Siger de Brabant*, 161, 169.

Basta esta indicación para mostrar cómo los discípulos más entusiastas de Averroes, los más inmediatos, echaron ya a perder en sus bases mismas las doctrinas del maestro. Tan lejos estaba Averroes de mirar en su comentado un fetique, que las primeras páginas de su Quitab falsafa están dedicadas por entero a plantear en toda su generalidad la ley de continuidad que rige el progreso de la ciencia, la amplitud de espíritu con que deben aprovecharse los estudios de toda suerte de pensadores, la gratitud que se les debe por esa ayuda que prestan, y la independencia de juicio que ha de manifestarse en la crítica de los predecesores.[293] Altísimos espíritus han profesado, ya lo sé, otros pareceres. Petrarca[294] nota el primero la supersticiosa admiración de Averroes por Aristóteles, y este descubrimiento le hace salirse de tono. Gassendi[295] compara esa admiración con el culto de Lucrecio por Epicuro, Malebranche[296] se sirve de ella como de un arma en su lucha contra el peripatetismo. En nuestros días, Mandonnet,[297] partiendo del hecho indudable, y que acabo de señalar, de que los averroístas se distinguieron por su servil sumisión a. Aristóteles, no vacila en atribuir ésta al mismo Averroes, cuya doctrina nada presenta, a su juicio, de independiente ni de original. Mas, para demostrarlo, se satisface con razones, que, ni ilustran, ni convencen.

Para conocer el estado de los ánimos en el siglo XIII, y su propensión a la incredulidad, basta echar una ojeada, sobre las numerosas negaciones y explicaciones de impostura que se vieron en aquel siglo, como preliminares del averroísmo, en el sentido adulterado y estrecho de la palabra. En una disertación sobre la inmortalidad del alma, por Guillermo de Auvernia,[298] pontífice de la Escolástica de entonces, se afirma claramente que aquel principio tenía ya muchos escépticos, que lo consideraban como una invención de los príncipes para contener a sus súbditos. Dum enim se vide fraudari praesentibus delectationibus, et alias non expectant, nullo modo suaderit poterit eis quod aliud sit honestitatis persuasio quam imperatorum deceptio. La distinción de la teología y de la filosofía reconocidas como dos autoridades contradictorias, distinción que, en todas las épocas, ha caracterizado al averroísmo, aún no estaba, a la orden del día. Mas, aunque Guillermo, en el capítulo XVIII de su tratado

---

[293] *Quitab falsafa*, 4, 8.
[294] *De sui ipsius et multorum ignorantia (en las Opera, II, 1052).*
[295] *Liber proemialis universae philosophiae (en las Opera, I, 396). Exercitationes paradoxicae adversus aristoteleos* (en las Opera, III, 1192).
[296] *Recherche de la vérité,* II, II, VII.
[297] *Siger de Brabant,* 172, 177.
[298] *Opera,* I, 329.

De legibus[299] y en el De universo,[300] hable todavía de Mahoma y del Alcorán con una extrema ignorancia, ya en 1240, siendo ese filósofo obispo de París, hizo censurar varias proposiciones impregnadas de arabismo, y que parecen extractos del libro De causis,[301] y no faltaban tampoco atisbos de aquellas famosas proposiciones, según las cuales hay en el mundo tres leyes, la religión es un instrumento político, y la humanidad ha sido engañada por tres impostores. Esta especie de averroísmo también penetró en España. Eymerich lo anota en el gran registro de su obra,[302] hablando de ciertos herejes que defendían en Aragón quod secta Mahometi est acque catholica sicut fides Christi. ¿De dónde podía venir tal desvarío, sino del Averroes mal interpretado? Una miniatura que se encuentra frecuentemente al frente de los escritos de Raimundo Lulio le representa maltratado por los musulmanes, a quienes provoca con estas palabras: Quod sola christianorum religio est vera.[303]

Los averroístas, acosados por los doctores católicos, solían acudir al sofisma de que una cosa puede ser verdadera según la fe, y no según la razón, y, fingiéndose exteriormente cristianos, se entregaban a una incredulidad desenfrenada, y ponían todas sus blasfemias en cabeza de Averroes. No es, pues, absolutamente cierto, como pretende Menéndez Pelayo,[304] que el segundo Averroes, corifeo de la impiedad, apareciese por primera vez en el libro De erroribus philosophorum de Gil de Roma, discípulo de Santo Tomás. La teoría de la doble verdad, característica del averroísmo latino, existía ya en tiempo de Alberto Magno,[305] cuyas manifestaciones son terminantes: Quia defensores hujus haeresis (habla de la teoría de la unidad del intelecto) dicunt quod secundum philosophiam est, licet fides aliud ponat secundum theologiam. Pero ello no prueba que hubiese florecimiento ni influencia del primer averroísmo sobre el segundo, porque las doctrinas verdaderas de aquél son moderadas y compatibles con el fondo común de las tres grandes revelaciones semíticas: tan compatibles que no se diferencian realmente de las de la misma clase profesadas por el doctor angélico y por su maestro católico.

---

[299] *Opera*, I, 50.

[300] *Opera*, I, 682, 743, 849.

[301] *Errores Parisiis condemnati ad calcem Sententiarum Petri Lombardi (en Argentre, Collectio Judiciorum*, I, 186).*Bibliotheca Maximum Patrum* (en Renán, *Averroès et averroisme*, 267).

[302] *Directorium Inquisitorum*, 198.

[303] Renán, *Averroès et l'averroisme*, 280.

[304] *Historia de los heterodoxos españoles*, I, 503.

[305] *Opera*, XVIII, 380.

Lo cual corroboraré haciendo ver que los escolásticos más graves y que antes tuvieron conocimiento de las obras de Averroes, hablaron de él en los términos más benignos. Para ello, dejaré a un lado a sus primeros traductores (Miguel Scott, Herman el Alemán, etc.), sospechosos de heterodoxia, y aun a Alejandro de Hales, que no debió leer a Averroes sino cuando era ya viejo, sin que esta lectura parezca haber influido en sus doctrinas,[306] y me ceñiré a los venerables maestros de la escuela dominicana.

En la vasta transformación de los espíritus, que ocupa todo el siglo XIII, y que da al escolasticismo su asiento teológico y metafísico, aparecen dos hombres superiores en la cultura y en la piedad: Guillermo de Auvernia y Alberto Magno. Guillermo, hombre de vasta lectura, tuvo que habérselas ya con los metafísicos peripatéticos que indirectamente lastimaban el dogma ortodoxo,[307] y, aunque a veces no se muestre escrupulosamente enterado de los detalles de la filosofía de Averroes, fue el primero en darle a conocer expositiva y críticamente, y muestra una constante preocupación por devorar con intentos de refutación total los escritos de sus secuaces latinos, que miraba como herederos de sus predecesores griegos. Era común entonces leer para criticar, en vez de criticar por haber leído. Ahora bien: Guillermo, que (según ya indiqué) combate a Aristóteles con energía, y que trata a Avicena de blasfema,[308] cita a Averroes como un muy noble filósofo, aunque se hubiese a la sazón abusado de su nombre, y hubiesen desnaturalizado sus opiniones discípulos inconsiderados. Debes autem (decía)[309] circumspectus esse in disputando cum ho minibus, qui philosophi haberi volunt, et nec ipsa rudimenta philosophiae adhuc apprehenderunt. De rudimentis enim philosophiae est procul dubio ratio materiae el ratio formae, et cum ipsa ratio materiae posita sit ab Averroe, PHILOSOPHO nobilissimo, expediret ut intentione ejus ET ALIORUH QUI TAMQUAM DUCES PHILOSOPHIAE SEQUBNDI ET IMITANDI SUNT, hujusmodi homines qui de rebus philosophicis tan inconsiderate loqui praesumunt, apprehendissent prius ad certum et liquidum.

Si el juicio de Alberto Magno sobre Averroes no es tan favorable como el de Guillermo de Auvernia, débese a su fanática admiración por Avicena, a quien sigue, no sólo en el fondo general de la doctrina, sino en

---

[306] *Renán, Averroès et l'averroisme*, 225.
[307] *De anima*, VII, III.
[308] *Renán, Averroès et l'averroisme*, 226.
[309] *De universo* (en las *Opera*, I, 851).

la forma parafrástica de la exposición. Pero lo importante es saber que Alberto, que sin duda tuvo entre las manos todos los comentarios de Aristóteles que la Edad Media ha conocido, exceptuando los del tratado de Poeticen y acaso de las Ethicae, que fueron traducidas demasiado tarde por Herman,[310] no diga una palabra contra la supuesta impiedad de Averroes, ni vea en él un autor peligroso para la fe, a pesar de que, como Guillermo, conocía ya a los que se acogían al averroísmo como bandera de incredulidad sistemática.[311] Su obsesión por Avicena le lleva a citar a Averroes muy raramente, y en ocasiones a dirigirle el reproche de haberse atrevido a contradecir a su maestro perso (Averroes, cujus studium fut semper contradicere patribus suis).[312] Esto es todo.

Alberto Magno, que ha sido apellidado el "mono de Aristóteles", si tuvo el espíritu crítico de su discípulo, estuvo lejos, a pesar de su incontestable talento de escritor, de tener su método y su exposición. Alberto es un parafrasea,[313] y Santo Tomás, al contrario, es un comentador.[314] Donde el uno pasa glosando y os confunde, el otro se detiene y diserta. Santo Tomás aparece superior a su maestro inmediato, no sólo en esto, sino en el punto de mira desde el que domina las

---

[310] Renán (*Averroés et l'averroisme*, 231) cree que le faltó igualmente el comentario sobre los *Metaphysicorum*, pues en los suyos se hallan muy pocas citas de Averroes, y sabido es que Alberto acostumbraba a citar cuanto había a tiro, y que las citas no directas eran moneda corriente entre los escolásticos.

[311] *Opera omnia*, XVIII, 380.

[312] *Physicorum*, II, I x. Renán (*Averroès et l'averrois me*, 53) observa también que, en las obras de Averroes, las opiniones de Avicena y de Alejandro de Afrodisia no son de ordinario alegadas más que para, ser combatidas, y algunas veces con evidente parcialidad. Compárese *Physicorum*, VIII, 73. *Meteorologicorum*, III, 55. *De generatione et corruptione*, I, 286. *De anima*, III, 169, 176.

[313] He aquí cómo el mismo Alberto explica su método, en la introducción a los *Physicorum*: "... Procederé, pues, de manera que siga el sistema y la doctrina de Aristóteles, y diré para explicarla lo que me parezca necesario... Además, haré digresiones para aclarar las dudas que ocurran, o para suplir las lagunas y las deficiencias que en algunos lugares hayan hecho ininteligible la opinión del filósofo a sus lectores... De este modo, redactaré tantos libros por su nombre y número como Aristóteles escribió, y, de cuando en cuando, añadiré partes de escritos incompletos, y otros que han sido omitidos, bien porque no los compuso Aristóteles, bien porque, si los escribió, no han llegado hasta nosotros".

[314] La exposición interpretativa de Alberto Magno se intitula *Quaestiones in Aristotelem* περὶ ἑρμηνείας, *in libros Priorum Analyticorum et elenchiis in Topicorum*, y la de Santo Tomás, *In Stagiritate nonnullos libros commentaria*.

cuestiones. Su apología del cristianismo difiere en el modo y en la sustancia de todas las que hasta entonces se habían emprendido, excepto el Pugio fidei de Fray Ramón Martí. La revolución por él operada en el dominio de la teología era tan visible para sus contemporáneos, que Guillermo de Tocco, su discípulo y biógrafo, insiste extraordinariamente sobre la universal novedad de la obra de su maestro: novedad de procedimiento, novedad de doctrina, novedad de problemas y de dudas, novedad de razones y de argumentos, novedad hasta de la aparición de Santo Tomás en el mundo.[315] Erat novos in sua lectione movens articulos, novum modum et clarum determinandi inveniens et novas reducens in determinationibus rationes. Para explicar tanta novedad, recurre Guillermo de Tocco a la solución milagrosa de la inspiración divina (quas Deus dignatus esset noviter inspirare). Muratori[316] habla también con admiración de la variedad de tono que sabía desplegar en sus lecciones, y cita a Ptolomeo de Luca,[317] el cual nos informa de que, bajo el pontificado de Urbano IV, Santo Tomás comentaba en Roma la filosofía de Aristóteles, quodam singulari et novo modo tradendi. ¿De quién, pregunta Renán,[318] había aprendido Santo Tomás esta manera de comentar nueva y desconocida antes de él? No vacilo en decirlo: la había aprendido del Comentador por excelencia, de Averroes.

Averroes era un genio iniciador, y Santo Tomás un espíritu organizador. Profesaban distintos credos, y, sin embargo, representan una misma fase de la evolución teológica. El uno encubrió con lo expositivo de los comentarios la ortodoxia rígida, y el otro dio a la tendencia racionalista las formas de la apologética. Los dos partieron del mismo punto, pues consideraron como axiomática la compatibilidad de la revelación con la filosofía, pero trabajaron en situaciones enteramente diversas. Existen, a la verdad, pocas afinidades de pensamiento que se hayan mantenido tan a distancia del común de los historiadores como la que media entre el pensamiento de Averroes y el de Santo Tomás. Es cierto que oímos y leemos bastantes veces en los eruditos de segunda mano lo de la influencia de la cultura árabe en la ciencia escolástica. Pero son contados los que hasta hoy han advertido el entronque filosófico y

---

[315] Mandonnet, *Siger de Brabant et l'averroisme latin au* XIII *siècle*, 61. A lo que me parece, Mandonnet, amén de a Guillermo de Tocco, debió consultar a Rubeis, cuya obra *De gestis et scriptis ac doctrina Sancti Thomae*, es la más rica en detalles biográficos, bibliográficos e ideológicos, relativos al doctor angélico.
[316] *Scriptoren rerum, Italiae*, XI, 1153.
[317] *Historia Ecclesiae*, XXII, 24.
[318] *Averroès et l'averroisme*, 237.

teológico que el tomismo tiene en las doctrinas del Gran Comentador.

Algunos filólogos eminentes habían avanzado hasta decir que, en Santo Tomás, no sólo aparecen influencias, sino plagios y copias literales, de Averroes. En el curso de mis investigaciones, yo mismo he sospechado varias, sin haber tenido ocasión ni tiempo de practicar el estudio. Hoy ya apenas si caben dudas en este punto. Aparte la acción hermenéutica e indirecta, la doctrina de Averroes influyó mucho en la metafísica escolástica de los siglos XIII, XIV y XV, especialmente en el autor de la Summa, como ha demostrado extensamente, con observaciones y datos muy nuevos, el presbítero y profesor de árabe Asín, en su disertación intitulada. El averroísmo teológico de Santo Tomás, publicada en el grandioso Homenaje que se hizo en Madrid al sabio orientalista español Codera. Digámoslo francamente: Santo Tomás sabía bastante bien cuán descaradamente copiaba. Si ves que los hombres cuerdos y avisados precian y alaban un dicho por agudo, grave, sabio e ingenioso, consérvale en la memoria, para citarle y servirte de él cuando viniere a tiempo; ya lo aconsejó un profesor de sabiduría. Y no olvidemos la advertencia de aquel otro, para quien la astucia del que escribe consiste en aprovecharse de lo que ha leído, de tal manera, que tome lo que es de tomar, y deje lo que es de dejar, pues el que no hace esto muestra que tiene poco juicio, tan poco, que pierde todo crédito. Yo creo que lo que aprovechó a Santo Tomás no fue la labor de sus compañeros de hábito, sino la de su Aristarco musulmán.

Es error vulgarísimo contar, entre los discípulos de Santo Tomás, a Durand de Saint-Pourçain, que no admitió todas las opiniones de aquel filósofo aristotélico, y que impugnó muchas, aunque, en general, se mostrase como uno de sus más fervientes admiradores. Bouvier, en el tomo I de su Histoire de la philosophie, denuncia los muchos puntos en que Durand de Saint-Pourçain no se sujetó a seguir las vías trilladas, y en los que quiso pensar por sí mismo, arriesgando frecuentemente nuevas proposiciones, ya en filosofía, ya en teología. Desataba las dificultades de más volumen, y las resolvía con tanta seguridad, que se le llamó el doctor resuelto. En principio, se mostró partidario celoso de Santo Tomás, pero abandonole en multitud de cuestiones, y aun llegó a ser su adversario, por que hacía profesión de no escuchar más que a la verdad, sin someterse a la autoridad de ningún pensador. Lo mismo puede decirse del célebre Alensis, cuyas doctrinas están aún más distanciadas de las del doctor angélico que las de Durand de Saint-Pourçain, por confesión de Rubeis, en su obra De gestis et scriptis ac doctrina Sancti Thomae. Pero el antagonista más formidable lo encontró Santo Tomás en Duns Scott, en cuyas obras el racionalismo fatalista y determinista de Aristóteles aparecen debilitados lo más posible, y en el cual no resta nada del intelectualismo del doctor angélico.

Santo Tomás rechaza el determinismo extremo de los panteístas con el mismo brío que el voluntarismo de su contrincante Duns Scott. Los dos adversarios tenían que cumplir una doble tarea, pues tenían que llevar la especulación racional a la renovación moral, y ésta a la fe verdadera. Desgraciadamente, Santo Tomás se estancó en la primera[319] al paso que el otro, superándole, llegó a la segunda, aunque sólo la escuela mística alemana del siglo XIV, heredera y continuadora de Duns Scott, alcanzó la tercera. Diego Ruiz[320] hace notar que, mientras que Santo Tomás defiende un principio de información en todo (la inteligencia), y da leyes al universo según ese principio, Duns Scott lo sacrifica, en cambio, todo a la espontaneidad de la tendencia, es decir, a la voluntad, y, para él, las llamadas leyes morales tienen el mismo valor relativo que otros hechos cualesquiera. Este indeterminismo de la tendencia se une íntimamente con su concepción del orden práctico y del destino del hombre. Cuando no fue sutil, fue intenso y entusiasta de la especulación, es decir, moral. Pero cuando fue sutil, se contradecía a sí mismo, esto es, a la parte más fuerte de sus doctrinas.[321] Únicamente los místicos creyeron haber descubierto, no la parte débil, sino el intersticio de la gran coraza del universo mecánico. Sintiéndose sumergidos bajo el fluido torrente de una religión etérea, que era la filosofía del emancipado, los místicos, principalmente los de la escuela alemana del siglo XIV, cuyo fundador es Echkart y cuyo último representante es Nicolás de Cusa, pasando por Tauler y por Suso,[322] se enfrentaron con el tomismo, rechazaron la lógica de Aristóteles, y popularizaron, unos en el terreno metafísico y otros en el terreno teológico, unos por el camino de la predicación y otros por el camino del

---

[319] "Algunos quisieron confundir la inmutabilidad del orden divino con las cosas que se sujetan y mueven por las leyes de dicho orden, y que sean tan necesarias, que no puedan ser ni haber sido de otro modo, de suerte que ni aun Dios pueda hacer otras obras sino las que las que hace *ni en otra forma y orden que en el que las hace". (Contra gentiles,* III, LXXXVI.)

[320] *Genealogía de los símbolos,* II, 180.

[321] Los libros de Duns Scott sobre Aristóteles son tres: 1) *In Summulas Petri Hispani exactae explicationes;* 2) *In Isagogen Porphyrii as universos logicorum Aristotelis libros eruditissimae explanationes;* 3) *In Aristotelis philosophiam naturalem, divimam et moralem, exactisimae commentaria*

[322] Acerca de este movimiento místico en la Alemania medieval, se encontrarán amplios detalles en Pfeiffer, *Deutsche Mystik.* Falckenberg, *Geschichte der neueren Philosophie von Nikolaus von Kues bis sur Gegenwart.* Preger, *Geschichte der deutschen, Mystik.* Jund, *Les amis de Dieu au XIV siècle.*

lirismo y del entusiasmo, la afición a la Ewge Wissheit, debeladora de la Escolástica, precursora del cartesianismo y, en general, de la filosofía del siglo XVII, y que, renunciando a las apariencias del determinismo exterior, buscaba el principio a que se debe, y que queda detrás, fuera de nuestra vista, y hallaba la unión con este principio en lo superior del yo. El inmenso universo sin orillas se había convertido para ellos en una firme morada que conocían, y que dominaban con las irradiaciones de su vida interior, siendo la necesidad cósmica como molde de su capacidad, como condición de su naturaleza, como estímulo de su esfuerzo, como castigo de su destino. El misticismo medieval, en cuanto manifestación del único elemento espiritual que había en el caos de la barbarie, guardó estrecha relación con todas las demás manifestaciones de aquella época, y fue una consecuencia directa del movimiento general de la sociedad de entonces. No intento averiguar cómo estas grandes ideas que vagaban por el mundo del misticismo y de la sociedad medievales quedaron sin eco en los indigestos tratados de la escolástica ortodoxa. Básteme hacer observar que más que el dualismo dogmático y el excesivo espiritualismo popular, que miraban el cuerpo y el alma como cosas, no sólo distintas, sino opuestas, contribuyó a asfixiar la tendencia hilozoística el excesivo formalismo (o más bien, hylomorfismo) metafísico, que, gracias a la perniciosa influencia de los Alberto Magno, de los Santo Tomás, de los Egidio Romano, dominó en la ciencia de aquella época con imperio casi despótico.[323] Materia y forma eran entonces como dos pesos, con los cuales se mantenía el equilibrio de la aguja de la balanza científica, sin consentir desproporciones. ¡Qué lejos nos hallamos ya de aquella "armonía oculta" (ἁρμονία ἀφανής) que superaba, según Heráclito, a todas las relaciones materiales y a todas las formas vivientes, y que era, en su lucha con éstas, la madre de todas las cosas (πολεμος ματὴρ παντων)! Ciertamente, si Heráclito hubiese resucitado en la oscura noche de los siglos medios, sin remisión hubiera dudado de aquella sentencia que, profeta y adivinador casi infatigable, solía aplicarse a sí propio: "Soy como las sibilas, que hablan por inspiración, sin sonreír jamás, sin adornos, sin calor, y cuya voz hace resonar durante siglos las verdades divinas".

El maligno deseo de los escolásticos de que lo que es o existe fuese o existiese por definición, quedó desvirtuado desde el momento en que Duns Scott señaló con afirmación enérgica el fondo apetitivo de toda realidad, considerando la investigación directa de ésta como el desideratum de la

---

[323] Véase mi obra sobre *El hilozoísmo como medio de concebir el mundo*, 14.

verdadera labor científica. No se crea que exagero, ni que tergiverso el sentido de las tendencias que combato. El criterio metodológico era, en la filosofía de la Edad Media, la aplicación de principios abstractos a todo género de cuestiones, sin que se pensase en la procedencia problemática de aquéllos, ni en la infinita diversidad de éstas. No es, pues, una vana censura el siguiente párrafo de Claudio Bernard: "El gran postulado de la ciencia es la duda, y el raciocinio empírico es precisamente lo contrario del raciocinio escolástico. Éste quiere siempre un punto de partida fijo e indudable, y, no pudiendo hallarlo ero las cosas del mundo exterior, ni en la mente, lo pide prestado a una fuente dogmática cualquiera, como una revelación, una tradición, una autoridad convencional o arbitraria. El escolasticista o el sistemático (lo cual es idéntico) jamás duda de su centro de apoyo, del que quiere que todo dependa. Tiene el espíritu orgulloso e intolerante, y no acepta la contradicción. Por el contrario, el experimentador científico, dudando de todo, y no creyendo poseer la certidumbre de nada, llega a dominar los fenómenos que le rodean, y a extender su poder sobre la naturaleza que le circunda". Atribuir a los pensadores intelectualistas, formalistas y dialécticos del escolasticismo, un espíritu de observación que apenas se concede hoy a los grandes físicos del Renacimiento, es una aserción inconcebible, y el contraste hace que la aberración sea más evidente todavía.

Y creo tener derecho a asegurar que, si estos principios son ciertos, una teoría y unas consecuencias seguramente dignas unas de otra, alcanzan el colmo del absurdo. Según la franca expresión de Menéndez Pelayo en su Ciencia Española, Santo Tomás no adelantó en lo relativo a la inducción sobre lo que Aristóteles le había enseñado, y Aristóteles mismo, aunque conoció la inducción, como todo ser racional, y la aplicó a veces acertadamente a la política, a las ciencias naturales y aun a la teoría del arte, en su lógica la relegó a muy secundario lugar, y no la estudió con el gran amor que el silogismo, ni fijó los cánones del método de invención. Es más: los diferentes períodos de la Escolástica se distinguen unos de otros por la cantidad siempre creciente de los materiales intelectuales como ya advirtió Lange en el tomo I de su Geschohte des Materialismus. Sería necio pretender que Duns Scott y otros filósofos posteriores a Santo Tomás, y que tanto le superaban en conocimientos positivos de óptica, mecánica y astronomía, no apreciasen y empleasen con más fruto que él los procedimientos de inducción. Sin embargo, el mismo Duns Scott, con toda su profundidad, no se libra del reproche que vengo haciendo a los pensadores de su época. Las refutaciones interminables que abundan en cada una de las cuestiones, hacen que sea muy difícil seguir el curso de sus ideas, y el lenguaje duro y descuidado con que expresa sus pensamientos tampoco contribuye a hacer grata la lectura de sus escritos.

Un neoescolástico español,[324] que reconoce la tendencia crítica del fondo de su filosofía, lamenta, por otra parte, la excesiva sutileza de la forma. Bajo la pluma de Duns Scott, los problemas se desvanecen, por decirlo así, ante los ojos del lector, quedando reducidas a una especie de polvo impalpable, a fuerza de divisiones, subdivisiones y distinciones de todo género. En la casi imposibilidad de seguir al autor por caminos tan complicados y difíciles, la inteligencia se halla en peligro de perder de vista el fondo del problema y su solución, abrumada y aturdida con tantas divisiones y distinciones, a lo que se añade el empleo de palabras y de fórmulas relativamente nuevas y diferentes de las usadas por los escritores anteriores. Y, para que no se crea que exagero al hablar en este sentido, voy a extractar los términos en que Duns Scott fija y determina, no ya la solución de la cuestión con las razones y argumentos en pro y en contra, sino su simple significado. Pregunta en una de sus obras,[325] si es posible demostrar la omnipotencia de Dios con la razón natural, y, como preliminares para la resolución, y con el objeto de fijar los términos y alcance del asunto, escribe: Hic praemittendae sunt dua distinctiones necesariae: et secundo, juxta membra distinctionum solvenda est quaestio. Prima distinctio est... quod demons trationum alia est propter quid, sive causam; alia quia, sive per effectum. Secunda distinctio est de omnipotentia, et illa praesuponit confusum intellectum hujus termini omnipotentia, qui talis est, quod omnipotentia non est passiva, sed activa, non quoecumque, sed causativa. Per hoc ha-betur quod ipsa est respectu alterius in essentia causa bilis, quia non est causalitas nisi respectu diversi simpli citer: ergo est potentia respectu possibilis, non generalis, sit ut apponitur impossibili; nee etiam ut opponitur necessario omini modo a se, prout convertitur cum poducibili, sed respectu possibilis, prout possibile idem est quod causabile, quia terminus potentiae causativae. Includit etiam omnipotentia quamdam universalitatem... sed ista universalitas est ipsius potentiae, non simpliciter, sed respectu hujus causabilis, quod est possibile sive creabile... Et hoc potest intelligi dupliciter: una modo quod sit cujuscumque creabilis immediate, vel mediate; alis modo quod sit cujuscumque creabilis, et inmediate, saltem inmediatione causae, hoc est, nulla alia causa activa mediante. Bien se necesita entendimiento y atención poderosa para seguir el pensamiento del autor en este pasaje, a través de las divisiones, subdivisiones, distinciones y atenuaciones que

---

[324] Ceferino González. *Historia de la filosofía*, II, 297. Compárese con Stöckl, *Lehrbuch der Geschichte der Philosophie*, 515.
[325] *Quaestiones quodlibeticae*, VI, VIII.

contiene, sin contar la oscuridad de alguna de sus frases y fórmulas. Y cuenta que se trata aquí de un pasaje que puede apellidarse claro y sencillo, si se lo compara con algunos otros del autor. Así Duns Scott pregunta: si Dios puede hacer que, conservándose el lugar y el cuerpo, el cuerpo no tenga posición, es decir, existencia en un lugar; si es una propiedad constitutiva de la primera persona de la Trinidad la imposibilidad de ser engendrada; si la identidad, la semejanza y la igualdad son en Dios relaciones reales. El mismo Duns Scott distingue tres materias: la materia primariamente primera, la materia secundariamente primera y la materia terciariamente primera. Según él, hay que atravesar ese triple seto de abstracciones espinosas para comprender la producción de una esfera de bronce. Todo se les volvió a los escolásticos embutir especies en el intelecto, dejando vacías la razón y la conciencia, y sin aplicar sus conocimientos a las realidades de la vida. Así, los sabios del Renacimiento llamaban a los escolásticos lunáticos, o (como diríamos hoy, chiflados) de la filosofía, porque la ciencia no ha de estar atada al alma, sino incorporada a ella, ni basta que la riegue, y es preciso que la impregne.

Simplifiquemos los tres antiguos períodos de la adaptación de la filosofía de Aristóteles a la doctrina de la Iglesia, expuestos por Ueberweg:[326] 1) adaptación incompleta; 2) adaptación completa; 3) la adaptación disolviéndose por sí misma. En el primer período, o sea en el anterior a la traducción del cuerpo completo del aristotelismo, el fantasma del dogma sagrado e invariable acababa siempre por hacer incongruentes e inconsecuentes las conclusiones más transcendentales de los escolásticos en el terreno de la metafísica. Entonces aun Aristóteles no había eclipsado a Platón por completo, y ya hemos visto a San Isidoro citar la autoridad del segundo juntamente con la del primero, al tratar de la distinción entre ciencia y arte. Pero que no faltaban intelectualistas impenitentes lo denuncian las propias palabras de San Isidoro relativas a ciertos teólogos de su siglo: "Arrastrados por una ambición bufa, hacen alarde de no estar acordes sobre las cosas divinas superiores a su razón menguada". Esta tendencia se acentuó en el segundo período del escolasticismo en que la dialéctica aplicada a la solución de las cuestiones teológicas llegó a su apogeo. El tercer período se destaca por el florecimiento del misticismo (Kempis, San Buenaventura, los hermanos Hugo y Ricardo de San Víctor, etcétera), que predominó especialmente en la Orden Franciscana, cuyos miembros, refugiados en el santuario de su alma, donde habían encontrado

---

[326] *Grundris der Geschichte der Philosophie*, II, 6.

a Dios, echaron una mirada de compasión a los vanos clamores de las escuelas y a las estériles disputas sobre los géneros y las especies. Por último, ocurrió lo que necesariamente tenía que ocurrir, y que han señalado varios historiadores de la filosofía, conviene a saber: que, siendo la dialéctica el cuerpo de la Escolástica, y el misticismo su alma, sobrevino su muerte, desde el momento en que ambos elementos se separaron, porque su unión no era más que una cosa inconsistente, a la que sustituyó una neutralidad discursiva, hospedaje y envase de la sensatez teológica.

Son muchos los protestantes que han dedicado extensos libros a demostrar la corrupción del rito cristiano en la Iglesia Católica.[327] No son tantos los que han patentizado la corrupción de las doctrinas[328] evangélicas en la filosofía escolástica, y, en general, en la cultura de la Edad Media.[329] Por mi parte, puedo repetir lo que sostuvo Eucken contra el tomismo,[330] al que encontraba dos dificultades insuperables, si quería encerrarse cada vez más en el exclusivismo doctrinal y en el absolutismo ideológico. Esas dos dificultades son la contradicción del aristotelismo con el cristianismo y la falta de una crítica de sí misma por parte de la razón humana (epistemología). Ya, Schlegel[331] encontraba poco cristiana a la Escolástica, por haberse atenido demasiado a Aristóteles, y por ser racionalista en el fondo. Cuanto a mí, he tenido siempre en mis adentros por dirección absurda la tendencia a rehabilitar los principios tradicionales de la Escolástica, adaptándolos en forma adecuada a las exigencias de la ciencia moderna. Esta tendencia hipócrita y seductora es una ficción, una comedia sin igual en los anales del saber, y nada puedo hacer mejor que refutar detalladamente esas pretensiones de conciliación que no han tenido aún enemigo alguno serio en el opuesto campo, y que han, en cambio, arrastrado a buena parte de la inexperta juventud tras los clericales teóricos, que en estos últimos tiempos vienen concordando con increíble ardimiento los frutos más sazonados de la cultura contemporánea con las de los sabios y de los pensadores de la Edad Media. Sin hablar de León XIII y de Zigliara, que han defendido unas opiniones tan falsas como inactuales sobre el tomismo, Prisco, Liberatore, y, después de ellos,

---

[327] Consúltese, sobre todo, la *Letter from Rom* de Middleton.
[328] Léase, no obstante, la *History of the corruption of cristianity* de Priestley.
[329] Véanse los *Vestiges of ancient manners* de Blunt y la *History of the civilization in England* de Buckle.
[330] Véase a Gutberlet, *Lehrbuch der Apologetik*, III, 275.
[331] *Philosophie der Geschichte*, XIV. *Geschichte der Literatur*, X.

Kleugten, Pesch y el celebrado Mercier, han abusado de su talento para sentar principios híbridos e inaceptables por todo pensador honrado en punto a los grandes problemas de la metafísica. Acerca de esto, no puedo pasar en silencio la opinión de un hombre que es uno de los ornamentos del catolicismo norteamericano. Entre los admirables sermones del obispo Spalding, hay uno, predicado en el templo principal de los jesuitas de Roma, sobre el tema de la educación y el porvenir de la religión. El elocuente orador se expresa así en este sermón: "¿Se puede acaso creer que, si Santo Tomás viviera en nuestros tiempos, se contentaría con la filosofía y con la ciencia de Aristóteles, que no sabía nada de la creación, ni de la Providencia, y cuyo conocimiento de le naturaleza, comparado con el nuestro, era el de un niño?" Is it credible that if Thomas of Aquin were now alive he would content hinmself with the philosophy and science of Aristotle, who knowledge of nature, compared with our own, is that of a child?[332] No menos claro se muestra el agustino Arnáiz[333] diciendo que Santo Tomás y con él la ciencia escolástica del espíritu "no se preocuparon del análisis y de la observación de los hechos, sino en cuanto eran necesarios para las inducciones filosóficas", y que comúnmente se limitaron a utilizar un reducido número de observaciones.[334] Como uno de los principales argumentos de los que admiten que el tomismo filosófico en nada se opone a los adelantos de la ciencia moderna, es, sin duda, la suposición de que existe una gran armonía entre los descubrimientos de los textos aristotélicos y la interpretación tomista, bueno será insistir en este extremo para esclarecer los que quedan ya apuntados.

Opina el profesor Schneid[335] que, si la Iglesia condenó y proscribió la filosofía de Aristóteles como contraria al dogma cristiano, no fue por lo justo y por lo verdadero que contenía, sino por las consecuencias

---

[332] *Education ant the future religion*, 15.

[333] *Elememtos de psicología fundada en la experiencia*, I, 16.

[334] He aquí cómo juzga Fouillée el movimiento tomista, en su libro sobre *La France au point de vie morale*: "El movimiento tomista hubiera podido ofrecer algún interés, como lo hubiera podido ofrecer un movimiento escolista, si se hubiese escogido a Duns Scott, para proponerlo al estudio de los creyentes. Pero ¿cómo persuadirse a que se ha descubierto la filosofía eterna en un sistema, sabio únicamente para su época, sin originalidad propia, donde Platón y Aristóteles se mezclan con el cristianismo, y que ha sido más tarde sobrepujado por los Descartes, los Leibniz, los Kant? En verdad, ni la filosofía de Santo Tomás, ni ninguna otra de su índole, sirven para galvanizar el pensamiento católico".

[335] *Aristoteles in der Sckolastik*, 18, 40, 52, 69, 73.

heterodoxas que, según acusación venida de arriba en bula papal (1209), pretendían sacar de ella los discípulos de Abelardo. Lo que la Iglesia miró con malos ojos fueron las primeras y erróneas versiones del Organum, enviado desde Constantinopla a Carlomagno,[336] recomendando, en cambio, la lectura y el estudio de los Metaphysicorum, de los Politicorum y de otros libros, que los árabes habían traducido y comentado, y que los judíos transmitieron y propagaron en Occidente. Así, según Schneid, los escolásticos cristianos se hicieron aristotélicos, para impugnar el aristotelismo falseado de los orientales. No niego que el anatema contra las obras de Aristóteles fue una imprevisión, que la Iglesia se apresuró a rectificar, cuando tales obras fueron mejor conocidas. Pero este hecho nunca desvirtuará lo afirmado antes, por razones de mucho peso. Las interpretaciones de los escolásticos cristianos eran tan impropias, para llegar a la verdadera inteligencia de la doctrina de Aristóteles, como las de los escolásticos árabes. Si éstos interpretaban al filósofo griego con tendencia panteísta, aquéllos se empeñaban en hacer de él un pensador que había formulado anticipadamente los principios de la teodicea católica, olvidando que sus ideas eran diametralmente opuestas a las que el catolicismo puso en circulación, y que sólo podían, en buena ley, tomarse en el sentido deísta de su antiguo comentador Alejandro de Afrodisia. La acusación de haber sacado los discípulos de Abelardo sus ideologías heréticas de los tratados de Aristóteles, sobre no ser enteramente fundada, resulta impropia, a lo menos aducida en la forma en que lo hace Schneid. Este sabio no debió olvidar que los anatemas contra Abelardo más bien alcanzaban a su método que a sus doctrinas. Aun entre éstas, una sola, la de la Trinidad, mereció llamar la atención preferente de la Iglesia, y sería el colmo del absurdo admitir que, en materia teológica tan ardua, hubiera Abelardo sacado sus opiniones de Aristóteles. Por otra parte, la interpretación dada al Estagirita por los escolásticos cristianos era autoritaria o dogmática, pero no crítica, y esto retardó el progreso de la filosofía, en su parte metafísica sobre todo. En fin, la conducta de la Iglesia respecto de la ciencia pagana no deja de ser antinómica, aunque se la suponga sincera. Pero volvamos al propósito.

Después de Duns Scott, la filosofía escolástica parece desanimada de la

---

[336] Aparte los comentaristas primitivos, el estudio del *Organum*, que penetró en las escuelas griegas y latinas, no cesó nunca en Constantinopla y en la Europa occidental. En el siglo VIII, lo cultivó Alcuino en la corte de Carlomagno, sin prever que, en el siglo IX, había de originar la querella entre nominalistas y realistas.

especulación ontológica, y se pierde en la discusión de las formas del pensamiento. El abuso del silogismo trajo consigo la frivolidad, el amor a la polémica y el ansia de sacar consecuencias, sin reparar en la solidez de los principios de que partían. Por otro lado, los místicos, oponiéndose a este espíritu, incurrieron en el extremo opuesto, y desdeñaron la investigación científica. Así se vio destruido el escolasticismo por los mismos elementos que habían entrado en su formación. La dialéctica, que para Duns Scott no era abstracta, se convirtió en una abstracción para los escolásticos degenerados. El misticismo, que, en el sistema de Duns Scott era una preparación al estudio de la teología y una ampliación de las ciencias profanas, se despegó paulatinamente del razonamiento, perdió el vivo sentido de la realidad, y se sumió en la devoción extática. ¿Podía ser de otro modo? La dialéctica y el misticismo habían sido, según una frase feliz por mí recordada anteriormente, el cuerpo y el alma de la Escolástica, a causa de la intimidad de su unión. Separados, es decir, desprovista la dialéctica de los conceptos místicos, y emancipado el misticismo de las reglas dialécticas, la muerte de la Escolástica era inevitable. De ahí vino un espíritu de independencia, que se tradujo en una gran revolución de ideas, que preparó con la disolución del método escolástico la gentil aurora del Renacimiento, y que culminó en Occam, el doctor invencibilis. Franciscano, natural de Inglaterra y precursor de Hobbes en lógica, Occam se propuso lanzar a la arena candente de la controversia el nominalismo de Roscelin. Llamado por Felipe el Hermoso a la Universidad de París, y perseguido en seguida por herejía, pasó a Munich por invitación de Luis de Baviera. Y allí combatió con elocuencia el espíritu profano de dominación y de usurpación que animaba entonces al Papado, aunque no por miras sanas, ni movido de honradas convicciones, sino llevado de su adhesión a su regio protector, a quien tenía la costumbre de decir: "Defiéndeme con la espada, y te defenderé con la pluma".

La cuestión que más preocupó a Occam, fue la de los universales, resuelta por él en sentido negativo. Entendía que, como no se deben multiplicar los seres sin necesidad, hay que considerar en ellos, no las distinciones accidentales que permiten comprenderlos en la especie o en el género a que pertenecen, sino las distinciones esenciales que, según Aristóteles, nacen de lo característico de su individualidad misma. Koehler, en su obra Nominalismus und Realismus, considera la teoría de Occam sacada de la doctrina de Zenón el Estoico más que de Aristóteles, mal interpretado en este punto, dice, por sus comentadores. Pero él es, en realidad, quien da muestras de no haber estudiado, ni entendido, a Aristóteles. Porque el que haya leído siquiera el Organum o los Metaphysicorum, no puede ignorar que, en opinión de Aristóteles, como en opinión de Occam, las ideas carecen de existencia fuera de nosotros, y son únicamente producto de la abstracción. Aristóteles levanta sobre tan claro criterio su teoría de la individualidad, y Occam le sigue fielmente. Según afirma, no existen más que individuos, y todas las formas que su esencia afecta, redúcense a meros actos en que su voluntad se traduce. Las especies, por consiguiente, no tienen más que una existencia imaginaria. En este sentido, y sólo en éste, llega a decir Occam que los individuos preceden a las especies y a los géneros. Es, pues, difícil calificar, como se ha calificado, su concepción de sensualismo refinado. ¿Qué es, para cualquier hombre razonable, el sensualismo? Evidentemente, una doctrina que lo reduce todo a meros fenómenos, y que niega que puedan existir substancias. Ahora bien: esa doctrina, si semejante nombre merece, es el polo opuesto a la de Occam, y a la de cuantos afirman enérgicamente, con Aristóteles, la realidad de las individualidades. Para Occam, en efecto, un ser no es tal ser, sino por aquello y en aquello que le distingue de otros, o le opone a ellos. Solamente los individuos son verdadera y propiamente substancias y unidades, porque existen à se. Con esto, Occam da realidad fuera de nosotros a las ideas individuales. Se objeta la relación entre los modelos de las cosas y sus conceptos, contenidos en la mente divina, antes de la creación, y que, después de ella, se resuelven en especies y en géneros, hechos a imagen del Ser Supremo. Pero Occam replica que ésta es una de tantas hipótesis sobre la inteligencia del Creador, y que no es más difícil que a cada individualidad corresponda una idea en Dios que el que le corresponda a cada especie o a cada género.

Si los árabes iniciaron a los judíos en la filosofía peripatética, estos fueron los encargados de transmitirla a los cristianos, mediante traducciones y comentarios, que contribuyeron a difundir por las escuelas de Occidente las ideas del Estagirita, tan brillantemente expuestas por Avicena y por Averroes.[337] El representante más ilustre del aristotelismo judío fue Maimónides, el autor del Moreh Nebojim, o "guía de los que

---

[337] Citaré, como principales, a Hardai-ben-Schfront, médico de las cortes de Abderramán III y de Al-Haken II, promovedor de una reacción místico-tradicionalista en sentido peripatético, y al toledano Jehuda, que, en sus poesías filosóficas y religiosas, trató de asimilar la *Cábala* a la especulación metafísica, concluyendo en una profesión de fideísmo judío ortodoxo, que preparó el terreno al ascetismo teórico de Bahya-ben-Joseph. Se opusieron a esta dirección retrógrada Abraham-ben-David y el célebre Abraham-ben-Ezra, conocido, en los tiempos del Renacimiento, por el extraño nombre de AVENEZRA, con el cual le cita bastante a menudo Pico de la Mirandola, en su tratado De ente et uno. Véase a Sachs, (*Die religiose Poesie der Juden in Spanien*, I, III; II, XIV), y a Hozowitz (*Stelbung des Aristoteles bei den Juden des Mittelaetrs*, 9, 43, 105, 207).

andan perplejos". La obra de Maimónides es una suma teológica y filosófica del judaísmo, redactada con el designio y propósito de realizar en un sistema orgánico la conciliación de dos elementos harto diferentes: la ciencia humana y la ciencia divina, Aristóteles y la Sagrada Escritura. Diola Maimónides por buena y admitida, y bien pudo preciarse de ser el inventor de la teoría de las relaciones entre la religión y la razón, que tanto había después de discutirse. Con todo, su exégesis era demasiado racionalista para no llamar la atención y para no despertar las sospechas de las sinagogas, y así se vio a las de Cataluña, y a las del Mediodía de Francia promover una persecución tal, que sólo la autoridad e imposición que Maimónides llevaba en su superioridad intelectual, logró desvanecer las desconfianzas, y calmar los ánimos.

Respecto de la ontología y de la psicología del sistema religioso de Maimónides, notoria es la originalidad de aquella audacísima opinión suya, que recuerda la de Aristóteles, reproducida por Espinosa, sobre la perpetuación fuera y sobre el tiempo del entendimiento activo, es decir, ilustrado y perfeccionado, o mejor aún, unido y confundido con el entendimiento agente separado. En Maimónides, como en Aristóteles y en Espinosa, esa perpetuación es inmortalidad real cuando se refiere a un entendimiento formado por su propio e individual esfuerzo, pero es puro anonadamiento cuando se refiere al entendimiento formal o hílico, que no es más que una de las varias facultades del alma racional, que, como la memoria, la imaginación, etc., está destinada a perecer con el cuerpo. Por eso, Maimónides no concede inmortalidad sino al espíritu de los justos (interpretando esta palabra en un sentido muy lato, como ejemplar sintético de las posibles perfecciones espirituales), por ser el único que, merced a su propia actividad y a su espontánea suficiencia, empieza a realizar en la tierra su copulación con el entendimiento agente separado, o sea, con el alma universal. Ésta es el principio esencial de toda concepción teosófica y psicológica verdaderamente moral y religiosa. Sin duda, añade magníficamente Maimónides, que las almas en general deben sobrevivir a la muerte. Mas cada alma no es, en su término personal y metafísico, "el alma que posee el hombre en el momento de su nacimiento, porque la que nace al mismo tiempo que él es sólo una causa en potencia y una disposición, no un entendimiento en acto". Maimónides aplica aquí la antiquísima y en aquellos tiempos generalizada distinción de alma y de espíritu. Pero, al referirse al alma de los justos, no piensa en distinción semejante, sobrentendiendo el alma inmortal, esto es, el entendimiento adquirido. Si a este grado no se llegó en la vida presente, no corresponde al hombre vivir vida eterna, pues sólo son dignos de esta eternidad y de esta gloria los que en su existencia terrenal supieron conquistarlas por el trabajo del espíritu.

Así, durante quinientos años, Aristóteles fue el genio soberano de la Edad Media, y, sin él, la Escolástica no hubiera podido nacer, ni disciplinarse, ni adquirir su total desarrollo. Dante, en el Inferno, llamó a Aristóteles "el maestro de los que saben". Durante el Renacimiento, se le dio de lado, pero se le respetó siempre. No se guardó la misma consideración con sus discípulos, ni aun con los más ilustres, como Averroes y Santo Tomás, y, para comprender la aversión que el peripatetismo, así árabe como cristiano, inspiraba a los más nobles espíritus del Renacimiento, hay que empezar por tomar en cuenta razones de índole filológica. Constábales a los humanistas que, ni Averroes, ni Santo Tomás, conocieron el griego, y que no estaban, por ende, capacitados para entender bien al Aristóteles genuino. Aunque en los escritos del doctor angélico se hallen términos griegos (como *noym, yle* y otros muchos vocablos técnicos, cuyo valor disente), los toma siempre de las versiones latinas de Aristóteles. Con razón se ha observado que ello no permite suponerle familiarizando con la lengua del Estagirita, bien como el gran número de voces griegas que se usan y que se explican en los modernos tratados de medicina y de ciencias naturales no autorizan para calificar de helenistas a sus autores. Repugnaba, además, a los humanistas, en los peripatéticos árabes y cristianos, el estilo erizado de palabras bárbaras, las discusiones sutiles, la prolijidad que caracterizó a la escuela averroista lo mismo que a la tomista. Por eso, cuando Cisneros emprendió la magna obra de la Biblia Políglota, trabajaron en ellas, no aristotélicos o tomistas, sino humanistas y secuaces de la tradición rabínica, como Nebrija, López de Stúñiga, Hernán Núñez, Vergara, Alfonso de Zamora, Coronel, etc. Y, según la justa observación de Menéndez Pelayo, lo racional era que, para una labor filológica de tanta envergadura, se buscase a los que mejor traducían el griego y el hebreo, y no a los que mejor disputaban simpliciter y secundum quid, al modo de las escuelas.

El aristotelismo musulmán, personificado en Averroes, constituía uno de los grandes obstáculos que encontraban los que se proponían fundar la cultura moderna sobre las ruinas de la Edad Media. Aristóteles se convirtió entonces en un envenenador, un obscurantista, el verdugo del género humano, que perdió al mundo con su pluma, como Alejandro lo había perdido con su espada. A la caída del Estagirita siguió la de Averroes, sarraceno bárbara para los neoplatónicos renacentistas, que veían en los comentarios de Aristóteles hechos por los musulmanes una Grecia falsificada. Petrarca encontraba a Aristóteles desagradable a la lectura, y los humanistas del siglo XV consideraban ininteligible y vacío de sentido a Averroes (ipsum obscurum, jejunum, barbare et horride omnia seribentem). Y es que, al alejarse los escolásticos del texto griego original, colocando al comentarista en lugar del filósofo, se creó un

Aristóteles convencional, sombra opaca del verdadero. Por lo contrario, al traducir a Aristóteles del texto griego original, se hizo como el descubrimiento de un nuevo texto. No por eso se desplazaron las viejas versiones e interpretaciones, que seguían teniendo adeptos, cuando ya Teodoro de Gaza, Jorge de Trebisonda, Ermolao Barbaro y Agrípulo habían renovado el antiguo Liceo. De ahí la lucha encarnizada entre el aristotelismo musulmán, que buscaba al Estagirita en Averroes, y el aristotelismo helenista, que lo buscaba en sus fuentes originales y en los comentaristas griegos Alejandro de Afrodisia y Temistio de Paflagonia. Así, en 1497, vemos a Nicolás Lieonicus, Thomaeus poner cátedra en Padua, para enseñar a Aristóteles en griego. Fue Padua, sin embargo, la población en cuya Universidad echó el averroísmo en la sombra más fuertes y más profundas raíces.[338] Entiéndase que bajo el nombre de escuela de Padua se comprende todo el movimiento filosófico del Nordeste de Italia. Pero el nombre no está mal aplicado, porque ese movimiento, que abarcaba a Bolonia, a Venecia y a Ferrara, estuvo relacionado con Padua por entero. "Las Universidades de Padua y de Bolonia no formaban realmente más que una, a lo menos, en la enseñanza de la filosofía y de de la medicina, siendo los mismos profesores los que, casi todos los años, emigraban de la una a la otra, para obtener un aumento de sueldo. En otro sentido, Padua no era más que el barrio latino de Venecia, pues lo que se enseñaba en la primera ciudad se imprimía en la segunda".[339]

En la primera mitad del siglo XIV, Jerónimo Ferrari, Gregorio de Rimini, Juan de Jandun y Fray Urbano de Bolonia[340] nos presentan perfectamente caracterizada la enseñanza que había de prolongarse en Padua hasta mediados del siglo XVII. Al lado de la verdadera ciencia, representada por los Falopio y por los Fabricio de Acquapendente, encontramos la teología enseñada por un dominico secundum viam Sancti Thomae, y por un franciscano secundum viam Scoti. Pero Averroes fue quien verdaderamente se adueñó en Padua de los que sabían, y, gracias a él, el culto de Aristóteles se conservó piadosamente en aquella Universidad. Miguel Savonarola, en su libro De laudibus Patavii,

---

[338] Lange, *Geschichte des Materialismus*, I, 194.

[339] Renán, *Averroés et l'averroisyme*, 258.

[340] Este Urbano mereció el sobrenombre de *padre de la filosofía*, por el voluminoso comentario a los *Physicorum* de Aristóteles que intituló *Urbanus averroista, philosophus summus, commentorum omniarn Averroys super librum Aristotelis de Physica auditu expositor clarisimus.*

compuesto en 1440, llama al pensador árabe ille ingenio divinus homo Averroes philosophus, Aristotelis operum omnium comentator. Como un "castillo fuerte de la barbarie escolástica", Padua desafiaba a los humanistas, que, particularmente en Italia, tendían hacia Platón, cuyo estilo brillante y cuyo talento expositivo admiraban, si bien, con raras excepciones, evitaban sumirse en las profundidades místicas de su metafísica transcendente.[341]

Preséntase ordinariamente a Gaetano de Tiena como el fundador del averroísmo paduano, lo que no es exacto, puesto que, cuando empezó a enseñar (1436), ya Averroes reinaba en Padua desde hacía tiempo.[342] El que pasa por su verdadero fundador es Pedro de Abano, cuyo Conciliator differentiarum philosophorum et medicorum preludia los ensayos de Zimara y de Tomitano para poner de acuerdo a Aristóteles con Averroes.[343] Abano es uno de los primeros heterodoxos, cuya tendencia continuarán Vanini y Pico de la Mirandola. Pero él enuncia por primera vez, en 1303, el pensamiento impío del horóscopo de las religiones. Y, si dirigimos una mirada a la medicina paduana posterior, la veremos formar clase contra la intolerancia del clero y contra la religiosidad del vulgo. En medio de aquellos médicos ricos, considerados, versados en los negocios e instruidos por numerosas lecturas, fue donde nació y se desarrolló el averroísmo científico, convertido en sinónimo de incredulidad. En el averroísmo neutral o. exegético, se nos ofrecen muchos nombres: Betti, Molino de Rovigo, Offredi, Spina, Sabionetta, Posi de Mondelice, Palamedes, Boni, Passeri, Madio, Javello, Bagolini, Stefanelli, Trincarella y los dos Trapolini, todos los cuales enseñaron en Padua a Averroes. Del hebreo tradujeron sus obras los judíos Mantino (médico de Paulo III), Abraham de Balmés, Pablo el Israelita, Vital Niso, Calo Calonyme., y Elías del Medigo. Y el cristiano Burana, profesor en Padua, procuró dotar a esta escuela de un texto de Averroes más inteligible que el que entonces se manejaba.

Advertidamente y con deliberado propósito, al ocuparse de la escuela de Padua, los historiadores recientes de la filosofía pasan por alto y reservan un lugar independiente a cierto número de pensadores libres que hasta aquí los historiadores clásicos venían contando entre los averroístas, sin más razón justificante que la heterodoxia y el radicalismo de sus

---

[341] Lange, *Geschichte des Materialismus*, I, 195.

[342] Véase a Calvi, *Biblioteca e storia di quei scrittori cossi della citá come del territorio di Vicenza*, II.

[343] Véase a Tiraboschi, *Storia della letteratura italiana*, V, II, 2.

opiniones. Abre la serie Pedro Pomponazzi o Pomponacio (1462 a 1525), natural de Mantua y considerado como uno de los campeones de la incredulidad en aquella época. Ningún hombre de su tiempo, ni quizá de tiempo alguno, ha reunido en más alto grado que él la potencia de razonamiento del filósofo, la severidad del catedrático y la inspiración del orador. Nadie, en su tan ansiosa generación, ha producido impresión más viva en los espíritus entregados a las más altas especulaciones. Aunque desconocía el griego, lengua cuya posesión daba entonces tanto brillo, y aunque en su estilo procedió de una manera absolutamente doctoral, sin rechazar el mal latín inseparable de la Escolástica, Pablo Jove le admira como el dialéctico de elocuencia más distinguida y más brillante. En Padua, en Bolonia y en Ferrara, atrajo una florida juventud, produciendo con sus lecciones el más decidido entusiasmo, e interesando a todos en la crítica de las verdades de la religión natural: la personalidad del alma humana, la inmortalidad, la Providencia.

¡Cosa extraña! En aquella época incrédula, tuvo efecto una larga discusión pública, solemne, europea, en las escuelas y en las cátedras, sobre un asunto psicológico de que nadie se atrevería hoy a hablar sino en un concilio ¡Qué asunto tan escabroso, pero qué popular en Italia, donde los estudiantes obligaban a todo profesor nuevo, cuyas tendencias querían conocer, a comenzar por decirles lo que pensaba del alma![344] Imaginaos a todos aquellos escolásticos, hombres consagrados al averroísmo, ahondando audazmente en esta cuestión, enseñándola a todo el mundo, predicando la escatología a los alumnos, a los jóvenes, hablándoles de su inmortalidad, de su ansiada vida futura. Y considerad el efecto disolvente que en semejante agitado medio producirían frases incrédulas, aun dichas de paso y con ironía, como ésta de Pomponacio, alusiva al dogma de la creación: Se il mondo non e eterno, per tutti santi e molto vecchio.

Pomponacio no era averroísta, antes al contrario, fundó una escuela, que interpretaba a Aristóteles en el sentido deísta del antiguo comentador Alejandro de Afrodisia. Era, además, en rigor, como queda indicado, un escolástico, y por ser tal, a pesar de vivir en el Renacimiento, desconocía el griego, y dominaba muy poco el latín. Y era, a la vez y sobre todo esto, un librepensador decidido, que desplegaba todo el escepticismo de la época, y qué hacía alusiones muy transparentes a la teoría de los tres impostores. En su trabajo *De incantationibus*, combate la creencia en los milagros, que considera como fenómenos de sugestión o de autosugestión.

---

[344] Bartholmess, *Dictionnaire des sciences philosophi ques* (en la palabra Pomponace).

Pero admite como naturales e irrecusables los prodigios de la astrología.[345] A fuer de verdadero discípulo de los árabes, deriva el don de profecía de la influencia de los astros y de un comercio oculto con genios desconocidos.[346] La eficacia de las reliquias depende de la imaginación autosugestionada de los fieles, y no sería menor hasta cuando aquéllas no consistieren más que en los huesos de cualquier animal. Los poseídos son enfermos, y las apariciones de fantasmas ilusiones de los sentidos, producidas por un estado psíquico de exaltación alucinatoria, o impostura de los sacerdotes. Cuanto a la inmortalidad del alma, niega Pomponacio que Aristóteles haya creído en ella, y afirma que, no pudiendo ser demostrada por razón natural alguna, reposa únicamente sobre la revelación. En su tratado *De inmortalitate animae*, refuta, uno por uno, los ocho principales argumentos, que entonces se alegaban en favor de ese dogma. Su conclusión es la misma de Aristóteles, conviene a saber: que el cuerpo y el alma .no constituyen más que una substancia en el hombre, siendo el alma la forma de la substancia. Según la doctrina peripatética, la materia necesita de la forma, y la forma de la materia. Sin ésta, aquélla no posee ningún ser propio, ni ninguna actividad propia, para existir y para obrar en el todo. Y es imposible que los actos de las potencias del alma, las cuales crecen y se desarrollan a la par que el cuerpo, tengan más duración que los objetos a que se dirigen.

Bien se ve que en estas atrevidas proposiciones era Pompenacio el continuador de Averroes y el adversario de Santo Tomás, y, por ello, sus dos obras fueron condenadas por la Iglesia, y el averroísmo se convirtió, en su persona, en sinónimo de irreligión y de inmoralidad. Este juicio me parece tanto más extraño cuanto que el escritor afirma en sus libros la necesidad de creer en Cristo, y de obedecer a su ley para salvarse. En su tratado *De inmortalitate animae*, tomando respecto a la Iglesia un tono muy respetuoso, dirige grandes elogios a la refutación del averroísmo por Santo Tomás.[347] La unidad de las almas le parece una ficción absurda y un contrasentido (*figmentum maximum et ininteligibile, monstrum ab Averroe excogitatum*). Pero un estudio más profundo de sus escritos basta para explicarnos que su filosofía, como la de la grey averroísta, batía en brecha

---

[345] Véase mi obra sobre *El universo invisible*, 254.

[346] Maywald. *Lehre von zweifältig Wahrheit*, 45.

[347] De *inmortalitate animae*, 8; *Tam luculenter, tam, subtiliter adversus hanc opinionem sanctus doctor invehitur, ut, sententia mea, nihil intactum nullamque responsiónem quant quis pro Averroes adducere impugnatam relinquat; totum enim impugnat, dissipat et annihilat, nullumque averroistis refugium relictum est, nisi convitia et maledicta in divinum et sanctum virum.*

la religión tradicional y las ideas generalmente admitidas en psicología y en moral social. A pesar de esto, y de toda su habilidad y destreza, difiere de los averroístas absolutos, a quienes afecta condenar, menos por el fondo de la doctrina que por el grado en que la admiten. Cree decir mucho diciendo que desafía al ingenio más sagaz y al hombre de más paciencia a penetrar en el sistema de Averroes, y a soportar su lectura. Cree que eso será imposible, porque allí todo está envuelto en tinieblas y en frases misteriosas, cuyo sentido ni el mismo Averroes comprendía.[348]

Sin embargo, Pomponacio mira la mortalidad del espíritu humano como filosóficamente demostrada, y se funda para ello en el mismo argumento que sirve de base a la tesis de la unidad de las almas, es, a saber: que las substancias inmateriales no se distinguen entre sí más que por las propiedades de los cuerpos a que están unidas, y que se confundirían necesariamente en conjunto, si viviesen separadas de la materia.[349] Pomponacio, diga lo que quiera el reciente expositor de su psicología,[350] no había, profundizado lo bastante, ni las propiedades del alma, ni las físicas, químicas y mineralógicas de los cuerpos, único modo de discernir la individualidad de las substancias de cada especie, y de relacionarlas con su esencia o constitución, finita o infinita, como tiende hoy a hacer la concepción pluralística del mundo. El método de Pomponacio no era ontológico ni positivo, sino formalista y escolástico. Según él, por la sola razón no puede probarse que el alma debe ser inmortal. Citando sobre esto a Santo Tomás, refiere las razones de la Summa, y las combate con argumentos aristotélicos. Los principios de su metafísica consisten en sostener que el hombre ocupa un término medio entre lo perecedero y lo imperecedero; que la ciencia humana está

---

[348] Ritter, *Geschichte der neuren Philosophie*, I, 393.

[349] Este argumento ha sido reproducido, en el siglo XIX, por el ateo Poulin, en su obra *Qu'est-ce que l'homme? Qu'est-ce que Dieu?* Antes de Poulin, había dicho el teólogo protestante Wegscheider *(Institutiones theologicae christianae dogmaticae,* II, 194), refutando la teoría palingenésica de Bonnet: *Animum cum sensu et sui ipsius conscientia, ideoque novo qualicumque organo tamquam corpore eodemque subtiliori instructum, siquidem mentes finitae sine spatii limitibus et corporali natura vix cogitari possunt, post mortem corporis terreni fore superstitem.* Aunque *ad hominen,* esta crítica es una continuación de la de Pomponacio, aplicada a un caso más agudo que el del espiritualismo dualista, es decir, a la hipótesis de la supervivencia, del alma en un cuerpo apto, por nuevas propiedades, para recibir las propiedades inmateriales, siempre las mismas.

[350] Ferri, *La psichologia di Pomponazzi, introducción* Compárese con Bouvier, *Histoire de la philosophie,* II, 38.

sometida siempre al tiempo, al espacio, al clima y a toda la naturaleza sensible; que, entre los elementos de esa ciencia, el que viene del mundo material es preferible; que la parte que se debe a la inteligencia pura es algo fugitivo como una sombra. Como se preciaba de restituir la verdadera doctrina de Aristóteles, se atrevió a concluir que el alma racional no puede existir sin el cuerpo, por no poder pasarse sin un objeto en que ejercitar su actividad, objeto que sólo dan a conocer los sentidos y la imaginación. Y, como sin la organización no es concebible la vida del espíritu, y la organización perece, es claro que el espíritu perece igualmente.

El más resuelto de los adversarios de Pomponacio fue Achillini, y la escuela de Padua no conoció luchas más célebres que las entabladas entre ambos filósofos. En cambio, el napolitano Porta, muerto en 1555, se declaró discípulo de Pomponacio, y, en su tratado De rerum naturalibus principiis, combatió a Averroes. Lo mismo hizo después Vito Piza, en su libro *De divino et humano intellectu* (1555). Esta tendencia, empero, no ahogó la que era ya clásica en Padua, desde Pablo de Venecia, muerto en 1429, llamado excellentissimus philosophorum monarcha, uno de los doctores aristotélicos más autorizados de su tiempo, y que sostuvo, en Bolonia y en el capítulo general de agustinos (él lo era también), tesis averroístas contra Fava. Hasta la docta Casandra Fedele de Venecia sostuvo, en Padua y en 1480, tesis averroístas, sin oposición alguna. Las opuestas al averroísmo por el fraile mínimo Trombetta no convencieron a nadie. Pablo de Pergola, Onopio de Sulmona, Enrique el Alemán, Nicolás de Foligno, Strodio, Hugo de Siena, Marsilio de Santa Sofía, Jacobo de Forli, Tomás de Cataluña, Juan de Lendinara y Adán Bouchezmefoz, fueron otros tantos maestros célebres de su época, que enseñaron en Padua a Averroes, con gran predicamento de excepcional competencia. Bazilieri de Bolonia presentó las correcciones necesarias a los yerros de la escuela, en su Lectura in octo libros de auditu naturali Aristotelis et sui fidissimi commentatoris. Averrois quam illo legente scholares papienses seriptarunt anno 1503. Zabarela (1533 a 1589), profesor de Padua, cuyas obras completas se publicaron dos años antes de su muerte (1587), se distinguió por una excelente versión de los Analytica posteriora de Aristóteles, y su enseñanza se hizo común entre los peripatéticos, bien informados del averroísmo reinante en las escuelas de entonces. Gran reputación cobró en ellas Zimara con sus Solutiones contradictionum Aristotelis et Averrois, donde no abre su espíritu a ciegas parcialidades, sino que juzga con amplio y sólido criterio, y después de un competente proceso de comparación de datos y de argumentos en buenas fuentes recogidos. En 1574, Tomitano de Feltre compuso sus Solutiones contradictionum in dicta Aristotelis et Averrois, que marca el más poderoso esfuerzo hecho por los pensadores paduanos para conciliar las doctrinas del filósofo de

Estagirita con las de su comentador de Córdoba.

Nifo, cuyo averroísmo inofensivo constituyó en el siglo XVI la enseñanza oficial de Papua,[351] sufrió varias influencias, siendo la primera la de su maestro el célebre teatino Vernias, que brilló en aquella ciudad de 1471 a 1499. Al salir del yugo de Vernias, escribió su tratado De intellectu et daemonibus, que escandalizó a Padua. Después, redactó un regular número de obras, entre las que se destacan, por su buena factura y por su relativa amenidad, los Opuscula moralia et politica. Su libro De inmortalitate animae, refutación del de Pomponacio, apareció en Venecia en 1518. El nombre de Nifo va inseparablemente unido al de Averroes. Según sus propias expresiones, sólo Averroes entiende a Aristóteles, y sólo Nifo entiende al pensador cordobés. De acuerdo con éste, negó que, en el compuesto viviente, las dos partes tengan un mismo y único ser substancial, y separó el alma sensitiva, causa productora de los fenómenos vitales, del alma intelectiva, que reside únicamente en la esfera de la razón, y que, en tal concepto, es común a todos los hombres pasados, presentes y futuros.[352] En Roma tuvo Nifo mucho éxito, y León X le nombró conde palatino, y le permitió usar las armas de los Médicis. Sin embargo, fue un fanfarrón, un farsante, uno de aquellos caballeros de industria literaria, tan comunes en la Italia del siglo XVI.

Han contado algunos, entre los averroístas del mismo siglo, al prodigioso Berigardo, renovador atrevido de la física jonia. Así lo dice Leibniz, en la página 73 del tomo I de sus Opera, y más modernamente ha sostenido lo mismo Brucker.[353] Pero, en realidad, Berigardo era enemigo encarnizado de los averroístas, y su tesis de la infusión del alma individual en el instante del nacimiento comienza con una invectiva contra los aristotélicos en general, a quienes echa en cara la teoría del intelecto único, admirándose de que hayan podido negar o desconocer un principio tan sencillo como el de la pluralidad de las almas. Mas por otro títulos, quiero decir por su reputación sospechosa y por su ortodoxia equívoca, Berigardo mereció algo mejor el título de averroísta. Dígase algo parecido de Cardan, nacido en Ticini (Italia) en 1501 y muerto en Roma en 1576. Cardan representó brillantemente un aristotelismo independiente y entreverado de platonismo, durante las tres cuartas partes del siglo XVI. Sus ideas están expuestas, sobre todo, en el tratado De uno, donde representa la unidad como el carácter propio del intelecto universal (tal

---

[351] Ritter, *Geschichte der neueren Philosophie*, I, 381, 383.
[352] Véase mi obra sobre *El universo invisible*, 332.
[353] *Historia crítica philosophiae*, IV, 472, 485.

como lo entendía Averroes), y en el *De conso làtione*, en que rectifica tan radical principio, reconociendo que será o no verdadero, según la hipótesis de que se parta.[354] No basta razonar sobre una sola hipótesis, como ya advirtió Platón, y es preciso examinar todas las hipótesis posibles sobre un mismo asunto. Siguiendo esta norma, Cardan, en el *De rerum varietate*, juzga que las almas particulares están virtualmente contenidas en el alma universal, como el gusano en la planta de que se nutre. Sin embargo, el método que dedujese la identidad esencial y existencial del alma universal y de las almas particulares no sería un verdadero método filosófico, sino el de un novicio que apenas si empieza a hacer conocimiento con la realidad. ¿Puede existir inteligencia única, sea para todos los seres animados, sea para todos los hombres? Hablamos como en un sueño, cuando aplicamos tales fantasías a la substancia eterna y a las esencias limitadas, porque la inteligencia no es tan personal como la sensibilidad, y las almas son tan distintas en la tierra como lo serán en la vida futura. Pero la antinomia debe resolverse, y así procuró hacerlo Cardan en la obra sobre la inmortalidad del alma a que dio el título de Theonoston. En esta obra, está formulada expresamente la reconciliación y la síntesis de aquellas dos opiniones, aparentemente contradictorias, mediante las nociones de tiempo (continuidad entre instante e instante) y de movimiento (tránsito del no ser al ser), las cuales implican un "motor que se mueve a sí mismo", un "movimiento que se mueve a sí mismo", es decir, el alma, el αὐτοςῳον del Timeo de Platón. La inteligencia es única per se, pero puede ser considerada desde dos puntos de vista, bien con relación a su existencia eterna y absoluta, bien con relación a sus apariciones en el tiempo. Única en su fuente, es múltiple en sus manifestaciones.[355] Excelente solución, a la cual habrá que volver siempre para la explicación del hecho de la inteligencia.[356] Con todo, ello valió a Cardan los severos reproches de filiación averroística de sus doctrinas que le dirigió Escaligero,[357] su enemigo más violento y enconado. Ésta es, a mi juicio, una acusación contraria a los textos, y sólo explicable por el hecho de que, en la época de Cardan, se colgaba aquella ficción a todo el que discrepaba en lo más mínimo de las enseñanzas e interpretaciones de la teología oficial. Ahora bien: Cardan trata de probar, en el libro XI del *De subtilitate*, que no hay diferencias entre las religiones pagana, judía, cristiana y musulmana, y

---

[354] Véase mi obra sobre *El universo invisible*, 237, 239.

[355] Frank, *Dictionnaire der sciences philosophiques* (en la palabra *Cardon*).

[356] Renán, *Averroès et l'averroisme*, 418.

[357] *Exotericarum exercitationum adversius Cardanum*, CCCVII, 14, 16.

evita emitir su juicio sobre cuál de ellas vale más que la otra. Igitur his arbitrio victorae relictis. Además, como buen teósofo, no sólo era universalista en religión, sino ocultista en metafísica, y creía, como Sócrates, en demonios familiares. En su últimamente citado escrito,[358] dice que uno de los demonios que aparecíanse a su padre se jactaba de ser averroísta. Ille vero palam averroistam se profitebatur. Verdad es que se ha sostenido que no hay que tomar en serio esta afirmación de Cardan, porque Averroes no creía en los demonios.[359] No obstante, caracteriza a Cardan cierto averroísmo, puesto que insiste mucho sobre la posibilidad de llegar a un término último (intelecto activo o no), aunque sin negar nunca que la verdadera realidad estriba en las relaciones más precisas que le imprimen las almas.

Cesalpino supo burlar hábilmente las persecuciones de que fueron objeto sus afines, gracias a su prestante posición social. Personalidad enérgica e independiente, precursor de Espinosa en muchos puntos, identificó las potencias vitales y las manifestaciones anímicas en la universalidad de la existencia.[360] No hay más que una sola vida, que es la vida de Dios o del alma universal. Dios no es la causa eficiente, sino la causa constituyente, de todas las cosas. La inteligencia divina es única, pero la inteligencia humana es múltiple según el número de los individuos, porque la inteligencia humana no está en acto, sino en potencia.[361] Así, sin perjuicio de conservar el dogma que constituía el fondo del averroísmo, Cesalpino evitó la confusión que en esta escuela produjo larga serie de errores. El sujeto es idéntico, pero el objeto es múltiple, y Cesalpino afirma que el objeto se diversifica cualitativamente en la conciencia individual conforme a la cantidad de los sujetos[362]. En otros términos: el universo se halla poblado por infinidad de almas (cierto número de las cuales es posible que se reencarnen), y, en su espacio inmenso, proyecta en algún modo una conciencia difusa, formada por innumerables conciencias evaporadas de la tierra. Es un medio (hiperespacio, que hoy se dice) cósmico y psíquico a una, que se amalgama a veces con la conciencia individual de los seres vivos, creando en torno suyo corrientes fluídicas y espirituales.

---

[358] *De subtilitate*, XIX, 682.
[359] Naudé, *Apologie des grands hommes*, 232, Bayle, *Dictionnaire historique et critique* (en la palabra Averroès, nota F.).
[360] Véase mi libro sobre El *universo invisible*, 253.
[361] Brucker, *Historia crítica philosophiae*, IV, 221; VI, 723. Compárese con Ritter, *Geschichte der neueren Philosophie*, I, 653.
[362] Renán. *Averroès et l'averroisme*, 417.

Un hombre de tan disolventes ideas en materia religiosa parece que debía de haber sido objeto de encarnizadas persecuciones por parte de la ortodoxia. Todo menos eso. Por más que sus obras fuesen sobradamente conocidas, Cesalpino era honrado por todas las clases sociales, recibía extraordinarias muestras de amistad de las personas de más significación, fue médico del Papa y profesor en la Sapientia, y vio quemar a Giordano Bruno en el Campo de las Flores. Y la manera que tenía de justificar su doctrina desde el punto de vista religioso no era más leal ni más convincente que la de los doctores de la escuela de Padua. "Bien comprendo (decía) que todas mis teorías están llenas de errores contra la fe, errores que rechazo. Mas no me compete refutarlos, y dejo esta tarea a teólogos más profundos que yo. Fateor in rationibus deceptionem esse. Non tamen in praesentia meum est aperire, sed iis qui al tiorem theologiam profitentur".[363] Más noble y valiente fue en verdad la actitud de los sabios en España. Villalobos, en pleno siglo de unidad religiosa,[364] que todos sabemos que significa intolerancia, se valió de un atinado símil para ilustrar el antagonismo de su doctrina con la fe ortodoxa. Quiso escribir un libro que contuviese los principales problemas de la filosofía natural, y, en el comienzo de aquel libro, que protestaba contra el fundamento de la teología dogmática reinante, vale decir contra la astronomía de Ptolomeo, escribió estas palabras inmortales: Yo no hablo con los teólogos, y, si los filósofos se acogen a ellos, harán como los malhechores que se acogen a los templos. Palabras que inscribieron los promotores del pensamiento moderno al frente de su código fundamental, y que repitió la conciencia científica española, desde Servet hasta Nebrija, y desde Nebrija hasta el Brocense. Palabras que condenarán siempre aquella absurda teoría que Martín de l'Isle sostenía en su Scientia naturae, al decir que Dios no permitiría nunca que el hombre llegase a conocer las leyes del universo, aunque fuese cierto que éste hubiese sido hecho con número, peso y medida.

Villalobos no fue un averroísta, ni un aristotélico heterodoxo. Se comprende, sin embargo, que su naturalismo decidido y sus negaciones audaces le hayan dado un lugar entre los averroístas, en la acepción más amplia que la opinión daba a esta palabra. Hasta la frase que todos los testigos oculares le atribuyen cuando, próximo a abandonar el mundo, se despedía, ansiando la muerte, con esta bellísima estrofa, que es un tratado de moral:

---

[363] Bayle, *Dictionnaire historique et critique* (en la palabra *Césalpin*).
[364] Sabido es que Villalobos fue médico de Isabel la Católica.

Venga ya la dulce muerte
que con libertad se alcanza,
quédese aquí la esperanza
del bien que se da por suerte,

parecen una reminiscencia de Averroes: Moriatur anima mea morte philosophorum. Como quiera, aquel gran filósofo, cuyas obras reprodujo Inglaterra en el siglo XIX, hizo una gran frase, tan verdadera como horrible, llamando a los frailes y a los metafísicos, que combatían la ciencia con la Biblia en la mano y con argumentos teológicos, "criminales perseguidos que se acogen a sagrado". En ese crimen del fanatismo y de la superstición, que duró tres siglos, y que estamos pagando todavía, hay que buscar la causa del atraso de España.[365]

Uno de los libros más curiosos que se hayan publicado acerca de la labor íntegra de Aristóteles es el que escribió, en el siglo XVI, el benedictino español fray Francisco Ruiz. Contiene dicho libro una copiosísima tabla analítica de la doctrina aristotélica, y, bajo el modesto título de Index, hace un resumen del sistema de Aristóteles, en dos volúmenes en folio menor, impresos en 1540. El autor, no sólo conoce profundamente al Estagirita, sino, a sus principales comentadores, y emplea toda su masa de materiales exegéticos en una obra compleja y bien construida. Otro que contribuyó grandemente a comentar a Aristóteles en Italia fue Cremonini (1552 a 1631), último representante de la escuela de Padua, en cuya Universidad profesó al mismo tiempo que Galileo, después de haber sido catedrático en Ferrara. Cremonini anunció a sus oyentes que, por dos mil florines, expondría el tratado De mundo, el De coelo y el De generatione et corruptione, en tanto que Galileo, por menos dinero, explicó los Elementa de Euclides. Cuéntase que, cuando Galileo descubrió los satélites de Júpiter, Cremonini no quiso mirar más el cielo a través de ningún telescopio, porque semejante descubrimiento arruinaba el sistema de Aristóteles. Era, sin embargo, un racionalista, cuya opinión sobre el alma, aunque diferente de la de Averroes, nada tenía de ortodoxa, y él defendió su derecho a enseñar el sistema de Aristóteles con una firmeza digna de aplauso.[366] Aceptó, con ciertas salvedades, la teoría platónica del alma del mundo combinándola con la teoría peripatética del intelecto activo, que es Dios mismo, como quería Alejandro de Afrodisia, y que,

---

[365] Picatoste, Las frases célebres, 106.
[366] Lange, Geschichte des Materialismus, I, 195.

según Cremonini,[367] es necesariamente distinto de las potencias del alma, simple y subsistente por sí mismo, porque el intelecto activo hállase en acto en todos los inteligibles, y sólo es inteligible lo que es simple y subsistente por sí mismo, o mejor, separado.[368] Todo se halla, en cierta manera, lleno de alma. Dios es la vida del universo, y penetra todas las cosas en calidad de intelecto activo. El mundo está en perpetuo fieri, y no es, sino que nace y muere sin cesar.[369]

Tal era, en breves términos cifrada, la doctrina que el filósofo italiano explanaba en sus numerosos comentarios. Hízose cargo Cremonini de la magnitud del peligro, y procuró neutralizar aquella audacia de postulados y de sutiles consecuencias, que amagaba sobre él la persecución, por algunas protestas de ortodoxia. Sus contemporáneos católicos le acusaron de encubrir finamente su juego en Italia.[370] Nihil habetat pietatis et tamen pius haberi volebat. Yo he establecido sólidamente, viene a decir Cremonini, lo que en realidad de verdad ha pensado y ha sostenido Aristóteles. Cuanto a refutar lo que es en él contrario a la ie, me remito a Santo Tomás y a los demás teólogos que han tratado sobre la materia.

Es usual dejar fuera de la historia del averroísmo algunos de sus adeptos no convictos de heterodoxia, como los de la escuela de Padua. Sin embargo, es evidente, aun en sus doctrinas más ocasionales, la íntima dependencia en que tales averroístas están de la especulación árabe peripatética y de los hábitos de pensar del Gran Comentador. Pero la relación, para ser estudiada, necesita ser trazada en sus detalles, y no dispongo aquí del espacio suficiente. Cúmpleme, sí, advertir que, si el averroísmo de la escuela de Padua conservó la barbarie de la Escolástica desde el siglo XIV hasta el XV, la razón de ello es muy clara. Allí pasó el averroísmo más inadvertido que en las demás universidades de Europa, porque se le combatía menos. Pero sería una equivocación pensar que Averroes no ejerció influjo alguno en dichas Universidades, cuando en la misma Italia lo ejercía, y grande, en los doctores más escrupulosamente ortodoxos.

Desde luego, un hecho hay que llamó hondamente mi atención en este

---

[367] Véase citado en Renan (*Averroès et l'averroisme*, 411) su tratado manuscrito De anima (III, LXXII), advirtiendo que hay que comparar otros pasajes que representan el curso de Cremonni, es decir, su primera enseñanza.

[368] Véase mi libro sobre *El universo invisible*, 223.

[369] Renán asegura que la Biblioteca de Monte-Casino posee un ejemplar de la lección de apertura de Cremonini, en 1591, sobre este tema: *Mundus numquam ets: nascitur semper et moritur.*

[370] Véase a Bayle, *Dictionnaire historique et critique* (en la palabra Cremonini).

punto. El célebre Tomás de Vio (vulgo cardenal Cayetano), ha sido considerado siempre como el primer comentador de Santo Tomás, y, al ordenar León XIII que en la nueva edición, de las obras de éste se pusieren los comentarios de aquél, manifestó la alta estima en que tenía a tan ilustre intérprete, al paso que no se puede ya dudar acerca de la escuela en la cual se conserva la doctrina del angélico doctor.[371] Pues bien: el cardenal Cayetano enseñaba según Averroes, y si hemos de creer a Patin,[372] tan al corriente de los rumores que corrían en la Universidad de Papua,[373] de esa enseñanza sacó Pomponacio su veneno de heterodoxia.

He llamado la atención sobre este detalle sólo porque es uno de los más sencillos y más accesibles a cualquiera. ¡Qué será si entramos en otros detalles de erudición hace ya tiempo conocidos de los sabios! Es error vulgar, y que no necesita refutación, aunque anda en muchos libros, el de atribuir a la palabra averroísmo otro significado que la confianza concedida al Gran Comentario del filósofo cordobés en la interpretación de Aristóteles. Patrizzi[374] miraba a Averroes como el padre de toda la Escolástica y como el único comentador que la Edad Media haya conocido. Las investigaciones de Renán[375] revelaron ya la existencia de una escuela que en el siglo XIV llevó muy decididamente por bandera el nombre de Averroes, y este grupo filosófico, que debe considerarse como el antecedente natural de la Universidad de Padua, presenta caracteres suficientemente concretos: sustitución del Gran Comentario de Averroes como texto de las lecciones a los tratados de Aristóteles; innumerables cuestiones sobre el alma y sobre el intelecto; manera abstracta, pedantesca, ininteligible. Sin duda era esa escuela la que Patrizzi[376] tenía en cuenta cuando hablaba así de la segunda generación de doctores escolásticos, diciendo: *Ingens ab his philosophorum numerus ac successio manuvit, quae in Aven Roicis hypothesibus habitavit... Inde dubitationum ac quaestionum sexcentorum millium numerus manavit.* El profesor paduano Brasavola, muy versado en los escritos de la escuela averroísta, dividía a ésta en antigua y moderna, y, como Patrizzi, llamaba a Averroes el progenitor de todos los escolásticos, haciendo averroísta sinónimo de filósofo, en cuyo sentido coloca entre los averroístas a Santo Tomás. Así

---

[371] Vigil, *Discurso sobre Santo Tomás*, 56.
[372] *Patiniana*, 98.
[373] Renán, *Averroès et l'averroisme*, 351.
[374] Discussiones peripateticae, I, 106.
[375] *Averroès et l'averroisme*, 318.
[376] *Discussiones periputeticae*, I, 106.

se ve por el siguiente pasaje del manuscrito autógrafo de sus comentarios inéditos, que se halla en el número 304 de la Biblioteca de Ferrara, y que Renán[377] reproduce: Nec nostra actate nec apud antiques Averrois hoc unquam dubitatum fuit... Animadvertendum est duas esse in hac materia opiniones extremas, unam quam antiquiores averroistae, Johannes Scotus, Sanctus Thomas (quamvis ambiguus videatur). Johannes Bachonus et Herveus soquuntur. Aliam vero praedenti oppositam recentiores averroistae sequuntur. El averroísmo es el fruto original por excelencia del movimiento escolástico, y el que mejor habrá de revelarnos a los hombres del movimiento escolástico. Y como no representaba una doctrina, la palabra averroísta no implicaba ningún rasgo de opinión, significando solamente un hombre que había estudiado mucho el Gran Comentario, por lo que tornose sinónima de filósofo, como galenista lo era de médico.[378] En las disciplinas teológicas fue precisamente donde la acción del averroísmo se hizo sentir con mayor intensidad por la infatigable labor de Jandun, Banconthorp, Urbano de Bolonia, Pablo de Venecia y sus partidarios. Estos comprendieron, que la enseñanza de quien era, según el voto general, el mejor intérprete de Aristóteles, habría podido entronizar la inmutabilidad de la teología, la cual llegaría a ser un supremo medio de eliminación de los elementos individualistas y nocivos a la Iglesia, por aquel respeto a la autoridad y aquella fidelidad a los viejos textos. No fueron los teólogos, sino los reformadores del Renacimiento y los innovadores en filosofía y en literatura, quienes trataron con dureza al averroísmo, calificándole de rutinario y de bárbaro. Los espíritus más católicos querían ser llamados averroístas, en el sentido que acabo de explicar. Viros catholicos se et esse et dici velle averroistas, declara el cardenal Toledo, citado por Brucker,[379] y Renán[380] asegura haber visto en Roma, en el convento de la Chiesa Nuova, en una estantería que contiene los libros que pertenecieron a San Felipe de Neri, y que se guardan como reliquias, un magnífico ejemplar manuscrito de Averroes. El αὐτὸς ἔφα de los discípulos de Pitágoras, exclamaba un contemporáneo,[381] no debe

---

[377] *Averroès et l'averroisme*, 407.

[378] *Mantino, In, libros de pcrtes et generatione animalium, prefacio, Luis Vives, De causis corruptarum artium (en las Opera, I, 410).*

[379] *Historia critica philosophiae*, VI, 710.

[380] *Averroès et l'averroisme*, 372.

[381] Prefacio de las Juntas (edición de 1553), 3, 6, 12: *Cur omnibus bene philosophantibus viris adversabimur, qui tantum uno ore Averroi tribuunt, ut meminem qui non averroista sit bonum unquiam fore philosophum praedicant... nec quemquam prorsus philosophum putent qui huic audent contradicere.*

admirarnos, pues en nuestros días vemos pasar por axioma a los ojos de los que filosofan todo lo que salió de la pluma de Averroes. De aquí los títulos espléndidos que se le prodigaban: Solertissimus peripateticae disciplinae interpretes... Altividus aristotelicorum vestigator penetralium... Magnus Averroes, philosophus consummatissimus.... Primarius rerum aristotelicarum commentator. Por primera vez se veía en él, como después en Descartes, pero con exceso y con mayor relieve, la forma mental que distinguió en toda Europa a la Edad Media, la tendencia decidida, notada hace tiempo, de todas las ciencias a revestir y a tomar un color abstracto, encharcándose en la tesis del intelecto único, que, como es fácil comprobar, se encuentra en aquellos siglos especulativos por todas partes: en medicina, en el Conciliaror differentiarum de Pedro de Abano; en metafísica, en las Solutiones contradictionum de Zimara; en física, en el Opus Majus de Roger Bacon, que consiente en llamarse averroísta, como si no lo fuera naturalmente. Por él sabemos que la teoría indicada era tradicional en la escuela de Oxford, que, como franciscana, respetaba a Averroes,[382] y que se apoyaba en bases históricas y doctrinales muy diferentes de las de los dominicos. "Avicena (dice Rogar Bacón)[383] ha sido el primero en poner en luz la filosofía de Aristóteles, pero ha sufrido rudos ataques de parte de los que le siguieron. Averroes, más grande que él, se ha opuesto a sus principios. La filosofía de Averroes, largo tiempo desdeñada, rechazada y reprobada por los más célebres doctores, obtiene hoy día el testimonio unánime de los sabios. Poco a poco, se ha ido apreciando su doctrina, muy digna de estima en general, aunque se la puedan poner reparos en ciertos puntos". Y más adelante: "Después de Avicena, vino Averroes, hombre de sólida doctrina, que corrigió y amplió las opiniones de sus antecesores, si bien en algunas materias debe a su vez ser corregido y en muchas otras completado". Nótese que quien así habla es un contemporáneo de Santo Tomás, y que Duns Scott, el otro docto enciclopedista que surge de las tinieblas de la Edad Media, así como el

---

[382] Que Averroes pertenece a, la historia de la Escolástica en medida aún mayor que a la del Peripato, nadie lo duda hoy día, y fue ya indicado por Menéndez Pelayo (Ensayos de crítica filosófica, 63). La doctrina de Averroes influyó mucho en la Escolástica de todos colores, y especialmente en la escotista. Así lo ha demostrado Werner, en la disertación que intitula Der Averroismus in der Christlich-Peripatetischen Psycologie des Späteren Mit telalters, donde la influencia de Averros se presenta bajo un nuevo aspecto: el de los numerosos secuaces que el Gran Comentador tuvo entre los psicólogos escotistas de los siglos XIV y XV.

[383] Opus Majus, 13, 37.

discípulo de ambos, Guillermo de Lamarra, acusan al doctor angélico de averroísta, sobre todo por su doctrina del principio de individualidad.[384] Esto les llevó a la refutación, no sólo del averroísmo metafísico, sino de todo averroísmo. Y, sin embargo, su doctrina de los universales, profundamente realista, como la de Santo Tomás, les hizo caer en el averroísmo, y aun anticipar el espinosismo, como, exagerando, ha dicho algún historiador.[385] Por consiguiente, bien como las refutaciones oficiales de Duns Scott, en puntos delicados del dogma, no prueban que su doctrina no sea averroísta, como de estudios detenidos ha deducido la crítica moderna, tampoco de la oposición moderada de Santo Tomás al Gran Comentador, en determinadas materias de teología, se infiere que el averroísmo no haya llegado a él por el camino subterráneo que siguen las ideas de los iniciadores, cuando reaparecen, bajo nueva forma, en otra parte.

En una notable tesis doctoral,[386] he leído, entre otras varias observaciones acertadas, lo siguiente: "Prescindiendo de algunas individualidades distinguidas, la escuela filosófica de Padua no es más que una prolongación de la Escolástica degenerada en el corazón de los tiempos modernos. Lejos de que haya contribuido al progreso de la ciencia, ha mantenido más que otra alguna el reinado de los viejos autores retrógrados. El averroísmo paduano es, en suma, una filosofía de perezosos. Apenas si es posible citar prueba más convincente del peligro que ofrece en un establecimiento científico la enseñanza de la filosofía como ciencia distinta de las demás. Una tal enseñanza acaba por caer en manos de la rutina, y por hacerse funesta a los progresos de la ciencia positiva. ¿No es notable, en efecto, que no de la docta Padua, sino de la poética y ligera Florencia, haya salido la gran dirección científica, la de Galileo? Es que, a decir verdad, toda Escolástica es según la expresión de Nizolio,[387] el enemigo capital de la verdad. Una lógica y una metafísica

---

[384] Haureau, *De la philosophie scholastique*, II, 231. Jourdain, *La philosophie de Saint Thomas*, II, 64, 85.
[385] Bayle, *Dictionnaire historique et critique* (en la palabra Duns-Scott).
[386] La de Renán sobre *Averroès et l'averroisme*.
[387] Este filósofo resume en las dos siguientes proposiciones su *Antibarbarus seu de veris principiis et vera ratione philosophandi contra pseudophilosophos (página 354 de la edición Leibnita): Ubioumque et quotcumque dialectici metaphysicique sunt, iliden et totidem esse capitales veritatis hostes... Quamdiu in scholis philosophorum regnabit Aristoteles iste dialecticus et metaphysicus, tcndiu in eis et falsitatem et barbariem, si non linguae et oris, at certe pectoris et cordis regnaturam.*

abstractas, que crean poder pasarse sin la ciencia, conviértense fatalmente en un obstáculo al progreso del espíritu humano, sobre todo cuando una corporación que a sí misma se recluta encuentra en ellas su razón de ser, y las erige en enseñanza tradicional". Es, en lo intelectual, el mismo caso típico que, en lo moral, representan los caracteres enteros y sin bondad nativa, cuando llegan a ser dominados por la exaltación religiosa. En vez de apoyarse en la conciencia y en los principios más sencillos y más amplios de la revelación en que creen, buscan su alimento en las fórmulas complicadas y estrechas, dictadas únicamente por los intereses eclesiásticos. Debido a esta masturbación dialéctica, los escolásticos, que, por su tradicionalismo, se creyeron siempre penetrados en sus doctrinas de la gran ley de la continuidad histórica, no dieron un paso en el camino de la evolución científica, ni supieron absorber lo que había de bueno y de aprovechable en los sistemas disidentes. Infusorios fueron, que bebieron y que vomitaron el agua de la gota en que les tocó vivir. No negaré, sin embargo, que algunos escolásticos, Santo Tomás, por ejemplo, se condujeron por miras más altas. Santo Tomás, como todos los grandes metafísicos, procuró armonizar el idealismo con el realismo, conciliando a Aristóteles con Platón, o mejor dicho, con San Agustín. A su entender, no es lícito atribuir al fundador de la Academia el dualismo peripatético de la materia y de la forma, ni suponer que Aristóteles creyó, corno Platón, en una materia idealizada.[388] Pero, elevándonos a otro punto de vista, podemos y debemos concordar las formas de Aristóteles con las ideas de Platón. Basta, para ello, tener presente que, llevando ambos conceptos hasta el primer principio, las formas o elementos reales aparecen en su eternidad como elementos ideales de los seres concretos, de la naturaleza y del espíritu, porque representan la realización del pensamiento del Supremo Hacedor del mundo. Las ideas arquetípicas, contenidas en la mente divina, son las razones eternas e inmutables de las cosas, y expresan lo que hay en ellas de esencial y de universal. Colocada la inteligencia en esta posición, desde la que domina la unidad absoluta del ser, toda contradicción entre el platonismo y el aristotelismo desaparece, y la

---

[388] No falta, empero, quien sostiene que la tendencia platónica a idealizar la materia no prueba que el autor del *Palménides* entendiese por ella el espacio absolutamente vacío, toda vez que el espacio era, para él, algo real. Cuando Platón compara la materia a la masa de que el artífice forma sus estatuas, o cuando la considera como una potencia informe, que puede tomar todas las formas, da a entender bien claramente que la materia es un elemento substancial del espacio. Y esto es también lo que sostuvo Aristóteles, como lo prueba Ebber en su disertación De *Platonis idearum doctrina*.

distinción de idea y de forma no puede ser fundamental.

Philosophia duce regredimur es la divisa profunda que se lee en una medalla con que se honró a un metafísico de la escuela de Papua.[389] Muchos son los historiadores contemporáneos que han seguido esa divisa, por lo que toca a la filosofía griega y a la filosofía postcartesiana. Más no son tantos los que han hecho igual justicia a la filosofía escolástica. Hegel, en su *Geschichte der Philosophie*, decía que, aunque la Edad Media comprende cerca de mil años, era preciso, como los gigantes de las leyendas, ponerse botas de siete leguas para atravesarla. Y Lewes, en su extensa Biographycal history of philosophy, se atiene a este consejo con tal radicalismo, que no se digna ni aun nombrar en ella a Santo Tomás, Duns Scott, Telesio y Vanini. Fero semejante conducta no pasa de ser un exceso de incomprensión. Todos tenemos excesos semejantes, y yo guardo en eso gran condescendencia, la que necesito para mí.

Y ello no es negar la superioridad del Renacimiento sobre la Edad Media. Al final de esta, el saber entonces reinante probó su eficacia, consagrándose a la civilización cristiana, y le vemos crear los idiomas vulgares, las ojivales basílicas, la Divina Comedia del Dante y el democrático Gobierno ideado sobre los principios del catolicismo por Savonarola. Todo esto es cierto, y no hay por qué ocultarlo. Pero avancemos un poquito, saludemos la esplendente aurora del Renacimiento, y parangonemos los artistas, sabios y políticos que se aferraron a los estrechos moldes de la Escolástica con los que rompieron estos moldes, y entraron de lleno en la corriente moderna. ¡Qué! ¿Osará nadie intentar siquiera un paralelo entre las lucubraciones de todos los doctores de la Edad Media juntos y una sola de las inmortales creaciones del genio universal de Leonardo de Vinci? ¿Podrán compararse, desde el punto de vista del método y del sentido crítico e histórico, las teorías políticas de Santo Tomás con las de Paolo, Naudé o Bodin? ¿Y cómo el humanismo no habría de mirar con aversión la barbarie del lenguaje y la gárrula sofistería, que afeaban el peripatetismo escolástico, al terminar el siglo XV?

Es evidente y palmario a todas luces que había sobrado motivo para la protesta humanística, y que era necesaria y urgente la reforma filosófica. Esme grato trasladar aquí el testimonio del profesor Bullon,[390] para que se

---

[389] Egger, *Sur une medaille frappée en Phonneur d'un philosophe de l'école de Padue (en el tomo XXXIII de las Memoires de la Société Académique de Maine et Loire)*.

[390] *Los precursores españoles de Bacon y Descartes*, 28.

entienda, cómo, aun en los círculos católicos menos equívocos, no faltan ingenios que combatan sin distingos ni reservas el escolasticismo, y que rechacen la idea de su reinado en el siglo XX. Dice así el docto escritor: "El escolasticismo, que, por la bondad de sus doctrinas y merced a los esfuerzos vigorosos de los grandes filósofos del siglo XIII, aseguró su preponderancia en las universidades, quedando como filosofía dominante y casi única, se había detenido en su carrera, una vez que se vio dueño del campo, y, lejos de realizar nuevos progresos, venía atravesando desde el siglo XIV al XVI un período de decadencia cada vez más acentuada, a la que contribuyeron en parte el nominalismo de Occam y la anarquía religiosa que ocasionó el largo cisma de Occidente, pero que fue debida principalmente al olvido de los procedimientos de observación, al pego a la rutina y al excesivo aprecio del argumento de autoridad, que impedían todo adelanto ulterior, limitando la labor científica a la mera repetición de la doctrina tradicional y al sutil comentario de las obras de los antiguos maestros, sobre todo de los libros de Aristóteles y de Santo Tomás, a quienes se miraba como oráculos inapelables. Añádase a esto lo intrincado y oscuro de los términos escolásticos, el descuido en las formas de exposición y las disputas pueriles sobre cuestiones inútiles, y se tendrá una idea exacta del lamentable cuadro que ofrecían las universidades al terminar el siglo XV. Luis Vives no vacilaba en llamar a la Universidad de París, vieja octogenaria que delira (anus quaedam cum tanto senio summae delirare videtur)". Lange[391] considera a Luis Vives como una de las inteligencias más luminosas de su tiempo, como el mayor reformador de la filosofía de su época y como un precursor de Bacon y de Descartes. Su vida entera fue un combate incesante y victorioso contra la Escolástica. "Los verdaderos discípulos de Aristóteles (decía) deben dejarle a un lado, y consultar a la naturaleza misma, como el propio Estagirita y los demás antiguos hicieron. Para conocer la naturaleza, no debe adherirse la mente a una tradición ciega, ni a hipótesis sutiles, sino que es necesario estudiarla directamente por la vía de la experimentación". Cuanto al aspecto didáctico de Platón y de Aristóteles, prefirió siempre Vives el método del segundo, por encontrar el del primero poco acomodado a la enseñanza.

El gran teólogo español Melchor Cano[392] puso muy alta su imparcialidad, declarando con sobrada razón que los escolásticos de su época sólo manejaban, en la pelea con la Reforma Protestante, cañas largas (arundines longas). Y añadía: "Nuestros teólogos disertan

---

[391] *Geschichte des Materialismus*, I, 203.
[392] *De locis theologicis*, IX, VII.

largamente acerca de muchas cuestiones que ni los jóvenes pueden entender, ni los viejos sufrir. Porque ¿quién podrá tolerar aquellas largas disputas acerca de los universales, de la analogía de los nombres, de lo primero conocido, del que llaman principio de individualización, de la distinción entre la cuantidad y la cosa cuanta, de lo máximo y lo mínimo, del infinito, de la extensión y de la remisión, de las proporciones y de los grados y de otras seiscientas cosas de este tenor, que yo mismo, con no ser de ingenio tardo, y, a pesar de haber dedicado no poco tiempo y diligencia a entenderlas, no pude llegar nunca a comprender claramente? Y no me avergüenzo de decir que no las entendí, porque ni los mismos que primeramente las trataron las entendían. ¿Y qué pensar de aquellas otras cuestiones, de si Dios pudo hacer la materia sin forma, crear muchos ángeles de la misma especie, dividir lo continuo en todas sus partes, separar la relación del sujeto y otras más vanas aún, que no quiero ni debo escribir aquí?".

Finalmente, veamos ahora la siguiente reflexión con que Alfonso de Castro, doctor muy célebre y grande gloria de nuestra nación, abrumaba a los escolásticos en un precioso libro de crítica teológica:[393] "Confieso que no puedo contener la indignación cuando veo a algunos hombres tan apegados a los escritos de otros, que juzgan impiedad el apartarse de su opinión aun en la cosa más insignificante. Quieren, sin duda, que los escritos humanos sean acatados como oráculos divinos, concediéndoles un honor que sólo es debido a la Sagrada Escritura. Porque no hemos de jurar en las palabras de los hombres, sino en las de Dios. Yo, por mi parte, tengo por miserable esclavitud (miserrimam servitutem) el estar tan adherido al parecer ajeno, que no sea lícito en modo alguno disentir de él, y tal esclavitud padecen los que precisamente por esa exagerada adhesión a las doctrinas de Santo Tomás, de Duns Scott o de Occam, reciben los nombres de tomistas, escotistas u ocampistas".

Era natural que el abuso del aristotelismo por la Escolástica produjese en España, como en otras naciones, una reacción favorable al platonismo. Sin embargo, la tendencia platónica, cualquiera que haya sido la energía de sus comienzos, no tardó en ser completamente absorbida por el movimiento aristotélico. Menéndez Pelayo[394] no titubeó en declararlo, diciendo que durante los siglos XVI y XVII la filosofía de los humanistas tendió más al Liceo que a la Academia, y que la filosofía de los naturalistas (Laguna, Gómez Pereyra, Vallés, Huarte), buscó en la

---

[393] *Adversus omnes haereses*, I, VII.
[394] *Ensayos de crítica filosófica*, 139, 141.

observación física y psicológica su criterio. Italia misma no poseyó un grupo de aristotélicos puros (llamémosles alejandristas, helenistas o clásicos) tan compacto y tan brillante como el que formaron Ginés de Sepúlveda, Pérez de Oliva, Cardillo de Villalpando Martínez de Brea, Arcisio Gregorio, Bartolomé Pascual, Antonio Luis, Gouvea, Monzó, Montlor y Núñez. Por obra y diligencia de estos beneméritos varones, a cuyos esfuerzos cooperaron dignamente algunos escolásticos reformados, tales como Pedro de Fonseca, Sebastián Pérez, Conto y Goes, hablaron de nuevo en idioma latino la mayor parte de las obras de Aristóteles, con una exactitud, claridad y elegancia que no habían alcanzado en las versiones anteriores; hízose texto de nuestras escuelas el texto griego del Estagirita; restableciose la antigua alianza entre los estudios matemáticos y los filosóficos; divulgose el conocimiento de los comentarios peripatéticos de procedencia helénica, especialmente el de Alejandro de Afrodisia; fueron victoriosamente refutadas las superficiales innovaciones de Pedro Ramus y de Lorenzo Valla, y restablecido en su propia y justa estimación el *Organum*, que Núñez comentó y defendió egregiamente; por último, fue traída a lengua castellana, antes que a ninguna otra de las vulgares, casi toda la enciclopedia aristotélica, merced a los esfuerzos de Simón Abril, de Funes y de Mariner, el primero de los cuales tradujo la *Ethica* y los *Politicorum*, el segundo la *Historia animalium* y el tercero estos dos últimos tratados, y, además, los *Physicorum, los Meteorologicorum,* el *De mundo,* el *De partibus animalium,* el *De generatione animalium,* el *Degeneratione et corruptiones, los Opurcula, los Rhetoricen* y el *Da anima.*

El insigne humanista valenciano Juan Gélida, llamado por Luis Vives alter nostri temporis Aristoteles, es comentarista superior, que va tras los rastros de los mejores intérpretes. Fernando de Córdoba es también muy celebrado erudito, versadísimo en lenguas sabias, talento universal que abarcó todas las ciencias de su época, original en sus puntos de vista, y padre del tratado *De artificio omnia et investigandi et inveniendi natura scibilis.* Puesto a la búsqueda de un principio armónico y transcendental, cree encontrarlo formulado lo mismo en los Metaphysicorum de Aristóteles que en el Parménides de Platón. Ese principio "reduce la muchedumbre de las diferencias a la unidad, lo compuesto a lo simple, lo diverso a lo idéntico, haciendo así posible el sueño de una sola e indivisible ciencia, cuyas leyes se extienden a todo el mundo inteligible". Fernando de Córdoba determina, por medio de la lógica, la ley de interna generación de las ideas, no imitando a Raimundo Lulio, cuyo Ars Magna le parece una artificiosa dialéctica y una máquina de pensar, sino imitando a la naturaleza misma, tal como procede en el desenvolvimiento de la vida, esto es, por intususcepción, por selección espontánea, por organización propiamente dicha. La ambición de Fernando de Córdoba era demostrar que Platón y Aristóteles se asemejan en el fondo, y que, sólo conciliando la teoría de las ideas con la teoría de las formas, puede hallarse en la realidad un principio, externo e interno, natural y racional, ontológico y psicológico a la vez, que sirva de ritmo al mundo del espíritu.

Igual tendencia siguió Fox Morcillo, sevillano, muerto en la flor de su vida y autor de varias obras, la más conocida y celebrada de las cuales es, sin disputa, el tratado *De naturae philosophia seu de Platonis et Aristoteles consensione*, dividido en cinco libros. El armonismo de Fox Morcillo no fue ese desencauzado e informe, todo eclecticismo, todo superficialidad, de poderosos motores, pero sin directivos timoneles. Fue armonismo solidificado por amplia serenidad helénica y por cierto proporcionalismo ajeno a los sectarismos furiosos de las escuelas rivales. Aristóteles, según Fox Morcillo, no hizo más que dar precisión a la doctrina de su maestro, y consolidarla con los conocimientos positivos de la naturaleza. Su divergencia está más en el punto de partida que en el término. Mientras que Platón empezaba por la consideración de las cosas suprasensibles, Aristóteles atendió, desde luego, a las relaciones del mundo fenomenal. Pero al final de la jornada volvían a encontrarse. En efecto: si Aristóteles, por oposición a Platón, que elevaba a la idea muy alto sobre toda la naturaleza, trata de reconocer la forma dentro de la naturaleza misma, no es que en esto exista contradicción de ningún género, sino el resultado de una evolución científica irremediable. Era sencillamente salvar el abismo abierto por Platón entre el mundo de lo ideal y el mundo de los fenómenos. Pero, aun aquí, vemos a Aristóteles reconocer inmediatamente que hay formas de las formas de las cosas singulares, y que hay una forma divina o una forma de la forma, que constituye la causa de aquellas cosas. El Estagirita no ha negado, por tanto, que un principio superior a la materia reside en la forma, sino que ha querido hacer de la idea un sello inmanente, y no un modelo transcendente, reservando para la mente divina los caracteres de universalidad y de separación que Platón atribuían a los paradigmas. Tal es, brevísimamente expuesta, la tentativa llevada a cabo por Fox Morcillo para devolver a Aristóteles su verdadera inteligencia crítica, conciliándolo con Platón. Diole aquella memorable tentativa la gloria de ser uno de los primeros armonistas exegéticos, que abarcó el campo inconmensurable de la filosofía, si no con la extensión que hoy permiten los recursos críticos e históricos de que podemos disponer, a lo menos con genio sintético bastante para anticipar las soluciones y las conclusiones de la ciencia moderna.

El primer signo de interrogación que surge ante nosotros, cuando abandonamos el aristotelismo de Aristóteles y pasamos al de sus comentadores y discípulos, se refiere a la justicia o injusticia de la preterición de Platón en la filosofía medieval y a su suplantación por el Estagirita. Curiosos fueron a este respecto los motivos alegados por el cardenal Belarmino, en plena ebullición de la Reforma Protestante. Consultado por el Papa Clemente VIII sobre si sería conveniente enseñar la filosofía de Platón en la Universidad de Roma, respondió Belarmino que no, apoyando con muchas razones su contrario parecer. "Dijo que sin duda era más peligrosa para las escuelas de los cristianos la doctrina de Platón que la de Aristóteles, al modo que lo es más la de los libros de los herejes que la de los gentiles, porque, siendo la metafísica de aquél filósofo generalmente más parecida a la de la Iglesia, y teniendo en algunas partes bastantes errores, corría peligro que, con la semejanza, algunos poco advertidos se engañasen, y, sin echarlo de ver, bebiesen el veneno de tales errores. Y que de aquí habían nacido los muchos y grandes que se hallan en las obras de Orígenes. Y que, por esta causa, el Quinto Sínodo había desterrado de las universidades de los católicos la filosofía de Platón, a fin de que no fuese mayor el daño que hiciese a las almas en materia de religión, que el provecho a los ingenios en materia de doctrina".[395]

Durante el Concilio de Trento, Don Diego de Mendoza y varios obispos españoles fundaron la Academia Aristotélica, a cuyo frente se puso Páez de Castro, uno de los mejores helenistas de entonces. Labor ímproba la que este sabio se impuso. No ignoraba que había un Aristóteles de Averroes y otro de Alejandro de Afrodisia. Pero él no se conformó con estos dos intérpretes, cuyos comentarios hallaba pálidos y sin sentido en muchos puntos, y recurrió también a Teotrasto, a Sexto Empírico, a Cantacuzeno, a Jorge Scolario, a Miguel de Psello y hasta a varios parafrastas anónimos. En 1547 escribía a su amigo Zurita: "yo estoy todo metido en Aristóteles, con el mayor aparejo que jamás creo que cristiano lo emprendió... Tengo los textos más correctos de Aristóteles, que los ha tenido hombre de ochocientos años a esta parte. Tengo todo cuanto se ha impreso de comentarios griegos. Allende desto, voy juntando a Aristóteles con Platón, y a Platón con Aristóteles". Todos sus trabajos prueban que quiso acabar, en punto a crítica aristotélica, con las autoridades inviolables y con el reinado absoluto de la tradición, evitando ser un mero continuador del período durante el cual se habían hecho esfuerzos impotentes para reproducir en toda su pureza el sistema del Estagirita.

El protestantismo fue poco favorable a Aristóteles. Los jefes de la

---

[395] Fray Diego Ramírez, *Vida del cardenal Belarmino*, II, XI.

Reforma determinaron expulsar sus doctrinas filosóficas de la Iglesia naciente. Lutero declaró que el estudio de Aristóteles era completamente inútil, y sus vilipendios contra el filósofo griego no tuvieron límite. Llamolo, en efecto, "un charlatán público y de profesión, un demonio dos veces execrable, un macho cabrío, un completo epicúreo, una bestia truculenta, un verdadero Apallión, un terrible calumniador, un malvado sicofanta, un príncipe de las tinieblas, el mayor embustero de la humanidad, en quien difícilmente se halla la menor filosofía". Los discípulos de Aristóteles eran, según Lutero, "sabandijas, orugas, sapos, piojos", y los aborrecía profundamente.[396] Melanchton, teólogo como su cofrade, pero a la vez humanista, no le acompañó en sus dicterios contra el fundador del Liceo, y hasta dio resueltamente la señal de la revisión de la vieja filosofía, que reposaba sobre los escritos incompletamente conocidos de Aristóteles. Quería poner en buena luz el sistema genuino del hombre más famoso en sabiduría de todos los pensadores griegos, y manifestó abiertamente que pretendía operar en filosofía, volviendo a las obras auténticas de Aristóteles, la reforma que Lutero había operado en teología, volviendo a la Biblia. Pero, aunque el protestantismo fue aristotélico bajo la dirección de Melanchton, su iniciativa no tuvo eco en las universidades alemanas, cuyas cátedras y cuyos bancos ocupábalos una generación cada vez más grosera. La filosofía de Descartes que los jesuitas combatían, valiéndose de Aristóteles, apenas encontró asilo más que en la pequeña ciudad de Duisburgo, donde, por la esclarecida protección de los príncipes de la casa de Prusia, se respiraba cierta libertad de espíritu. Por lo demás, Melanchton, que profesaba ideas retrógradas, y aun extraviadas por sueños astrológicos, en ciencias físicas y naturales, sólo cultivó con cierta originalidad la psicología, pretendiendo interpretar en ella a Aristóteles de un modo diferente, pero no siempre acertado, a sus clásicos comentadores. Así, poniendo la variante inexacta de ἐνδελέχεια (continuidad), en lugar de ἐντελέχεια (finalidad), Melanchton decía que el espíritu es permanente, y sobre esa variante se apoyaba principalmente la opinión conforme a la cual Aristóteles habría admitido la inmortalidad del alma. Amerbach, profesor en Wittenberg, que escribió una psicología rigurosamente aristotélica, entabló con Melanchton, a propósito de dicha variante, una polémica tan viva, que, algún tiempo después, abandonó la ciudad, y volvió a entrar en el regazo del catolicismo.[397]

Ya vimos que, en 1210, y en la plaza pública de París, fueron

---

[396] Draper, *History of the conflict between religion and science*, VII.
[397] Lange, *Geschichte des Materialismus*, I, 202.

quemadas por heréticas todas las obras de Aristóteles, menos el Organum, a consecuencia de una visita que hizo a la Sorbona un legado del Papa. Bajo el Renacimiento y por contraste, el pontífice Urbano V y el cardenal Besarion promovieron una traducción de aquellas obras, proclamando al Estagirita padre de la ciencia, y considerando herética toda doctrina que no fuese la aristotélica. En 1629, el Parlamento de París impuso pena capital al que atacase el sistema de Aristóteles. Por el contrario, León Hebreo llegó a decir de él que "tuvo, en las cosas abstractas, vista un tanto más corta" que Platón. No pensó así Obregón, autor de unos Discursos sobre la filosofía moral de Aristóteles recopilados de diversos autores (1603), producción donosísima, precedida de sendos sonetos del canónigo Verastigi y del abogado Valdés. El de Verastigi comienza:

> Tal viveza de ingenio, tal estilo
> en tan grande materia no vio el suelo,
> parece que os echaron desde el cielo,
> a dar a la virtud mellada filo, etc.,

y, al final, hay un soneto de un anónimo, que dice:

> Aristótel, divino entre mortales,
> y entre dioses gentiles semideo,
> de antiguas ceremonias otro Orfeo,
> sol de los cielos y obras naturales,
>   reformador del alma en las morales,
> lustre del mundo, policía y aseo,
> doméstico gobierno, paz y arreo,
> libros de los tesoros celestiales,
>   pudo el autor (como en virtudes diestro)
> sacar de sus costumbres vivo ejemplo,
> y que un príncipe de ellos participe,[398]
>   mas porque fueses único maestro,
> cual fuiste de Alejandro, serás templo
> deste Alejandro, hijo de Felipe.

Nuestros grandes filósofos jesuitas de la misma época, sin perjuicio de sostener la ortodoxia, y de seguir a Aristóteles y a Santo Tomás en muchas de sus doctrinas, se apartaban de ellos en aquellas otras en que les parecía

---

[398] El libro está dedicado al rey, que había nombrado a Obregón capellán suyo.

no iban acertados. Pereira, en su grandiosa obra *De com munibus omnium rerum naturalium principiis et afectionibus*, se declara aristotélico puro y, sin embargo, sostiene explícitamente la libertad de pensar, afirmando que, en materias de ciencias, el primer lugar corresponde a la observación y a la experiencia, el segundo a la razón y el último a las opiniones de los filósofos. Y no fue por que ignorase la verdadera doctrina de éstos, pues conocía, no sólo a Aristóteles y a Platón, sino que también a Pitágoras, a Parménides, a Jenófanes, a Anaxágoras y a Heráclito. Pero la filosofía de estos excelsos pensadores, por lo mismo que no podía ser acatada desde el punto de vista peripatético, era digna de ser expuesta críticamente por los aristotélicos que quisieron resolver la cuestión de principios en el sentido tradicional de la Escolástica. Y Pereira no se limitó a examinar los sistemas opuestos al que prefería sino que probó alguna vez a resolver sus aparentes antinomias en un armonismo superior. Por un poderoso estímulo de erudición clásica, sentíase inclinado a viajar en algún modo por la historia de la filosofía, a citar las opiniones contrarias junto a las propias, como prestándolas una cierta confirmación parcial, y, en ocasiones, a concordarlas e identificarlas con las suyas. Así, por ejemplo, en sus *Praelectiones philosophicae*, trató de probar que Platón, a pesar de lo que contra su criterio dijo Aristóteles, vio en las ideas meras razones existentes en la mente divina, y califico de "calumnia" la aseveración de los peripatéticos sobre el asunto. La idea platónica no era, para Perciso, más que la forma inteligible de la cosa, y, por consiguiente, un principio análogo al concebido por Aristóteles, como causa de la realidad concreta. Quiso, además, ver en ella un principio a la vez psicológico y ontológico, que puede ser comprendido y comprobado lo mismo en el orden del conocimiento que en el orden de la existencia. Por tanto, Pereira estuvo muy lejos de creer que el platonismo y el aristotelismo fuesen dos filosofías, y no una sola. La "calumnia" lanzada por los peripatéticos contra un sistema que no entendían, ni supieron interpretar, es de todo punto injustificada, según Pereira, y su origen debe atribuirse a la preocupación medieval de oponer radicalmente la Academia al Liceo. Se ha celebrado mucho su distinción peripatética de la metafísica y de la filosofía natural, que Pereira enuncia separando la última de la primera, tanto por su objeto (el mundo fenomenal y variable, que está por debajo del mundo necesario e inmutable de la razón) como por sus principios (las razones particulares, que se hallan incorporadas imperfectamente a las razones comunes) y por su fin (que, en un caso, es el ens mobile, y, en el otro, el ens simpliciter).

Del lado de la filosofía se inclinaba la teología, aunque sus tendencias y sus métodos fueran opuestos a los de aquélla. Aparte los elementos platónicos, o mejor dicho, neoplatónicos, aportados por Santo Tomás a su

considerable obra, los teólogos españoles de la época que estoy
historiando conocieron con ventaja los diálogos de Platón, o, a lo menos,
los comentarios de sus intérpretes florentinos, y ese conocimiento les llevó
a no mirar la autoridad del Estagirita con la veneración intolerante con que
antes se la miraba por los pensadores de la Escolástica. Melchor Cano, en
su tratado *De locis theologicis*, se muestra enterado de lo esencial de la
filosofía platónica, y, después de combatir el tradicionalismo protestante,
que desdeñaba la razón en nombre de la fe, y que repudiaba el estudio de
los filósofos como contrario a la teología, no deja de censurar el
tradicionalismo católico, que no quería desviarse de Aristóteles en nombre
de Santo Tomás, y que desdeñaba el estudio de Platón como dañoso a las
enseñanzas de la revelación divina. Respecto de Aristóteles, observa
Melchor Cano que se había expresado, en las cuestiones de la existencia
de Dios, de la creación del mundo, de la inmortalidad del alma y de los
premios y los castigos de la vida futura, con mucha más oscuridad que
Platón, y aun de una manera menos conforme a los dogmas del
catolicismo, y que, por tanto, sería absurdo y necio convertirle en
precursor del Cristo, y a su doctrina en un anticipación de la doctrina
católica. Cuánto a Santo Tomás no tenía, para Melchor Cano, más valor
que cualquier otro pensador cristiano, y su exagerada predilección por
Aristóteles era bastante a prevenirse contra él. La misma supremacía
injustificada que concedió al Estagirita, constituía, en opinión de nuestro
teólogo, señal cierta para aceptarle sólo cum moderatione quadam, y supo
con satisfacción que convenía en esto con su gran maestro Francisco de
Vitoria, de quien asegura Melchor Cano que "en algunas cosas disintió de
Santo Tomás", y que mereció, a su juicio, "mayor elogio disintiendo que
consintiendo, porque no conviene recibir las palabras del angélico doctor a
bulto y sin examen". Por lo demás, entre el método platónico y el
aristotélico, Melchor Cano prefirió siempre el segundo. Como Luis Vives,
encontraba y juzgaba, además, empresa tan imposible suprimir en las
escuelas los procedimientos peripatéticos de exposición cuanto convenible
y necesario creía desterrar de ellas lo que llamaba argutandi ars, parodia
insensata del ergotismo de los antiguos sofistas.

Aun no he encontrado en la conversación privada un solo teólogo
sincero que haya leído el De locis y que no esté convencido de que
Melchor Cano era un acérrimo adversario de la Escolástica. Todos lo
están, pero creo que ha sido Menéndez Pelayo[399] el primer autor que se
atrevió a escribirlo. Cuanto más leo a Melchor Cano, dice el crítico

---

[399] *La ciencia española*, II, 29, 317.

español, más me convenzo de que no es escolástico, sino discípulo de Vives (con quien fue injusto, como con tantos otros) y escritor del Renacimiento. Pues cabalmente lo que caracteriza, y da valor propio al libro de Melchor Cano, es lo que, ni soñaron Aristóteles y Santo Tomás, ni pudo soñarse en la antigüedad clásica y en la Edad Media: la crítica de las fuentes de conocimiento o el criticismo aplicado a la teología. Idea era ésta que no podía brotar en tiempos de ignorancia filológica e histórica como fueron los anteriores al siglo XVI, la idea era tan nueva y tan peregrina, aun en ese mismo siglo, que el canciller Bacón contaba todavía entre los desiderata de las ciencias particulares el estudio de los respectivos tópicos, lugares o fuentes. ¿Cómo he de tener por aristotélico y por escolástico a un hombre que con tanto desdén habla de las cuestiones relativas al principio de individuación, y hasta de la de los universales? Ciertamente que si Melchor Cano hubiera sido un dominico vulgar que se hubiera limitado a exponer mejor o peor lo que en Aristóteles y en Santo Tomás había aprendido, nadie se acordaría de él a estas fechas. Porque supo escribir con elegancia renacentista, y porque trajo algo nuevo a la ciencia, dura hoy venerada su memoria.

Tiene también completa razón Menéndez Pelayo en insistir en que en Melchor Cano hay muy poco de tomista, a no ser que por tomista se entienda vestir el hábito de Santo Domingo, y seguir la doctrina del doctor angélico en lo teológico: doctrina oficial, digámoslo así, en la Orden a que pertenecía Melchor Cano. Pero, en lo demás, el autor de la obra De locis theologicis pertenece a la pléyade de escritores del Renacimiento. No es aristotélico y tomista en la forma y en el estilo, porque Aristóteles y Santo Tomás escribieron como se escribía en su tiempo, y Melchor Cano escribe maravillosamente. No es aristotélico y tomista en filosofía, porque, entre Platón y Aristóteles no se atreve a decidir, y declara: Divo Augustino summus est Plato, Divo Thoma Aristoteles... Mihi quidem nec Augustini nec Thomae videtur coptemnenda sententia. Lo cual equivale a decir, que en filosofía no desprecia la autoridad de Santo Tomás, pero que tampoco la sigue, ni más ni menos que lo hizo Vives. Y no vale alegar que Melchor Cano fue poco afecto a este último, y que afirmó de él que, "si señaló con acierto las causas de la corrupción de las ciencias, no anduvo tan atinado en sus remedios", puesto que, en realidad, se aprovechó ampliamente de Vives y de muchos discípulos del filósofo de Valencia, como Juan de Vergara, cuyo libro de las Quaestiones Templi trasladó en cuerpo y alma, al tratar de la historia humana. Y nada mejor podría hacer, ya que Vergara es el padre de la crítica histórica entre nosotros.

Melchor Cano fue, sin duda, partidario de Aristóteles y de Santo Tomás, si a las palabras "aristotélico" y "tomista" se las quiere dar una extensión indefinida. Pero entonces habría que aplicar la misma calificación a muchos otros pensadores de su época, que jamás se juzgaron a sí propios incluidos en los contérminos del Peripato y de la Escolástica. Un crítico moderno[400] encuentra sólo en ésta teología y lógica, "sin filosofía alguna". Melchor Cano no hubiera aprobado de lleno aseveración tan contraria a la opinión corriente en la Orden Religiosa a que pertenecía. Pero ya hemos visto cuán severamente juzgaba la dialéctica del escolasticismo, dialéctica que llamaba argutandi ars, y que miraba como un enredo de sofismas, sutilezas y abstracciones.

Con esa misma libertad y amplitud de criterio, que tanto discrepan de la pedantería neoescolástica de la actualidad, siguieron a Aristóteles y a Santo Tomás fray Luis de León en los *Nombres de Cristo*, fray Bartolomé de Medina en su *Expositio in Primam Secundae*, Báñez en su *Scholastica Commentarla*, Mariana en sus diálogos *De morte et inmortalitate*, Vázquez en sus *Disputationum metaphysicarum*, Arriaga en su *Summa*, y Suárez en su tratado *De anima*. Este último, sobre todo, rompe decididamente con la autoridad de Aristóteles y de Santo Tomás, manifestándose poco conforme con las opiniones psicológicas del primero (quod vero Aristoteles hoc numquam dixeit, non urget, multa enim alia praeterivit, alia exacte non tractavit),[401] y apartándose del segundo en las cuestiones de la premoción física, de la ciencia media, de la distinción entre la esencia y la existencia, de la unidad del espíritu, de las ideas de cantidad y de materia, de la noción de la identidad transcendental, de la teoría del conocimiento intelectual de los singulares, del concurso divino en la acción de las criaturas, etc., etc.

Bacón, en su *Novum Organum*, emprendió una reforma radical de la lógica peripatética, y en el De dignitate et aumentis scientiarum, así como en los tres volúmenes de sus Essays, concedió al sistema de Demócrito la preferencia sobre el de Aristóteles. Hobbes, en su Computatio sive logica, dio de mano al optimismo intelectual, dialéctico o demostrativo de Aristóteles, si bien se mostró seguidor suyo en muchos lugares del Leviatham, especie de novela filosófica, redactada con fin casi exclusivamente práctico e inspirada fuertemente en los *Politicorum del Estagirita*. Descartes se enfrentó revolucionariamente con éste, en los *Principia philosophiae* y en el Discours de la méthode. Espinosa, en la Ethica y en el De emendatione *intellectu*, llevó el método matomatico hasta lo más refinadamente cualitativo, como para desmentir la timidez criteriológica con que Aristóteles procedió en el asunto, y propuso una

---

[400] Prantl, *Geschichte der Logik im Abenlande,* II, 6.
[401] *De anima*, III, (x, 14.

rectificación de los métodos y de los principios con que el Estagirita había tenido sojuzgados a los filósofos durante tantos siglos. Malebranche, en su *Recherche de la vérité*, refutó sañudamente la noología dé Aristóteles, y volvió a la de Platón, estableciendo que no vemos las cosas en sí mismas, sino en sus ideas o posibilidades eternas. Pero sobre todos los precedentes está en importancia Gassendi, cuyas *Exercitationes paradoxicae adversus aristoteleos* contienen un ataque de los más vivos y de los más arrogantes contra la filosofía de Aristóteles, que reemplaza por la de Epicuro. No así Leibniz, gracias al cual se mantuvo en Alemania el culto del peripatetismo. El gran filósofo volvió a Aristóteles en la afirmación de las causas finales, contra Descartes y Espinosa, que las negaban. Ilusión era, para él, la explicación de los procesos de la naturaleza y de la vida por leyes puramente mecánicas, y sin recurrir a las tendencias inmanentes que Aristóteles había establecido. En una de sus cartas a Bayle (1687), declara deber al estudio y a la meditación de la filosofía de Aristóteles los primeros atisbos de su concepción monadalógica de la realidad. Y hay, en la doctrina de Leibniz, otra concepción, que es más peripatética todavía. Comentando la profunda sentencia de Aristóteles de que "el alma es el lugar de todas las formas", deduce que el cuerpo es "un espíritu momentáneo, una dispersión o refracción del espíritu". A este mismo tenor podría continuarse la lista de afinidades entre Aristóteles y Leibniz.

El tratado de Poeticen[402] inspiró a Boileau, como había inspirado a Horacio, reglas que entusiasmaban a Voltaire. El siglo XVIII fue respetuoso con Aristóteles hasta en sus pensadores más originales. Kant decía que, después de dos mil años, nadie podía salir del cuadro trazado a la lógica por el Estagirita, en su Organum. Turgot venía a pensar lo mismo de los Metaphysicorum, y Mercier hizo a este tratado no pocos préstamos. Herder, al escribir sus Ideen zur Geschichte der Menschhcit, se inspiró en la concepción que de la naturaleza había formado Aristóteles. Lossing sacó de él sus opiniones estéticas, y Goethe le tomó por guía en sus innovaciones biológicas. Pero quien estuvo quizá más influenciado por el maestro de Alejandro fue Hegel, que tiene de común con Aristóteles el haber querido explicar la realidad por procedimientos eminentemente racionales, el haber concebido el ser como un tránsito entre la idea (o, como diría el Estagirita, el pensamiento puro) y el llegar a ser o werden, y el haber creído en la perfectabilidad de todas las existencias cósmicas. Un discípulo de Hegel, el filósofo italiano Vera, trató muy bien ese punto, en su Platonis, Aristotelis, Hegelii de medio termino doctrina. Aunque con

---

[402] En 1798, tradújolo José Goya al castellano.

muy distinto criterio, volvieron a la carga Biese en Die Philosophie des Aristoteles, Bonitz en sus Aristotelische Studien, y Teichmüller en sus Aristotelische Forschungen. Ni faltaron traductores, comentadores, editores críticos de las obras de Aristóteles, como Bulhe, Bekker, Tauchmitz, Veisse, Wallies, Taylor, Hoffmeister, Knebel, Cousin, Michelet, Azcárate, Barthélemy Saint-Hilaire, Ravaisson, Turot, Diels, continuadores y perfeccionadores de los trabajos de versión, de interpretación y de publicación, emprendidos, durante los siglos XVI y XVII, por Tridino, Commino, Melanchton, Aldi Mannai, Bebel, Sylburgo, Laemarii, Larouiére y Duval, constelación en cuyo centro hay que colocar las Aristotelis opera omnia quae extant (latine) brevi paraphrasi, que compusiera el escolástico Silvestre Mauro, y que es una de las mejores colecciones exegéticas que conoce la erudición.

Entre los peripatéticos del siglo XIX, merece puesto de honor Trendelenburg, quien, en sus sutilísimas comprobaciones del criterio cosmológico de Aristóteles,[403] revelose fuerte dialéctico, pero no estimador sereno de la doctrina contraria, que desdeñó o ignoró en algunos extremos. No se reveló más imparcial en sus impugnaciones del criterio Leibniziano. Leibniz prometía, en su teoría teleológica de la contingencia, una gran libertad científica, insinuando que las unidades vitales (que corresponden a la afirmación general hecha por Aristóteles en favor del valor de la individualidad) forman la base de una reforma del intelecto desfavorable al juicio estrictamente matemático o mecánico. Trendelenburg, por el contrario, como buen peripatético que es, resuelve que, aun cuando los orígenes de las ciencias puedan hallarse en lo visible y en lo contingente (las más veces en lo primero que se presenta a los sentidos, o que fija la atención), no llegan a su cumplimiento y a su perfección, sino en lo necesario. Su progreso es la marcha de lo contingente a lo necesario, y su ministerio establecer un enlace que reúna lo que parece contingente en un concepto necesario, desde cualquier punto que se le mire. Si las ciencias empíricas (opina Trendelenburg) examinan primero las cosas; si luego observan los fenómenos, y los aclaran por medio de diversos ensayos; si reúnen lo disperso, ordenan lo reunido, y en el orden hacen ver un todo, ya en la observación se descubrirá entonces lo constante, y en el todo se traslucirá la razón, y en ésta aparecerá la necesidad. Vacilante en un principio, el espíritu fue, mediante la observación y el experimento, adquiriendo la firmeza que da el conocimiento de la ley. Las leyes en busca de las cuales anda la ciencia

---

[403] Véanse sus Logische Untersuchungen, I, 12.

experimental, emanan de la necesidad del todo, que si bien todavía oculto cuanto a su última unidad, se revela en aquélla. Si las ciencias especulativas, como las matemáticas, empiezan por el libre vuelo de ideas y de elementos, poco tarda el espíritu en dejarse cautivar por la firmeza de la regla y de la ley, que el entendimiento va siguiendo, y en estas ciencias se muestra primeramente la necesidad teórica. Para Trendelenburg, "lo que se piensa, o mejor, lo que existe con necesidad, constituye el elemento vital de todo saber, y la necesidad es su medida y su objeto". Al leer estas últimas palabras, cualquiera creería que el autor de las Logische Untersuchungen iba a concluir que la existencia de la finalidad cósmica es incomprobable hoy por hoy, o, cuando menos, que su comprobación en el estado actual de los conocimientos, es dudosa e incierta. Lejos de verificarlo así, el discípulo de Aristóteles, siguiendo a su maestro, y reconociendo que el movimiento de nuestra voluntad está determinado por el pensamiento de un fin, encuentra algo análogo en la naturaleza material, al creer que es imposible comprender los fenómenos orgánicos, sin atribuir al concepto de fin un valor en el conocimiento de dicha naturaleza. Su íntima convicción de la impotencia de una concepción puramente mecánica le separa por una gran distancia de la filosofía determinista de Espinosa.

Pero donde, sobre todo, puede hablarse de un Aristóteles redivivo es en el movimiento neoescolástico de nuestra época, movimiento que empezó en la segunda mitad del siglo pasado, y que en el presente se perpetúa. Más que neoescolástico, debe llamarse neotomista, porque León XIII señaló al doctor angélico como fuente única de toda buena filosofía católica. Es increíble el trabajo que los neotomistas se toman para concordar las teorías de Aristóteles con los resultados positivos de las ciencias modernas. La metafísica de Santo Tomás no es en puridad otra cosa que la metafísica de Aristóteles concordada con fe, y ello, en su época, constituyó un indiscutible adelanto intelectual.[404] Pero proseguir la concordancia con la ciencia de nuestros días, es algo fuera de lugar, porque con esta ciencia consuenan también muchas doctrinas diferentísimas de la de Aristóteles e ideadas por otros filósofos de la antigüedad griega. Ahora bien: de todos los pensadores de la filosofía anterior a la Escolástica, Aristóteles influyó en el pensamiento de Santo Tomás más poderosamente que ninguno. Este hecho es indiscutible, y en vano algunas voces aisladas, que señalan detalles nimios en el pensamiento de Santo Tomás, pretenden desvirtuarlo. Tálamo, por

---

[404] Explica muy bien este punto Harper, en su libro *The metafisics of School*.

ejemplo, en su obra sobre L'aristotelismo della Scolástica, tiende a probar que el escolasticismo tomista es un eclecticismo o un tradicionalismo ecléctico, y que Santo Tomás ha tomado la verdad de todos los antiguos, no sólo de Aristóteles, sino de Algacel, Andrónico, Avicena, Averroes, Cicerón, Demócrito, Empedocles, Epicuro, Euclidea, Heráclito, Leucipo, Sócrates, Platón, Pítágoras, Ptolomeo, Porfirio, Trimegistro, Varrón, etc. Esta aseveración parece a primera vista la única exacta, y la que es más se une al pensamiento fundamental de Santo Tomás, quien, al comienzo de su grande obra, declara con excesiva modestia que no se proponía otro objeto, al redactaria, que el de reducir a sistema las vagas e indecisas explicaciones de los filósofos de su tiempo, o, como él mismo dice, para que los principiantes encontrasen encadenadas en riguroso orden didáctico las materias científicas que hasta de entonces no habían podido adquirir sin gran trabajo de su parte. Aunque este cuidado en los escritores de la Edad Media no fuese ciertamente semejante al de los arquitectos, que amontonan primero que fabrican, queda siempre como innegable el hecho de que Santo Tomás (ya lo vimos harto claramente al hablar de sus maestros árabes), copió a los autores que alcanzó a conocer en los datos y en las luces que venían a su propósito, pues el objeto que le movió fue formar un todo selecto de diversas partes esparcidas. Por eso, creo que la manera cómo se entiende, en la corriente neotomista contemporánea, el fin que debe perseguirse en el estudio de los sistemas ajenos y del propio, y los medios que al efecto se emplean, dan casi siempre la razón a los que protestan contra la tradición escolástica, la cual convierte, como con motivo se ha dicho,[405] en un prolijo y fatigoso trabajo de marquetería lo que debiera ser, en nuestra época, racional ejercicio de las más nobles facultades intelectuales de la juventud, y camino para llegar a comprender los monumentos filosóficos que nos ha legado la antigüedad clásica.

---

[405] Clarín: *Un discurso* (en los *Folletos literarios,* VIII, 91).

§ 5. ESTUDIO ANALÍTICO DE LA FÍSICA DE ARISTÓTELES

Leibniz,[406] cuyo genio portentoso abarcó todas las disciplinas científicas de carácter experimental que se cultivaban en su siglo, declaró, no obstante los enormes progresos hechos por la física de entonces, que no tenía inconveniente en suscribir todo lo que Aristóteles había enseñado en los ocho libros del tratado que dedicó a esa ciencia. Dicere non vereor, plura me probare in libris Aristotelis περὶ φυσικῆς ἀκροάσεως, quam in Meditationibus Cartesii. Immo ausim dicere totos illos octo libros salva philosophia reformata ferri posse. Quae Aristoteles enim de materia, forma, privatione, natura, loco, infinito, tempore, motu ratiocinatur, pleraque certa et demonstrata, sunt. Este magnífico elogio que Leibniz hace de los Physicorum de Aristóteles, y la preferencia que les da sobre las Meditations: de Descartes, sirven por todo un conjunto de autoridades científicas, competentes e imparciales, para dejar bien sentado que se trata de una obra única en los anales de la cultura griega. Jamás con tanta bizarría, ni con denuedo tan airoso, fueron reintegrados a la filosofía los fueros de la verdad experimental y los principios exactos de la física. De aquí proviene la atracción tan enérgica que ejercen en el lector todas las páginas de los Physicorum, y el avasallador influjo con que el autor se apodera briosamente del juicio ajeno, subyugándole al poderío de sus razonamientos irrefutables, e infundiéndole de modo contundente y vigoroso su propio sentir. Quédense los miopes de la crítica, pegados al cascarón del estilo sencillo y descuidado, en actitud de reparo retórico, con la frialdad de quien no siente en su cerebro cálido entusiasmo por las altas empresas de la ciencia; hagan aspavientos de dómine ante lo enrevesado y abstruso de las especulaciones a que Aristóteles no teme elevarse; claven sus ojos enturbiados por los adelantos de la mecánica moderna en los errores físicos propio de la época en que el tratado se escribió, y en las inevitables confusiones de tal cual oscuro pasaje. A pesar de todos ellos, el libro de los Physicorum es uno de los más grandes que ha producido el ingenio griego, y su contenido no admite comparación con las concepciones primitivas que los antecesores de Aristóteles forjaron del universo, y que se detenían en la superficie de las cosas. Su producción magna bastó al Estagirita para conquistar el procerato filosófico, y en ella expuso esas ideas fundamentales, que son todavía las piedras angulares del

---

[406] *Opera philosophica* 49 (edición Erdmann).

saber, y estableció teorías cosmológicas, que aún no han perdido su valor científico.[407]

El texto de los Physicorum, como el de las demás obras aristotélicas, ha tenido varias ediciones, la más antigua de las cuales es la editio princeps de Aldes, que remonta a 1495, y que hoy está envejecida, y se presenta insuficiente en muchos puntos. En 1825 y a propuesta de Schleiermacher, la Academia de Berlín encargó a dos de sus miembros, Brandis y Bekker, que coleccionasen, en las bibliotecas europeas, todos los manuscritos de Aristóteles, y estimose en más de ciento el número de los que dichas bibliotecas contenían. El nuevo texto, acompañado de variantes, alcanzó cinco enormes volúmenes, y, en el cuarto de ellos, debido a Brandis, como la lección original se debió a Bekker, incluyéronse los Physicorum, en unión de los Metaphysicorum y del Organum.

Aunque esta gran edición, seguida de un Corpus de comentaristas clásicos en una veintena de tomos, sea una de las más importantes entre las conocidas, y esté de acuerdo con las lecciones de los mejores escoliastas griegos, no es perfecta, ni con mucho, pues existen en ella errores de tipografía, de lectura y de omisión. Buen golpe de ellos fueron corregidos y enriquecidos con escolios suplementarios por la paciencia de Torstrick, que seguía las huellas de Valentín Rosa. Los textos de ambos son de los más completos que se hayan utilizado hasta el presente, y sirvieron de base a las redacciones muy mejoradas de Bonitz, en sus Aristoteliche Studien (1862), y de Diels, en su Testgeschichte der Aristotelischen Physik (1882). Para su edición de los Physicorum, Brandis y Bekker habían utilizado quince manuscritos, bien que ateniéndose principalmente a los que juzgaron mejores y más autorizados. Prantl, que no confrontó minuciosamente su redacción con el manuscrito a que decía atenerse, ofreció al público erudito una edición sumamente inexacta y poco digna de confianza para los doctos, lo mismo cuanto al sentido de la letra que cuanto a la expresión e interpretación puntuales de la ideología. Pronto, empero, se abrieron camino posteriores ediciones y mejoras de Shute, Fobes, Jaeger, Gerke y otros, que sellaron con marcas peculiares sus ediciones respectivas. Y una traducida poseemos, la más reciente de todas, redactada por Carterón, ajustada a los principios críticos admitidos generalmente en nuestros días, y que será, por lo visto, la versión definitiva de los Physicorum en francés. De ella me he servido con frecuencia y con provecho en la mía.

---

[407] Trata este asunto con tino Lévèque, en su obra sobre La physique d'Aristote et la science contemporaine.

Pocos exégetas niegan la autenticidad de los Physicorum, autenticidad que nos hace descubrir fácilmente la unidad interna del tratado, y que corroboran la tradición y las referencias concretas de Teofrasto y de Eudemo, los dos primeros discípulos dé Aristóteles.[408] Mas no existe la misma conformidad con respecto a su título. El de Φυσιχὴ Ἀκροασις es el que dan casi todos los manuscritos, y el que ha sido adoptado por los comentadores. Pero es preciso notar que los libros de que consta el tratado han llevado títulos diferentes. Parece que Aristóteles denominaba Τὰ περὶ φύσεως a los primeros, y Τὰ περὶ κινήσεως a los segundos, y, segure Simplicio,[409] los primeros eran los libros I a V, ambos inclusive. Porfirio, caudillo principal de los peripatéticos de Alejandría, modificó esa distribución de Simplicio, haciendo entrar el libro V (llamado Εκ τῶν φυσικῶν por Teofrasto) en la segunda parte de los Physicorum. Dámaso, discípulo y biógrafo de Eudemo, acepta la misma división, por cuanto se refiere bien taxativamente a Περὶ κινήεως, lo que no contradice a Porfirio, porque el epigono emite su aserción a base de haber suprimido su maestro el libro VII, en la reedición que de los Physicorum hizo la diversidad no es de gran momento, dado que el mismo Aristóteles empleó diferentes rótulos para designar los libros de su producción magna, por ejemplo: Περὶ τὰς ἀρχάς el libro III; Περὶ κρόνου καὶ κὶνήσειος, una parte del IV; Φύσικα el V; Εν τοὶς καθόλου πεοὶ φυσεως, el VI.[410] Añadamos que el rótulo de Περὶ φυσεως se aplica también a veces por los comentadores, no solamente a los Physicorum, sino a todas las obras del Estagirita que versan sobre temas concernientes a la naturaleza física.[411] Pero estas divergencias, que revelan la negligencia y el descuido con que Aristóteles clasificó y denotó sus tratados, no demuestran la falta de unidad interna del que nos ocupa. Únicamente el libro VII ha tenido redacciones distintas, aunque no tan dispares, que trastornen de modo ostensible el pensamiento fundamental del autor.

No debemos olvidar nunca, al leer los ocho libros de los Physicorum, que nos las hemos con un manual sintético, acroamático, compuesto para los miembros más destacados del Liceo. Esos libros deben ser juzgados

---

[408] Véase a Simplicio, *Commentarii in octo Aristotelis: Physicae auscultationis libros cwm ipso Aristotelis textu*, 123, 802, 924, 1126, 1137, 1358.

[409] Este comentador apoya su parecer en los testimonios de Teofrasto de Eudemo y de Andrónico de Rodas.

[410] Bonitz, *Index*, 102.

[411] Carterón, *La physique d'Aristote*, I, 11.

según el valor de cada uno.[412] Creo que el libro I es la introducción o propedéutica criteriológica y metodológica a la obra entera (así opina también Carterón), y que el II es una indagación amplificativa de las causas de la tendencia final plástica, la cual constituye propiamente lo que Aristóteles apellida naturaleza (ὥσπερ ὁ νοῦς " νεκὰ του ποιεὶ, τὸν αὑτον τςόπον καὶ φύσις)[413].

El comienzo del libro III continúa la explicación de las cuestiones tratadas en el II, y prepara la explanación de las que le pertenecen, y de las que se abordan en el IV. El libro V cualifica las nociones de movimiento y de generación, separándolas cuidadosamente, y enlaza la idea especial del continuo con la cinemática. El libro VI, de autenticidad manifiesta, se desenvuelve tomando por fundamento las definiciones formuladas en el V, y examina el movimiento en su aspecto de magnitud, en su división cuantitativa y en sus relaciones con la infinidad. El libro VII se separa de esos problemas, y concreta el análisis a la ecuación dinámica del movimiento con los motores y con los móviles. El libro VIII sigue esta misma dirección, y procura demostrar la existencia del primer motor y sus atributos, señalando el tránsito de la física a la metafísica. Sin embargo, la conexión entre los dos últimos libros no es tamaña, que no haya suscitado dudas críticas en gran número. Si, por una parte, es cierto que el libro VII no fue siempre redactado bajo su forma actual, también lo es, por otra parte, que el VIII no lo cita nunca, y que el tema de la eternidad del movimiento, común a ambos libros, se toca asimismo al final del VI. Recuérdese, además, la omisión total del libro VII, hecha por Eudemo, y parcialmente refrendada por Temistio, que dejaba a un lado varios capítulos "como indignos de atención". Apoyado en estas circunstancias redaccionales, que provocan la desconfianza de los críticos con respecto al libro Rose[414] llegó a declararlo inauténtico de todo punto. No comparten este negativismo exegético Brandis, Bekker, Zeller y Hamelin, quienes,

---

[412] No lo entendieron así Tannery y Rodier, en la controversia que, a fines de 1895 y comienzos de 1896, entablaron en el *Archiv für Geschichte der Philosophie* (VII, 224, 229; VIII, 455, 460; IX, 115, 118, 185, 189). Por no partir de un criterio tan sencillo a una que tan eficaz como el que en el texto indico, embrolláronse en la. discusión de sus encontrados pareceres. Tannery, sin razones sólidas, consideró los *Physicorum* como un tejido de fragmentos dispares, y cuyos libros V y VI debían rechazarse. Rodier defendió la unidad de la obra, mas no con argumentos mejores que los opuestos de su adversario.

[413] *Physicorum,* II, VIII. Compárese con el tratado *De anima* (II, IV) y con el *De partibus animalium* (I, I).

[414] *De Aristotelis librorum ordine et auctoritate.* 18, 54.

volviendo al dictamen de Simplicio, juzgan no ser ese libro indigno en nada de la penetración de Aristóteles, ni acusar disparidad alguna que impida colocarlo en el mismo plano científico que los otros. Sin embargo, según la opinión de Alejandro de Afrodisia, que encontraba sus demostraciones más débiles y a la vez más lógicas, habría que decir que fue escrito antes e independientemente del libro VIII, en que el desarrollo de las mismas materias se prolonga con más exactitud, y que se le hizo entrar posteriormente en el cuerpo mismo del tratado. Carterón[415] propone otra hipótesis, empezando por advertir que el libro VII se refiere a veces a los anteriores, como lo reconoce Rose, y que varias de sus demostraciones (por ejemplo, la discontinuidad de la proporción de la fuerza al movimiento) utilízanse en el libro VIII. En rigor, este último libro ocúpase más en determinar las propiedades del primer motor que en probar su realidad, y a tal objeto se ordena la tesis establecida en el comienzo. En la demostración de la existencia del primer motor, sólo gasta Aristóteles[416] unas cuantas líneas, y los demás argumentos tienden a aseverar que es inmóvil, o que se mueve por sí. De ahí infiere Carterón que el libro VII se escribió después del VIII, para precisar las pruebas, y para desenvolverlas en sus consecuencias y en sus condiciones, y que, más tarde, se intercaló en el tratado, poniéndolo antes de su última sección. Con el mismo título que los libros V y VI, el VII preparaba el VIII por un estudio más detallado de ciertos conceptos científicos relativos al movimiento, y, con mejor título que ellos, por la demostración amplia y puntualizada de la existencia del primer motor. Tal demostración responde a una necesidad de exactitud muy notable, y, si requiere precisiones y correcciones, no es el libro VIII el que las aporta. Hay que suponer, por tanto, que Aristóteles no tuvo tiempo de restablecer la transición que la inserción rompía, puesto que la primera frase del libro VIII no contiene la menor partícula de enlace con lo que la precede, como tampoco lo tuvo de fijar las referencias de aquel libro al VII.

Los Physicorum no pueden haber sido escritos mucho después del 335, en que por segunda vez volvió Aristóteles a Atenas, residiendo allí hasta el 323. Si se afirmase de antemano que, comparados con los demás tratados aristotélicos, los Physicorum no revelan ninguna diferencia denunciadora de una evolución personal del pensamiento del autor, sería fácil concederlo. Pero es difícil precisar el orden cronológico de composición de cada uno de los escritos redactados por Aristóteles durante los doce

---

[415] La physique d'Aristote, I, 13.
[416] Physicorum, VIII, V.

años que permaneció en la capital de Grecia al frente del Peripato, y esta incertidumbre alcanza a los *Physicorum*. En el *Organum* y en el libro V de los *Metaphysicorum*, se anuncia su aparición en un plazo, que no se determina, pero que revela ser nuestro tratado posterior a aquéllos, y, en otra obra aristotélica,[417] se consigna que, después de los *Physicorum*, van el *De coelo*, el *De generatione et corruptione* y los *Meteorologicorum*, ordenación serial en un todo conforme con la clasificación de las ciencias que Aristóteles establece en varios lugares de sus obras.[418] Definida por él la ciencia en general como un movimiento de la razón, cuyos términos principales son la teoría, la experiencia y la práctica, adaptó su sistema enciclopédico a esa trilogía taxonómica. A las ciencias teóricas (matemáticas, lógica, metafísica) les dio por objeto el mundo ideal o especulativo; a las ciencias experimentales (historia natural, física, psicología), el mundo real e independiente de la voluntad humana; a las ciencias prácticas (economía, moral, política), el mundo social. La física ocupa, pues, un lugar intermedio entre la lógica y la psicología. No es una teoría del conocimiento, ni una teoría del espíritu, sino una teoría de la naturaleza. Pero de la lógica, que la precede, por ser ciencia de la ciencia y matemática de la cualidad, recibe sus principios, sus métodos y sus procedimientos de demostración.

Se acabará de esclarecer estos puntos, si examinamos qué concepto formó Aristóteles de la naturaleza. Al separar de la esfera de lo transcendente las esencias arquetípicas de Platón, fue para hacerlas inmanentes al mundo real, la naturaleza no es arte cuanto al modo que tiene de producir sus seres, pero sí cuanto a la inteligencia previa que supone esta producción. "Arte es habilidad inteligente, dirigida a la producción de una obra visible".[419] La actividad artística implica la existencia del plan de la obra, o sea, el conocimiento del fin a que se dirige, y la elección prudente de los medios que le son necesarios. Por tanto, como causa de la tendencia final, la naturaleza es también causa de la ejecución mecánica consiguiente a la tendencia. En la naturaleza, lo teleológico y lo mecánico (μηχανή = máquina) son entre sí como el fin y el medio, y lo uno no es posible sin lo otro, o mejor, son elementos recíprocos. Pero, si se ha de dar preferencia a uno de los dos, es evidente que compete a lo teleológico, y no a lo mecánico, pues el medio no existe

---

[417] *Meteorologicorum*, I, I.
[418] *Metaphysicorum*, V, I. *Topicorum*, VI, VI; VIII, I, *Ethica ad Nicomachum*, IV, III., V.
[419] *Ethica ad Nicomachvm*, VI, IV.

sino a causa del fin, y no al revés. No a la sustancia, sino a un accidente real inherente a la sustancia, debemos mirar como la razón próxima de la presencia externa de las cosas naturales, presencia que es puramente cuantitativa. Pero su realidad cualitativa es interna, y obedece a leyes teleológicas. La idea, que Platón había puesto fuera de la naturaleza, se convirtió, en el sistema aristotélico,[420] en una existencia determinativa dentro de la cosa misma, como principio y raíz de su esencia cabal y de toda su acción. El fin no es extraño a las cosas naturales, como a la máquina, sino que les es propio e inmanente.

Al combatir el platonismo, Aristóteles no se separa de él tan completamente como piensan algunos. De quienes se separa casi con horror (si horror cupiera en el campo de las divergencias científicas), es de los pensadores de la escuela ecléctica. Enfermos y delirantes[421] llega a llamar a estos pensadores, como si deputase patológico lo que es simplemente funcional, aunque excelsamente funcional, como suele serlo toda labor mental en que la actividad de los centros de proyección del cerebro se sobrepone, hasta suplantarla, a la actividad de sus centros de asociación. Los eleáticos proyectaron con tal intensidad al plano más alto de sus especulaciones su idea central del inmutable Uno, que no quisieron asociar a ella ninguna otra noción. Ese Uno era, para ellos, el Ser absoluto e infinitamente perfecto, vale decir, necesario, universal, único e idéntico al pensamiento, con que esterilizaban la física desde su punto de partida, perdían completamente de vista la pluralidad del mundo real, negaban la diversidad de las cosas, desconocían los cambios constantes de la generación y de la corrupción, y tornaban inexplicable de todo punto la vitalidad inagotable de la naturaleza. Al parecer, aquellos filósofos confundían el Ser absoluto e infinitamente perfecto con el ser general o indeterminado, y, además, con su tesis de que "el pensamiento es idéntico al objeto del pensamiento", confundían también la unidad que recibe el ser en la mente del que lo concibe, por virtud de la abstracción, con la unidad

---

[420] Explánalo muy bien Hamelin, en los capítulos XV a XVIII de su *Systeme d'Aristote*. publicado en 1920. Siete años antes (1913), había consagrado a la misma tarea Mansion su *Introduction à la physique d'Arisote*. En 1909, había sido tocado el tema por Werner, en su obra *Aristote et l'idealisme platonicien*. Robin, en 1908, había ofrecido una valiosa aportación al mismo asunto, con su libro sobre *La théorie platonicienne des idées et des nombres d'aprés Aristote*. La producción más clásica sobre este asunto, debida a Teichmüller, remonta a 1874, y se intitula *Studien zur Geschichte der Begriffe*.
[421] *Physicorum*, VIII, III.

concreta y efectiva que posee fuera del espíritu inteligente o racional.[422] Frente a ese monismo totalitario, Aristóteles exaltaba un pluralismo minimal, que escindía el cosmos en partes distintas unas de otras, que contemplaba a placer y satisfacción la ricamente matizada variedad del universo, que imprimía movimiento y cambio al témpano rígido e inalterable del eleatismo, que devolvía la acción y la vida a los seres individuales, que proclamaba, en suma, la discontinuidad de la naturaleza.

Pero, al proceder así, Aristóteles no incurría en el error de los atomistas, que disgregaban la realidad en corpúsculos simples, materiales e inaccesibles, por su extremada pequeñez, a la observación. Según él, los seres naturales son compuestos, y lo están de materia o potencia y de forma o acto. En la formación de los seres naturales, no hay mezcla meramente accidental y cuantitativa de átomos, sino mezcla positivamente sustancial y cualitativa de elementos. En vez de partículas, que es físicamente imposible dividir más, Aristóteles admite las cuatro cualidades primarias o propiedades elementales de humedad, sequedad, calor y frío, teoría que, en pleno siglo XIX, no temió el gran químico Liebig[423] hacer suya, segregando lo que en ella perdura de anticuado e insostenible. Es evidente, al decir de Aristóteles, que todas las cualidades perceptibles de los cuerpos palpables, líquidos o sólidos, sometidos a altas o a bajas temperaturas, dependen de esas propiedades fundamentales, puesto que, variando una de ellas, varían también las demás, y, si persisten en dichos cuerpos, es virtualmente ($\delta\upsilon\nu\acute{\alpha}\mu\epsilon\iota$), mas lo realmente ($\grave{\epsilon}\nu\tau\epsilon\lambda\epsilon\acute{\iota}\alpha$ $\acute{\alpha}\tau\nu\hat{\omega}\varsigma$). También la extensión o cantidad continua es propiedad de los cuerpos palpables. Pero como consta de partes susceptibles de divisibilidad indefinida, que la convierten en cantidad discreta, su concepto no puede prestar apoyo alguno a la doctrina atómica. La extensión, por otra parte, no es identificable con la materia, y menos con la materia prima o pura ($\pi\varrho\acute{\omega}\tau\eta$ $\ddot{\upsilon}\lambda\eta$), exenta de toda determinación formal, es decir, con aquello que no es nada, pero que lo puede ser todo. Preciso es, por ende, volver de modo inevitable a la noción del movimiento y de la mutación, que implican siempre un tránsito progresivo de la potencia al acto. Hartmann[424] no ha temido declarar que, sin esta hipótesis aristotélica, es imposible comprender las categorías supremas del ser y del no ser, tal como los presenta la realidad natural. El estado de potencia es, en el

---

[422] Véase a *Kleugten* (*Philosophie der Vorzeit*, 543, 785) y a Pesch (*Die grösse Weltratsel*, II, 470, 485).
[423] *Chemische Briefe*, 83.
[424] *Philosophie des Undewussten*, 791.

momento de la iniciativa, otro que el que ha sido antes, y otro asimismo que el que será, cuando el impulso primitivo haya hecho efecto y entrado en pleno acto. Y a este conjunto de alteraciones sustanciales y cualitativas se reducen todas las acciones y todas las formaciones en que la naturaleza desplega su fuerza creadora, a la vez plástica y rítmica.

El sistema de Aristóteles es, pues, un dinamismo, mas no continuista, ni minimalista, ni cinético, ni psíquico, sino hilomórfico, y que rechaza por igual el mecanicismo adinámico o extremo, el moderado o ateleológico, y el platonizante o mixto. Todas estas concepciones particulares absórbelas Aristóteles en la concepción fundamental del hilomorfismo finalista, que permite la contemplación más amplia, más puntual y más exacta del calidoscopio de los fenómenos naturales. No menos en lo inanimado que en lo animado, se descubre una finalidad intencional, muy oscura en donde predomina la materia, pero muy clara en los organismos compuestos, en los que con mayor facilidad descubrimos la actividad específica de la forma.[425] Con razón observaba Aristóteles[426] que los materialistas griegos habían incurrido en su error, por despreciar la causa final, y los comparaba con quienes, preguntados de qué manera se hizo una obra de arte, señalan una mano, pero no la mano viva del artífice que concibió su idea, sino una mano de madera puesta casualmente en movimiento por algún mecanismo. Cudworth[427] considera este finalismo aristotélico como el acierto más fecundo de toda la filosofía pagana, y Juan Müller[428] le ha dado cabida en el campo fisiológico. Una obra de arte mecánico está conforme a la idea que flotaba en la mente del artista, y al fin que buscaba en su efecto. Una idea late también debajo de cada organismo, y a ella se ajusta la construcción de todas sus partes. Hay, en uno y en otro caso, una idea, si bien, en el primero se halla fuera de la obra de arte, y, en el segundo, se halla dentro del ser vivo, y en él opera inmanentemente. Obrar con arreglo a un fin y obrar son necesidad mecánica, son una misma cosa, en toda formación orgánica, que obedece a la energía constructiva de la vida. Y unas veces esta energía se muestra parsimoniosa y sumisa a la ley del mínimo esfuerzo, mientras que otras aparece dispendiosa en grado sumo. Por su grandiosa conveniencia,

---

[425] *Meteorologicorum,* IV, XII.
[426] *De partibus animalium,* I, I. Véase a Pesch *(Diegrösse Welträtsel,* I, 202) y a Hertling *(Materie und Form,* 96). Compárese con Zeiler *(Die Philosophie der Griechen* I, 495) y con Lotze *(Mikrokosmus,* I, 112).
[427] *Systema intellectuale,* 162 (edición Mosheim).
[428] *Lehrbuch der Physiologie der Menschen,* I, 23; II, 500.

comparaba Aristóteles la naturaleza con una casa hacendosamente administrada y gobernada. Parca en sus medios, aprovecha aun los desperdicios vitales para fines útiles. No permite que se pierda nada y jamás concede dos órganos donde basta uno. Si es posible, emplea un órgano para muchos objetos, y, solicitada por ciertas substancias para dar un desarrollo más vigoroso a una parte del cuerpo, prefiere acortar otra menos precisa. Empero, en otros casos, cuando la economía puede ser nociva a los organismos, se muestra en ellos abundante hasta la exuberancia, y, en ocasiones, hasta la superfluidad. No por ello olvida el principio de la división del trabajo, sino que subordina cuidadosamente los órganos a las funciones, los instrumentos a los agentes, los elementos accesorios a los principales, los factores contingentes a los necesarios, en la más perfecta y eficaz distribución. Aristóteles[429] dice que la naturaleza no obra como el herrero que, por amor a la sencillez y el ahorro, construye un asador que sirva a la vez de candelabro, y que, solamente allí donde sus operaciones concuerdan, se vale del mismo medio para conseguir varios fines.

Pasando a indagar más de propósito el objeto característico de la física, debe considerarse que es la naturaleza, la cual no puede concebirse sino por medio de la experiencia, fuente primitiva de los conocimientos humanos, puesto que, según el conocidísimo apotegma aristotélico, "nada hay en el entendimiento que no haya estado anteriormente en los sentidos". En esto de anteponer la observación a la especulación, Aristóteles fue implacable y contumaz. La física es, pues, la ciencia inductiva de la naturaleza cósmica, y comprende el desarrollo analítico de las ideas siguientes: principio, causa, infinito, movimiento, espacio y tiempo. También podría definirse la física como la ciencia general de los cuerpos, en cuanto son variables, es decir, en cuanto están sujetos a cambio. Ahora bien: todo cambio supone una materia y una forma. Estas dos nociones constituyen los dos puntales de toda la filosofía aristotélica, porque el Estagirita las aplica, no sólo a las indagaciones cosmológicas, mas también a las biológicas y a las psicológicas.

La obra de Aristóteles se compone, como sabemos, de ocho libros o partes, y, en todos ellos, corusca el rutilante ingenio del creador de la primera y más minuciosa enciclopedia científica que la antigüedad nos ha legado. En el libro I, que comienza por la determinación de los principios de las cosas naturales, Aristóteles aplica al asunto las deducciones que había establecido en su Organum, conviene, a saber: 1) que los principios

---

[429] *De partibus animalium,* IV, VI.

son más fáciles de percibir que las demostraciones; 2) que el principio de las demostraciones no es la demostración misma; 3) que el principio de la ciencia no es la ciencia. Con arreglo a estas fórmulas, estima Aristóteles que el orden y el procedimiento a seguir en las indagaciones de las ciencia de la naturaleza consisten en partir de las cosas menos claras en sí y más claras para nosotros, para llegar, por una marcha natural de la mente, a las cosas más claras en sí y más cognoscibles. Pero ocurre que las cosas más claras para nosotros se nos ofrecen como algo confuso y general, que nada nos enseña sobre la manifiesta variedad particular que campea en el mundo, y que la observación y la sensación comprueban en todo instante. Por tanto, siendo la inteligencia el principio propio del conocimiento (otra deducción sacada de su Organum), debe esforzarse en encontrar aquellas cosas que, por ser más claras en sí y más cognoscibles, constituyen los verdaderos principios dotados de la verdadera generalidad.[430] Esta teoría, pues, es un idealismo realista, apoyado en la observación y en los hechos procurados por la sensación, pero que tiene por punto de partida las condiciones y las leyes de nuestra inteligencia. Y el interés de semejante teoría está en ser una anticipación del célebre principio de Descartes, conforme al cual sólo es evidente aquello de que poseemos idea clara y distinta. Evidente, adviértase bien, no demostrable, ni demostrado, ni necesitado de demostración, por cuyo motivo Aristóteles, al abordar el tema del número de los principios, ni por un momento duda de su existencia. La negación de su existencia no interesa a la física, que parte del postulado fundamental de que hay cosas en movimiento. Heráclito había exagerado este postulado, afirmando que el movimiento es el secreto real del mundo, el arque de todo lo existente, la causa primera de todas las cosas, y ello, no en concepto de sustancia material (ἄπειρον), como la arbitrariamente escogida por los filósofos de la escuela jónica (la "humedad" de Tales, lo "indefinido" de Anaximandro, el "aire" de Anaxímenes, etc.), sino en calidad de proceso del cambio mismo, cambio negado por la escuela eleática. Aristóteles llama "despreciable" la doctrina de esa escuela, pero su desdén hacia ella no es tamaño, que no juzgue útil refutarla en sus premisas y en sus razonamientos, es decir, en sus extremos todos. La especulación griega anterior a Aristóteles había alcanzado un punto donde dos caminos, más o menos consistentes, del pensamiento, habían llevado a conclusiones diametralmente opuestas: el fluir perpetuo de Heráclito y la unidad inmóvil de Parménides, que hallaba incompatibilidad absoluta entre las ideas de ser y de movimiento. Meliso

---

[430] *Physicorum*, I, I.

llegó en seguida a explicar el enigma, confundiendo e identificando el ser uno, único e inmutable de Parménides con el ἄπειρον de la escuela jónica. Pero su intento quedó frustrado, porque el defecto de la escuela eleática era, en sentir de Aristóteles, haber analizado insuficientemente las nociones de unidad y de ser, que se prestan a diversas acepciones. Sobradamente satisfechas hubieran quedado las exigencias de Parménides, admitiendo la unidad del ser según la comprensión, y la multiplicidad de los seres según la extensión,[431] y algo de esto quisieron hacer los pitagóricos, que hallaron en el número la esencia real del universo, y, por tanto, un ente infinito, eterno e invariable. Pero este ente resultará, inconcebible, mientras no se concreten sus atributos con escrupulosidad,[432] y bien que, lo demostró Parménides, al suponerle esférico, finito, material y sólido, y a la vez indeterminado, divino, pensante e incoercible. En este sentido, el criterio de Aristóteles es irreprochable, porque quiere buscar lo que es permanente en las leyes invariables del movimiento, y lo que es proporcional en los hechos variables de la sucesión. La física es la verdad de la que son ejemplos imperfectos y transitorios esos hechos, los cuales llevaron a Anaxágoras a utilizar la noción de los contrarios. Pero estos contrarios pueden aplicarse lo mismo a una materia única (dinamismo) que a una materia múltiple (mecanismo). Porfiaba Anaxágoras que la materia múltiple y la cantidad de los contrarios son infinitas. Respóndele Aristóteles que tal concepción, sobre ser opuesta al principio de toda ciencia, se pierde en dificultades insolubles con respecto a la divisibilidad de las partículas elementales, a la separación de las cualidades y de las cosas, y a la necesidad de un fin que, dándoles forma, haga inteligible la generación natural.[433] En un sólo punto podría decirse que conviene Anaxágoras con la ciencia de la naturaleza, y es en la concesión que ésta le hace de que los principios deben ser buscados entre los contrarios. En efecto: al delimitar las generaciones y las corrupciones naturales, se satisface al principio general de determinación. Si bien se mira, los antiguos no han discrepado más que en orden a saber cuáles son los contrarios primeros, y si han de aceptarse los más sensibles (Tales, Anaximandro, Anaxímenes) o los más racionales (Parménides, Meliso, Anaxágoras).[434] Dada la insuficiencia de los contrarios, la solución ofrecible a este propósito es la concerniente al número de los principios.

---

[431] *Physicorum*, I, II.
[432] *Physicorum*, I, III.
[433] *Physicorum*, I, IV.
[434] *Physicorum*, I, V.

Los contrarios nos detienen y nos dejan en el dualismo. Mas, como la razón no se contenta con ellos, pregúntase si no obran en un tercer principio, de que son meras propiedades.[435] Por tanto, el problema se reduce, en última instancia, a saber si son dos o tres los principios. Aristóteles contesta con su teoría de la generación, que es epigenética, como la de los modernos naturalistas. Trátese de una generación de substancia o de accidente, su sujeto recibe una forma, que reemplaza, en él, a la privación. Así, los principios de toda generación natural son, de una parte, el individuo particular, que es el sujeto de dicha generación, y que, en cuanto dotado de privación, es materia, y, de otra parte, la privación misma y su contrario, la forma.[436] Pero todo ello implica el movimiento, en su sentido cualitativo de cambio. Aristóteles estatuyó, como antes vimos, que el movimiento es un hecho que se afirma, pero que no se demuestra, porque representa y significa el tránsito del contrario al contrario. El ser, al pasar de un estado a otro, se convierte en lo que no era. Antes, podía llegar a ser otra cosa, por hallarse en potencia. Después, llega a ser potencia en acto. El movimiento y el tránsito de la potencia al acto es la realización del poder ser.[437] La materia tampoco es, para Aristóteles, más que una potencia, y, como toda potencia, no existe más que en el momento del acto. Si el movimiento, en la sensación, como en todo, es la realización del poder ser, y si la materia del cuerpo o del objeto que se nos figura origen de la sensación se reduce a potencia en acto, nuestras sensaciones no son, ni pueden ser, otra cosa que signos de un algo potencial. Este algo potencial, que nos habla y nos educa por medio de tales signos, desarrollando nuestra inteligencia, nuestro carácter y nuestra voluntad, debe ser también inteligente, porque no nos comunica desatinos o signos en desorden, y, siendo inteligente, es real. Hay, pues, una realidad ideal, extraída lógicamente de la sensación. Platón consideraba la materia como un ente equidistante de la realidad y de la apariencia, o dígase, como un ser intermedio entre la existencia y la nada. Esta idea que Platón expresa no es tampoco extraña a Aristóteles, ni aun a sus comentadores escolásticos. Con frase que recuerda las anteriores afirmaciones, dice, por ejemplo, Pesch[438] que la materia, como tal, es incognoscible, y que no

---

[435] *Physicorum*, I, VI,
[436] *Physicorum*, I, VII.
[437] Véase mi obra sobre *El universo invisible*, 111.
[438] *Die grösse Welträtsel*, I, 343. Compárese con mi obra sobre *El hilozoísmo como medio de concebir el mundo*, 33. Véase también a Baümker, *Das Problem der Materie in der griechischen Philosophie*, 81, 90.

llegamos a conocerla sino como una conclusión. Platón[439] había enseñado ya que la materia no podía ser conocida sino por una especie de raciocinio impropio (αυτὸ δὲ μετ' ἀναισθδιας ἁυτὸν λογιστιῷ τινι νόθῳ, μογις πιστὸν). En el mismo sentido hablaba también Aristóteles de un silogismo por analogía, llegando a sostener[440] que la materia no es realmente, sino sólo al parecer, un τόὐε τι. El pasaje dice a la letra: ἡ μέν τόὐε τι οὖσά του φαινεσθαι. Aunque fuera verdad, como sostiene Hertling,[441] que este pasaje fue mal interpretado por los escolásticos árabes, o, en general, por los escolásticos panteístas, habrá que convenir, con el mismo historiador, en que nada hay más semejante a él que algunas páginas de Santo Tomás,[442] así como ciertos pasajes de los Opuscula[443] del doctor angélico parecen literalmente traducidos de aquél. Kleugten[444] interpreta a Aristóteles como a quien sostiene que, a despecho de la concepción de la idea y del sentido vulgar de la palabra, la materia no es, ni puede ser, sustancia. Por esto, porque la materia no es verdaderamente un ὄν ni un πλέον, sino una maya o apariencia ilusoria, que se evapora o disipa ante la ciencia, Aristóteles, a pesar o a causa de su espíritu racionalista, inmediato, positivo y experimental, confesó que los sentidos nos engañan muchas veces respecto a lo que es la verdad. Por ello también, declaró que la adivinación existe realmente, si bien la consideró producto de una facultad natural e innata en el alma, pero reconociendo asimismo apariencias sutiles que pasan de unas almas a otras, y consignando que los extáticos prevén el porvenir, cuando las emociones de la vida no les turban. Hasta creyó en las apariciones, pues certificó que un sacerdote de Júpiter, asesinado, se presentó, dos días después de su muerte, para denunciar a su asesino, que fue preso, juzgado y condenado, a consecuencia de la aparición. Ni hay para qué añadir, volviendo al tema que elucidamos, que Aristóteles no daba importancia a las objeciones que los antiguos oponían al concepto de la generación, y que deducían del principio de que todo proviene, o del ser, o del no ser, principio a su vez sacado del principio de que el ser y el no ser son incompatibles. Esto es lo que Parménides había establecido con su famosa fórmula: "Lo que es, es, y lo que no es, no es". (όυκ ἔστι) Según este discurso de Parménides, no

---

[439] *Timeo*, 52, B.
[440] *Metaphysicorum*, II, XII.
[441] *Albertus Magnus*, 97.
[442] *Summa theologica*, III, LXXVII, 2.
[443] Compárese el *De principia naturae* con el libro I de los *Physicorum*.
[444] *Philosophie der Vorzeit*, 749.

habría espacio vacío, ni movimiento constante, ni cambios, ni transformaciones, porque ello implicaría un paso del no ser al ser, y el no ser no existe. Platón formuló la conclusión de esta manera: "El no ser es la materia misma". De suerte que, negando ambos filósofos que el no ser insida en la cosa natural, desconocieron el elemento permanente de la generación, y el primero de ellos llegó a aseverar que sólo hay un ser, porque si hubiese más, debería haber un no ser entre ellos. ¿Cómo hubieran evitado tamaños extravíos? Sólo con distinguir el principio esencial y el principio accidental de la generación, reconociendo que ésta procede del no ser en sí (la privación), mas no como de un principio esencial.[445] Y aquí es donde Aristóteles ve el verdadero enlace de la física con la metafísica. Sin llegar al idealismo de Platón, que engrandece hasta el símbolo las apariencias mismas de las cosas, Aristóteles considera estas apariencias como exterioridades que responden a realidades internas e inmanentes al mundo fenomenal.[446] Las apariencias en sí no son nada, y no adquieren valor metafísico sino cuando vienen evocadas por esa visión sutil mediante la cual se revelan los hechos maravillosos. Únicamente las gentes de inteligencia limitada juzgan por la exterioridad, es decir, por la apariencia. Pero la verdadera realidad del cosmos es la invisible, no la visible.

El libro II de los Physicorum está destinado a buscar las causas de la naturaleza, cuya adquisición viene después de la determinación de sus principios. Porque, conforme a la doctrina de Aristóteles, el físico forma su concepción de los principios de la naturaleza con ideas sencillas, como el hombre emprende la construcción de un buque con tablas toscas. Pero, al llegar a la investigación de las causas, el problema se complica. Que haya causas en la naturaleza, nadie lo duda. El principio de causalidad es inherente a la inteligencia, y, "en el orden científico, la inteligencia es lo que hay de más exacto y de más seguro", establece Aristóteles en su Organum. Y, sin embargo, pocas tareas tan difíciles como la de puntualizar con rigor las causas de la naturaleza. Considerando lo enrevesado, y a veces contradictorio, de sus efectos, Aristóteles[447] llegó una vez a sentenciar que la naturaleza es diabólica, no divina (ἡ φσις δαμονία αλλ᾽ ου εεία εστίν). Pero todo este pesimismo intelectual tuvo siempre en él carácter transitorio. De ordinario, permaneció fiel a su principio de que, aunque la materia constituya lo que hay de naturaleza en

---

[445] *Physicorum*, I, VIII.
[446] Véase mi obra sobre *El universo invisible*, 113.
[447] *De divinatione*, 463, B.

los seres cósmicos, lo constituye con más justo título la forma, por la cual una cosa es lo que es, mantiene su tipo en la generación, y se convierte en lo que se convierte.[448] El formalismo pitagórico se basaba en un conceptualismo matemático, que dejaba fuera la realidad viva. Empero, la física no debe ocuparse de las formas vacías de las matemáticas, porque las cosas naturales son inseparables de sus sujetos, y no pueden descartarse de ellos por abstracción. También conviene no caer en el dualismo absoluto e irreductible, vicio radical de la filosofía platónica. Nula es la distinción violenta que Platón estableció entre el mundo de las ideas y el mundo de los sentidos. Aristóteles probó, por la observación diligente de la naturaleza, que lo ideal y lo sensible están fundidos en cada ente natural, formando una unidad sustancial, y recordó que el único camino seguro para llegar al universo invisible es la consideración de la naturaleza visible. Así, el objeto del físico es a la vez la materia y la forma, con predominio de la segunda, por ser la primera algo relativo, y por no ser lícito separar los medios del fin. No está la idea más allá de la materia, sino que en la materia misma se halla la forma inmanente, que le da su constitución, y que le prescribe sus leyes. El físico no debe ocuparse de las formas simples e inmateriales, que pertenecen al dominio de la filosofía primera o metafísica, sino únicamente de las formas en la materia sumidas.[449] También estas formas son simples e inmateriales de suyo, pero moran y actúan dentro de la materia, y no se eximen, por tanto, del influjo de la diferente composición en que aquélla se encuentra. Las formas son las razones de ser de todas las cosas, a las cuales determinan, y hacen individuales, levantando su incapacidad prístina a una perfección ajena de la materia. El ser individual, después de construido por la forma, es el término de toda acción y de toda producción en la naturaleza, y al mismo tiempo el punto de arranque para nuevos procesos de actividad productiva. En cada compuesto, no hay más que una forma sustancial, que reina sola como acto primero y como primera raíz de las propiedades y de las operaciones de la esencia compuesta. Al cooperar la forma con la materia, para originar la individualidad total, no ejerce influencia ninguna en la materia misma, sino que se entrega a ella, y la modela, pareciéndose en esto la forma natural a la artística. Dados los elementos constitutivos de las cosas, y averiguado por la ciencia su porqué, es preciso hacerles entrar en el cuadro general de las causas de esas cosas, que son la causa material,

---

[448] *Physicorum*, II, I.
[449] *Physicorum*, II, II.

la causa formal, la causa eficiente y la causa final,[450] cada una de las cuales puede ser tomada en doce acepciones diferentes, y lo mismo sucede con cada uno de los efectos: lo particular y el género, lo esencial y el accidente, lo simple y lo combinado, acepciones todas que se relacionan, bien con el acto, bien con la potencia.[451] El orden usual es que las cosas se reduzcan por grados de la potencia al acto. Por esto, en los seres que se engendran, hallamos que primero son imperfectos, y que después van adelantando en perfección. Y es cosa manifiesta que lo imperfecto se ha con lo perfecto, como lo común con lo propio y determinado. Donde se ve que, en cosmología, las opiniones de Aristóteles son tan concretas como interesantes. No sólo en su tratado de física, sino en otros varios[452] señala el contraste entre la necesidad y el acaso, por cuanto la necesidad reina en

---

[450] Me sirvo del término *causa final*, por acomodarme al lenguaje moderno, y por haberlo visto usado por todos los traductores y expositores de Aristóteles, pero a sabiendas de que cometo una falta de técnica erudita. Aunque Aristóteles habló continuamente en sus libros de fin y de finalidad, nunca dijo de un modo claro que había causas finales. Fueron los escolásticos quienes convirtieron en adjetivos los sustantivos con que Aristóteles expresaba los modos o maneras de ser de las cosas: materia, eficiencia, forma y fin. Aristóteles habla, por ejemplo, de aquello *en vista de lo cual* se efectúa o verifica la acción, o de aquello que hace obrar a los seres, pero nunca emplea el término *causa final* o causalidad teleológica. Los escolásticos, pasando más lejos, distinguieron la causa material, la causa eficiente, la causa formal y la causa final. Causa material era, para ellos, aquella *en* que se verifica la acción; causa eficiente, aquella *por* la que se verifica la acción; causa formal, aquella *con* la que se verifica la acción; y causa final, aquella *para* la que se verifica la acción. Schopenhauer (*Die Welt als Wille und Vorstellung*, III, 139) se ha ocupado detenidamente en parangonar la teleología incipiente de Aristóteles con las teleologías y ateleologías de la Edad Media y de los tiempos modernos. El tono de su crítica es benévolo, reconociendo la "competencia" de Aristóteles para hablar de las causas finales como del verdadero principio de todo estudio serio de la naturaleza, y la "absoluta incompetencia" de Espinosa y de Kant para negarlas sistemáticamente. Pero de su sentido general puede juzgarse por cierto pasaje, que contiene, entre otras, la siguiente afirmación: "Debo añadir, respecto de Aristóteles, que sus enseñanzas relativas a la naturaleza inorgánica son detestables e incapaces de explicación, pues profesa los errores más groseros acerca de los principios mecánicos, lo cual es tanto más imperdonable cuanto que Pitágoras y Empédocles estaban en el buen camino, y profesaban opiniones mucho más exactas".
[451] *Physicorum*, II, III.
[452] *Physicorum*, II, IV, V, VI. *Metapysicorum*, V, XXX; VI, II. *De* coelo, I, XII; II, VIII. *De partibus animalium*, III, II.

la forma, y el acaso en la materia. Kauffman[453] ha profundizado esta distinción: "La materia es causa del acaso o de lo contingente (συμδεδηκος, τὸ ἀπὸ τυχης τ'αὐτόματον). Por contingente, el filósofo griego entiende lo que no pertenece necesariamente a la esencia de una cosa, lo que puede convenirle o no convenirle, lo que no le llega, ni siempre, ni en la mayor parte del tiempo. Se le llama acaso, para indicar que la acción, dirigida hacia un fin determinado, encuentra otro, que no es el suyo. Que se cave un hoyo, para plantar un árbol, y se encuentre allí un tesoro, es un acaso o caso fortuito. Si se trata de una acción voluntaria y premeditada (κατὰ προαίρεσιν) prefiere Aristóteles la palabra fortuna (τύχη), dejando al acaso (αὐτόματον)[454] un sentido más amplio y general. La materia, pues, causa de lo contingible, es de suyo indeterminada e indiferente, y puede revestir formas diversas y aun contrarias. Esta indeterminación le permite tender a un fin, pero se presentan a lo mejor, en el camino, determinaciones imprevistas, y entonces tiene lugar el acaso. No se objete que no es posible haya en la naturaleza nada que no aparezca según el orden lógico, y que los efectos contingentes sólo se dan en los seres animados. Esto es imposible, porque, en una y en otra esfera, todo se produce según el orden volitivo, o, a lo menos, así sucede la mayor parte del tiempo (τῶν δ'ἀπὸ τύχης αὐτομάτον οὐδέν). Por lo demás, la contingencia no logra predominio. Lo que sucede siempre, o casi siempre,

---

[453] *Die teleologische Naturphilosophie des Aristoteles,* II, I, 5. Véase mi obra sobre *El universo invisible,* 121. Consúltese también a Heyne, *De Aristotelis casu et contingente,* 18, 67.

[454] Curiosa manera de expresar los griegos la idea filosófica del *acaso* por un término que implica *automatismo.* Los modernos lo entienden al revés, pues confunden e identifican lo *automático* con lo *mecánico,* es decir, con lo contrario a lo *fortuito,* que es el concepto equivalente al de acaso. Pero de esto no se colige la impropiedad o absurdo de la locución αὐτόηάτον, aplicada al acaso por los griegos. En Aristóteles, especialmente, la razón del empleo es obvia. Por su esencia misma, la materia, cuyas cualidades propias son la indeterminación y la indiferencia mecánicas, procede como un autómata, cuantas veces queda entregada al acaso o a lo fortuito, y no obedece a las leyes generales que dirigen a la forma. Lo característico de dichas leyes es obrar con arreglo a un fin, y, si esta condición falta, la materia, abandonada por la energía adaptativa de la forma, procede automáticamente, pues el automatismo es lo opuesto a la finalidad. Aunque, en toda acción natural, su *ejecución material* es puramente mecánica, no ocurre lo mismo con su *razón determinante,* la cual supone un especial principio directivo. Este principio, es decir, la *causa final,* combina las sustancias y sus fuerzas con tanto acierto, que de ello resulta un efecto sumamente conveniente para la economía de cada ser inorgánico u orgánico.

¿cómo ha de ser contingente? La naturaleza no obra al acaso (οὐδεν γὰϱ ἔτυχει ἡ φύσις). En una palabra: la forma prevalece sobre la materia, la tendencia a un fin determinado es la regla general de la naturaleza, y el acaso no es más que una excepción de esta regla. Debemos considerar la naturaleza en todas sus complicaciones múltiples, pues no descubriremos sus leyes generales más que en la totalidad de sus efectos de sus manifestaciones (ἡ γὰϱ ἐντῶ παντι ἢ ὡς ἐπι τὸ ποτὰ φύσιν ἐστιν). Preciosa observación para confiar en la comprobación de las leyes generales del universo". En efecto: el punto ideal de partida que la matemática y la mecánica de las leyes generales posee en la naturaleza de las cosas mismas, queda, en la física aristotélica, averiguado, asegurado y libre de toda contradicción. Ni es posible negar oídos a la amarguísima queja de Aristóteles contra los filósofos que depauperaban el caudal de la causalidad cósmica, no admitiendo más que la causa material como reina soberana de la naturaleza, y dejando en la sombra la formal, la eficiente y la final, que, reunidas, se oponen a aquélla, y que producen efectos necesitados de una explicación que se eleve sobre el mecanismo. El mismo movimiento, que es el atributo universal y eterno de la naturaleza, requiere esa explicación. A toda cosa que se mueve, otra la mueve, y paciente y agente dos cosas son diversas.[455] El motor como fin parece, a título de motor inmóvil, escapar a la física, dado que no conocemos por la experiencia sensible otras causas reales del movimiento que movimientos anteriores, y así sucesivamente hasta que los últimos eslabones de la cadena se pierden de nuestra vista. No obstante, el físico deduce lógicamente que, pues no hay ser movido sino aquel que estuvo en potencia al movimiento, y de la potencia hubo de sacarle otro que estuviera en acto, por ser imposible estar una cosa a la vez en potencia y en acto, no habiendo cosa que sea causa y al par efecto, resulta indiscutible que todo ser puesto en movimiento arguye un primer motor inmóvil, que es acto puro. Análogo a él, la forma, como fin, mueve de una manera natural, sin ser por ello una naturaleza,[456] Si consta, además, que la formación de organismos armoniosos, tan múltiples y tan constantes como los presenta la naturaleza, no puede concebirse sin acudir a la idea

---

[455] Aristóteles repite este concepto, uno de los más célebres del Peripato, en los *Metaphysicorum* (V, XII), y vuelve a él, más adelante, en esta misma obra (*Physicorum*, VII, v). Acota con Aristóteles su discípulo Santo Tomás (*summa theologica*, I, XXV, 1): *Omne quod movetur ab alio movetur*, fórmula que quedó en proverbio entre los escolásticos.

[456] *PJiysicorum*, II, VII.

teleológica, es de presumir que los actos del instinto, de los que se siguen efectos convenientes en grado sumo, sean pruebas aún más evidentes de la acción de un principio de tendencia finalística, razón por la que Aristóteles[457] insistió en ellos con gran énfasis. Pero, echando aparte otros casos, y sin entrar para nada en ellos, lo que más importa es dejar asentada la doctrina firme de Aristóteles, conviene a saber: que la necesidad, preconizada por los cultivadores de la antigua física griega[458] no ejerce en la materia más que una misión hipotética y pasiva, ni es otra cosa que el conjunto de condiciones propias para que el fin se realice. El hombre no puede decidir la cuestión de si la necesidad es la causa real del movimiento. Existe, efectivamente, la necesidad en el mundo de nuestros pensamientos, y con muy justos motivos está allí como necesidad lógica, que conexiona las premisas con la conclusión[459]. Pero ¿existiría también, si nunca hubiera habido ningún ser racional? Lo único que cabe decir es que se trata de un problema con el cual cada uno debe arreglarse como pueda en la medida de su facultad abstractiva. Y, en todo caso, si se pretende oponer irreductiblemente la necesidad a la finalidad, aun el filósofo más tímido querrá conservar a todo trance valor científico al sistema teleológico neto, y sostener que es la suposición eurística de todo estudio serio de la naturaleza cósmica, y que, como tal, debe guiar a los físicos en sus descubrimientos. Para que les extraviara, en vez de guiarles, sería preciso que el fin se hallase fuera de las relaciones normales de la naturaleza y de toda ley determinativa de estas relaciones, cuando su razón próxima se halla en las mismas cosas naturales. El fin es supramecánico, sí, pero no sobrenatural.

En el libro III, Aristóteles entra primer de lleno en la explicación del movimiento, y desarrolla después el concepto de lo infinito. No niega las

---

[457] *Physicorum*, II, VII.

[458] De que nada se hace en vano, ni ocurre fortuitamente (οὐδὲν χρῆμα μάτην γίντα) Demócrito deducía que todo tiene una razón, nace en virtud de una causa y obedece a, la influencia de una necesidad (ἀλλὰ πάντα ἐκ λόγου τε καὶ ὑπ' ἀνάγης). Esta proposición, que una tradición dudosa atribuye ya a Leucipo, y que Bacon de Verulam *(De dignitate et aumentis scientiarum,* III, IV), elogió calurosamente, debe entenderse, como lo hacen Mullach *(Fragmenta philosophorum graecorum,* I, 365) y Lange *(Geschichte* des *Materialismus,* I, 10), en el sentido de una negación esencialmente materialista de las causas finales y de una refutación perentoria de toda, teología, porque la *razón* (λόγος) que Demócrito invoca, no es más que la ley matemática y mecánica, a la cual los átomos, en sus movimientos, obedecen con necesidad absoluta.

[459] *Physicorum*, II, IX.

dificultades máximas con que tropieza el desentrañar una noción tan aparentemente clara y conocida, pero tan realmente confusa e ignota, como la del movimiento, circunstancia que convence de idiota la acción bufa con que Diógenes el Cínico pretendió confundir a los eleatas. Como diría más tarde Cicerón,[460] "lo que es ordinario para el ojo, llega a hacerse ordinario también para el espíritu, por lo cual no nos extrañamos, ni nos damos cata de lo que a la vista tenemos siempre". Pero, si nos fijamos en el movimiento con alguna atención, pronto notaremos que, cuanto es fácil seguirlo con la mirada, y reproducirlo en la fantasía, tanto es misteriosa su esencia. Nada es tan neto para los sentidos y para la imaginación, ni nada tan oscuro para la mente y para la razón, como el movimiento.[461] Mas, como no sería lícito auxiliar a nuestra incapacidad, sentando una noción ficticia, y manejándola como si fuese verdadera, vale más definir el movimiento como acto de lo que está en potencia. Este concepto reposa sobre cuatro postulados básicos: 1) que hay que distinguir lo que está solamente en acto de lo que está, de una parte, en acto, y, de otra, en potencia; 2) que el motor es motor del móvil, y que el móvil es móvil bajo la acción del motor; 3) que no hay movimiento fuera de las cosas; 4) que existen tantas especies de movimiento como de ser (movimiento y ser sustanciales, cualitativos, cuantitativos y locales).[462] Donde se ve que la construcción de las falsas apreciaciones de los antiguos se arma sobre el cimiento de haber negado ideas tan claras.[463] Además, la definición de referencia hace comprensible la conexión (que casi siempre presupone contacto, y aun contacto local) entre el motor y el móvil, o sea, entre un elemento operativo y otro pasivo. El movimiento es único, pero es acción en cuanto proviene del agente, y pasión en cuanto proviene del paciente.[464] Tales son los temas abordados y desarrollados por Aristóteles en la primera parte del libro III. La segunda conságrala al examen de la concepción de lo infinito, de cuya realidad no dudó ninguno de los filósofos anteriores a él. Y esto se explica, porque, no pudiendo lo infinito tener comienzo ni término, ¿cómo no caer en la tentación de convertirlo en

---

[460] *De natura deorum*, I, XXXVIII.

[461] "Movimiento es una *palabra* destinada a comprender una serie de procesos homogéneos. Estamos acostumbrados a esta *palabra*, que todos aceptan como moneda buena, y nos entregamos a la ilusión de que hemos asimismo comprendido efectivamente y perfectamente aclarado, por el empleo de la *palabra*, los procesos que indica" (Pesch, *Die grösse Welträtsel*, I, 87).

[462] *Physicorum*, III, I.

[463] *Physicorum*, III, II.

[464] *Physicorum*, III, III.

principio universal de las cosas? Su existencia, otrosí, es creíble por multitud de motivos intelectuales. El tiempo es infinito, la divisibilidad de la materia puede llevarse hasta lo infinito, las magnitudes parecen susceptibles de un acrecentamiento infinito, existe siempre progresión hacia un espacio exterior al cosmos, el pensamiento no se detiene jamás en la serie de los números, y la generación es incesante.[465] Pero no debe colegirse de ahí que el problema de la naturaleza encuentre solución suficiente en sólo lo infinito. Es bueno y justo contemplar la naturaleza por ese lado, pero no es procedente apurarlo todo con semejante método, por resultar imposible de todo punto que lo infinito sirva de sustancia, ni siquiera de cualidad, a un sostén. Si la certeza de la física descansase en este sostén, vendrían a tierra las nociones y las definiciones de cuerpo y de número. ¿Es concebible un cuerpo infinito? No, por cuanto un cuerpo tal no sería, ni compuesto, ni simple, y, por ende, no sería propiamente cuerpo, y la doctrina de los lugares carecería de toda razón.[466] De igual manera, no cabe formar el concepto de un número actual de unidades que sea infinito. No obstante, como permanecen en pie nuestras ideas de la infinidad del tiempo y de la divisibilidad infinita de la materia, vuelve a surgir la pregunta: ¿Es lo infinito una realidad subsistente de modo absoluto por sí misma? Aristóteles contesta negativamente, no concediéndole más que una realidad inferior, la de la potencia, pero de una potencia particular, especial, sui generis, cuyo único atributo es la permanencia en la sucesión. Mientras se abandone la representación de lo infinito a la fantasía, bien posible será extender más y más los límites que lo encierran en los cuerpos naturales. Pero nunca se llegará a remover por completo esos límites, puesto que lo infinito de composición no existe como entidad real, y sí solamente como contraparte de lo infinito por división. Los atomistas tomaban lo infinito como elemento integrante del mundo fenomenal, presentándolo como una cosa indescriptible, que no es, ni sustancia, ni accidente. Anaximandro, Pitágoras y Platón hicieron de lo infinito hasta un principio sustancial o esencial de todo ser. Aristóteles enmendó justísimamente estas opiniones, enseñando que lo infinito se opone a lo que es acabado o perfecto,[467] y demostrando que no es ninguna idea de sustancia o de esencia, sino de propiedad. De hecho, no se da nada infinito (esto es, nada que no sea limitable, de suerte que una parte de ello no quede siempre fuera), ni cuanto al número, ni cuanto a la cantidad. Las

---

[465] *Physicorum,* III, IV.
[466] *Physicorum,* III, V.
[467] *Physicorum,* III, VI.

matemáticas no pasan de concebir lo infinito como extensión abstracta, sometida a la magnitud, al movimiento y al tiempo.[468] Pero esto es inaplicable al orden de la forma, y, aun en el de la materia, lo infinito, en su calidad de negación pura, que no impone necesidad alguna a las cosas,[469] es lo envuelto, y no lo que envuelve. Todo cuanto amontonan en contrario los partidarios de la noción positiva de lo infinito: elasticidad indefinida de las dimensiones, ensanchamiento indefinido de lo espacial, ilimitación conceptual de lo numérico, continuidad ilimitada de los procesos generativos, etc., todo esto no es más que un conjunto de aseveraciones por extremo gratuitas y destituidas de fundamento sólido. Aunque puede haber una infinidad en el orden de lo posible y de lo inteligible, en cuanto tiene su razón en un ente absolutamente infinito, toda infinidad actual cesa no bien entramos en los dominios de las existencias actuales, porque todo número de seres existentes con existencia actual está determinado por la unidad, y lo que por la unidad está determinado o limitado, no puede ser infinito. Y, si no hay ningún número infinito, no hay tampoco ninguna cantidad infinita, pues esta cantidad debería contener en número infinito una parte determinada que se hubiese señalado en ella.[470]

Aristóteles continúa y amplía, en el libro IV, el estudio de las cuestiones examinadas en el III. Si lo infinito, como continuo, pertenece intrínsecamente al movimiento, el espacio o lugar le pertenece extrínsecamente. Cuando se trata de la existencia del lugar, propendemos a pensar primero en el movimiento local o en relaciones de cambio por sustitución de un cuerpo a otro. Pero esta representación del lugar es, por lo abstracta, estéril, y nada nos dice sobre su esencia. ¿Es el lugar un cuerpo? Entonces claudica el principio de impenetrabilidad. ¿Requiere límites, como los cuerpos? En este caso, habría que determinar el lugar de los límites.[471] Porque el lugar no puede ser, ni elemento, ni composición de elementos, ni materia de los seres, ni forma de las cosas,[472] a las cuales no mueve, ni sirve de fin. Si todo ser está en un lugar, es claro que habrá igualmente un lugar de lugar, y así hasta lo infinito. Por otra parte, como toda cosa es susceptible de crecimiento, el lugar crecería con el cuerpo que

---

[468] *Physicorum*, III, VII.
[469] *Physicorum*, III, VIII.
[470] Véase, en Pesch (*Institutiones* philosophiae matura*lis*, II, 406), el desarrollo puntualizado de estas ideas de Aristóteles.
[471] *Physicorum*, IV, I.
[472] *Physicorum*, IV, II.

lo ocupa, y no sería, ni mayor, ni menor, que cada uno de los cuerpos mismos. Se da, pues, una antinomia innegable entre las diversas e inmediatas representaciones que del lugar puede forjarse nuestra mente Aristóteles trata de obviar inconveniente tan grave, precisando el significado positivo de la locución estar denro, y discutiendo la cuestión de si una cosa puede estar en el interior de sí misma.[473] El lugar es esencialmente separable del cuerpo que se mueve en el espacio, muévase por si o por accidente. La razón es que no cabe considerarlo, ni como materia, ni como forma, ni como intervalo, y menos aún como extensión, que no es la que abraza, sino la que es abrazada, y que no puede separarse de cada cuerpo. Por una razón parecida, el lugar no puede consistir en la distancia de un extremo a otro de cada cuerpo, pues la distancia cambia igualmente con él, mientras que el lugar se presenta a nuestra inteligencia como algo inmóvil, y que no sufre cambio[474]. Refiriendo el cuerpo al lugar realmente llenado, cual de hecho existe en el mundo, o bien, considerando el cuerpo en el espacio como el pez en el agua o el metal en la tierra, o el árbol en el aire, Aristóteles define el lugar o espacio del cuerpo, diciendo que es el límite interior del cuerpo circundante respecto del circundado. Luego se plantea el problema de cómo una cosa está en el lugar, y especialmente cómo lo está la última esfera, extendida más allá de todo límite de extensiones y de movimientos corpóreos. Según él, lo está por sus partes, y muestra cómo estas partes están en el lugar. La directa y reposada consideración de las dificultades expuestas al comienzo enseña que sólo se resuelven por la explicación de las propiedades naturales del lugar, del movimiento hacia el lugar natural y del reposo natural.[475] Tocante al vacío, Aristóteles procura aclarar tal concepto, sobremanera oscuro, y en cuyo uso padecieron engaño los más de sus predecesores, ya por el alcance que le dieron, ya por el sentido en que lo tomaron. Expone Aristóteles los principales deslices, empezando por rechazar a limine el parecer de aquellos físicos que, como Anaxágoras, pretendían hacer creer que el vacío no es otra cosa que el aire, y que éste es una realidad. Con mayor decisión aún fustiga a los atomistas Leucipo y Demócrito,[476] quienes, representándose el espacio a modo de un receptáculo cóncavo, destinado a recibir los cuerpos, y que comprende o puede comprender entes extensos, concebían el referido receptáculo como vacío o privado de

---

[473] *Physicorum*, IV, III.
[474] *Physicorum*, IV, IV.
[475] *Physicorum*, IV, V.
[476] *Physicorum*, IV, VI.

cuerpos, de manera que, al entrar un cuerpo en él, el espacio deja de existir.[477] Si así fuera, resultaría que el espacio es una negación, por cuanto se imagina a priori que no hay espacio sino donde no hay todavía nada extenso, que excluya otras cosas del lugar respectivo. Atinado castigó Aristóteles la suposición de un vacío destituido de cuerpos. Con arreglo a semejante modo de ver, un punto o una extensión cualificada serían vacíos. Tampoco el vacío es identificable con la materia de los cuerpos, por ser separable de ella, y aun incompatible con ella por hipótesis. Ningún fenómeno cinemático exige el vacío, y muchos de ellos lo hacen inútil. ¿A que bueno el vacío en el movimiento local? ¿No se explica más sencillamente y mejor por una sustitución mutua de las partículas movidas, como se ve en los torbellinos de los líquidos, o en los cambios de densidad, en que un cuerpo echa fuera a otro?[478] ¿No ocurre lo mismo con el movimiento natural tomado de un modo genérico? ¿Podría darse razón de él asimilándolo al vacío, que es un ambiente indeterminado? Aristóteles llega a sostener que, no sólo no puede darse razón de él, es decir, de su producción, sino que hasta hay razones para que no se produzca, porque, siendo la resistencia del medio un elemento determinante de la velocidad de un cuerpo, resultaría que esta velocidad sería infinita, de donde la imposibilidad de que un cuerpo se detuviese en parte alguna. Ahora, supuesto que los partidarios del vacío querían evitar que se introdujese la penetrabilidad de una infinidad de cosas, ¿cómo no advirtieron que se contradecían, al colocar el vacío al lado de la extensión pura de un cuerpo? La experiencia no conoce nada que se parezca a un espacio vacío,[479] pues el aire, con ser el más sutil de los elementos, es un espacio lleno, y la razón concibe el espacio en general como existente allí donde se encuentran realmente cualesquiera cosas. Y no vale invocar los fenómenos de raridad y de densidad, para considerarlos corno vacío introducido y como vacío eliminado, respectivamente. Tal afirmación se destruye a sí misma, sea que consideremos ambos vacíos en estado de burbujas en los cuerpos, sea en estado de difusión en ellos, y, aun en este último caso, el vacío no basta para explicar, ni el movimiento centrífugo, ni, a fortiori, el movimiento centrípeto. No es ése el vacío con que nos

---

[477] Esta concepción del espacio como vacío, forjada por los atomistas griegos, es la antítesis de la de Descartes (*Principia philosophiae,* II, II, XXI), quien, en los diferentes cuerpos, no veía otra cosa que espacio más o menos condensado. Pero la suposición cartesiana es tan superficial y tan errónea como la atomística. Al parecer, Descartes confundió el *espacio* con la *extensión*.

[478] *Physicorum,,*IV, VII.

[479] *Physicorum,* IV, VIII.

encontramos en el universo. En él, la interacción de sus partes no exige otro vacío que la materia misma en cuanto capacidad comprensiva en donde todo cuerpo se halla, y que puede mudar de sitio mediante el movimiento. La materia es sujeto único de los dos contrarios, lo raro y lo denso, y contiene en potencia a uno de los dos. Nótase aquí la obsesión de Aristóteles por conexionar los cambios cuantitativos con un dinamismo cualitativo, el cual, aplicado a lo raro y a lo denso, explica los movimientos de lo ligero y de lo grávido.[480] En fin, Aristóteles trata la difícil cuestión del tiempo con la prudencia y con el discernimiento que le caracterizan. Si se comprende el tiempo como un todo indiviso, es evidente que sus dos partes, lo pasado y lo futuro, carecerán de realidad, o sólo poseerán una realidad abstracta, convencional, subjetiva. El mismo presente, o sea, el instante, dista mucho de ser una parte del tiempo, y, por ende, de tener existencia propia. No puede ser siempre otro, ni tampoco el mismo, porque el tiempo constituye una cierta continuidad entre límites diferentes. Los antiguos creyeron haber dado una explicación profunda del tiempo, definiéndolo como el movimiento circular del mundo, o bien, como la esfera del mundo mismo. Pueriles parecieron al Estagirita ambas concepciones. El tiempo guarda, sin duda, relación próxima con la sucesión que aparece en el movimiento, como el espacio la guarda con la yuxtaposición que aparece en la materia. Pero, aunque el tiempo está en unión íntima con el movimiento, no puede ser idéntico a él, puesto que movimiento no hay sino en lo que es movido, y en el lugar donde está la cosa movida, mientras que el tiempo se halla en todas partes y en todas las cosas. Agréguese a esto que el tiempo es breve o largo, mas no, como el movimiento, rápido o lento, porque carece de velocidad.[481] El movimiento, en cambio, es rápido, cuando se efectúa en tiempo breve, y lento (y, por consiguiente, más débil en cuanto movimiento), cuando se efectúa en tiempo largo. No obstante, el tiempo es inseparable del movimiento, porque a la vez que a éste, en concepto de mutación, conocemos a aquél. Si no hemos percibido ninguna mutación, no comprendemos que haya transcurrido tiempo, y ésta es la razón de que quien se despierta, de un sueño profundo crea que todavía es la misma hora en que se acostó. Tiempo y movimiento representan el contraplano de la actividad cósmica, y son reciprocidades de exacta correspondencia. El tiempo es, como el movimiento, continuo, sucesivo, fugaz e inestable, por cuanto nace y perece a la vez. El presente no es más que un instante indivisible, y el

---

[480] *Physicorum*, IV, IX.
[481] *Physicorum*, IV, X.

instante no es parte de nada, pues toda parte de tiempo, por pequeña que sea, incluye un antes y un después. El antes pertenece ya a lo pasado, y el después está aún en lo futuro (in momento fugientis temporis haereo, que diría más tarde Séneca). De ahí la definición dada por Aristóteles del tiempo como la totalidad o el número de las partes que se suceden en el movimiento. En otros términos: el tiempo es la medida del movimiento según el antes y el después.[482] Es un número numerado, análogo a los objetos contados. De esta consideración del límite se desprende que el número y el tiempo se hallan en una relación particular, y, con referencia a ella, Aristóteles designa el instante como el ahora. La línea del tiempo aparece como tangente movible del instante, el mismo en un sentido, en otro siempre diferente, y que mide la duración. No hay tiempo sin instante, puesto que el instante hace al tiempo continuo, a una que le divide, pero sin formar parte de él.[483] Adviértase, con todo eso, que a la física le quedan todavía por resolver varias cuestiones complementarias, como las relativas al aspecto cuantitativo del tiempo, al enlace en él del continuo y del número, a su identidad y a su variación, a su determinación recíproca con el movimiento, etc. Todas estas cuestiones se resumen en su concepción matemática del módulo de lo que se mueve. Pero esto es aplicable, ora al tiempo pasivo e interno del movimiento que es medido, ora a la medida activa y externa por la que se calcula un movimiento determinado. Ambas significaciones prevalecen en Aristóteles, denotando la medición subjetiva u objetiva de todos los fenómenos y de todos los efectos que constante y sucesivamente varían. Existe, sin embargo, en las cosas un ser que persiste en medio de todas las afecciones mudables, y que, por tanto, no cabe sea designado como sucesivo en sí y por sí.[484] Discurriendo como discurre Aristóteles, veríamos también que el instante no divide al tiempo más que en potencia. Asimismo veríamos que la expresión en el instante se asimila a otras expresiones, como un día, pronto, recientemente, de súbito, todas las cuales implican el carácter destructor del tiempo,[485] y la necesidad de que en él se verifique todo movimiento o cambio. Luego la noción del tiempo exige una comprensión especial, a modo de la numeración, dado que debemos comprender como simultáneo lo que es sucesivo en sí y por sí. Tal es el motivo por el que Aristóteles resuelve negativamente la

---

[482] De *coelo*, II, IX.
[483] *Physicorum*, IV, XI.
[484] *Physicorum*, IV, XII. Compárese con Suárez (*Disputationum, metaphysicarum*, L, I, 7), y con Kleugten (*Philosophie der Vorzeit*, 345).
[485] *Physicorum*, IV, XIII.

cuestión de si pudiera haber tiempo, si no hubiese ningún alma. Aunque el tiempo está dado de suyo con el movimiento (lo que permite hablar, con buen derecho, de un ciclo de las cosas), en realidad no se concibe sin el espíritu, por cuanto el número no existe sin el que numera, y el quo cuenta sólo es el entendimiento. Así, el tiempo es uno, a pesar de la diversidad de las cosas que sufren su acción, de igual manera que, en el número, la diferencia de as cosas numeradas no se toma a menudo en consideración, sin que ello signifique que se halla fuera de las cosas mismas.[486]

Volviendo sobre sus pasos, Aristóteles dedica el libro V a profundizar y a ampliar su noción del movimiento, y lo analiza en sus especies y en sus partes, hace una comparación de los movimientos, formula las ecuaciones fundamentales de la dinámica, establece la eternidad del movimiento, y demuestra la existencia del primer motor y del primer móvil. Por movimiento entiende Aristóteles la "realización de aquello que está en potencia en cuanto es tal", o bien, la "realización progresiva de aquello que es posible", y, finalmente, la "realidad comenzada, pero no concluida, que progresa hacia su ulterior perfección". El movimiento es, pues, paso progresivo de la potencia al acto. Pero hay que distinguir entre el movimiento por sí y el movimiento por accidente, porque, aunque la física no dé gran importancia a esta última especie cinemática, tanto ella como la otra se aplican por igual a los cinco elementos del movimiento: el motor, el sujeto movido, el tiempo, el término inicial y el término final. El verdadero plano de acción del movimiento es el sujeto movido, y el término final escapa a todo movimiento, como, en sentido inverso, escapa el término inicial, que se confunde e identifica con el no ser, o dígase, con la privación. No se reduce simplemente el movimiento al cambio de lugar, pero en éste sólo se manifiesta.[487] El movimiento mismo no es propiamente accesible a la percepción, sino que se infiere únicamente del cambio de lugar.[488] Ello es muy especialmente verdadero con relación al movimiento por sí, que tiene lugar entre términos, o intermediarios, o

---

[486] *Physicorum,* IV, XIV.

[487] Aquí se nos ofrece la autoridad del insigne aristotélico moderno Trendelenburg (*Logische Untersuchungen,* I, 159), que dice: "El que, por el movimiento, el lugar de una cosa sea, ora éste, ora aquél, es consiguiente al movimiento como tal, y, por ende, no puede ser la noción en que el movimiento radique. Si se define el movimiento como cambio de lugar, no es más que con relación a una señal externa y a una consecuencia secundaria de su esencia, mas no constitutiva de ésta".

[488] "No vemos al cuerpo moverse, y nos limitamos a inferir que se ha movido". (Link, *Propylaen der Naturwissenschaften,* I, 71.)

contrarios, o contradictorios, por lo cual es sumamente hacedero determinar todas las diferencias posibles del cambio. Puede éste ir de un no ser a un no ser, de un ser a un ser, de un no ser a un ser, y de un ser a un no ser. Aristóteles estima que la primera especie, aunque no absolutamente inconcebible, carece de realidad comprobable, y que sólo la segunda constituye el movimiento propiamente dicho. Las dos últimas son, para él, la generación y la corrupción, diferencia, notable que Aristóteles no había puntualizado en el libro III, donde movimiento y cambio habían sido considerados como sinónimos.[489] Una mirada a la constitución física del universo nos revela que las propiedades y las relaciones de los cuerpos naturales se resuelven en las tres categorías generales del movimiento, conviene a saber: la cualidad, la cantidad y el lugar.[490] En el sistema aristotélico, la cualidad no es otra cosa que la alteración (ἀλλοίωσις) producida por el movimiento en la sustancia de una cosa, es decir, una causa formal. La cantidad no es un mero estado de la sustancia, sino la razón positiva y real de ese estado. El lugar, con respecto a un cuerpo, es continuamente otro, cuando interviene el movimiento, por desplazamiento en el espacio. A estas tres categorías generales se vincula el movimiento, mas no a la sustancia, ni a la relación, ni a lo activo y a lo pasivo, porque no hay movimiento de movimiento, ni cambio de cambio, ni generación de generación, cosas todas que no poseen los caracteres esenciales del movimiento por sí, el cual no es sujeto de mutación alguna. El movimiento que las cosas tienen de naturaleza produce principalmente el transporte o cambio de lugar, y muy a menudo este cambio es el medio por el cual se efectúa aumento y disminución de las cosas, especialmente en los fenómenos de agregación y de disgregación. Pero otras veces conduce a alteraciones o mutaciones cualitativas, que afectan, no ya a la condición externa de los seres, sino a sus atributos esenciales. Cuanto a lo inmóvil, se divide en cuatro clases: 1) lo que es inmóvil, porque no puede ser puesto absolutamente en movimiento (como el sonido es invisible); 2) lo que se mueve con gran dificultad; 3) lo que se mueve con lentitud; 4) lo que está en reposo. Éste es el verdadero caso de inmovilidad, pues el reposo, siendo lo contrario del movimiento, representa una privación en el sujeto capaz de recibirlo.[491] Al mismo tiempo, Aristóteles profundiza ciertos caracteres propios de las cosas físicas que existen en el espacio, y que se mueven según el lugar: la

---

[489] Véase a Carterón, *La physique d'Aristote*, II, 7.
[490] *Physicorum*, V, I.
[491] *Physicorum,,* V, II.

consecutividad, la contigüidad y la continuidad. Al orden lógico de estos conceptos generales corresponden otros más concretos: el conjunto, lo separado y el contacto.[492] Pero ninguno de estos conceptos es posible sin el de lo intermediario, que explica la unidad del movimiento. Aunque esta unidad pueda ser genérica o específica, la verdadera es individual, en el sentido de proporción definida y particular de elementos reunidos por una forma dominante. Lo individual, en cuanto individual, es, propiamente hablando, lo que realiza la unidad del sujeto, del dominio y del tiempo del movimiento. A la unidad se suma la continuidad, o dígase, el carácter acabado, bien que no siempre necesario, y, por último, la uniformidad. Lo no uniforme es, sin embargo, compatible con lo continuo, y depende, sea de la trayectoria, sea de la velocidad y de la lentitud, factores esenciales de todo movimiento.[493] La cosa natural lleva en sí propia la razón activa de sus movimientos y la movilidad pasiva, con respecto a la cual le es característico cierto complejo de movimientos, y ella misma se edifica, se conserva, se comunica, se muda. Pero en aquel complejo puede haber contrariedad de movimientos, contrariedad que se reduce a que, de dos movimientos contrarios, el uno va de tal contrario a cual otro, y el otro de aquél al primero. Esta regla no puede aplicarse a la generación y a la corrupción, cambios que no encuentran sitio entre los contrarios, y cuya contrariedad no tiene sentido más que según el avance hacia un mismo término, o el alejamiento a partir de él[494]. En fin, los términos medios deben ser tomados por contrarios[495]. Si se considera el reposo como un contrario del movimiento, hay que admitir una correspondencia, o mejor, un término medio entre ambos, porque el reposo no es inteligible más que gracias a un principio que lo hace posible, y este principio radica en un movimiento anterior[496]. Se ve, pues, toda la importancia que Aristóteles concede a la distinción entre lo que es conforme y lo que es contrario a la naturaleza, distinción que permite establecer una escala copiosa de contrariedades intermedias entre el movimiento y el reposo. Mas aquí viene a ocupar la atención del Estagirita otra dificultad, y es la relativa al reposo violento. Reducirlo a un caso de detención brusca, parece lo más lógico. Algunas especies de reposo pueden ser reconocidas clara y

---

[492] *Physicorum,,* V, III.

[493] *Physicorum,* V, IV.

[494] Véase a Carterón, *La physique d'Aristote,* II, 8.

[495] *Physicorum,* V, V.

[496] En el caso de la generación y de la corrupción, debe hablarse, no de reposo, sino de falta de cambio. Véase a Carterón, *La physique d'Aristote,* II, 8.

distintamente como uniformes, y otras con la misma seguridad como accidentales. Empero, si recordamos la advertencia de Aristóteles de que la naturaleza procura, en cuanto es posible, evitar las transiciones bruscas, y que trata de unirlo todo con los vínculos más variados en una sola y vasta armonía, no nos causará ya tanta extrañeza el que movimiento y reposo, a pesar de su oposición, coexistan hasta cierto punto, por efecto de la continuidad del primero[497].

Cuando se aborda el problema de la divisibilidad y de la división del movimiento en partes, se ve que Aristóteles tuvo a veces una gran penetración cosmológica y un sentimiento asaz vivo de la actividad física. En su libro VI, sostiene que el movimiento, como todo continuo, es divisible, dado que ningún continuo está formado por indivisibles. En la continuidad del movimiento, no hay momentos propiamente tales, si estos momentos se conciben como puntos consecutivos, porque los puntos o los instantes representan el límite de una línea o de un tiempo, y no son jamás sus componentes.[498] Todos los jefes de la escuela eleática han extrañado de los términos de la física el paralelismo de la continuidad del tiempo y de la dimensión o magnitud. Zenón admitía que los infinitos (dimensionales) no pueden ser recorridos o alcanzados en sus extremidades, cada uno y sucesivamente, en un tiempo finito. Ello es cierto, sin duda, con respecto a los infinitos según la cantidad o infinitos de composición, mas no con respecto a los infinitos de división, puesto que el tiempo mismo es infinito de esta manera. Si ningún continuo está compuesto de indivisibles, tampoco ningún continuo es indivisible de por sí: distinción clara que desvirtúa el argumento dicotómico de Zenón. ¿Es posible afirmar que, en lo indivisible del tiempo, o sea, en el instante, hay movimiento y reposo? No, por cierto. Repetidas veces demuestra Aristóteles[499] la inconsecuencia que de ahí resultaría, ya que, aceptada aquella posibilidad, lo indivisible podría ser movido, cosa que repugna a la razón, y que es contraria a la experiencia. Es lo que comprendemos sin dificultad alguna, al estudiar cómo el movimiento se divide. La división puede ser de dos clases: relativa a las partes del móvil y relativa al tiempo. Pero, con el movimiento, se dividen el tiempo, el impulso motor y el dominio del movimiento mismo. Igual conexión ofrecen estos tres elementos en lo tocante a lo finito y a lo infinito, imposibles de concebir con netitud sin la

---

[497] *Physicorum*, V, VI.
[498] *Physicorum*, VI, I.
[499] *Physicorum*, VI, III.

consideración predominante del móvil.[500] Asentado esto, Aristóteles pasa a establecer el orden de las partes del movimiento. Tócale demostrar primeramente que existe un momento primitivo de la realización del cambio acabado. La naturaleza es el principio del movimiento (esto es, del fieri sucesivo y de la mutación) y del reposo (esto es, de la terminación y de la perfección físicas), en aquello, lo indivisible, a lo cual corresponden estos estados de origen, y no sólo por derivación de otra cosa. Pero ello ha de entenderse cuanto al fin del movimiento, y no cuanto a su comienzo, lo que se aplica tanto al tiempo, como al sujeto móvil, como al dominio del movimiento.[501] Dos son las nociones que ante la mente tenemos: la del cambio cumplido y la del cambio en plan de cumplirse. Que haya en el cambio un tiempo primordial, no implica que falte un cambio anterior. Todo cambio, antes de realizarse, necesita de un tiempo, el cual puede partir únicamente de otro cambio ya realizado y existente con mera actualidad.[502] No es este enlace constante de cambios una posibilidad solamente, puesto que posibilidades no producen nada, y es preciso ver algo real en él. Luego prueba Aristóteles que el movimiento y el tiempo andan estrechísimamente trabados y apretadamente unidos con relación a la finitud y a la infinidad, y asimismo con relación al espacio recorrido en determinado tiempo, trátese, o no se trate, de un movimiento uniforme.[503] Las mismas consideraciones se aplican a la detención y al reposo. Entiéndese aquí aquel reposo o estado en cierto modo permanente a que aspiran los más de los cambios que observamos en las cosas. Como los cambios, así también el término de los mismos tiene su razón en el movimiento, ora actual, ora posible en condiciones definidas.[504] Basta levantar algo más estos argumentos, para convencer de error a los eleatas, en particular a Zenón, los cuales, con achaque de combatir a los atomistas mecánicos, pretendieron que el movimiento es inconcebible, y pusieron en tela de juicio la existencia de los cambios y del fieri en general. Aristóteles, prevalido de su bien desarrollada concepción del movimiento y del tiempo, pulveriza tamaños desvaríos, y solventa las dificultades sacadas, ya de la alteración (so pretexto de que aquello que se convierte en otro, no es lo que era, ni lo que será), ya del movimiento circular (so pretexto de que el móvil, al girar sobre sí mismo, sin abandonar su lugar,

---

[500] *Physicorum*, VI, IV.
[501] *Physicorum*, VI, V.
[502] *Physicorum*, VI, VI.
[503] *Physicorum*, VI, VII.
[504] *Physicorum*, VI, VIII.

está realmente en reposo).[505] Conste, pues, suficientemente probada la realidad del movimiento y su correlación con el tiempo. El movimiento, como el reposo, sólo son imposibles en lo indivisible del tiempo, o sea, en el instante. Aun a lo indivisible del espacio, el punto, no le es posible moverse y cambiar, no siendo por accidente, es decir, con la cosa en que reside. De otro modo, se llegaría a la extraña paradoja de que el tiempo no es más que una serie de instantes, ni la línea más que una serie de puntos. Abolido el cambio de lo infinitamente pequeño, no puede existir tampoco cambio hasta lo infinito en ninguna clase de cambio, porque el cambio se define siempre por sus dos términos. Únicamente en el tiempo cabe ese cambio hasta lo infinito, por encontrarse la sucesión temporal objetiva en las mutaciones externas. Cuanto a armonizar la unicidad con la infinidad en la duración, sólo el movimiento circular sería capaz de conseguirlo[506].

Visto ya lo que es el movimiento en sí mismo, en las nociones que le son conexas, y en sus partes, explana Aristóteles, en el libro VII, su relación con los motores y con los móviles. Mas antes expone el principio fundamental, profesado y estimado por él con cierto género de veneración, conviene a saber: la existencia de un primer movimiento y de un primer motor. Todo lo que es movido, lo es por algo, que le ha causado y precedido, y que ha determinado sus condiciones. El movimiento local y la imposibilidad de obtener un movimiento infinito en un tiempo finito prueban la necesidad de un primer motor. Dondequiera que se verifica una alteración en los seres de la naturaleza, el hecho presupone necesariamente el movimiento local. Toda mutación es originada por el encuentro de una cosa que la produce con otra en la cual es producida. Semejante encuentro presupone necesariamente contacto local,[507] y éste no puede efectuarse, dada la separación y la distancia real de las cosas, sino mediante el movimiento local. Aristóteles distingue tres clases de movimiento: el movimiento en el espacio o local, el movimiento cualitativo o alteración, y el movimiento cuantitativo o aumento y disminución. Todos estos movimientos demuestran que el motor está siempre con lo movido.[508] La alteración explícala Aristóteles por los sensibles del mismo modo con que lo había bosquejado antes. Ahora procura abstraer más estrictamente el concepto de alteración, observando que no se da, ni en las figuras, ni en las formas, ni en los hábitos del cuerpo y del alma apetitiva o

---

[505] *Physicorum*, VI, IX.
[506] *Physicorum*, VI, X.
[507] *Physicorum*, VII, I.
[508] *Physicorum*, VII, II.

intelectiva.[509] Viene después el tema de la comparación de los movimientos. No todos son comparables, y conviene establecer una regla comparativa, apoyada sobre la no homonimia, sobre la identidad del sujeto y sobre la de la forma. Aplicada al caso, esta regla conduce a comparar con discernimiento y con fruto movimientos de géneros diferentes y movimientos de un mismo género. Con respecto a estos últimos, Aristóteles examina sucesivamente, no sólo el movimiento local, la alteración, el aumento y la disminución, sino que también la generación y la corrupción. Asimismo examina la concepción platónica de la sustancia como número,[510] designando por esta palabra, el alma universal, que anima al mundo, y que produce el movimiento perpetuo. El cambio de lugar exteriormente visible implica como causa suya un cambio interno y cualitativo, accesible solamente al pensamiento. Aristóteles concibe el movimiento local como realización continuamente progresiva de cierta posibilidad o potencia, cuyos elementos son la fuerza del motor, la cantidad del móvil, el espacio recorrido y el tiempo. De su comparación infiere Aristóteles que a tales elementos se llega por el análisis sucesivo de la división del móvil, de la división del motor y de la adición de varios motores. Por tal arte, se alcanzan fórmulas de proporción entre las dimensiones del movimiento local,[511] que, junto con la alteración que le sigue, inicia muchas veces la generación propia de cosas nuevas, o sea, la mutación sustancial de las cosas mismas.

Vengamos al libro VIII, que es el último de los Physicorum. Aquí Aristóteles continúa y completa su demostración de la necesidad de un primer motor y de un primer móvil, empezando por aseverar que el movimiento es eterno. Los físicos de la escuela jónica, aunque admitían la existencia del movimiento, se contentaban con asimilarlo a cualquiera cosa indefinida, de que decían "haber sido hechas" las cosas definidas, sin discutir la naturaleza de ese fieri, y desdeñando así la causa de las cosas eternas. Heráclito se limitaba a insistir en la realidad del movimiento, y hasta lo hundía todo en ese abismo, pero dejando inexplicado el orden del mundo. Leucipo y Demócrito partían el ser original en átomos infinitos, invisibles e indivisibles, y los ponían en movimiento, de suerte que de su unión y de su disgregación resultase toda esta hermosa universidad de cosas que vemos, y que ellos concebían como puramente relativas (τῶν πρὸς τί) sin preocuparse de buscar su primer principio. Anaxágoras y

---

[509] *Physicorum*, VII, III.
[510] *Physicorum*, VII, IV.
[511] *Physicorum*, VII, V.

Empédocles reducían toda mutación de las cosas a mera separación de sustancias existentes, y, por consiguiente, a movimiento local.[512] Aristóteles reconoce toda la importancia del movimiento local para las mutaciones naturales, pero no se para en el externo cambio de lugar, y, amén de sostener una alteración cualitativa de las sustancias, y aun de explicar por ella la generación (γένεσις), se remonta con alto y atrevido vuelo hasta las regiones metafísicas de la cinemática. La eternidad del movimiento: he aquí la tesis central y la consecuencia última de los Physicorum. Tres objeciones se oponían entonces a ella: 1) la sacada de la naturaleza del movimiento; 2) la sacada de las cosas inanimadas; 3) la sacada de las cosas animadas.[513] La segunda objeción es la más importante, porque parte de un hecho de observación y de experiencia, a saber: que hay cosas que intermitentemente están en reposo y en movimiento. Difícil y laboriosa es de suyo la respuesta a esta objeción, pero se hace ineludible soltarla, examinando las cinco soluciones que se han dado al problema que implica, y que no es otro que el reparto del reposo y del movimiento en el universo. Hablar vagamente de reposo universal y de movimiento universal es no decir nada, o, a lo sumo, dejar la cuestión abierta. De aquí infieren algunos físicos que bastaría suponer que unos seres se hallan eternamente en reposo, y otros eternamente en movimiento. Más clara y ajustadamente razonan los que admiten alternativas de reposo y de movimiento en todas las existencias cósmicas. Pero la hipótesis más acertada parece ser la que estima que unas cosas están siempre en reposo, otras siempre en movimiento, y, muchas, las más, a ratos en movimiento y a ratos en reposo.[514] Para entrar de lleno en la demostración del punto concreto que le preocupa, Aristóteles empieza por echarse a buscar las razones que le conducen a afirmar, no sólo la existencia del primer motor, sino que también su inmovilidad. Toda cosa puede ser movida, o por accidente, o por violencia, o por naturaleza, o por sí, o por otra cosa. El último caso requiere se recuerde que nada se mueve sino en cuanto está en potencia y como privado de aquello hacia que se mueve, pero que todo motor no mueve sino en cuanto está en acto.[515] Puesto que nada puede ser movido sino por otro, si este otro ha de moverse, también lo será por otro, hasta llegar a un principio, que, sin necesidad de ser movido, produzca el movimiento de todo. Subamos del

---

[512] *Physicorum*, VIII, I.
[513] *Physicorum*, VIII, II.
[514] *Physicorum*, VIII, III.
[515] *Physicorum*, VIII, IV.

móvil al motor, o descendamos del motor al móvil, la exigencia de hallar una razón suficiente de las cosas que están en movimiento, nos hace sentir la falsedad de un proceso hasta lo infinito, o de una serie infinita à priori de movimientos secundarios. Y así probada la repugnancia de un proceso hasta lo infinito,[516] es indudable que el primer motor ni aun tiene por qué, ni para qué moverse a sí mismo, ya que, ocupándolo todo por su inmensidad, ¿hacia dónde ha de moverse? ¿Habrá de dejar un lugar, para ir a otro, no habiendo cosa que lo mueva, ni a que se pueda mover, al revés dé los demás seres, que son movibles en dirección a todo lo que pueden tener, y de todo aquello que tienen? No incurre Aristóteles en la ligereza de decir que el Ser Supremo es el motor inmediato de todo lo que se mueve, antes reconoce que hay en el mundo principios activos (y no puramente mecánicos, sino intensamente dinámicos), que, lanzados en extensiones corpóreas, mueven, empujan, atraen, repelen, a los cuerpos circunvecinos. El hecho cierto y evidente es que debe haber un primer motor, y que la primera cosa movida eternamente es el cielo. Un movimiento eterno supone un motor inmóvil y también eterno. ¿Se argüirá que existen motores inmóviles, que no son eternos, como las almas? Pero esto sólo quiere decir que las almas no mueven nada mecánicamente, sino por una actividad que, aunque no halle resistencia e impenetrabilidad en la materia, la hace, con todo eso, ceder, y la agita con un poder incomparable a la fuerza motora de los cuerpos. Este poder o virtud de las almas, especie de acción vital, es la que empieza a dar movimiento a la materia del universo, y, cuanto más perfecto es el que mueve, y el modo con que mueve, tanto menos se agita y se mueve él a sí mismo. Cuando Platón definía el alma como "un movimiento que se mueve a sí mismo", quería significar únicamente que es un principio motor, ínsito autonómicamente en nosotros, y que se distingue del motor universal. Pero ninguna de las almas individuales daría cuenta de la continuidad y de la perpetuidad de la generación de los animales y de sus propias apariciones y desapariciones.[517] Es preciso, pues, que haya un Ser Supremo, que sea la causa de toda mutación, sin estar él sujeto a mudanza. Y a esta misma conclusión conduce otro raciocinio, que se funda en la naturaleza del movimiento eterno, continuo y uno, el cual demanda un móvil y un motor únicos. Además, de la manera de obrar de otros motores inmóviles, se infiere que los movimientos impresos por tales motores, pero movidos por accidente, no son continuos, ni, por ende, eternos. Remóntese cuanto se

---

[516] *Physicorum,*.VIII, V.
[517] *Physicorum,* VIII, VI.

quiera el comienzo temporal de la serie de los procesos naturales dependientes los unos de los otros, no se logra excusar la presuposición de algo inalterable, que sea la causa de las alteraciones, generaciones y movimientos del universo. Por otra parte, entre las diferentes especies de esos movimientos, el primero, cronológica, lógica y ontológicamente, es el transporte, único que puede ser continuo.[518] Entre los transportes, la traslación circular, que es una y continua, puede ser infinita,[519] a diferencia del transporte, rectilíneo (o mixto), que no puede continuar hasta lo infinito, porque todo movimiento susceptible de retroceso es discontinuo de suyo, y esto destruye una vez más las falacias de Zenón sobre la continuidad del movimiento. La traslación circular es movimiento esencialmente uniforme, de trayectoria perfecta, tan sencillo y tan continuo, que basta para servir de medida a los demás movimientos, y su prioridad y superioridad sobre éstos se manifiesta aun en la misma fisiología.[520] Finalmente, el primer motor es inextenso, según Aristóteles,[521] el cual, para probarlo, comienza por recordar principios sentados anteriormente. Una fuerza finita no puede mover en un tiempo infinito, y esta infinidad del tiempo exige un primer motor también infinito, y, por tanto, inextenso. En una magnitud finita reside una fuerza finita, y en una magnitud infinita una fuerza infinita, que forzosamente ha de ser inextensa. La unidad del primer motor se deduce de la unidad del movimiento, y su unicidad de su inextensión, dado que toda extensión se compone de partes. Un motor movido no podría nunca ser verdaderamente, único, ni ocupar el puesto de un motor inmóvil, porque es, divisible. En resolución: del hecho de que hay mutaciones en todo el universo, así en la vida de la naturaleza como en la del espíritu, colige Aristóteles que todas estas cosas mudables del mundo dependen de un Ente Inmutable. No hay para qué añadir que, como teólogo, concibió al Ser Supremo de una manera elevadísima, pues le llama principio inteligente del movimiento (τόν νοῦ κινησιως ἀφχήν)[522] ente anterior a todos los entes, sustancia primera, existencia principal (τὸ πάντων πρῶτον... οὐσία πρώτη)[523], lo cual no le impidió, siguiendo a Platón, poblar el mundo corpóreo o material de esencias incorpóreas o

---

[518] *Physicorum,* VIII, VII.
[519] *Physicorum,* VIII, VIII.
[520] *Phisicorum,* VIII, IX.
[521] *Physicorum,* VIII, X.
[522] *Physicorum,* VIII, v. *Metaphysicorum,* XII, x.
[523] *Physicorum,* II, VII. *Metaphysicorum,* XI, VII.

inmateriales, es decir, de genios o de espíritus (οὐσίαι ἄνευ ὕλης, κωριστά, δαίμονες)[524], y estos genios o espíritus son, ciertamente, causas. Pero, en la serie de causas, hay, como él dice, una causa primera, y, en la serie de cambios, un cambio final. Si no existiese una causa primera, que diese a los seres acción y movimiento de un modo físico y ordenado, reduciéndolos a la realidad, la ciencia marcharía de causa en causa, sin encontrar nunca el punto de partida, y entonces no sería ciencia[525]. La causa primera es, por consiguiente, el principio o agente de las causas segundas, y, según Aristóteles, no queda más que una disyuntiva: o negar el orden, y admitir el acaso, lo que equivale a destruir la ciencia (porque la ciencia del acaso, ¿qué ciencia sería?), o reconocer la existencia de una causa primera. "Y pues el acto es anterior a la potencia (axioma fundamental de sus teorías), y ésta tiene en aquél su razón de ser, argüitivamente se infiere que Aristóteles profesó la aseidad de Dios y la creación de la nada.[526] Cierto que no se cansa de repetir que la materia es eterna, pero también llama eterno al movimiento, y, con todo, le señala el primer motor,[527] dando a entender que no repugna materia eterna y materia

---

[524] *Metaphysicorum;* I, VIII.

[525] Véase mi obra sobre *El universo invisible,* 113. Ha de advertirse que la admisión de una causa primera no implica la afirmación de que el mundo haya tenido principio, y de ello es buena prueba el mismo Aristóteles, aceptador de la primera tesis y negador de la segunda, como lo reconoce Mir *(La creación,* 115) por estas palabras: "Aristóteles opinó ser el mundo eterno, porque de nada, nada se hace, decía silogizando, aunque muchos doctores se esfuerzan por rescatar su ilustre nombre de tanta infamia, a cuyo efecto alegan que escribió a medias palabras y algo a prisa". No hay tal cosa, pues Aristóteles, en esto, se limitó a seguir las huellas trazadas por su maestro, en el diálogo del *Timeo* y en el tratado *De republica,* Platón, en efecto, creyó también la materia eterna, y no hecha, sino ordenada, por Dios, a quien llamaba, por tal causa, el gran geómetra. Siglos más tarde, Leibniz repetiría un concepto análogo con su famosa sentencia de que Dios, calculando, crea el mundo. *Dum Deus calculat, fit mundus.*

[526] Comentando el conocidísimo comienzo de la *Theogonia* de Hesíodo: "Lo primero que existió fue el caos" (πρώτιςτα χάω γένετο), Aristóteles pensó que aquí el poeta por caos entendió la nada, y que de la nada hizo Dios la tierra. De Platón tenemos que escribió, en el *Timeo:* "Todo cuanto había estaba sin sosiego y muy revuelto, y del desorden lo transfirió Dios al orden (κόσμος), y a la compostura". Anaxágoras sentenció asimismo: "Todo era confusión y desbarajuste. Mas acercóse la mente (νοῦς), y lo segregó y lo distinguió". (Aristóteles, *Metaphysicorum,* I, IV.)

[527] Zabarela, filósofo aristotélico de la escuela de Padua, que floreció a fines del siglo XVI, escribió todo un tratado, el *De primo motore,* para establecer que la

creada, como no repugna que Dios sea anterior a la materia eterna, al o menos cuanto a la naturaleza"[528]. Sin embargo de esta aserción, preciso es confesarlo, el genuino pensamiento de Aristóteles es que el mundo con sus evoluciones, aunque producido por Dios, no tiene comienzo temporal, sino que existe desde la eternidad. Si el movimiento del mundo (así o en términos parecidos raciocina el antiguo griego) hubiera tenido principio, antes de este principio el movimiento y lo movido, o debieran haber existido o no. Si no han existido, deberían haberse hecho, y, por consiguiente, se hubiera verificado ya un movimiento antes del primer movimiento. Si han existido, no puede pensarse que no se hubiesen movido, siendo propio de su naturaleza el moverse, y, de no ser así, hubiera debido efectuarse algo que les diera esa cualidad, de manera que, aun en este caso, tendríamos un movimiento antes del primer movimiento. Donde se ve que el Estagirita se apoya principalmente en la consideración de que la acción de la fuerza que produjo el mundo debe ser tan eterna e invariable como esa fuerza misma, y, por tanto, que su producto, el universo, a pesar de las variaciones que algunas de sus partes sufren, no puede haber sido creado en su totalidad. La conclusión monoteísta de la teología de Aristóteles por las palabras de Homero sobre la inconveniencia de la pluralidad de jefes, y la conveniencia de que uno solo lo dirija todo (οὐκ ἀγαθὸν πολυκοιρανίη, εἰς κοίρανος ἔστω), descubre y manifiesta la tendencia moral que constituye el fondo de su doctrina.[529] Pero la prueba ontológica del Dios transcendente, que es el mayor servicio que a la teodicea prestó Aristóteles, se encuentra en la aserción de que todo movimiento (y, por ende, el tránsito de la posibilidad a la realidad) tiene una causa motriz, que por sí misma es inmóvil, porque, si se moviese, entonces sería movida por otras causas, las cuales, a su vez, lo serían por otras, y así hasta lo infinito. Esto es absurdo, según la demostración de Aristóteles, quien observa que la primera de todas las cosas no es un ente potencial (lo cual equivale a decir que no es la materia), sino un ser perfecto, substancial, simple, inteligente, incorpóreo, eterno e incapaz de mudanza. Bien como cada objeto existente supone una causa motriz en acto, de igual modo el mundo en general supone un primer motor que

---

existencia de Dios sólo podía demostrarse por el movimiento eterno de la naturaleza, porque únicamente un movimiento eterno puede probar la realidad de un eterno motor.

[528] Mir, *La religión*, 600. Compárese con Julio Simón (*Etudes sur la théodicée de Platon et d'Aristote*, 52, 81) y con Rolfes (*Die Aristoteles Auffansupy von verhältnisse Gottes zur Welt und zwm, Menschen*, 87, 92).

[529] Ueberweg, *Grundriss der Geschichte der Philosophie*, I, 175.

ponga en actividad a la materia inerte de por sí. Donde se ve que el Dios de Aristóteles no es la causa creadora del movimiento del mundo, ni siquiera su causa eficiente, sino una mera causa impulsiva, que pone en juego las fuerzas motrices residentes en la naturaleza de los seres.

El impulso, empero, no es mecánico, sino espiritual, y Dios es, en el mundo, amén de principio ordenador y de forma inmanente, substancia existente en sí y por sí, "como el general en el ejército, la ley en el Estado, el director en el canto, el auriga en la carroza, el timonel en el buque". El poder lo pone Aristóteles en Dios como diverso de toda creación y de toda eficiencia, porque el mundo es eterno y necesario, y ha existido siempre en estado de organización, con sus fuerzas y con sus leyes. Dios atrae al mundo como el imán al hierro, es decir, como objeto de deseo, como excitador de energías adormecidas, como amor supremo y como bien supremo hacia cuya belleza y hacia cuya armonía tiende todos los seres cósmicos. "Lo apetecible y lo inteligible mueven, sin ser movidos, y lo primero apetecible es idéntico con lo primero inteligible, porque el objeto del deseo es aquello que parece bello, y el objeto de la voluntad aquello que lo es... El ser inmóvil mueve como objeto de amor, y lo que él mueve da el movimiento a todo lo restante".[530] De esta suerte, si no causa creadora, ni causa eficiente, es Dios causa final del mundo. Mas, si miramos a la manera de entender Aristóteles esta opinión suya, nos quedamos atónitos. El Dios de Aristóteles mueve al mundo, pero sin conocerlo. La inteligencia divina se halla siempre en acto, se contempla a sí misma solamente, encuentra en sí toda su felicidad, y se rebajaría conociendo el mundo. Soberanamente independiente, Dios se basta plenamente a sí mismo, y su conocimiento del mundo deslustraría su perfección. A cuyo propósito pregunta el abate Maret:[531] "Si Dios no conoce el mundo, ¿cómo puede gobernarlo? Si el mundo no está regido por una inteligencia buena y sabia, quedará sometido a la fatalidad invencible del destino, y no habrá Providencia. La negación de ésta es, en efecto, el término última de la teología de Aristóteles, quien nunca habla de la bondad y de la justicia del Ser Supremo, ni intenta la conciliación de la existencia del mal con las perfecciones divinas".

A título de curiosidad ampliativa, haré dos observaciones, que demostrarán el profundo sentido del objeto propio de la física que tenía Aristóteles, y el cuidado que puso en distinguirlo del objeto propio de las

---

[530] *Metaphysicorum*, XII, VII.
[531] *Théodicée chretienne*, VI.

matemáticas. Al comienzo de su obra[532] y en otros varios de sus escritos[533], formula el postulado de que "los seres de la naturaleza, en todo o en parte, son movidos", postulado a que se llega manifiestamente por la inducción. Añade que "no conviene refutar todas las demostraciones, sino solamente las falsas, si parten de los principios. Así, por ejemplo, la refutación de la cuadratura del círculo, a partir de los segmentos, rebasa los límites de la geometría, y ello no es más verdadero con respecto a la cuadratura de Antifón". Al crítico Carterón[534], pareciole extraño que los comentadores del Estagirita no se diesen cuenta de la diferencia que hay que establecer entre la teoría de Antifón y la de Bryson[535]. El principio de estos razonamientos, cuya refutación no rebasa los límites de la geometría, era considerar el círculo como medio proporcional entre dos polígonos, uno inscrito, y otro circunscrito. La cuadratura por los segmentos se apoyaba en un principio geométrico general. Trazando primero el semicírculo ADB, de centro O, y con OD perpendicular a AB, y trazando después sobre el círculo AD el semicírculo AFD, se demostraba que el segmento AEDF es igual en superficie al triángulo AOD, porque el semicírculo AFD es igual a la cuarta parte del círculo AEDO. Esto hecho, sobre un círculo de radio igual a AB, se trazaban los tres lados del exágono regular inscrito, y, sobre cada uno de estos tres lados, tomado como diámetro, un semicírculo. Los tres semicírculos, y más el descrito sobre AB corno diámetro, formaban una superficie igual a la descrita sobre AB como radio. De aquí resultaba que el semicírculo AEDB aparecía como igual a la diferencia entre el semihexágono inérito y una suma de tres segmentos, iguales cada uno a un triángulo, con lo que parecía haber quedado igualado el semicírculo a una figura poligonal. Aristóteles anduvo en lo cierto al advertir que la verdad del principio geométrico general no daba facultades amplias para esa rara demostración, errónea a todas luces.

Otra observación concierne a las opiniones de los pitagóricos sobre lo infinito. En cierto lugar de su tratado[536], el Estagirita las expone por el tenor siguiente: "Para los pitagóricos, lo infinito no está en las cosas sensibles, pues ellos no separan el número, y lo que está fuera del cielo es

---

[532] *Physicorum*, I, II.
[533] *Topicorum*, II, CLXXII. *Analytica priora*, II, xxv. *Analytica posteriora*, I, IX.
[534] *La physique d'Aristote*, I, 163.
[535] Véase a Waitz, *Organon*, II, 324, 551. Diels, S*im plicii in Physicorum commentario,,* introducción, 26. Tannery, *Mémoires de la Société des Sciences Physiques et Naturelles de Bourdeaux*, 1878, I, II. Pauli-Wissova, *Dictionnaire* (en la palabra *Hippokrates*).
[536] *Physicorum*, III, IV.

infinito... Lo infinito es lo par, que, aprehendido y limitado por lo impar, da a los seres la infinitud, y una prueba de ello es lo que sucede en los números. Agregando los gnomonos[537] alrededor de lo Uno, y puesto lo Uno aparte de los pares y de los impares, se obtiene, ya una figura diferente, ya la misma figura". Sobre cuyas palabras el docto apostillador Carterón[538] extiende este comentario: "El gnomon es la figura acodada de ángulos rectos, que permanece y continúa, cuando se destaca de un cuadrado un cuadrado más pequeño. Si se considera una serie de puntos ordenados en cuadrado, y se destaca primero un punto O, separándole de la línea acodada AB, después tres puntos por la línea CD, luego cinco puntos por la línea EF, se obtiene una serie de gnomonos impares, que se rodean sucesivamente, desde el primer impar, que es la unidad, y resulta evidente que la adición de esos gnomonos produce una figura que, sin perjuicio de agrandarse constantemente, sigue siendo siempre la misma figura, a saber, un cuadrado. Tal es la regla, bien conocida, de la suma de los números impares consecutivos: $1+3+ \cdots (2n - 1)=n^2$. Por el contrario, si se agregan los gnomonos pares, a partir del primer par, determínase una serie de magnitudes heteromecas (ab, acdefb, ghl), que representa la sucesión de los números pares, según la ley $2+4+ \cdots 2n=n(n+1)$, y que origina figuras continuamente diferentes. Estas proposiciones geométricas son las que explican los caracteres que los pitagóricos atribuían a lo impar y a lo par como lo confirma Aristóteles en el citado pasaje de los Physicorum, y también cuando, en otras de sus obras,[539] cita la oposición cuadrado-heteromeca al lado de la oposición par impar".[540] Frente a los pitagóricos, Platón, que no admitía más que dos infinitos (lo infinitamente grande y lo infinitamente pequeño), negaba que fuera del cielo hubiese cuerpo alguno, ni aun las ideas, las cuales no están en ninguna parte, y suponía a lo infinito existente en las cosas sensibles y en los paradigmas eternos.

Descendiendo a otros particulares de los principios de la física, observaré que, para Aristóteles, como para Platón, la materia, envoltura

---

[537] Término astronómico, muy usado en la antigüedad, y conservado todavía en nuestra época.

[538] *La physique d'Avistóte*, I, 164.

[539] *Metaphysicorum*, I, v. *Categoriae*, VIII, XI. De *anima*, II, II.

[540] Consúltese a Filopón *(Scholia in Aristotelem*, 203, b), a Simplicio *(Commentarii in octo Aristotelis Physicae libros cum ipso Aristotelis textu,* 455), a Jamblico *(In Aritotelis Ethicam ad Nicomachum* 105), a Renouvier *(Philosophi ancienne,* I, 185), a Milhaud (Philosophes *géomètres de la Grèce,* 116) y a Reiche *(Das Problem des Unendlichen bei Aristoteles,* 11, 19).

externa de las cosas naturales, no tiene una razón de ser absoluta. No hay entidad donde no hay acción, y la materia es algo puramente pasivo. El todo o universo es, pero las partes o elementos simples no son, pues su razón de ser está en el todo, y de éste reciben las propiedades que necesariamente nacen de su condición, conviene a saber: cuantidad de la materia, gravedad, densidad, ligereza y fuerza o energía. Con menos razón aún es la materia separada de sus partes, en cuyo aspecto tiene sólo carácter de posibilidad, porque de ella salió el todo. Las cosas naturales existen en la materia, solamente como capacidades indeterminadas o disposiciones idóneas para obtener una entidad determinada, pero que carece de realidad todavía. La materia no es un ente real, sino potencial o posible, y el todo es lo único real. Así, la materia no es substancia, sino que constituye uno de los dos principios fundamentales de una substancia indivisa, que produce toda la actividad de la naturaleza.[541] Por esta razón, dice Aristóteles[542] de ella que no es substancia, ni accidente tampoco (λέγω δ'ὕγην καθ' αὐτὴν μήτε τὶ, μήτε ποσόν μήτε ἄλλο μηδὲν λέγεται, οἷς ὥρισται τὸ ὄν). En cierto sentido, es opuesta a Dios. Mientras que éste es la realidad absolutamente perfecta y superior, la materia carece de toda realidad. Como ente no acabado en sí, la materia no está dada como tal en ninguna parte, y únicamente puede existir bajo una forma elemental u otra.[543]

De notar es que, a pesar de tan categóricas afirmaciones, no niega Aristóteles a la materia toda sustancialidad, puesto que la llama ἐγγύς καὶ οὐσία πως, y esto, aun tratándose de la materia primitiva o caótica (el χάος de Hesíodo) y de la materia prima o pura (πρώτη ὕλη). Según todas las cosmogonías de la antigüedad, nuestro mundo salió de un caos, donde todo cuanto existe hoy, los seres y las cosas, eran bárbaro desdibujo. Mas esa materia confusa, incompleta e informe, poseía alguna forma elemental, o, a lo menos, aptitud para recibir formas ulteriores. Cuanto a la materia prima, no es ninguna abstracción hija del pensamiento humano, sino algo efectivo puesto que es la base de todo ente en el cosmos, lo permanente en medio del cambio, el principio de la individuación, la medida de la suma de fuerzas mecánicas que se emplea en las actividades físicas, y,

---

[541] Para una discusión más extensa, con textos en su apoyo, remito a Chevalier, en la obra que intitula *La notion de substance chez Aristote et chez ses predecesseurs.*
[542] *Metaphysicorum,* VII, III.
[543] Pesch, *Die grösse Welträtsel,* I, 344. Compárese, con Kleugten, *Philosophie der Vorzeit,* 749.

finalmente, la razón de todo aquello que revela en dichas actividades el carácter de contingente o de monstruoso, ya que, en general, era considerada por el Estagirita como causa de toda caducidad e imperfección en la naturaleza. Entendía Aristóteles[544] ser una en todos los cuerpos, y añadía que, por ser cuatro los elementos, las materias han de ser otras tantas. Aristóteles llamaba aquí materias la misma materia prima, en cuanto determinada por las formas de los elementos y de las primeras cualidades tangibles. Según la doctrina peripatética, es menester que las materias sean cuatro, para que la materia, primera sea común a todos los elementos, los cuales se engendran unos a otros, y tienen una misma materia. No era ésta la opinión de Platón, contra el cual Aristóteles valerosamente concedía a la materia hasta cierta disposición para la forma, y cierta tendencia a revestirse de ella. No obstante, de ella se distingue, no sólo en que todavía no es, sino en que a ella aporta, aun considerada por sí sola, una realidad singular. Los tres momentos de las creaciones de la naturaleza son, pues, materia, forma y todo. Dice, hablando de ello, el Estagirita:[545] Οὐσίαι δὲ τρεῖς ἡ μὲν ὕλη... ἡ δὲ φύσις... ἔτι τρίτη ἡ ἐν τούτων. Conforme a esta clarísima enseñanza, si a la materia prima se la califica de mera posibilidad (τό δυνάμει ὄν), no es porque se la conciba como un ser híbrido, que no sea, ni nada, ni la negación de la nada. Es sencillamente una potencia, que lleva en sí el destino de pasar al acto, cuando la completa la forma, constituyendo así ambas a dos un ente natural. Aristóteles[546] niega que la materia sea un τόδε τι, bien, la considera como τόδε τι τῷ φατεσθαι, sobre cuya expresión observa Bonitz: [547] *Materia non revera, sed imaginationi tantum est* τόδ ετι, *quoniam potentiam habet* τοῦ γίγνεσθαι τόδετι. Sentencia que se aproxima mucho al dictamen de Suárez,[548] para quien la materia de las cosas naturales debe calificarse, no de potentia pura, sino de actus incompletus seu vialis. No hay que creer inactiva a la materia por ser informe, sino activa por ser formable o capaz de formación, y aun causa de todo efecto ciego o no regulado por ninguna relación a un fin. Aunque de suyo no ejerza acciones propiamente tales, Aristóteles creyó, como Platón, que a su intervención debían atribuirse todos los impedimentos de las construcciones que proceden de la forma. Puesto que parte de la última

---

[544] *De coelo*, IV, v. *Metaphysicorum*, VIII, III.
[545] *Metaphysicorum*, II, III.
[546] *De amima*, II, I. *Metaphysicorum*, VI, III; XII, III.
[547] *Index*, II, 476.
[548] *Disputationum metaphysicarum*, XIII, IV, 9.

la actividad teleológica, habrá de estar en la materia la razón de todos los fenómenos de ciega necesidad, tanto de los que se verifican independientemente de la tendencia a un fin, como de los que pugnan directamente con ella, es decir, de los producidos por el acaso. Aristóteles estima ser acaso lo que así puede convenir a una cosa como no convenirle, lo que no está contenido en su esencia, lo que no se verifica de un modo regular y constante. Evidentemente, este factor no se halla sometido a conveniencia final alguna. Tenía el Estagirita bien asentada en su ánimo semejante idea, cuando sentenció que "el acaso no crea sino lo aislado o lo excepcional", y que "dondequiera que hallemos una organización viviente, debemos considerar el resultado como apetecido por la naturaleza, o sea, por el fin a que aspira". Los hechos fortuitos o casuales vienen a ser como desperdicios de la naturaleza, a la que, si no le es dable renunciar, para su producción, al concurso de los auxilios materiales, sólo los utiliza en concepto de medios indispensables para la consecución de sus fines. De las propiedades de la materia y de su capacidad de recibir y de expresar la forma, depende el modo más o menos perfecto de realizarse el fin. Y, en la medida en que las propiedades de la materia carezcan de aquella capacidad, resultarán formaciones imperfectas y discrepantes del fin íntegro.[549]

Es verdad que conocemos la materia únicamente por sus cualidades sensibles, y que podíamos hacer cuenta que en su íntima esencia se esconden virtudes ignoradas. Mas, aunque no osaríamos determinar todas las que posee y las que no posee, debemos sin zozobra negarle virtud legislativa y enderezada a un fin, tanto más cuanto más complicado sea el orden, y cuantas más sean las partes que se han de ordenar. En esto, guarda Trendelenburg[550] crureza y rigor peripatéticos, al sustentar que, si donde la causa eficiente produce una cosa, las partes engendran el todo, donde rige el fin, la relación se invierte, como Aristóteles[551] hizo notar (τό γὰρ ὅλον πρότερον ἀναλκαῖον εἶναι τοῦ μέρους), porque primero se propone el todo como un problema, y se plantea luego la cuestión de los medios conducentes a su resolución. Así, en los casos de finalidad, las partes se construyen por la idea del todo, y éste es el caso del ojo, como órgano necesario al servicio del conjunto, con arreglo al cual se han dispuesto la lente, el iris, la piel córnea y los demás componentes del

---

[549] Zeller, *Die Philosophie der Griechen*, II, II, 332.
[550] *Losische Untersuchungen,*, I, 7, 19.
[551] *Politiccrum*, I, II.

instrumento de la visión. Aristóteles[552] advirtió ya la concordancia necesaria entre la mirada, que domina nuestros movimientos, y los órganos motores, pues, como las junturas de éstos, aquélla está dirigida hacia adelante. Necesidad tan íntima aparece más bella en las delicadas manos del dibujante, que de tal suerte son regidas por la mirada, como si los ejes ópticos mismos dibujasen en su punto de intersección. El movimiento exige la mirada, y el ojo pide el movimiento. Por otra parte, la naturaleza ha dispuesto los órganos para el uso futuro, y, en sentir de Aristóteles,[553] sería vicioso afirmar que el uso no es más que una consecuencia de existir ya los órganos (τὰ δ' ὄργανα τὸ ἔργον ἢ φύσις ποιεῖ, ἀλλ' οὐ τὸ ἔργον πρὸς τα ὄργανα).

Si alguna significación neta y precisa hemos de dar al vocablo "materia", de aquellas relaciones solamente puede predicarse que no poseen determinación alguna por virtud propia, y que de la forma solamente la reciben. La física de Aristóteles se opone anticipadamente a la definición de Descartes, que consideraba a los cuerpos como "concentraciones de la extensión", y a la de Leibniz, que los consideraba como "substancias dinámicas". Conciliando estos dos exclusivismos, Aristóteles veía en los cuerpos "entidades compuestas", cuya esencia debe buscarse en la distinción entre la forma, que determina su ser específico, y la materia, sujeto que es determinado de modo tal, que la forma pueda dejar de existir, y la materia continúa existiendo bajo otra forma.[554] No se comprende, por esto, que Aristóteles haya puesto en la materia el principio de individuación, puesto que es la forma la que hace que un sujeto sea éste, y no otro. Por su misma universalidad, la materia no puede ser la razón de la individualidad en sujetos que, en cesando la forma o causa inmanente que los produjo, cesan del todo.

Conste, pues, de lo que va dicho, que la materia existe como realidad inferior en la naturaleza, pero que, como sentenció Schlling, la misión de la filosofía es exponer la identidad de esa naturaleza con un mundo ideal (aufgader Philosophie ist die Identität der Natur mit einer Idealwelt dargestellen). En cualquier estado que consideremos a la materia, siempre descubre ese mundo ideal de la forma, que la torna plástica, y que la configura diversamente hasta lo infinito. Mientras que los atomistas concebían toda la naturaleza como material y mecánica, Aristóteles subordinaba este aspecto suyo al formal y teleológico. El Estagirita no

---

[552] *De partibus animalium,* II, X.
[553] *De partibus animalium,* IV, XII.
[554] Véase a Kleutgen, *Philosophie der Vorzeit,* 683.

negó, por tanto, la materia, sino que no le quiso conceder la dignidad de naturaleza perfecta y cabal. "El elemento superior de las ideas o causas finales, que fue declarado fantasma ilusorio por los atomistas, y que Platón no supo salvar del exterminio sino elevándolo muy por encima de la naturaleza, Aristóteles lo reconoció realmente existente dentro de la naturaleza misma. Es innegable que, en la teoría aristotélica, las cosas naturales perdieron su rígida inmutabilidad intrínseca, y que fueron arrojadas a la corriente de la mudanza más variada. Más no es ésta una irreparable pérdida, puesto que, en dicha teoría, ya no es la naturaleza el traqueteo fastidioso de una máquina artificiosamente construida, en el sentido de Platón, y mucho menos un complexus desordenado de golpes y de presiones mecánicas de átomos, que discurren de acá para allá, en el sentido de los atomistas, sino que lleva en sí propia el resplandor de una realidad viva y eterna, que brilla con colores millones de veces refractados".[555]

Expuestas quedan las profundas e interesantes doctrinas que Aristóteles desarrolló en los ocho libros de sus Physicorum. Sin pretender hablar de otras muchas que aparecen en el resto de sus obras sobre las ciencias de la naturaleza, me ceñiré a una sumamente importante y en cierto modo metafísica, o más bien, metaquímica, porque constituye una ampliación de la teoría de los cuatro elementos, aceptada por casi toda la antigüedad. En verdad, es condición de nuestro entendimiento no hacer alto en ningún fenómeno o grupo de fenómenos, sino profundizarlos todos con afán, y abrazarlos todos, para tocar en el corazón de la realidad, y aun para encontrar en ella el anhelado ὄντος ὄν, entendiéndolo, ora en sentido sustancialista, ora en sentido dinámico. Por eso, no causará extrañeza que, en Grecia, los filósofos no se contentasen con reducir el cosmos a una pluralidad elemental o a una materia diversificada, sino que tratasen de resolver la pluralidad en la unidad, y que concluyesen por considerar que el éter, en cuanto sustancia que llena todo el espacio real y admisible, forma una misma modalidad con la materia. Durante casi toda la evolución de la filosofía griega, la doctrina de la composición de las cosas materiales por cuatro elementos subió y descendió alternativamente, hasta culminar en las opiniones de Platón referentes a la constitución de los cuerpos. Aristóteles, en sus tratados De coelo y De mundo, demuestra la existencia del quinto elemento, que no había todavía probado en los Physicorum, y cuyas propiedades no había determinado, por ende, en este

---

[555] Pesch, *Die grösse Welträtsoel*, I, 347.

último libro.[556] En otros varios, al referirse a la hipótesis de los cuatro elementos, objetó que había que admitir un quinto elemento, para explicar la naturaleza de los cuerpos celestes, y llamó a este nuevo simple o quintaesencia éter, considerándolo como padre de los astros y principio de todas las substancias compuestas, y afirmando que los mundos están unidos positivamente, en la materia, por el éter intermediario e infinito. "Así como el agua está en el aire, de esa manera el aire está en el éter, y el éter en el cielo, y el cielo no está, contenido en otro alguno".[557] Oigamos más: "El principio de los cuerpos que circulan por los espacios es el éter" (ἀρχὴ τῶν σωμάτων ἐξ ὧν συνέστηκεν ἡ τῶν ἐγκυκλίως φερομενῶν σωμάτων φὺσις).[558] Lo que llena el vacío entre los astros no es agua, ni fuego, ni aire, sino "un quinto cuerpo diferente del fuego y del aire, y que cerca de la atmósfera y de la tierra padece alteración, y es más o menos puro".[559] Materia, y éter parecen asociados la una al otro, y acude a Aristóteles la sospecha de que el universo sea no más realmente que una gran burbuja de éter en constante actividad y en perpetua transformación. Con su modestia característica, Aristóteles reconoce que esto es mera opinión, presentimiento, creencia (δόξα) no un saber real y probado (ἐπιςτήμη),[560] y hasta añade que su opinión no tanto era suya cuanto de los antiguos, los cuales sacaban la etimología del éter de la rapidez de su velocidad (αιει θ' εω), agregando los atributos de impasibilidad (ἀταθη), incorruptibilidad (ἄ θαρτον) e invariabilidad (καί ἄτρεπτον).[561] Por cuya razón le miraban como algo divino y en nada semejante a ninguna de las esencias ordinarias.[562] No deja de tener una gran significación, que

---

[556] Hizo ya esta observación Santo Tomás (In *II Sententiarum,* XII, I).

[557] *De auscultationibus,* IV, V.

[558] *Meteorologicorum,* II, I.

[559] *Meteorologicorum,* III, II.

[560] En su *Organum,* Aristóteles había establecido que, entre el número de las maneras y de las condiciones por medio de las cuales percibirnos lo verdadero, unas pueden engañarnos, y otras se presentan siempre como ciertas. Las primeras son la opinión y el presentimiento, y las otras la ciencia y la razón. Por eso, no quiso que su hipótesis del éter gozase de más estima que la que se merece una enseñanza que no es fruto de la observación y del cálculo.

[561] Véase a Eusebio de Cesárea, *De praeparatione evangelica,* XV, VII.

[562] Esta concepción teosófica y preternatural del éter ha reaparecido en nuestros días en la doctrina energética de Grote, según la que los "átomos con alma" ("amor" y "odio" de los elementos del Viejo Empédocles) no flotan en el espacio vacío, sino en la sustancia intermedia, extremadamente fina y atenuada, que representa la porción no condensada de la materia primitiva. La sustancia a que

comprueba lo que aquí se afirma, el hecho de que un discípulo de Platón, Atico, que tan cruelmente fustiga a Aristóteles por su quinto elemento, reconozca que su maestro, aun queriendo que todos los cuerpos tuviesen unos mismos componentes, templados con conveniente orden, admitía que la primitiva fuerza del mundo o universal προδύνκμις era no la vibración u oscilación de partículas en el espacio vacío, sino "una sustancia plenamente inmaterial, inextensa, invisible, inabordable, que ni comienza ni cambia, ni fenece, permaneciendo eternamente igual a sí misma". En esta parte, la exposición de Platón presenta, en el fondo, analogía con la de Aristóteles.

Ante la historia de la filosofía y en su paralelo con las concepciones cosmológicas anteriores a la reforma socrática y con la metafísica de los diálogos platónicos, los Physicorum del Estagirita significan un paso de avance. Frente a la ciencia y al toque de la doctrina filosófica progresiva, son, en conjunto, un caso de acierto. Ahora, en el pensamiento griego y en la cultura intelectual de Grecia, ¿qué representan los Physicorum? Ante todo, una rectificación de criterios y una transformación de principios. La realidad de la materia y de todo este mundo vasto y poderoso en el espacio y en el tiempo, su principio ideal, su ser permanente, la generación constante, el desarrollo continuo de las cosas, en suma, cuanto a la razón interesa conocer en la existencia universal y en la esencia íntima de los seres cósmicos, queda garantizado filosóficamente en la física de Aristóteles, y el hombre pensador puede sin recelos tomar la naturaleza visible por objeto de una ciencia verdadera.[563] Las escuelas anteriores a Aristóteles no lograron esta amplitud de horizontes intelectuales, por adoptar criterios erróneos, y por partir de principios inseguros. En tal sentido, la polémica del autor de los Physicorum con las escuelas a que aludo fue una polémica constructiva, que aspiraba a sacar la verdad del fondo de los errores, y que lo consiguió con frecuencia.

Grote se refiere no es otra cosa que el imponderable éter, considerado por algunos pensadores contemporáneos, Etchard (*Psicología energética*, 19), por ejemplo, como "un medio de acción de la energía psíquica", aun en el organismo y en el sistema nervioso.

[563] Pesch, *Die grösse Welträtsel*, I, 92.

§ 6. CONSIDERACIONES CRÍTICAS SOBRE LA FÍSICA DE ARISTÓTELES

Acabamos de ver que Aristóteles consideró la física como el estudio de las causas primeras de la naturaleza y del movimiento en general. Según él,[564] "la naturaleza es la sustancia de un ser, que, como tal, tiene en sí un principio de movimiento", queriendo significar dos partes: la fuerza motriz o principio activo, y la movilidad o principio pasivo. Desde tan sólida posición doctrinal e ideológica, le hemos acompañado en su refutación de los muchos sofismas relativos a la explicación de los fenómenos de este mundo, sofismas que imperaban en las escuelas filosóficas anteriores a él; y que pecaban, o por carta de más o por carta de menos, porque, o nada decían, o decían poco, o decían mucho más de lo que era menester para el verdadero concepto de naturaleza. No me toca salir en defensa de la teoría de Aristóteles, ni recomendarla, ni reprobarla, pues sería un anacronismo monstruoso y hasta risible, así el que se pretendiera rehabilitar con todos sus pelos y señales uno de los sistemas de la antigüedad, como el querer anatematizarlo y despedazarlo con severo ademán de crítico desde el punto de vista de nuestros conocimientos modernos sobre la constitución del universo.[565] Empero, admirando lo elevado de los conceptos de Aristóteles y lo osado de sus vuelos, quiero ponerle algunos reparos, que, en realidad, alcanzan, más que a sus enseñanzas (que sólo tienen ya un valor puramente histórico), a las interpretaciones que de ellas dieron los peripatéticos de la Edad Media, y a sus supervivencias en los neoescolásticos contemporáneos.

El centro del aristotelismo, su espina dorsal, para expresarme de este modo, es la reducción de los elementos naturales a la materia y a la forma. Pero el mundo debe tener algo más que materia y forma en sus entrañas, y, si no, ¿dónde estaría la diferencia entre el cosmos y el caos? Toda explicación del primero debe ser una interpretación de la vida universal, y ¿cómo hallar esta interpretación en el estrecho criterio hilomórfico del fundador del Liceo? El resultado más seguro de la investigación experimental moderna es el psiquismo, que otros llaman dinamismo o sea,

---

[564] *Metaphysicorum*, IV, IV.

[565] "Estos sistemas, ideados hace siglos, son enteramente anticuados cuanto a su ropaje histórico, y deben serlo en tal concepto, del mismo modo que el traje de un niño le viene pequeño a un hombre adulto" (Liebmann, *Gedanken und Thatsachen*, I, 99).

la afirmación de que toda materia es viviente, y que la llamada naturaleza inactiva es activa y envuelve propiedades, análogas en el fondo, aunque distintas en grado, a las del resto de la existencia. Esta concepción, en los tiempos anteriores a Aristóteles, sólo por los platónicos fue admitida y defendida con verdadera claridad. En los coetáneos y posteriores, tampoco faltaron partidarios de ella, pero no la mantuvieron con la necesaria energía. Es cierto que Tales había afirmado que todo está lleno de dioses (πάντα αλήρη τείον) Es cierto que Heráclito habló de un fuego divino, viviente e inteligente (κοινὸς λογος, πῦρ ἀει ζῶον, πῦρ νοερον),[566] que penetra con su influencia el universo, y que produce el flujo continuo de las cosas. Es cierto que, con un poco de ingenio y de buena voluntad, pueden encontrarse en los estoicos ideas muy parecidas. El mismo Aristóteles,[567] aun distinguiendo, rigurosamente y en sentido preciso, entre seres naturales animados e inanimados, aceptaba alguna semejanza con el alma en todo ser natural, y no temía atribuir una cierta especie de animación a los elementos materiales, y reconocer vida en la naturaleza tenida por inerte. Pero sólo en el platonismo notamos una tendencia marcadísima a idealizar la materia. Muy particularmente Jenócrates profesó un espiritualismo hilozoístico, que identificaba la jerarquía de los dioses o demonios (δαίμονες) con la serie de los seres o con la progresión de lo divino en lo material. Jenócrates, de igual modo que los pitagóricos, concibe a Dios como esparcido por el mundo. El pensamiento mismo de Dios penetra todas las cosas, y se manifiesta hasta en los animales privados de razón.[568] En la época del Renacimiento, renovaron esta concepción pensadores de primer orden, como Giordano Bruno, Campanella, Vanini, Sennert, Willis, Glisson, etc., cuyas teorías adolecen de un vicio radical, cual es el abuso de ideas aventuradas y fantásticas. Para mí, sólo tiene importancia el hecho que dio origen a tales ideas, perpetuándolas hasta el presente. Hay empeño en demostrar que todas las cosas de la naturaleza, sin excepción, poseen por rasgo distintiva la actividad psíquica, y lo que en un principio no pasó de ser una brillante hipótesis de Platón reviste hoy, bajo el nombre de hilozoísmo, todos los caracteres de un problema metafísico estrechamente relacionado con las ciencias naturales.

Yo no discutiré, por cierto, todas las modernas soluciones. Algunas ofrecen, desde el punto de vista transcendente y examinadas con criterio

---

[566] Véase mi obra sobre *El universo invisible,* 69.
[567] *De generatione animalium,* III, II, XI.
[568] Fouillée, *La philosophie de Platon,* II, 354.

teísta, un inconveniente o defecto que las hace inaceptables en muchas de sus consecuencias: el de servir de pretexto para fundar en la metafísica la negación de Dios. Descartado este aspecto del sistema, no puedo dejar de recordar que lo he desarrollado, y por cierto con un espíritu de crítica bien diverso, en mi libro sobre El hilozoísmo como medio de concebir el mundo, donde fustigo, con las armas de las ciencias naturales, las abstracciones hilomórficas de Aristóteles y de su excelso y consecuente discípulo Santo Tomás, y pongo de relieve la grandeza y la verdad de la concepción psiquista del universo. No es del caso repetir aquí nada de lo allí dicho, ni entrar en el problema de la realidad sensible del orden exterior de cosas, asunto más propio de la lógica. Basta fijar la parte que el elemento aristotélico puede reclamar en la cosmología abstracta de los escolásticos, procurándonos una idea clara de las dos supremas antítesis de la filosofía de Santo Tomás: la materia y la forma, la potencia y el acto. Aristóteles no admitió el dualismo de los dos últimos conceptos, antes afirmó que la primera sólo existe por el segundo. Pero fue más lejos, pues la noción pura del acto primero, por el que pretendió explicar la unidad de la existencia, le condujo a aseverar la identidad de las ideas de potencialidad y de actualidad con las de materialidad y de formalidad, estableciendo que, en toda causa completa, por el predominio del acto sobre la potencia, la forma y la materia representan relaciones correlativas, y que, en toda sustancia compuesta de materia y de forma, la forma se halla con la materia en equivalencia y conexión del acto con la potencia. Aunque profunda, esta concepción es incompleta, y presenta gran número de puntos flacos, por donde puede ser atacada. En primer lugar, es incomprensible la relación de la potencia y del acto, si aquélla es algo sobre lo que éste puede obrar. ¿Cuál es el grado de ser de esa materia que se quiere identificar con la potencia? ¿De dónde procede su estado virtual? ¿Por qué recibe en sí y por sí propia las ulteriores determinaciones? Si, en el fondo, no es nada, ¿cómo es que, en cuanto forma, puede llegar a serlo todo? Estas lagunas, percibidas desde un principio por los discípulos y por los comentadores de Aristóteles, fueron también notadas por Alberto Magno y por Santo Tomás, que volvieron a insistir en la noción del movimiento, como tránsito de la potencia al acto, o sea, como paso de la materia indeterminada a la forma determinada y concreta.[569]

La materia se define por sus cualidades sensibles (color, sonido, calor, etc.), y Demócrito, en su Diakosmos, había considerado esas cualidades

---

[569] Véase a Santo Tomás, Contra gentiles, III, LXXXIII. In II de Coelo, x. In III Physicorum, x. Compárese con el cardenal Toledo, In IV Physicorum, I.

como apariencia engañosa, lo que quiere decir que sacrificaba completamente el aspecto subjetivo de los fenómenos, único, sin embargo, que no es inmediatamente accesible, para llegar a una explicación objetiva de manera más lógica. En efecto: Demócrito se entregó a profundas investigaciones, relativas a lo que debe servir de base a las cualidades sensibles de los objetos. Nuestras impresiones subjetivas, según él, se regulan por la diferencia de agrupamiento de los átomos en un σχῆμα, que hace pensar a Lange[570] en el esquema de nuestros químicos. Aunque en éste, como en otros puntos, Aristóteles difiere de Demócrito, no hay que exagerar demasiado sus divergencias. El hecho de que uno y otro ofrezcan la semejanza sorprendente de haber abarcado el conjunto de las disciplinas científicas, y de haber empezado sus indagaciones por el orden de la naturaleza, abona la conjetura de Mullach[571] de haber sido Aristóteles deudor al estudio de Demócrito de mucha parte del vasto saber que en él se admira. En lo tocante a la cuestión que nos ocupa, tenemos extractos muy detallados de Teofrasto, y debe notarse el principio general que en ellos se enuncia, y, conforme al cual, "la forma existe por sí misma (καθ' αὐτὸ) mientras que la cualidad de la sensación no existe más que con relación a otro y en otro". Aquí está la fuente del contraste peripatético entre la sustancia y el accidente, y Aristóteles encontró igualmente en Demócrito la primera idea del contraste entre la fuerza (δύναμιο) y la energía (ένέργεια).[572] Cuando le censura por haber reducido todas las sensaciones al tacto, el reproche es más bien un elogio,[573] pues la psicología moderna estima ese punto de vista como el más aproximado a la verdad.

En el parágrafo precedente, aludí a las opiniones del Estagirita sobre el principio de individuación. La forma de un hombre individual consiste, según Aristóteles, en pertenecer al género humano, o dígase, en tener caracteres generales. Aplicando esa forma a una materia, no consideraremos el cuerpo resultante como constituido de ésta o de aquella manera, ni concebiremos al hombre en general, sino a Fulano o a Mengano. Empero, ese cuerpo mismo no puede ser determinado, si de antemano no tiene una forma. De otro modo, no sería tal o cual, sino una materia en el sentido más genérico de la palabra, indiferente a todas las formas, y, en lugar de quedar resuelto, el problema de la individuación se

---

[570] *Geschichte des Muterialusmus*, I, 18.

[571] *Fragmenta philosophorum graecorum*, I, 338.

[572] Mullach, *Fragmenta philosophorum graecorum*, I, 358.

[573] Lange, *Geschichte des Materialismus*, I, 18.

plantea de nuevo, y puede plantearse indefinidamente. Es verdad que cabe admitir, como en último término lo hace Santo Tomás, que la distinción de los individuos es el efecto de la creación, o sea, de una voluntad expresa de Dios, que ha informado de diferentes maneras la materia de que se compone el mundo. Mas entonces es de la forma de donde en última instancia proviene la individuación, forma a la cual Dios ha dado diversas determinaciones, que se comunican a la materia. Quedaría, además, por saber si la materia como tal es susceptible de recibir esas determinaciones, o si se requiere que ya de por sí esté determinada, en cierta medida, para recibirlas.[574]

Aristóteles consideró el acto como la perfección y el término del ser. Pero la distinción que estableció entre la actividad y el movimiento es de lo más discutible que hay. El movimiento, decía, no debe considerarse como una relación completa, ni como un ente acabado, sino que es un agente intermedio entre la potencialidad pura y la actualidad pura. En otros términos: el acto constituye lo perfecto, y el movimiento lo imperfecto de las cosas. Mas yo creo, por lo contrario, con los estoicos, que el movimiento es todo y sólo acto, y que la especie de ascensión hacia una existencia superior que en él parece determinarse, lejos de implicar la oposición del primero al segundo, supone que, en el tránsito de la imperfección a la perfección, de la posibilidad a la realidad, de la potencia al acto, existe una causalidad inmanente, que no se concibe sin el acto mismo. Es verdad que, cuando pensamos en la idea de desarrollo, nos figuramos un poder que obra sobre la cosa, elevándola del estado potencial a su completa realización. Pero semejantes fantasías no pueden aplicarse a la realidad.

A mi entender, se equivoca también Aristóteles, al suponer que cuanto en el mundo se realiza es un acto, y no una potencia. Toda la especulación transcendental moderna tiende, por lo contrario, a destruir ese punto de vista criteriológico, concibiendo a Dios, en su perfección, como una potencia siempre actual, que tiene en sí misma el poder para obrar o la fuerza del ser triunfante de la sucesión. Se va conviniendo en lo que asentó Plotino, en sus Enneades, a saber: que el primer principio debe considerarse como la potencia de todos los seres, no porque reciba o padezca, como la materia cuando está en potencia, sino porque crea y produce, como la fuerza cuando está en acto. Dios, en efecto, no es un acto exento de relaciones materiales, y, sin embargo, sólo cabe denominarlo potencia en cuanto lo puede todo, esto es, en cuanto despliega eficacia

---

[574] Tomo estas observaciones de los *Précis d'histoire de la philosophie* de Penjon.

omnisuficiente sobre esa potencia o esa materia, que Aristóteles dejaba siempre subsistir enfrente de él, limitándolo. Ello no envuelve la idea de que Dios tenga, por su aspecto potencial, aptitud para recibir perfecciones de que carezca. Tiene, por lo contrario, su perfección en sí propio, y, si la mente se resiste a aislarlo de las potencias cósmicas, consideradas como relaciones materiales, es porque, supuesto ese aislamiento, no podría ser causa de la materia, ni producir efectos sobre la misma. Es este concepto un rasgo ideal, que, durante el tiempo en que el hilozoísmo ha estado muerto, ha causado a lo menos la controversia histórica con el Peripato, controversia que ha contribuido a destruir el dualismo que la distinción ontológica de la potencia y del acto implicaba, reconociendo la imposibilidad de un acto potencial y la realidad de una potencia activa o productora en el fondo de la existencia cósmica. Es cierto que Aristóteles, después de haber afirmado que la potencia y el acto son las dos categorías ontológicas que perduran, una en presencia de otra, acabó por conciliarlas en la actualidad universal del pensamiento. Pero, al fin, su solución venía a oponer la potencia o materia al acto puro o Dios, y quedaba siempre por resolver la cuestión de averiguar el grado de ser de las potencias cósmicas o relaciones materiales, si no tienen en la actualidad universal o perfecta alguna conexión que permita compararlas. Según Aristóteles, efectivamente, no es posible que la esencia pueda ser puramente actual y puramente potencial al mismo tiempo, de modo que, en su opinión, lo único sostenible con respecto a este particular es que la potencia no existe más que por el acto. Enteramente distinta es la relación que Plotino establece entre estos dos términos. Para él, Dios no es acto, porque es superior al acto, y tampoco es potencia, porque encierra, la potencia en el acto mismo. Mejor dicho: Dios es potencia en cuanto lo puede todo, y acto en cuanto todo lo hace, pero de tal suerte, que ambas propiedades se confunden e identifican en lo absoluto de su naturaleza íntima. Lejos, pues, de ser la potencia una materia informe, desnuda, indeterminada, o una pura posibilidad, como parecía pensar Aristóteles, es, por lo contrario, una fuerza formal, viviente, determinada, o una realidad activa y actual,[575]

---

[575] A Plotino y a los filósofos que han seguido sus principios, debe la psicología la verdadera noción del alma como unidad, no de potencias, sino de actos, y la de la identidad entre las facultades y sus operaciones, cuya identidad ha sido, en todos los tiempos, causa de muchos errores psicológicos. Mas el problema que realmente preocupaba a Plotino, era un problema teológico, y no un problema psicológico. Aristóteles, con su manera de concebir la potencia como una cosa opuesta a Dios o al acto puro, caía en los errores del deísmo, y dejaba sin explicación suficiente las principales cuestiones metafísicas. Esto es, según

y la existencia, con sus individualidades y con sus conexiones, es, en conjunto, una eterna generación en que se unen inseparablemente la actividad y la pasividad. El fondo de esta concepción formada por Plotino es platónico, pero la concepción en sí se debe a Zenón el Estoico, que había ya proclamado que en el mundo no hay potencialidad ni movimiento, que todo es acto, y que no debemos buscar en éste, sino en aquél, la verdadera perfección. De aquí resulta, por una parte, la asimilación del progreso a Dios, y, por otra, la asimilación de ese progreso al principio empírico más allá del cual no podemos remontarnos, la sucesión, cuyas relaciones de posibilidad y de actualidad son únicamente aspectos de una misma fuerza, que trabaja, no para poseerse a sí misma, y para reducirse a la inmovilidad y a la inacción, sino para desenvolverse, y para "producir la obra exterior que deja tras sí".[576] Aunque los seres, al perfeccionarse, adquieran propiedades que no tenían, el conjunto y la esencia del conjunto, es decir, la unidad universal, permanece siempre idéntica. Cuando las cosas se elevan sobre sí mismas, de grado en grado, no hacen más que retornar a esa unidad de que proceden, hasta identificarse con ella. Es la suya una potencia constante, que no pasa al acto sino por el movimiento, por el esfuerzo o trabajo, por la pasión que les agita en el piélago de la existencia. No busquemos, pues, la razón de las cosas fuera de las cosas mismas, ya en lo inteligible de los platónicos, ya, con Aristóteles, en la esfera de la inteligencia. La ley de la existencia no se halla más que en la existencia misma, y es el pensamiento (o mejor, la voluntad) inmanente al ser. Por otra parte, siendo la sucesión del tiempo

---

Plotino, lo que hay que evitar a toda costa. Si Dios no fuese la perfección de todas las cosas, dejaría de ser Dios. Sólo una potencia siempre actual, o dígase, sólo un acto con poder sobre las potencias inferiores del mundo, puede explicarnos el oscuro y misterioso problema de las relaciones del Creador con su obra. Dios, en suma, debe ser considerado como una potencia esencialmente activa y productora, o como una fuerza superior a la materia, y que la ha engendrado libremente. Plotino censuró a Aristóteles por no haber reconocido en Dios la libertad de crear. No se halla, en efecto, en todos sus tratados, rastro alguno de esa libertad, y el mundo coeterno con Dios, y éste sin *vis electiva* para crearlo, fueron el escollo más funesto de la doctrina aristotélica. Al ingenio de Plotino tocaba llenar el vacío, y conciliar la libertad creadora con la inmutabilidad divina. Con esta conciliación elevaba Plotino la teología alejandrina a su expresión más alta, salvando uno de los escollos en que había venido a estrellarse la antigua filosofía peripatética, al explicar la coexistencia de la perfección suprema con los seres imperfectos.

[576] Simplicio, *Hipomnemata, III*, 6.

una relación dinámicamente indiferente para efectos de formación y de creación, ¿cómo podremos creer que la sola determinación actual hace sus variaciones sustanciales sin el movimiento? ¿Hemos de admitir que es el Creador mismo quien directamente obra sobre el formalismo de las cosas? Idea es ésta que, no sólo Aristóteles, pero aun su discípulo Santo Tomás, rechazan, y que, en rigor, no haría adelantar nada a su opinión de la anterioridad y de la superioridad del acto sobre la potencia. Por este motivo está, desde hace mucho tiempo, desterrada de la física y de la metafísica la idea de un acto puro e inmóvil, al modo aristotélico. Este supuesto acto puro es la más abstracta de las abstracciones.

Volvamos a tomar ahora nuestra tesis. Según Aristóteles, la imperfección del movimiento estriba en no poder nunca ser actual, aunque, en rigor, lo es como cosa presente. Pero semejante afirmación, no obstante su profundidad, ofrece sus contradicciones con la ontología imparcial. Ni es absolutamente cierto que, en el fondo íntimo de la realidad, haya identidad entre la perfección y la existencia concreta, ni, siéndolo, se seguirá que el movimiento es el avance de un ser hacia un objeto, y el acto la posesión del Ser en sí mismo y por sí mismo. Lejos de llegar a esta conclusión, los que admiten la perfección actual e interna de la realidad, tienen que estancarse en sus primeros pasos, pues la realidad que conocemos es enteramente evolutiva, progresiva y dinámica. No hay, por tanto, nada perdido con reconocer la imperfección de la existencia actualiter, como una negación del objeto del pensamiento filosófico. Al contrario: la teoría de la evolución y del desenvolvimiento indefinido dice muy bien con esa idea. Y lo que mejor nos prueba que todo movimiento es acto, es el hecho irrefutable de que nada puede obrar sin moverse, ni hay agente que a sí mismo no se mueva, para entrar en acción, y para ejercer influencia sobre sí o sobre otra cosa. El movimiento es renovación, cambio, alteración, es decir, actualidad. El acto mismo de comprender lo que es acto, es un movimiento, de manera que pensar en un acto exento de movimiento es pensar en lo que, en el pensamiento mismo, viene a ser inconscientemente negado. Y, si a Dios, en cuanto ente activo, no podemos aplicarle estas ideas, es a causa de su eternidad, atributo con el que Aristóteles y su fiel seguidor Santo Tomás parecen confundir la actualidad, dejando así sin explicación el carácter esencial de ésta, considerada en los seres finitos. Ni es de extrañar, con tal antecedente, que Santo Tomás[577] se mostrase panteísta, al llevar a sus últimas consecuencias el problema. Movens enim et motum oportet simul esse, ut probat

---

[577] *Contra gentiles,* III, LXVIII.

Philosophus, in librum Physicorum (VII, II). Deus autem omnia movet ad suas operationes. Esto es puro panteísmo.

Otra cosa que, en la filosofía tomista, secuela de la aristotélica, se da por perfectamente explicada, y que, a mi ver, no lo está tampoco, es la relación entre la parte material y la parte formal de la realidad, en el hecho complejo del conocimiento. Decía Santo Tomás que la inteligencia debía ser inmaterial, para recibir formas materiales. Hasta pretendía que es inmaterial, precisamente porque recibe esas formas pertenecientes al mundo sensible (Intel lectus recipiens omnes formas materiales debet esse demudata a sustantiae recepti, había sentenciado Averroes), y aun llegó a sostener que la razón de la omnisciencia divina era la inmaterialidad del primer principio (quia Deus est in summa inmaterialitatis, sequitur quod sit in summo cognitionis). No cabe duda que esta teoría ofrece un aspecto verdadero, pero presenta al propio tiempo un punto débil. Si la inteligencia ha de hallarse inmune de toda composición, para conocer las cosas compuestas, ¿no habrá de tener partes, para conocer las simples? ¿No habrá de ser material, cuando reciba formas inmateriales? Sería inútil querer desvirtuar la fuerza de este raciocinio, alegando que las cosas materiales no son inteligibles por sí mismas, ni pueden ser conocidas por nosotros sino en cuanto están abstraídas de la materia. Cabalmente esto es lo que buscamos, y, si comenzamos por suponerlo, se acaba la cuestión. Por ello, ya el filósofo griego Empédocles, partiendo del postulado de que "lo semejante sólo es conocido de lo semejante" (simile simili cognoscitur, que refrendaron después los latinos), aseveraba que, para que el alma pudiera conocer todas las cosas naturales, debería constar de los principios de todas ellas, o sea, de los cuatro principios materiales o elementos (tierra, agua, aire y fuego) y de los dos activos y pasivos (la discordia y la amistad). De los mismos argumentos que Empédocles usó Averroes, aunque con menos fuerza, porque, como espiritualista, deseaba afirmar la unidad del intelecto, por él considerado como la razón objetiva e impersonal. Según Averroes, como según Santo Tomás, lo inmaterial es inteligible en acto, y la esencia de la cosa material es inteligible en potencia, pues ha menester ser hecha inteligible en nosotros, por medio de la abstracción. Averroes, más lógico y más verdaderamente peripatético que Santo Tomás, sacaba de esas erróneas premisas conclusiones favorables al monopsiquismo o panteísmo ideológico.[578]

Para concluir esta parte de mi crítica, séame lícito preguntar si es

_____

[578] Véase mi trabajo sobre *Los grandes teósofos españoles* (en la revista *Sophia* de noviembre de 1901).

posible que sigan admitiéndose, en sentido aristotélico y como elementos primordiales de la realidad, las antítesis de potencia y acto con su relación de movimiento, y las de materia y forma con su relación de determinación, sabiendo, como se sabe, que su unidad cronológica y su separación primordial son un puro engendro de la fantasía. Porque no otro nombre se les debe dar, si se les quiere referir a su expresión primera y a su estado originario. El movimiento no tiene origen, y sólo puede ser explicado por el movimiento, o, lo que dice lo mismo aquí, por la acción de la omnipotente voluntad del Creador. Cuanto a la materia prima, que Santo Tomás llama, por llamarla algo, potencia sustancial, es una nueva abstracción añadida a tantas otras, y que no merece consideración alguna científica. Santo Tomás, con su formalismo excesivo y abusando de las concepciones de Aristóteles, llegó a convertir la ontología en un fútil juego de conceptos. Lo que expone no es ya ciencia, ni hipótesis razonada, sino una serie de fantasías capciosas y una patente de superstición peripatética dada al pensamiento medieval por el más sobrio y el más prudente de sus representantes.

Ya es tiempo de que consideremos la tesis de Aristóteles sobre la eternidad de la materia y del movimiento. Según mi opinión, esa tesis no resiste a un examen profundo. ¿Qué será la existencia de una substancia inerte, y, por ende, sin capacidad de movimiento por sí sola, si, de añadidura, se la considera eterna? Porque, una de dos: o se mueve, o está en reposo: "Si está en reposo (pregunta un filósofo español),[579] ¿quién la saca de su inmovilidad? ¿Quién hace fecunda su esterilidad? Si la actividad es ajena de su esencia, tendrá que venirle de fuera, ya que, de lo contrario, perdurablemente continuará su inacción, y ¿cuándo vendrá a despertar el universo, con su variedad de formas animadas?" Si suponemos que ab aeterno estuvo en movimiento, como cada parte material que se mueve, no puede modificar de por sí el movimiento adquirido, se moverá eternamente de la misma manera y en la misma dirección, y, al moverse uniformemente, no andará sujeta a leyes, ni a orden, ni a plan, sin que presida la obra algún organizador. Siendo así, y teniendo ser ab aeterno et movimiento de una substancia corruptible, se habrá desenvuelto del todo, y llegado a su término desde toda la eternidad, puesto que, en nuestro caso, ha de producir eternamente su efecto, y, por consiguiente, en el día de hoy habríase agotado toda movimiento posible, y el mundo estaría quedo, en reposo, lleno de espantosa infecundidad. Además, las partes menudísimas de que la materia consta, habrían podido

---

[579] Mir, *La creación*, 204.

formar una serie infinita de mudanzas, dado que las dichas partes podrían haber entrado en tantas combinaciones sucesivas, cuantos fueran los instantes transcurridos. Y, como la eternidad equivale a una infinidad de instantes, tendríamos ahora, en esta actualidad, un número infinito de sucesiones y de alteraciones finalmente rematado. Fuera de que a cada sucesión y alteración de esas, podía haber sido creada una substancia espiritual e inmortal, y nos hallaríamos al presente con otra infinidad de seres igual al número de modificaciones materiales. Pero es absurda, en física y en filosofía, la idea de un número infinito actual de seres contingentes, como el mismo Aristóteles se ve obligado a reconocerlo, en varios lugares de su obra.

Insistamos en el análisis de la noción del movimiento, pero ahora con relación a las teorías de las escuelas anteriores a Aristóteles, teorías que éste creyó haber sólidamente refutado, aunque sólo en parte lo consiguió. Dichas escuelas luchaban con las dificultades inherentes a las ideas madres de la cosmología, que ellas discutían, hay que reconocerlo, con exceso de lógica. Los principios del atomismo mecánico habían abierto camino a la investigación de su procedencia. Atomo, vacío, movimiento, eran tres conceptos de muy diversa índole. El primero, por lo artificial y hasta artificioso, resultaba de recusación fácil, a lo menos para los entendimientos exigentes y descontentadizos, que no se satisfacen con logomaquias, ni con ficciones. El segundo, aun pareciendo más plausible a la razón abstracta, no convenía a la razón concreta, que cree por instinto en la continuidad de las cosas. Pero el tercero era hueso harto más duro de roer. ¡El movimiento! ¿Hay quien, en su sano juicio, pueda negar que el movimiento existe? A los sucesores de Demócrito no les fue difícil demostrarle que el átomo es una ilusión y el vacío una apariencia. Pero ¿y el movimiento? Hubo, sin embargo, una escuela que acorraló a Demócrito hasta en este su último reducto: fue la escuela eleática. Siguiendo rumbo distinto de la abderense, en vez de desterrar el espíritu, dio de mano a la materia, y cayó en el idealismo. Jenófanes, fundador de esa escuela en el siglo VI (A. C.),[580] proclamó la identidad absoluta del pensamiento y de la existencia en la unidad suprema de un ser único, inmutable, puro, perfecto,

---

[580] Aunque la tradición hace a Jenófanes maestro de Parménides y fundador de la escuela eleática, algunos críticos e historiadores de la filosofía le consideran como el último superviviente de la escuela jónica. Por muy semejante que su *Uno-Todo* sea al primer principio afirmado por Parménides, quizá se confunda e identifique con lo *infinito* o *indefinido* de Anaximandro (del que se sabe era discípulo), despojado de su movilidad. Véase a Murray, *Theliterature in the ancient Greece*, III, VII.

determinado en sí, eternamente real. Parménides, yendo sobre sus huellas, proclamó también que un solo ser hay en el mundo, sin principio ni fin, espíritu augusto e inefable, que todo lo gobierna por razón e inteligencia (φρεν πάντα κραδαίνει). Zenón, que desarrolló todas las consecuencias de ese principio, no sólo enunció enérgicamente la identidad del pensamiento y de la existencia, sino que, para él, semejante identidad, reveladora de un ser único e inmutable significaba la irrealidad de todo movimiento. Fue la suya una hazaña de ingenio admirable, y lo que la hace curiosa, singular e interesantísima, es que en ella está el germen de la famosa teoría de la relatividad, que tanta boga ha dado a Einstein en nuestros días.

Todo movimiento, según la teoría de Einstein, se desliza por el intervalo, y toda tentativa, por ende, de reconstituir el cambio por medio de estados sucesivos, implica la proposición absurda de que el movimiento se compone de inmovilidades. Los eleáticos pensaban que el ser (τὸ ὂν) era una sustancia simple (ἅπλοῦς), única (τὸ ἕν), unificada (ἕνωσις), inmortal (ἀθνατος), imperecedera (ανὼλεθρς) incorpórea (ἀσόματος), per se (τὸ καθ'ἄντος εἴναι) sin forma (ατὺτοτ) que no tenía causa (αἰτὶα) que no se movía a sí misma, y que meramente perduraba en la existencia. Con la palabra simple, como con los demás adjetivos derivados, no querían significar las cosas simples corpóreas, sino las que son simples en su concepto mental y en la opinión de la facultad estimativa (δόζα) es decir, las cosas simples espirituales, porque lo simple corpóreo es compuesto (οὐνδέτος), si se lo compara con lo simple primario, que es simple con toda propiedad y con toda legitimidad. De aquí una ontología y una cosmología que definen el ser como lo uno (τὸ ἕν) en el intelecto (ὁ νους) y en el alma (ἡ φυοιχή) como lo primero (τὸ ποῶτον) en el orden de las existencias, como lo opuesto al no ser (τὸ πλῆόν) y opuesto, no solamente en cuanto lo contradice, pero también en cuanto lo niega con su sola plenísima realidad. No había, pues, en el ser, ni sensación (αἰσθήσις) interna, ni corteza (επικαλλυμμα) externa, ni condensación (μὶξί) ni disgregación (όίαλλαξίς) ni densidad (τυχνά) ni espesura (έθελυμνα) ni raridad (μανά) ni descenso (άνοδος) ni ascenso (κάθοδος), ni movimiento, en suma. Frente a este monismo, Aristóteles[581] proclamaba el dualismo del motor y del móvil, del agente y del ser o plenitud y del no ser o privación. Dios, principio supremo de las cosas, no es una unidad abstracta, sino un acto purísimo, y Aristóteles fundaba esta concepción en el solemne principio de que el primer ser campea y señorea

---

[581] *Physicorum*, VII, v. *Metaphysicorum*, V, XII.

sobre el no ser, pues que acto es ser, y potencia haber de ser.

Zenón de Elea negaba el movimiento, y pretendía justificar su negación con un raciocinio matemático, fundado en el principio de la divisibilidad del espacio hasta lo infinito. Siguiendo la dirección del pensamiento de Parménides, su maestro, desarrolla las antinomias y las contradicciones inherentes a los conceptos de tiempo, espacio y número. Si la doctrina de la unidad es difícil de entender, él declara que es completamente imposible la creencia positiva en la multiplicidad de los seres.[582] Por ejemplo, si los seres son múltiples, es necesario que sean a la vez semejantes y desemejantes entre sí (ilogismo). La parte capital del sistema de Zenón es la parte cinemática, que, por lo demás, se reduce a la deducción más lógica y más avanzada de la escuela de Jenófanes y de Parménides. Esta escuela partía, en su metafísica, de un escepticismo exagerado, y no sin motivo establecía Aristóteles,[583] en sus debates contra los sofismas de Zenón, el movimiento, la generación y la transformación, como los principios reales y directivos para el estudio de la naturaleza. No son esos principios las condiciones de circunstancias determinadas por el hombre o puras abstracciones de su espíritu. El ser, el movimiento y el venir a ser, son fenómenos objetivos del mundo de los cuerpos. Las cuatro causas que el Estagirita observó en la generación de los seres, y que son como los factores del venir a ser, no constituyen vanas y antropomórficas fantasías, sino que son la base verdadera de dicho venir a ser, y el método inductivo las proclama sólidamente como precedentes necesarios de toda transformación. Esto, fácil de advertir con referencia al movimiento, se vería más manifiestamente si se tratase de la causa como elemento del venir a ser, en la contingencia de las cosas. Ahora resumamos la argumentación sutil del idealista de Elea.

Zenón se propone demostrar que la flecha que vuela permanece inmóvil. De igual modo podría demostrarse lo contrario, por desagradable que sea. En este punto, el raciocinio se sorprende ante la evidencia, siendo lícito asegurar que todo se demuestra, excepto lo que estimamos verdadero. Si consideramos, según Zenón, la infinidad de poros que hay en los cuerpos más sólidos y bien unidos, apenas hallaremos alguna cosa que asir. Las partes de la materia se dividen sin término. La partecilla que nos parecía ya última o átomo, es todavía materia, y luego tendrá otras partes, y de cada parte nos hace el mismo argumento. Todo lo que es

---

[582] Platón, *Parménides*, 127.
[583] *Physicorum*, VI, IX. Véase a Kauffmann, *Die teleologische Naturphilosophie des Aristoteles*, II, I.

extenso, es divisible. Ahora bien: suponer que la división da por último resultado átomos extensos, es no explicar nada, porque los átomos extensos, por reducidos que se les imagine, conservan la naturaleza del compuesto, forman una multitud, y no son, por consiguiente, los elementos primeros de la materia. Zenón no se preguntó si los elementos primeros de los cuerpos son sustancias indivisibles, y no halló en la materia sino una íntima e interminable división, una continua composición y unión, ninguna unidad. Esto le puso delante una infinidad de poros y de vacíos innumerables, como las partículas que tejen a cada cuerpo, de suerte que el más cerrado y compacto se le desvanecía en humo y en vanidad delante de esa reflexión. No se habría cansado tanto si, rechazando la idea de una materia extensa, hubiera concebido a la fuerza en su unidad como insidente en un punto matemático, en un centro dinámico e indiferente a la acción exterior del movimiento, es decir, del tiempo. Esta idea se hallaba por encima de los horizontes geométricos de la ciencia griega, y fue la que impidió a Zenón concebir el cambio sin antinómicas exageraciones. Como Meliso, niega que algo pueda mudar cronológicamente. La razón que aduce para probar que nada puede mudar, es el argumento siguiente: o la cosa que muda es lo que era, y, en este caso, se le atribuye mutación antes de mudar, o es lo que será, lo cual no es menos absurdo, porque lo que aún no existe equivale a la nada. Conocida es, por la narración de Sexto Empírico, la anécdota asociada al nombre del médico Hiezófilo. El sofista Diodoro Crono le había propuesto este argumento: "Si el cuerpo se mueve, o se mueve en el lugar en que está, o en el lugar en que no está. Pero no podría moverse en el primer lugar, sin cambiar de lugar, ni en el segundo lugar, sin obrar o padecer fuera de su lugar. Luego no se puede mover realmente". Con donaire resolvió este sofisma Hierófilo. Llamado por Diodoro a restituirle a su lugar el húmero que se le había desencajado, le dijo, riendo: "No puedo trabajar en este accidente. El húmero no ha podido salir de su lugar, porque nada se mueve. Y no ha podido desencajarse, sin moverse en el lugar que estaba o en el que no estaba", etc. Y, en efecto: un cuerpo no se mueve, ni en el lugar en que está, ni en el que no está, sino que se mueve de lugar en lugar. Continuamente muda de lugar, y del que está pasa al que no está. No es más sólido el argumento que Zenón hizo célebre con el nombre de argumento Aquiles. Aquiles, el de los pies ligeros, no alcanzará jamás a una tortuga, el más lento de los animales. Para que el más lento pueda ser alcanzado por el más veloz, es preciso que se franquee previamente por el último la distancia que los separa. Pero, entretanto, la tortuga toma necesariamente cierta delantera, que debe ser franqueada de nuevo por Aquiles, y así hasta lo infinito, de suerte que la tortuga llevará siempre una delantera cada vez más corta, pero que nunca desaparecerá.

Se contesta que, dividiéndose el tiempo de igual manera que el espacio, Aquiles podrá franquear en un tiempo limitado el intervalo, pero la dificultad es la misma para el tiempo, del cual hay que recorrer también una infinidad de partes.

Antes de pasar adelante, y antes de entrar en el examen del valor real de la teoría matemática de Zenón, bueno será apuntar las observaciones siguientes: 1) la demostración de este filósofo no es en sí misma sino un movimiento de su espíritu, cosa ya de sí contradictoria; 2) esa demostración descansa, como la idea del espacio recorrido, en un análisis del movimiento, lo que constituye otra contradicción; 3) llevando la división a lo infinito, es indispensable una retrogradación a lo infinito,[584] y ésta es otra contradicción no menos palpable que las anteriores. Amén de ello, que, inmóvil la flecha en cada punto de su trayecto, esté inmóvil durante todo el tiempo que se mueve, será cierto si suponemos que la flecha puede estar en un punto de su trayecto, y si su movimiento coincidiese alguna vez con una posición, que es inmovilidad. Pero la flecha no está nunca en un punto de su trayecto. A todo más, cabe decir, con Bergson,[585] que le sería dable estar en él "en el sentido de que pasa, y puede detenerse allí. Verdad es que, si se detuviese, se quedaría, y ya entonces no tendríamos que habérnoslas con el movimiento. Lo cierto es que, si la flecha parte del punto A para caer en el punto B, su movimiento AB, en cuanto movimiento, es tan sencillo y tan indescomponible cual la tensión del arco que la lanza. Como el shapnell que estalla en el aire cubre de invisible daño toda la zona de explosión, de igual modo la flecha que va de A a B despliega su invisible movilidad de una vez, aunque en cierta extensión de duración. Suponed un elástico que tiréis de A hasta B. ¿Podréis dividir su extensión? El curso de la flecha es esta misma extensión, tan simple y tan indivisa como él, por ser un salto solo y único. Marcáis un punto C en el intervalo recorrido, y decís que, en cierto modo, la flecha estaba en C. Si hubiese estado, es que se hubiese detenido, y entonces ya no tendríais una trayectoria de A a B, sino dos: la de A a C y la de C a B, con un intervalo de reposo. Un movimiento único es, por hipótesis, un movimiento entre dos detenciones, y, si hay detenciones intermedias, ya no hay movimiento único. En el fondo, la ilusión proviene

---

[584] Proudhon, *Philosophie du progrès*, 1. Compárese con Iacquier, *Institutiones philosophicae*, IV, 173, 176. Fouillée, *Histoire de la philosophie*, 92. Bobillier, *Cours d'algèbre*, 107. Dunan, *Zenon d'Elèe et le mouvement*, 4, 15, 42. Ana tole France, *Le jardin d'Epicure*, 119. Ceballos, *La falsa filosofía*, II, 100.
[585] *L'évolution créatrice*, IV, IV.

de que, una vez efectuado, ha dejado a lo largo de su trayecto una trayectoria inmóvil, en la que se pueden contar tantas inmovilidades como se quiera, y de ahí se pretende deducir que el movimiento, al efectuarse, deja en cada instante debajo de sí una posición con la cual coincidía. No se ve que la trayectoria se crea de una vez, aunque para esto se necesite cierto tiempo, y que, si bien puede dividirse como se quiera la trayectoria, una vez creada, no puede dividirse la creación, que no es una cosa, sino un acto de progreso. Suponer que el móvil está en un punto del trayecto, es, con un tijeretazo en este punto, cortar en dos el trayecto y sustituir por dos trayectorias la trayectoria única que antes se consideraba; es distinguir dos actos sucesivos allí donde por hipótesis sólo hay uno; es, en fin, transportar al curso que sigue la flecha todo lo que puede decirse del intervalo (sub-tendido) que ha recorrido, o sea, admitir a priori el absurdo de que el movimiento coincide con la inmovilidad".

Cuanto al problema en sí, cuyo enunciado resulta por lo menos ridículo, era famoso, sin duda en los tiempos en que los filósofos griegos gustaban de revestir con apariencias de verdad las aserciones más absurdas. Ante argumentos del género del de Zenón, insuficientes tal vez hoy, pero cuya fuerza e importancia en aquella época fácilmente se explican, tenía que ceder una filosofía que no podía emplear otras razones para contentarlos, y bajo cuyos aparentes silogismos se ocultaba siempre la razón suprema de los escépticos, la contradicción entre lo infinito y lo finito. No pretendo, sin embargo, ofender una confesión franca y sencilla de una realidad colocada y perentoriamente reclamada por una esfera muy superior al tiempo, al espacio y al movimiento, y, aunque se me acuse de abusar de las digresiones, quiero hacer todavía otra. Los sensualistas de Grecia, que, infatuados de su cultura y estimulados por la debilidad o el "buen callar" de los metafísicos, a la vez que por la aprobación escéptica, imaginábanse muy por encima de todos los especuladores, árbitros de la filosofía natural, inabordables, en suma, detrás del muro de su realismo grosero, que creían la última palabra de la razón, pronto se vieron confundidos, al tropezar con un dialéctico inexorable, como era Zenón, que no sólo apellidaba ilusión a aquel realismo, sino que, y esto era lo más doloroso para ellos, combatíalos en su mismo terreno, revelando la superficialidad y la vulgaridad de sus postulados, poniendo de relieve que una existencia universalmente material implica contradicción, y hasta queriendo demostrar que la explicación del mundo por cambios de relaciones en el tiempo, en el espacio y en el movimiento, es lo más inexplicable que cabe concebir. De este abuso indudable de técnica lógica, muy comprensible, por lo demás, en aquellas circunstancias, procede la suposición de que Zenón era un escéptico. Podemos nosotros percibir ahora, mejor que el propio Zenón cuando argüía, cuál es la significación del indicado principio de continuidad. Y es también un principio capital de toda metafísica que los eleáticos fueron los primeros en establecer que el ser es absolutamente simple. Desde el momento en que uno se figura oposiciones internas, plantéase un problema al pensamiento: por qué se ha abolido la identidad. Herbart respondió más tarde que eso no impide que pueda haber muchos seres, pues cada ser particular es objeto de una posición absoluta. Las relaciones entre los diferentes seres sólo conciernen al pensamiento, que compara y que combina, pero no a los mismos seres, cada uno de por sí.

Según Aristóteles,[586] en el punto de que se trata, tropezó y cayó de bruces Zenón, por haber supuesto erróneamente que los infinitos no pueden ser recorridos o tocados, cada uno sucesivamente, en un tiempo finito. Empero, la longitud, el tiempo, y, en general, todo continuo, se llaman infinitos en dos acepciones: o en división, o en las extremidades. Aristóteles estatuye que, si no es posible, en un tiempo finito, tocar a los infinitos según la cantidad, lo es con respecto a los infinitos según la división, puesto que "el tiempo mismo es infinito de esta manera". No cabe recorrer lo ilimitado en un tiempo finito, sino infinito, y, si se tocan infinitos, será por infinitos. Así, pues, no es hacedero, "ni recorrer lo infinito en un tiempo finito, ni lo finito en un tiempo infinito. Pero, si el tiempo es infinito, la magnitud es también infinita, y, si la magnitud, lo es asimismo el tiempo". Tomemos, en efecto, una magnitud infinita AB, y un tiempo infinito y tomemos a la vez una parte finita del tiempo. En este tiempo, se recorre cierta porción finita de la magnitud BE, y esta porción, o medirá exactamente a AB, o será menor que la magnitud misma. Poco importa que BE sea un múltiplo exacto de AB, o que se aproxime a él por defecto o por exceso, dado que el tiempo supuesto infinito es siempre medido de ese modo. Si una magnitud igual a BE se recorre en un tiempo igual, y si BE mide la magnitud entera, el tiempo total del recorrido será limitado, porque se dividirá en partes iguales correlativamente a la magnitud. Además, si toda magnitud no es recorrida en un tiempo infinito, sino que una magnitud dada, BE, por ejemplo, puede ser recorrida en un tiempo finito, y, si es conmensurable con el todo, y la magnitud igual se recorre en un tiempo igual, el tiempo debe ser finito, como ella. Que haya necesidad de un tiempo infinito, para recorrer BE, es evidente, si se admite que el tiempo es finito en uno de los sentidos, que se aplican a él, como al movimiento: o en el comienzo, o en el término. De donde concluye Aristóteles que, "si la parte se recorre en un tiempo menor que el todo,

---

[586] *Physicorum*, VI, II.

este tiempo es necesariamente limitado, por haberlo sido en aquella parte, demostración que alcanza al caso en que la magnitud fuese infinita y el tiempo finito". Y Aristóteles[587] acrecienta tal demostración, razonando ad absurdum sobre la identidad e indivisibilidad del instante, en el cual no hay movimiento ni reposo. Zenón, al decir de Aristóteles,[588] comete un paralogismo en deducir que, si toda cosa está, en un instante dado, en reposo o en movimiento, y, si está en reposo, cuando está en un espacio igual a ella misma, la flecha, transportada al espacio por el impulso de tensión del arco, permanecerá inmóvil. Pero esto es falso, por cuanto el tiempo, como cualquier otra magnitud, no se compone de instantes o indivisibles. Con la misma razón se refuta el argumento sacado de que el móvil transportado debe llegar a la mitad antes de alcanzar el término. Ni discurrió Zenón con más acierto al aseverar que, dadas masas iguales, que se mueven en sentido contrario, en el estadio, a lo largo de otras masas iguales, unas partiendo del término del estadio y otras de su mitad, con una velocidad igual, resultaría que la mitad del tiempo es igual a su doble. El sofisma, advierte Aristóteles, consiste en que se piensa que la magnitud igual, con una velocidad igual, se mueve en un tiempo igual, tanto a lo largo de lo que es movido como a lo largo de lo que se halla en reposo. Pero esta premisa es tan absurda como la consecuencia que de ella pretende sacarse.

La forma propiamente matemática de proponer la cuestión es esta: Si Aquiles camina diez veces más que una tortuga, que le lleva una legua de distancia, ¿a qué distancia la encontrará? Sea x el número de leguas que Aquilea debe, recorrer para alcanzar a la tortuga. Esta última habrá caminado entonces x — 1 leguas, y se tendrá la ecuación:

$$x = 10 \, (x - 1) \; \text{ó} \; x = 10x - 10,$$

de donde se deduce x = 10/9 ó x = 1^1 1/9. Aquiles llegará, pues a la tortuga después de haber andado 1^1 1/9. Compárese esta solución con el sofisma que Zenón empleaba al mismo propósito: "Cuando Aquiles haya recorrido la primera legua, la tortuga habrá caminado una décima de la legua siguiente. Cuando Aquiles haya recorrido esta décima, la tortuga habrá caminado la centésima siguiente, y así a continuación. Luego Aquiles no alcanzará jamás a la tortuga". Semejante razonamiento conduce evidentemente a una conclusión falsa. Pero ¿en qué peca? Esto es lo que

---

[587] *Physicorum*, VI, III.
[588] *Physicorum*, VI, IX.

Zenón exigía. Y, en verdad, mientras no se logre definir de una manera absoluta la mutación de lugar, no será posible contestar satisfactoriamente a ese razonamiento, que descansa, como se ve, en lo incomprensible de la división hasta lo infinito y de las cantidades continuas, confirmando ad absurdum nuestra tesis. "Cuando Aquiles persigue a la tortuga, cada uno de sus pasos debe ser tratado como indivisible, y también cada uno de los de la tortuga. Al cabo de cierto número de pasos, Aquiles se habrá adelantado al animal. Nada más sencillo". Esto escribe Bergson en su estimado libro sobre *L'évolution créatrice*. Siendo así en verdad, si intentáis dividir más y más los dos movimientos, podréis distinguir de una y otra parte, en el trayecto de Aquiles y en el de la tortuga, sub-múltiplos del paso de cada uno de ellos, pero deberéis respetar las articulaciones naturales de los dos trayectos, y, mientras las respetéis, ninguna dificultad surgirá, porque seguiréis las indicaciones de la experiencia. El artificio de Zenón estriba en recomponer el movimiento de Aquiles con arreglo a una ley arbitrariamente escogida. Aquiles llega de un primer salto al punto en que estaba la tortuga, y, con un segundo, al punto a que ésta se ha trasladado, y así sucesivamente. En tal caso, Aquiles siempre tendrá que dar un nuevo salto. No hay que decir que Aquiles alcanza a la tortuga de muy distinto modo. El movimiento admitido por Zenón sería equivalente al de Aquiles, si reposos yuxtapuestos equivaliesen a un movimiento. Desde que se acepta este primer absurdo, los demás fluyen de él naturalmente, y las detenciones imaginadas por nosotros desde fuera, en la continuidad de un movimiento, se convertirán en detenciones reales, y nunca concebiremos cómo el movimiento es posible.

Dignas son de atención las observaciones de Aristóteles[589] en la materia, por las nociones que insinúan. El Estagirita hace notar que el argumento de Aquiles es el mismo que el de la dicotomía, con la única diferencia de que la magnitud sucesivamente añadida no se divide en dos, aunque nada se gane en claridad, contando, en cada grupo, cuatro masas en vez de dos. Juzga Aristóteles ser legítima, en el razonamiento, la conclusión de que lo más lento no será alcanzado por lo más rápido, y ello por la misma razón que en la dicotomía. En los dos casos, efectivamente, se infiere que no se puede llegar al límite, por hallarse la magnitud dividida de una manera o de otra. Pero en el argumento Aquiles se añade que, ni aun el héroe de la velocidad, en la persecución del que camina más lentamente que él, logrará darle alcance. Por consiguiente, la solución es idéntica en los dos casos. Cuanto a pensar que el que va delante no será

---

[589] *Physicorum* VI, IX.

alcanzado, es un desatino. Mientras continúe delante, no será alcanzado, ciertamente. Pero lo será, sin duda, desde el momento en que se conceda que el espacio recorrido es una línea finita. No hay, pues, razón que autorice a Zenón para pasar tan de corrida del orden de lo finito real y ejecutivo al de lo cinemático posible y abstracto, ni consigue verificar el tránsito sin pisar la raya de sus propios linderos.

Nótese ahora que Aquiles, antes de encontrar a la tortuga, recorrerá un espacio expresado por la serie indefinida de términos $1 + 1/10 + 1/100 + 1/1.000 +$ etc. Este espacio, al primer golpe de vista, parece infinito, y esto es lo que hace al razonamiento que precede tan especioso. Pero no hay tal, porque esa serie iguala visiblemente a 1, 111111, etc., fracción decimal periódica, cuyo valor es 1 1/9 con lo que recaemos en la solución por de contado obtenida. Nótese también que la misma aritmética patentiza la falacia del sofisma, al demostrar que la suma de cada serie de cantidades decrecientes en cualquier proporción geométrica hasta el infinito es igual a la cantidad finita. Pero la parte millar, $1/100$, $1/10.000$, $1/1.000.000$, $1/1.000.000.000$, y así hasta el infinito, es la serie de cantidades decrecientes en progresión geométrica, y, por tanto, como su suma es igual a la cantidad finita, puede recorrerse por un móvil en un tiempo finito. Supongamos que Aquiles recorriese el millar en el espacio de una hora. Luego recorrería la parte centésima del millar en la centésima parte de una hora y la diezmilésima parte del millar en la diezmilésima parte de una hora, y así hasta lo infinito. Si la suma de esta serie continuada hasta lo infinito respondiese al espacio finito de tiempo, ya Aquiles nunca alcanzaría a la tortuga en un tiempo finito. Verdaderamente, como se ha dicho, la parte de la hora $1/100 + 1/10.000 + 1/1.000.000$, etcétera, es igual a la cantidad finita, a saber, a una parte nonagésima de una hora, como se demuestra fácilmente en aritmética. Por consiguiente, Aquiles alcanza a la tortuga después de transcurrida una hora y la parte nonagésima nona de la hora. Y así cae a tierra el argumento, de cuya fuerza insuperable tantas veces se vanagloriaron sus defensores, y ciertamente de un modo absolutamente absurdo, y haciéndose poco favor a sí mismos, puesto que conceden que la tortuga y Aquiles, aunque nunca se alcanzasen mutuamente, más y más se aproximarían, sin embargo, y, por tanto, se mueven. De que una línea pueda dividirse en tantas partes como se quiera y de la extensión que se quiera, no hay derecho a inducir que el movimiento es tan articulado como se quiera, sin dejar de ser el mismo movimiento. Con ello se obtendría una serie de absurdos, expresivos todos del mismo absurdo fundamental. Pero la posibilidad de aplicar el movimiento a la línea recorrida sólo existe para un observador que, manteniéndose fuera del movimiento, y teniendo a cada momento en cuenta la posibilidad de una detención, pretende recomponer el movimiento real con estas inmovilidades posibles. "Semejante posibilidad (observa Bergson)[590] se desvanece en cuanto el pensamiento acepta la continuidad del movimiento real, aquella de la que cada uno de nosotros tiene conciencia, cuando levanta un brazo o adelanta un paso. Sentimos entonces que la línea recorrida entre dos detenciones está trazada con un solo rasgo indivisible, y que en vano se intentaría practicar en el movimiento que la traza divisiones que una a una correspondieran a las divisiones arbitrariamente escogidas de la línea, una vez trazada. La línea recorrida por el móvil se presta a cualquier género de descomposición, porque no tiene organización interna. Pero todo movimiento está articulado interiormente. Es un salto indivisible (que, por otra parte, puede llenar una larga duración) o una serie de saltos indivisibles. Para especular sobre la naturaleza del movimiento, forzoso es tener en cuenta sus articulaciones".

Debo advertir, con todo, a la juventud estudiosa, a la cual creo capaz de apreciar bien las cosas, que no forme juicio anticipadamente acerca de este conocidísimo argumento de Zenón, antes de que entienda cuál era el objeto del filósofo al argumentar, y se dé perfectamente cuenta del argumento. No ha de considerarse a Zenón tan descabellado (lo cual se cree, no obstante, vulgarmente) que negase el movimiento como fenómeno de la naturaleza, a lo que no han llegado ni los delirantes ideales de hoy. El argumento de Zenón versaba acerca de la oscurísima cuestión de lo continuo, de tal manera, que si lo continuo, ya sea el espacio, ya el tiempo, no consta de otras partes semejantes a sí mismas, o lo que es lo mismo, si lo continuo consta de partes individuales, según esta opinión, Aquiles nunca alcanzará a la tortuga. Zenón profesaba esta opinión acerca de lo continuo junto con otros filósofos, y en ella tiene el argumento del eleata tal fuerza de demostración y de evidencia perfecta, que nadie antes de ahora pudo mostrar la solución, y nadie la presentará en lo sucesivo, como dice el Padre Boschovich en su disertación *De continuitatis lege* (edición de Roma de 1754). Por lo demás, si lo continuo se considera de tal modo compuesto de partes semejantes que lo que de él se predica también se pueden predicar de todas las partes, aun de las más mínimas, ya no tiene fuerza alguna el argumento de Zenón. Y ésta es la noción de lo continuo que se sostiene en la solución del autor, y a esto se reduce todo el asunto, de tal manera, que en cada opinión haya algún argumento fortísimo que en la otra no tenga ningún vigor, lo cual suele ahora ocurrir frecuentemente. Pero ni Zenón de Elea, autor de la argumentación, debe

---

[590] *L'évolution créatrice*, IV, IV.

decidirse con razón escéptico, puesto que era de la secta eleática, y muy estimado por Platón y sus discípulos. Así, pues, aunque la secta de los eleáticos echase las bases de la escéptica, no obstante, como ésta tuvo origen mucho después de la época de Zenón, siendo Pirrón su fundador, no debe confundirse con la eleática.

En resumen, se me dirá, quizá ése es un punto de vista o un concepto que no tiene para nuestra época más que un interés histórico. Permítaseme replicar que la composición de las sustancias en sus elementos, tan desconocida e inexplicable es actualmente como en tiempo de Demócrito y de Zenón. Hoy, como entonces, los errores nacen de que, necesitando nuestra mente concebir las cosas en sus elementos más simples y en sus irreductibles unidades, imagina los átomos a modo de sustancias más o menos sólidas y extensas, que llenan el espacio. Nada más erróneo que semejante concepción.[591] Lejos de preexistir a los átomos, el espacio, y lo mismo se puede decir del tiempo, no son más que expresiones de los atributos del movimiento. Carecen de existencia independiente, y sólo en virtud de una abstracción llegamos a descomponer el movimiento en espacio y en tiempo, cuando es el movimiento quien crea el tiempo y el espacio, que sin él no existirían. Considerando los átomos como masas sólidas y extensas en el espacio, reconocemos implícitamente la preexistencia de un espacio vacío, idea que no responde a nada real. Despojados así de esos atributos de solidez y de extensión, que no les pertenecen, los átomos nos aparecen meramente como centros dinámicos, laboratorios de fuerzas, posibilidades permanentes de acción y de movimiento. Los átomos obran unos sobre otros con arreglo a las leyes de atracción y de repulsión, y no se niega la autonomía y la independencia de cada uno de ellos, admitiendo que su acción tiene necesidad, para manifestarse, de ser provocada por la presencia de otros átomos que obran a su alrededor. La concepción pluralística, completada por la hilozoística, admite la identidad del ser y de la acción, y no ve en ella más que la expresión de las relaciones entre las sustancias de los átomos.

También hubieran debido distinguir los eleáticos, como después hizo Aristóteles,[592] las ideas de continuidad y de contigüidad, antípodas de la de secuencia. Para adquirir nociones claras y exactas que permitan juzgar con conocimiento de causa, basta comprender que la secuencia no se da más que en los cuerpos sólidos, porque su forma se juzga por sus partes, no por

---

[591] Sigo en esta exposición a Wartenberg, en su trabajo sobre *Kants Theorie der Kausalität* y en su obra fundamental *Das Problem des Wirkens*.
[592] *Physicorum*, I, IV.

sus propiedades. La contigüidad es común a sólidos y a fluidos, en cuanto pueden unirse entre sí, bien que sin formar la misma cosa. Pero la continuidad, o sea la coexistencia real en el espacio, sólo se concibe en un elemento más perfecto, vecino de lo espiritual, el éter. Así, la continuidad no es un todo, porque faltan las partes, ni es una unión o un número, porque faltan las unidades simples, sino que es la unidad suprema de propiedades o cualidades de lo corpóreo, el género ontológico neutro, divisor de lo físico y de lo psíquico. He aquí el verdadero "ser inmutable" de los eleáticos, aquel que, a creer a Aristóteles,[593] concibió Platón, en su doctrina oral y esotérica, como algo inseparable de la materia, la cual representa la idea del no ser, mientras que, en sus opiniones escritas, parece haberle confundido con la materia misma. También Aristóteles, en tratados posteriores a los Physicorum,[594] se refiere a un quinto elemento que contiene a los cuatro, y que no está contenido en otro alguno, o dígase de una quinta esencia impasible, incorruptible e invariable, que corre veloz y que posee una naturaleza divina y diferente de las conocidas. Esencia espiritual en cierto modo, incorpórea, incolora, impalpable, y que ni nace, ni se muda, ni perece, sino que está siempre en ecuación consigo misma. Esencia sin gravedad y sin peso ni cualidades contrarias, aeviterna, que no tiene forma, y que no la pierde, ni le hace falta otra ninguna.

Concluiré indicando un curioso aspecto astronómico de la relatividad del movimiento, provocado por la teoría de Einstein, y que parece dar la razón a Zenón de Elea. Desde el punto de vista cinemático, una rotación no se distingue de una traslación cuanto a los efectos relativos. Mach ha sostenido su equivalencia dinámica, declarando que se rebasan los límites de una experiencia, al afirmar el carácter absoluto de una rotación. Para Mach, los efectos centrífugos (péndulo de Foucault, rehinchimiento ecuatorial, etc.) pueden muy bien atribuirse a la gravitación del resto del cosmos que gira alrededor de la tierra. Pero el general Vouillemin advierte que es preciso comprender a derechas el sentido de semejante aseveración. El giro de la tierra ante el cosmos inmóvil, o el inverso giro, son susceptibles de los mismos efectos, y ningún mortal puede decir cuál de las dos eventualidades es real. Cuando hago el experimento del cubo de

---

[593] *Physicorum,* II, II.

[594] En éste, admite ya dos causas fundamentales: la causa activa y la causa pasiva. La primera es el éter, que es incapaz de recibir nada de otra causa que él, y la segunda causa se distingue por cuatro propiedades: lo seco y lo húmedo, lo caliente y lo frío. La combinación y la mezcla de estas propiedades producen toda la variedad de los seres.

agua, sé, por cuanto soy su autor, que el sistema cubo-agua es el que gira, y no tengo la pretensión de haber puesto al universo en movimiento oscilatorio alrededor de mi cubo. Pero Mach asegura que, allí donde falta tal criterio, las dos interpretaciones son humana e igualmente admisibles. Con arreglo a este modo de ver y dentro de la teoría de Einstein, la vieja querella de Galileo y del Santo Oficio cambia de aspecto por completo. La rotación de la tierra era un hecho para Galileo, que lo consignaba, y para el inquisidor, que lo negaba. Ambos estaban de acuerdo sobre las apariencias, aunque no sobre la interpretación de estas apariencias, y la misma ley de Newton no es más que la definición de la gravitación. Según Poincaré, la gravitación se reduce a un coeficiente, que es cómodo introducir en los cálculos. La tesis de que la tierra gira sobre sí misma ocupa en la ciencia el mismo lugar, y tiene en la filosofía el mismo valor, que el tan discutido postulado de Euclidea, por ejemplo. Y, cuanto a su revolución alrededor del sol, desde el momento en que no hay espacio absoluto, el sistema de Ptolomeo tiene tantas probabilidades de ser verdadero como el de Copérnico. La única diferencia entre ambos es que el primero aísla e independiza tres fenómenos, que el segundo une y relaciona, son a saber: los cambios aparentes de lugar de los planetas en la esfera celeste, la aberración de las estrellas fijas y la paralaje de estas mismas estrellas. Pero en vano buscaríamos en la mecánica clásica algo real a que poder atribuir un comportamiento absoluto de los cuerpos respecto a los sistemas de referencia K y K'. Y la dificultad toma mayores proporciones, cuando el movimiento del cuerpo de referencia es tal, que, para su conservación, no necesita de una acción exterior, por ejemplo, en el caso en que el cuerpo de referencia gire uniformemento. Esta objeción fue ya percibida por Newton, que trató inútilmente de soltarla. Más claramente fue sentida por Mach, quien, a consecuencia de ella, manifestó la necesidad de construir la mecánica sobre cimientos nuevos. Einstein, por último, proclamó que sólo puede obviarse inconveniente tan grave edificando una física conforme con el principio de la relatividad general, pues las ecuaciones de esta teoría son aplicables a todo cuerpo de referencia, cualquiera que sea el estado de movimiento en que se encuentre. Donde se ve en qué lleva razón Einstein contra los partidarios de la tesis dualista, que se aterran en no querer identificar la materia con la energía, concediendo obstinadamente a la primera los atributos que pierde al compás que los gana la segunda, cuyo concepto se agranda cada vez más. El sistema de Einstein será, sin duda, provechoso para los intereses de la energética, porque en él resultará que lo verdadero y lo erróneo contribuirán por igual a hacer luz en el asunto. Y será considerado, en tal concepto, por los energetistas, como piedra de toque y como estímulo de comprobación ideológica, ya que su insuperable filosofía se hará patente frente a los clásicos y dogmáticos postulados del mecanicismo y del atomismo.

Me he desviado un tanto de la ideología específicamente aristotélica, y el lector me perdonará la libertad que con ello me he tomado, en gracia de mi buen intento y de la transcendencia e importancia del asunto. Ahora voy a ceñirme más a él, indicando los errores en que Aristóteles incurrió en materias de física, y señalando a la vez insinuativamente los motivos de tales errores. En la ciencia moderna, la relación de la fuerza viva con la velocidad se expresa como producto medio de la masa por el cuadrado de la segunda, en la fórmula ($T = m\,v^2\,/\,2$). Aristóteles, que no conoció esta fórmula, pero sí aquella relación, concibió la última de un modo que él mismo ve que está en contradicción con la experiencia, a pesar de lo cual pasó adelante, sin curarse de ello lo más mínimo.[595] Y no es éste el único error o descuido en que cayó Aristóteles con relación a los problemas físicos. Pesch[596] confiesa que, respecto del orden cósmico, Aristóteles enseñaba que Dios derramaba sus irradiaciones o influjo, primero sobre las inteligencias, y, mediante ellas, sobre las esferas sidéreas, y luego sobre los elementos, poniendo en los cuerpos celestes, o más bien, en los espíritus de los astros, la verdadera causa eficiente que interviene en la producción de los seres orgánicos y de las sustancias químicamente compuestas, y asociando a estas fuerzas accesorias las elementales, y, en los organismos superiores, la fuerza plástica encerrada en las semillas.[597] En los cuatro elementos de Empédocles, veía Aristóteles cuatro metamorfosis sustancialmente distintas de una misma materia, las cuales se convertían todas, una en otra, en muchos procesos, de manera parecida a aquella en que el carbono o el fósforo se presentan en diferentes estados, manifestando propiedades muy diversas. Lo seco, lo húmedo, lo frío y lo caliente, teníalos Aristóteles por cualidades fundamentales y por contrastes importantes de todos los cuerpos. Conforme a ello, la tierra era seca y fría, el agua húmeda y fría, el aire húmedo y caliente, el fuego seco y caliente, reduciéndose a estas cuatro todas las cualidades de los cuerpos, y estribando el tránsito de un elemento a otro en esas cualidades opuestas. Si, por ejemplo, en el fuego la humedad sustituía a la sequedad, el fuego se convertía en aire, y, si en el agua la sequedad suplantaba a la humedad, el agua se convertía en tierra, etcétera, etcétera. En esto, Aristóteles erraba, no como filósofo, sino como físico, creyendo ver con sus propios ojos

---

[595] *Physicorum*, VII, V.
[596] *Die grösse Welträtsel*, I, 95.
[597] Véase el opúsculo de Santo Tomás intitulado *De occultis waturae operibus*.

cómo, por el proceso de la combustión, el fuego se transformaba en aire; por la lluvia, el aire en agua; por la tormenta, el agua en relámpagos ígneos; por ebullición constante, el agua en tierra, como en el sedimento de las calderas. "En orden a la locomoción, Aristóteles y los escolásticos mantenían la opinión platónica, con arreglo a la cual cada cuerpo tiene su lugar natural en el universo, según su composición elemental, aspirando, verbigracia, en la tierra, lo telúrico a bajar, y lo ígneo a subir. Comoquiera que, en la doctrina peripatética, no les corresponde a los cuatro elementos más que un movimiento rectilíneo, Aristóteles concluyó que debiera haber, además, una sustancia más primitiva, que tuviera movimiento circular, y tomó por tal al éter, llamándole quinta esencia".[598] Cuanto a los metales, opinaba que el oro, la plata, el hierro y el plomo consistían en agua, ya que se derretían por la acción del fuego. "Las propiedades, convertidas en sustancias, de lo grueso y delgado, caliente y frío, grosero y fino, turbio y transparente, seco y húmedo, terreo y acuoso, y como quiera que se llamasen, servían a Aristóteles y a los escolásticos de razones aclaratorias. Aún falta el sentimiento de la necesidad de reemplazar semejantes abstracciones por elementos vivos y sensibles. Aun se dista mucho de disolver la imagen vacía e indefinida de las causas en una pluralidad de factores singulares, concretos y eficaces. Aún no se presiente la posibilidad de determinar, por la medición, la cantidad en que cada uno de esos factores contribuye al efecto total".[599] De aquí tantos errores astronómicos como apadrinó Aristóteles en el *De coelo* y en otros tratados físicos suyos. Supuso que el cielo era inalterable, hipótesis que la ciencia destruyó desde la época del Renacimiento, en que se observó la aparición de nuevas estrellas. ¡Y qué mucho si consideraba el cielo como cuerpo compactísimo y de materia inquebrantable! Ya Homero llamaba al cielo férreo, éneo, durísimo como el bronce, y Aristóteles[600] dijo del sol que, con la solidez de su volumen, trillaba el aire, y producía calor. Por esta causa tal vez, algunos varones de la docta antigüedad (Josefo, Teodoreto, Severiano, Gennadio y otros) conjeturaron que, al comienzo de las cosas, estuvo el cielo lleno de agua, la cual, helada, tornose cristal puro, transparente y densísimo.[601] Y no paró ahí la desorientación de Aristóteles, porque, al resolver la duda de si las esferas celestes deben ser tres, responde afirmativamente, echando mano de razones más místicas que

---

[598] Pesch, *Die grösse Welträtsel,* I, 95.
[599] Hertling, *Albertus Magnus,* 150.
[600] *Meteorologicorum,* I, I.
[601] Mir, *La creación,* 253.

científicas, y diciendo del número ternario:[602] "Usamos de este guarismo para el culto de los dioses, por haberlo aprendido de la naturaleza" (τϱός τάς ἅγιαστειας χϱώμεθα τόν θεῶν τῷ ἀϱιθμῷ τούτῳ παϱα τῆς ούσεως είληφότες). En cuyo simbolismo le acompañó más tarde Plutarco,[603] al declarar solemnemente que el número tres era el principal de todos los números (ό ταντῶν ἀϱιθμῶν πϱῶτος τέλειος ή μεν πϱιὰς). Otro de sus errores, en este punto, fue defender la dualidad de la materia cósmica, persuadido de que era una la de los cuerpos celestes y otra la de los terrestres. En el libro I de su *De coelo*, Aristóteles propugna no ser una misma la materia corporal celeste y la de los elementos. Aquélla es incorruptible, y ésta corruptible. Aquélla no puede variar de forma, y ésta, sí. Ni importa para el caso sea cual fuere la forma, ora espíritu, ora otra cosa cualquiera, pues de tal manera la dicha forma perfecciona la materia corporal celeste, que ya no le queda potencia para ser, sino sólo para situarse. Tal es la doctrina aristotélica de los cielos incorruptibles, desmentida por los descubrimientos científicos modernos, que han demostrado la unidad de la materia cósmica, mediante el análisis espectral de las estrellas y el estudio químico de los meteoritos.

Utilizando su omnímodo poder, y llevado de su amor a. la sabiduría, Alejandro había puesto en las manos de su maestro Aristóteles tesoros inestimables para el estudio de las ciencias naturales. Sin embargo, erraría gravemente quien negase que existían muchos trabajos anteriores, relativos al mismo estudio, y que Aristóteles se apropió, y aun copió a menudo, sin citar a sus predecesores, cuando nada encontraba que oponer a sus descripciones o a sus doctrinas. No tuvo escrúpulo alguno en acopiar cuantos informes ajenos pudo haber a tiro, y, en las que él creía observaciones personales, incurrió muchas veces en tremendos errores. Así, por ejemplo, Aristóteles sostuvo, sin perder la serenidad del sabio, que los huevos nadarían en un líquido saturado de sal; que las yemas de varios de ellos mezcladas se reunirían en el centro; que, con ayuda de un vaso de cera cerrado, podría extraerse del mar agua potable; que el hombre es el único animal que siente latidos de corazón; que tiene un espacio vacío en el occipucio; que posee ocho costados; que los varones cuentan con mayor número de dientes que las mujeres; que el cráneo de éstas, contrariamente al de aquéllos, está dotado de una sutura circular, etc., etc.[604] En tan breve resumen de las falsedades aristotélicas, se echa de ver

---

[602] *De coelo*, I, I.
[603] *Symposio*, IX, III.
[604] Eucken, *Die Methode der aristotelischen Forschung*, 163, 164.

cuán sin motivo las miró su autor como resultado de experiencias exactas. Considerando la tarea de la ciencia como cumplida en lo esencial, no vacilaba ni un momento en creerse capaz de responder a todas las cuestiones importantes de una manera satisfactoria. Bien como, en el respecto moral y político, se atenía a la tradición, a la opinión del vulgo, a las ideas consagradas por el lenguaje, y ponía por modelo insuperable las costumbres y las leyes usuales en los Estados helénicos, sin casi comprender las grandes revoluciones que se cumplían bajo sus ojos, así también "se preocupaba muy poco de los hechos nuevos y de las nuevas sugestiones científicas que las conquistas de Alejandro habían hecho accesibles a todo espíritu serio. Que haya acompañado a su real discípulo, para saciar su sed de ciencia, o que se le hayan enviado plantas y animales de comarcas lejanas, para someterlos a sus estudios, son fábulas, porque Aristóteles, en su sistema, no rebasó los límites de lo que en su tiempo se sabía".[605]

Conservador y absorbente en lo especulativo, era con frecuencia desmadejado y veleidoso en lo experimental. Recordando lo dicho anteriormente sobre su doctrina de la substancia (οὐσία) se advierte cuán contradictorio se mostró Aristóteles en el decurso de sus reflexiones y de sus opiniones. En principio, designa como substancia a los objetos y a los seres individuales, en los que la forma combinada con la materia hace que el todo constituya una entidad precisa y perfectamente real, por donde no hay más existencia completa que la de la cosa concreta. Ello indujo a los nominalistas de la Edad Media (ya lo vimos en el caso de Occam) a buscar en Aristóteles razones con que confirmar la verdad de sus teorías, y ésta de las substancia, en concepto de ser plenamente individual, parecíoles claramente realizada por el filósofo griego. Pero no podían acogerse sin contradicción a su autoridad, porque Aristóteles les estropeaba la combinación, desde el momento en que admitía un segundo orden de substancias en las ideas específicas y en las genéricas. No sólo afirmaba que cada especie y cada género es un ente propiamente dicho, sino que lo es hasta la idea que de ellos nos formamos. El universo mismo es, para Aristóteles, un gran organismo, imposible de conocer en conjunto, si antes no (hemos reconocido como entes reales a las especies y a los géneros.

No son éstos los únicos errores del genio de Aristóteles, pero no he de señalarlos todos, porque, para su gloria, basta saber que hizo dar un gran paso de avance a las ciencias empíricas. Por otra parte, la frecuencia de errores es mayor en sus opiniones sobre la naturaleza elemental y cósmica

---

[605] Lange, *Geschichte des Materialismus,* I, 71.

que en las que emitió acerca de la naturaleza orgánica y viviente. Aquí Aristóteles se mueve, por decirlo así, en su terreno propio, y se mantiene en una posición científica inexpugnable. No que falten, en algunos de sus puntos de vista, ideas susceptibles de rectificación, pero las correcciones que su sistema reclama están en la superficie, y dejan intacta la concepción filosófica y profunda que de la naturaleza se formó. Además, no sólo queda a salvo la corrección intachable de su método, sino que perdura su refutación definitiva de la concepción mecanicista del mundo, la cual, resolviendo todas las cosas en cinetas o puntos cursores, reducía la actividad cósmica a un gasto monótono o automático de la cantidad de movimiento existente en la naturaleza y revelado en los procesos atómicos de los cuerpos físicos. Pero, según Aristóteles,[606] el movimiento, cuya razón interna es la naturaleza, tiene un término u objetivo, que determina y que fija su intensidad y su dirección. No se concibe, efectivamente, movimiento alguno sino como medio empleado para lograr algún fin. Las causas mecánicas son meras causas auxiliares, medios solamente y condiciones irremisibles de los fenómenos. Sobre ellas están las causas finales, qua promueven en la naturaleza tendencias teleológicas, sin las cuales no se comprendería la contingencia y la flexibilidad de las leyes cósmicas. Desgraciadamente, se ha hecho un empleo abusivo de las causas finales en la indagación, no sólo de verdades comparativas, sino de fenómenos físicos y susceptibles de explicación mecánica inmediata. Empédocles atribuía el sabor de las aguas del mar a la trasudación de la tierra, y Anaxágoras al ardor del sol. Pero Aristóteles, que recoge y que refuta tales opiniones, afirma que la causa del hecho observado se debe a la mezcla de las exhalaciones solares con el agua del mar, la que, por tal motivo, toma un sabor amargo muy característico. Falsas eran estas opiniones, pero a lo menos no iban contra el espíritu del método científico. Por el contrario, nuestro Fox Morcillo, dejándose llevar del espejismo de las causas finales, mal interpretadas, se aparta del sentido aristotélico, para afirmar que Dios creó el agua salada con el objeto de dar una habitación más cómoda a los seres que viven en ella.[607] ¿Hay en estas equivocaciones de la teleología antigua algo que deba desanimar al finalista amplio de la ciencia actual? De ninguna manera, porque, tanto en las investigaciones cosmográficas como en las biológicas más recientes, hay mucho que viene a corroborar en otro sentido aquel criterio. Nunca se logró de Aristóteles que de tan fecundo criterio se retractase, y siempre estuvo en que todo el

---

[606] *De anima,* II, IV.
[607] González de la Calle, *Fox Morcillo,* 132.

curso de la naturaleza se nos manifiesta como un sistema de medios ordenados a realizar fines primordiales, cuyo valor les confiere su importancia, y les presta su fuerza invencible. El concepto de la conveniencia teológica inmanente es tan esencial en la doctrina aristotélica, que podemos definir la naturaleza, tomada en el sentido que en dicha doctrina ofrece, como el terreno de la tendencia final intrínseca.[608]

Justo es reconocer que Aristóteles, a pesar de negar resueltamente la posibilidad de una creación divina, es el fundador del finalismo científico. Basta, para convencerse de ello, leer sus *Physicorum* y el tratado *De generacione animalium*, donde funda la finalidad en la experiencia, defendiéndola a la vez con esa prolijidad demostrativa, que proviene de una excesiva abundancia de fórmulas del concepto. La doctrina que contienen tales obras es sencilla y pura, aun para el más desconfiado ateo, y uno muy ilustre, Schopenhauer,[609] hace justicia a Aristóteles, reconociendo que ofrece un contraste muy favorable para él con los modernos filósofos teístas, y que aquí es donde se muestra en su aspecto más brillante. Se dirige a la naturaleza exento de prejuicios religiosos, y jamás estudia el mundo desde el punto de vista de una creación divina. Dice siempre ἡ φύσις ποίεῖ (la naturaleza hace), pero nunca dice ἡ φύσις πεποίεται (la naturaleza es hecha), Después de haber estudiado la naturaleza con sinceridad e interés, llega a la conclusión de que procede con finalidad en sus operaciones todas, y censura a Demócrito por haberlo negado. Sobre negación tan definitiva se fundó en Grecia la metafísica de los deterministas mecánicos, metafísica que (dice Aristóteles, que la describe bien) tenía dos caracteres notables: el uno, creer que todo se producía accidentalmente, y el otro, afirmar que las causas subsisten y se conservan en cuanto han tomado espontáneamente la condición que les era convenible (ἀπὸ τοῦ αὐτομάτου συσάντα ἐπιτηδείως).

La opinión de los filósofos antedichos proviene de haber admitido ampliamente el sistema de Demócrito, que no hablaba con la necesaria claridad, cuando concebía mal las cosas. Con la cabeza llena de poesía científica, llegó a fantasear un número infinito de átomos de una diversidad infinita, que caían eternamente a través del espacio inmenso, chocando los menores con los mayores, cuya caída se verificaba con más rapidez, y dando comienzo la formación del mundo, por los movimientos laterales y por los torbellinos que de ahí resultaban. La base de toda esta

---

[608] Véase a Zeiler, *Die Philosophie der Griechen*, II, II, 427.
[609] *Die Walt als Wille und Vorstellung*, II, XXVI.

teoría, o sea, la caída más rápida de los grandes átomos, fue atacada por Aristóteles, y parece, como conjetura el gran historiador alemán del materialismo,[610] que "ello determinó a Epicuro, sin perjuicio de conservar el resto del edificio filosófico de Demócrito, a imaginar, para los átomos, sus desviaciones no motivadas de la línea recta. Aristóteles enseñaba, en efecto, que, si pudiese haber un espacio vacío, lo que juzgaba imposible, todos los cuerpos debían caer en él con igual celeridad, por cuanto las diferencias de velocidad en la caída provendrían de la diferencia de densidad de los medios (agua o aire) que atravesasen. Sobre este punto, como en su teoría de la gravitación hacia el centro del mundo, Aristóteles se encontraba perfectamente de acuerdo con los resultados obtenidos por la ciencia moderna.[611] Pero sus deducciones sólo accidentalmente son racionales, por hallarse mezcladas con sutilezas muy semejantes a las que sirven para probar la imposibilidad de un movimiento cualquiera en el espacio vacío".

Aristóteles trató muchas cuestiones de las ciencias inductivas con el mayor descuido. Acumuló los hechos, en algunas ocasiones, con más abundancia y ostentación que oportunidad, del mismo modo que acumulaba las ideas dentro de un tratado. El libro II del *De partibus animalium* tiene material, plan, argumentos y cuestiones para tres o cuatro obras. Esto no extrañará, si se considera que Aristóteles viose obligado a confiar a otros la tarea de ejecutar grandes partes de su trabajo. En la reunión de materiales para su historia natural, intervinieron, sin duda, muchas personas. Ya vimos que los *Physicorum* se cuentan como de Aristóteles, y la *Mineralogía* y el *De plantis* como pertenecientes a Teofrasto, aunque uno y otro debieron intervenir evidentemente en ambas producciones. Tan sólo lo lejano del tiempo puede engañarnos en este particular, y de aquí proviene la confusión de conceptos que en algunas de sus obras se nota muy a menudo. En otras, guarda más unidad y más coherencia, y en este caso están los *Physicorum*. No dejaron de murmurarle ciertas opiniones algunos pensadores de su siglo, y él mismo insinuó más adelante otros sentidos que podían dárseles, con que procuraba acallar los ánimos, y sazonar los desabrimientos.

---

[610] Lange, *Geschichte des Materialismus*, I, 17.

[611] Whewell *(History of the inductive sciences*, II, 42) ve una reminiscencia de Aristóteles en el hecho de que Galileo, después de haber penosamente buscado y encontrado la verdadera ley de la caída de los cuerpos, osase concluir *a priori* que, en el espacio vacío, todos los cuerpos caerían con velocidad igual, y esto mucho tiempo antes de que la máquina neumática hubiera demostrado la realidad del fenómeno.

Desearía que se me comprendiera claramente antes de que se me censurase y se me criticase por las observaciones anteriores. Yo no niego que haya buen sentido y cierto rigor en los *Physicorum* de Aristóteles. Hoy no los entendemos con todo rigor crítico, pero es más que probable que Aristóteles los entendiera, y que en su época los entendieran también. Voltaire,[612] a pesar de los reparos que le sugiere la crítica de la antigua escuela, consigna que, en lo íntimamente semántico, el griego es una lengua extraña para nosotros, y que, además, no se aplican hoy las mismas palabras a las mismas ideas. Por ejemplo, cuando Aristóteles dice, en los capítulos VII, VIII y IX del libro I que los principios de los cuerpos son la materia, la privación y la forma, parece que diga un disparate, pero no lo dice para su país y su tiempo. La materia, en su opinión, es el principio de todo, es el objeto de todo, es indiferente a todo, y le es esencial la forma para convertirse en algo. La privación es lo que distingue a un ser de todas las demás cosas que no son él. A la materia le es indiferente convertirse en rosa o peral, pero, cuando se convierte en peral o en rosa, queda privada de todo lo que pudiera convertirla en plata o en plomo. Esta verdad casi no vale la pena de enunciarse; pero, al fin, en Aristóteles, todo es inteligible, y nada es impertinente. El acto de lo que está en potencia parece una frase ridícula, y, sin embargo, no lo es en absoluto. La materia puede diferenciarse en todo: en fuego, en tierra, en agua, en vapor, en metal, en mineral, en animal, en árbol o en flor, y eso es lo que significa la expresión acto de potencia. Por tanto, no era absolutamente ridículo entre los griegos afirmar que el movimiento era un acto de potencia, puesto que, según la apariencia sensible, la materia puede estar inmóvil, y es probable que por esta apariencia engañosa creyera Aristóteles que el movimiento no es esencial a la materia. Aristóteles tuvo necesariamente que conocer mal la física en detalle, que es lo que le sucedió a todos los filósofos, hasta que llegó la época en que Galileo, Torriceli, Guerie, Drebelio, Bayle y otros empezaron a hacer experimentos. La física es una mina a la que sólo se puede descender con la ayuda de aparatos que los antiguos no conocieron. Permanecieron inclinados al borde del abismo, haciendo cálculos sobre lo que podría encerrar en su fondo, pero no pudieron verle. Los modernos historiadores de las ciencias empíricas, con sus admirables análisis de la sabiduría más completa y más adelantada de los primeros tiempos de la civilización occidental, han descubierto lo suficiente para que no quepa duda cuanto a los errores de principio que esa sabiduría llevó a los estudios de observación.

------

[612] *Dictionnaire philosophique* (en la palabra *Avistote*).

Pero la prueba más robusta en que se apoya mi creencia la encontré en el espacio que media entre la física sin procedimientos de análisis matemático al modo aristotélico y los estudios físicos y matemáticos pertrechados del gran recurso del saber mecánico, que es el cálculo infinitesimal. Uste cálculo domina como suprema luz y antorcha todos esos estudios, haciendo decir a uno de los fundadores del positivismo moderno que la naturaleza niega sus secretos al que la interroga desprovisto del poderoso instrumento del análisis matemático. ¡Cuánto no ha contribuido semejante análisis a los progresos de la mecánica y demás ciencias físicomatemáticas! No porque a él se deban creaciones en el orden natural o en los sistemas inventados por la razón, sino porque es un medio de deducción poderosísimo, y sin el que la inducción quedaría siempre en una esfera inferior a sus relaciones cósmicas. Así como los telescopios nos acercan a los astros, el análisis matemático nos permite abarcar un conjunto de relaciones, que se traducen en leyes, y que de otro modo no serían enteramente accesibles a la inteligencia humana. Este análisis faltó en absoluto a Aristóteles, pues precisamente las matemáticas fueron la única ciencia conocida de los antiguos de la que no trató especialmente el gran enciclopedista. Ya vimos los reparos de que es susceptible este parecer, habida razón del hecho de haberse perdido los dos tercios de las obras de Aristóteles. Pero lo más que pueden recabar los editores y los traductores críticos de este incomparable ingenio es que consideró las matemáticas más como medio de educación intelectual que como disciplina científica susantiva, por lo cual las distinguió de la física con un rigor que toca en la crudeza. Y ello baste para explicar la endeblez, insuficiencia y descamino de muchas de sus opiniones físicas, que habrían ofrecido mayor fuerza, integridad y buena orientación, si hubiesen encontrado los materiales de sus cimientos en la rica cantera del análisis matemático.

§ 7. PLAN EDITORIAL PARA LA PUBLICACIÓN EN CASTELLANO DE LAS OBRAS COMPLETAS DE ARISTÓTELES

El volumen que el lector tiene entre las manos es el primero de una serie que abarcará la colección entera de los tratados del Estagirita, y cuya traducción se me ha encomendado. Ignoro si dispondré de vida y de arrestos suficientes para realizar un plan de tamaña magnitud, y nunca estuve más necesitado de la indulgencia del público docto. Mas, por lo mismo que de día en día se va aumentando el número de las personas reflexivas, ilustradas y capaces de resolverse a emprender por sí mismas lecturas y estudios concernientes a la antigüedad clásica, sobre todo en sus creaciones filosóficas, el ambiente se halla mejor preparado que otrora para que mi publicación en castellano de las obras completas de Aristóteles sea recibida, si no con favor y con éxito, a lo menos con benevolencia y con simpatía.

Para más cumplida inteligencia de dichas obras, ha parecido conveniente apercibir el ánimo del que leyere, presentándolas en una disposición taxonómica, que irá de las ciencias teóricas a las experimentales, y de éstas a las prácticas, de suerte que se empiece por la física y por la metafísica y se termine por la economía y por la política. Entre ambas clases de disciplinas intelectuales, figurarán los libros de Aristóteles que versan sobre materias de cosmología, de biología, de psicología, de estética, de lógica y de moral, según que han sido sucesivamente examinados por mí en el § 3. Tal será el orden general, sin perjuicio de alteración, si así conviniese, o si razones de índole editorial lo reclamasen. No creo ocurra esto, ni espero sufra modificaciones mi proyecto, a lo menos en sus grandes líneas. El universo, la vida, el hombre y la sociedad son los cuatro grandes objetos de especulación e indagación a que corresponden otras tantas partes o secciones de la filosofía, y ninguna de ellas quedará fuera de la enciclopedia aristotélica. Al traducirla en su totalidad, he juzgado útil hacerla preceder del anterior estudio crítico sobre el conjunto de la obra de Aristóteles, y, cada uno de los volúmenes que seguirán irá a su vez precedido del estudio crítico particular del escrito o escritos que en él se contengan, y convenientemente anotado, como lo va el presente tomo. Dicho estudio estará redactado en armonía con el método que, para los *Physicorum*, he seguido en el § 5, en el cual paréceme haber dado sucinta idea del aparato de tan grandioso libro, menos expuesto a envejecer que ningún otro de los del Estagirita y de aquella edad, por lo mismo que en él se concede merecida importancia a la fase filosófica de la ciencia de la naturaleza.

Me despido del lector y del asunto con una observación final, que atañe a mi modesta persona. Cuando considero que Barthélemy Saint-Hilaire invirtió sesenta años de trabajo (de 1832 a 1893) en traducir, en treinta y cinco volúmenes, las obras de Aristóteles, y no íntegramente por cierto, pues su edición no alcanza, ni a los Fragmenta, ni a los Apocrypha: cuando esto considero entre mí, sobrecógeme el temor fundado de haber acometido una empresa superior a mis fuerzas. Aquí yo no sé qué me diga, sino que el tomar la pluma, como la he tomado, para llevar a cumplida cima tarea tan prolija y tan penosa, ha de ser cosa de tamaña responsabilidad intelectual que lleguen algunos a no estimarme por de tanta competencia cuanta ha menester quien se pone, sin ayuda de nadie, a una labor de este calibre. Confieso que no soy helenista de profesión, y de buen grado reconozco que de todos los traductores de Aristóteles que me han precedido, como de maestros me aproveché. Por eso, en las notas de mi versión, rindo a cada uno lo que es suyo. Para ser más preciso e ingenuo, declaro hallarme relativamente familiarizado con el manejo de las investigaciones críticas sobre Aristóteles, así clásicas como recientes, y, sin dejarme deslumbrar por las últimas, he procurado seleccionar las más luminosas y magistrales, pero combinándolas con las anteriores, y acomodándome al uso y a la conveniencia de los criterios exegéticos definitivamente consolidados por la erudición antigua. No abusaré de ella, ni de la de nuestros días, y utilizaré por igual ambas, con la parquedad que exige una edición hecha para un número de lectores mucho mayor que el que puede, llamarse académico. Y así tendré facilidad para ofrecerles, sin desmesuradas pretensiones filológicas, una colección que resultará popular hasta cierto punto, pero que les dará a conocer a Aristóteles en sus textos vivos y en sus fuentes originales.

EDMUNDO GONZÁLEZ-BLANCO

FÍSICA

DE

ARISTÓTELES

LIBRO PRIMERO

LOS PRINCIPIOS DE LAS COSAS NATURALES

CAPÍTULO PRIMERO

OBJETO Y MÉTODO DE LA FÍSICA

El conocimiento y la ciencia de las cosas se producen cuando hemos logrado penetrar sus principios, sus causas y sus elementos. No juzgamos hallarnos en posesión mental de una cosa hasta no haber alcanzado sus principios primeros, sus causas primeras y aun sus elementos primarios. Por ende, es notorio que, en la ciencia de la naturaleza, conviene tratar, ante todo, de definir lo relativo a los principios.

El orden natural de la investigación es ir de las cosas que son más claras y conocidas para nosotros a las que son más claras y cognoscibles en sí, porque no siempre lo que nos es más asequible lo es, a la vez, en, relación a lo absoluto. Por ello, hay que proceder de este modo: partir de las cosas menos claras en sí y más claras para nosotros, para llegar a las cosas más claras en sí y más cognoscibles. Dado que lo que para nosotros es, desde luego, manifiesto y claro constituye los más complejos conjuntos, a base de este hecho los elementos y los principios se disciernen y se hacen conocer por vía de análisis. Por esta razón, hemos de ir de las cosas generales a las cosas particulares, porque, él todo es más asequible a la sensación, y lo general[613] es una especie de todo, en el que se encierra una pluralidad que constituye lo que podemos llamar sus partes. Así ocurre, en cierto modo, con los nombres en relación con las definiciones. El nombre indica una especie de todo sin distinciones, por ejemplo, el nombre del "círculo", mientras que la definición de esta forma geométrica distingue por análisis sus partes. En un principio, los niños

---

[613] Aristóteles parece contravenir aquí lo por él declarado en otra obra (*Analytica posteriora*, II, XXIV), y aun en esta misma (I, v), sobre ser lo general el antípoda de la sensación, lo más cognoscible según la razón, el orden de lo simple y del límite, y, por tanto, el objeto propio de la ciencia. Sin embargo, la contradicción se desvanece en gran parte mediante la distinción (que Aristóteles, por lo demás, desarrolla de un modo harto incompleto) entre la extensión y la comprensión de los seres reales y de los pensamientos racionales.

llaman "padre" a todos los hombres y "madre" a todas las mujeres, y sólo más adelante aprenden a distinguir a unos de otros.[614]

CAPÍTULO II

OPINIONES DE LOS ANTIGUOS SOBRE EL NÚMERO DE LOS PRINCIPIOS

Preciso es que haya, ya uno solo, o ya varios principios, y, si hay uno solo, que esté inmóvil, como dicen Parménides y Meliso, o en movimiento, que es la opinión de los físicos,[615] algunos de los cuales afirman que el primer principio es el aire, en tanto que otros sostienen que es el agua. Si hay varios principios, deben ser limitados o ilimitados. Si son limitados y más de uno, han de ser dos, o tres, o cuatro, u otro número cualquiera. Empero, si son ilimitados, o, según la opinión de Demócrito, tendrán unidad genérica, pero serán diferentes de forma y de figura, o serán opuestos inclusive. Idéntica cuestión se plantea a los que buscan el número de los seres, porque inician sus búsquedas intentando hallar el número de componentes, y preguntándose si hay una sustancia única o varias, y, en el supuesto de que sean múltiples, si son ilimitadas o limitadas, lo que lleva a investigar si el principio y el elemento son uno o varios.

Por lo que toca al examen sobre la unidad y la inmovilidad del ser, esto no es de la competencia de la física. Así como, por ejemplo, el geómetra tiene que permanecer mudo ante aquello que derriba sus principios (porque corresponde a otra ciencia o a una ciencia común a todas), igual tiene que producirse quien estudia los principios físicos, respecto a si sólo hay, o no, un Uno. En efecto: el principio es principio de una sola cosa o de muchas. Declaremos, pues, que todo examen sobre tal unidad equivale a un debate sobre cualquier tesis objeto de mera discusión, como, por ejemplo, la de Heráclito cuando dice que el ser es un hombre único. O bien equivale a la solución de un razonamiento eurístico, que es precisamente el caso de Meliso y de Parménides, cuyas premisas son

---

[614] Curiosa observación, muy repetida en la psicología moderna. Todos los estudiantes de esta disciplina filosófica recordarán el caso (citado por Taine en el tomo I de su tratado *De l'intelligence)* de aquel niño que, nacido junto al río Garona, aplicaba este nombre a todos los demás ríos. La generalización de lo particular es el primer impulso instintivo de la mente aún no educada por la reflexión y por el estudio.

[615] Alusión a los filósofos de la escuela jónica.

falsas, y malos sus silogismos. El caso de Meliso es particularmente grosero, porque, dejado pasar un absurdo, los otros llegan, y no hay ya en ello dificultad que contenga las consecuencias más ilógicas y más extrañas. Cuanto a nosotros, sentamos como principio que los seres de la naturaleza, en total o en parte, se mueven, lo que se manifiesta por la inducción[616]. Agreguemos que no hay que rechazar completamente las demostraciones sino cuando son falsas desde el comienzo, como por ejemplo, la refutación de la cuadratura del círculo a base de los segmentos, que no es más cierta que la de Antifón.[617] Sin embargo, como en su estudio, que no tiene nada de físico, ocurre que a veces se presentan dificultades de orden físico, quizá convenga discutir algo de ello, porque este examen no carecerá de interés filosófico.

El punto de partida más oportuno será examinar lo que quieren decir los que pretenden establecer la unidad de todos los seres. ¿Será que todos los seres son sustancias, o cantidades, o cualidades? ¿No son más que una sustancia única, como, por ejemplo, un hombre único, o un caballo, o un alma? ¿O son una cualidad única, por ejemplo, blanco, o caliente, o cosa por el estilo? Todas estas afirmaciones son muy distintas entre sí e insostenibles. Porque si el ser existe como sustancia y cantidad y cualidad, separadamente o no, los seres son múltiples. Si todo es cantidad o cualidad, la sustancia, existiendo o no, es absurda, si hay que llamar absurdo a lo imposible. Nada, en efecto, es más separable que la sustancia, porque todo objeto tiene la sustancia por atributo. Dice Meliso que el ser es infinito. Luego el ser es una cantidad, porque lo infinito está en la cantidad. Pero la sustancia no puede llamarse infinita, ni la calidad, ni la afección, como no sea de un modo accidental y existiendo como tal o cual cantidad. En la definición del infinito, la cantidad interviene, mas no la cualidad ni la sustancia. Y si el ser es sustancia y cantidad a la vez, el ser es dos, y no uno, y, si es sólo sustancia, no es infinito, ni tiene tamaño alguno, pues que entonces sería una cantidad. Además, como lo uno se entiende en varias acepciones, preciso es examinar cómo puede decirse que todo es uno. Se dice uno de lo continuo y de lo indivisible. Mas, si es continuo, lo uno será múltiple, porque lo continuo es divisible hasta lo infinito.

Una dificultad surge respecto de la parte y del todo. Acaso no se

---

[616] Por esta afirmación se advierte que, para Aristóteles, la existencia del movimiento constituía un postulado físico tan irrefutable como el de existencia de la naturaleza, y tan derivado como éste de la experiencia inductiva.
[617] En la introducción expuse la fórmula de la cuadratura por los segmentos.

relaciona con lo continuo como tal, pero es preciso examinarla en sí misma. Se trata de saber si la parte y el todo forman unidad o pluralidad, y cómo, si son unos, son varios, pues que, incluso si las partes que no son continuas, y aun cada una tomada como unidad indivisible, hacen uno con el todo, no compondrán más que uno las unas con las otras. Si lo uno es indivisible, se suprimen cantidad y cualidad, y el ser no será, ni infinito, como pretendía Meliso, ni finito, como quería Parménides, porque el límite es lo indivisible, y no la cosa limitada. Y si, en fin, todas las cosas son una, se cae en la doctrina de Heráclito, e idénticos serán, efectivamente, los conceptos del bien y del mal, del hombre y del caballo, y ya no se tratará de la unidad del ser, sino de la nada del ser, y los conceptos de cualidad y de cantidad serán iguales.

Los más recientes de entre los antiguos se desvivían por evitar el hacer coincidir en una misma cosa lo uno y lo múltiple. De aquí que unos suprimieran el verbo es, como Licofrón, y otros acomodasen las expresiones, diciendo que el hombre no es blanco, sino blanqueado, o que no está andando, sino que anda, con lo que intentaban evitar el hacer múltiple lo uno por la introducción del verbo "es" lo cual supone que lo uno o el ser se entienden de una sola manera. Mas las cosas constituyen pluralidad, sea por definición (verbigracia, los conceptos de lo blanco y del letrado son diferentes, y son, no obstante, lo mismo como sujeto, porque lo uno es asimismo múltiple), sea por la división, como el todo, y las partes. Acerca de esto se les veía, llenos de confusión, confesar que lo uno es múltiple, como si no fuese posible que la misma cosa sea una y múltiple, sin por ello presentar caracteres contradictorios, dado que, en efecto, existe lo uno en potencia y lo uno en acto.

CAPÍTULO III

REFUTACIÓN DE LOS ARGUMENTOS ELEÁTICOS

Así tomadas las cosas, aparece imposible que los seres sean uno, y los argumentos de quienes lo sostienen son fáciles de refutar. Meliso y Parménides, en efecto, hacen razonamientos eurísticos, porque, como ya indicamos, sus premisas son falsas y malos sus silogismos. Repitamos que el de Meliso, sobre todo, es particularmente grosero, por cuanto, dejado pasar un absurdo, los demás llegan por sí solos, sin que haya dificultad en ello. Es evidente, a todas luces, que Meliso comete un paralogismo cuando cree poder concluir que, si todo lo que ha sido engendrado tiene un comienzo, lo que no lo ha sido no lo tiene. Irrazonable es extender a toda cosa engendrada la noción de comienzo, entendiéndolo según la cosa, y no según el tiempo, y no sólo para la generación absoluta, mas también para la alteración, como si no hubiese cambios en conjunto. Y, después, ¿por qué deducir la inmovilidad de la unidad? Si este agua, que constituye una parte de la unidad, se mueve, ¿por qué no ha de moverse el todo? ¿Y por qué no ha de sufrir alteración?[618] Luego la unidad del ser no puede significar unidad específica, a menos que no sea una unidad específica de materia. De una unidad de este último género quieren hablar ciertos físicos, mas no de la otra, dado que por la especie es por la que el hombre se diferencia del caballo.

Igual método debe emplearse contra Parménides en los razonamientos que se le opongan, y su refutación puede formularse así: por un lado, las premisas son falsas, y por el otro, la conclusión carece de valor. Las premisas son falsas, porque toma el ser en el sentido absoluto, mientras que sus acepciones son múltiples. La conclusión no es válida, puesto que, si se toman como datos únicos las cosas blancas, estando el ser significado por lo blanco, las cosas blancas no por ello dejarían de constituir multiplicidad y no unidad. Ni por continuidad, ni por definición, lo blanco será nunca uno. Hay que distinguir, en efecto, en sus conceptos lo blanco y su sujeto, sin que eso nos obligue a situar fuera del objeto blanco nada distinto, porque lo blanco y su sujeto, no por su separación, sino por su concepto, son diferentes. Esto es lo que Parménides no vio.

No basta, por consiguiente, considerar la unidad del ser como atribuida a un sujeto, sino que hay que mirar el ser como ser, y lo uno como uno, puesto que el atributo se estima en relación con un sujeto determinado, y, en este concepto, el sujeto al que se atribuye el ser no existe, porque sería diferente del mismo ser. Entiéndase, pues, que el ser, como tal ser, no existe en otra cosa, por no pertenecer a la esencia de esta cosa, a menos que tenga una significación múltiple, de modo que cada sentido represente un cierto ser, pero se supone que el ser tiene una significación única. Así que, si el ser como ser no es atributo de nada, y a él, por lo contrario, es al que todo se le atribuye, se puede preguntar por qué el ser como ser significa el ser más bien que el no-ser, ya que lo blanco no es nada, y no como un cierto no-ser, sino absolutamente como no-ser. De suerte que el

---

[618] Partiendo de la hipótesis continuista, esta alteración parece indudable. Rousseau decía: "Quizá al oprimir con la mano mi mesa de escritorio, estoy matando a un mandarín en China". Según la bella expresión de Michelet, el aleteo de un solo pájaro conmueve el universo entero. Zöllner pretendía que la luna *está* en la tierra, cuando produce las mareas. A este modo podríamos seguir aduciendo interpretaciones poéticas de la observación de Aristóteles, en las cuales hallaríamos frecuentes consonancias intuitivas con las ideas aceptadas por los partidarios de la continuidad universal.

ser como ser es no-ser, ya que se le podía denominar blanco, y lo blanco significa no-ser, como acabamos de decir. Y, si lo blanco significa ser verdadero, entonces el ser tiene una significación múltiple. Tampoco el ser tendrá dimensión alguna, si es ser como ser, dado que las partes sostienen entre sí una relación de alteración. Amén de esto, el ser como ser se divide en otro ser como ser, según enseña la definición. Por ejemplo, si el hombre es un ser verdadero, necesariamente serán seres verdaderos el animal y el bípedo, porque si no son seres como seres, lo son como accidentes. Pero ¿para quién? ¿Para el hombre o para otro sujeto? Es imposible. Se llama accidente lo que se puede hallar o no hallar en un sujeto, por ejemplo, el hecho de estar sentado, considerado como separable. Por lo demás, cualesquiera que sean las partes o elementos de una definición, ésta no contiene la definición del todo. Así, en el bípedo no hay la definición del hombre, ni en lo blanco la del hombre blanco. Si esto es así, y si el bípedo pertenece por accidente al hombre, es necesario, o que sea separable, y así podría suceder que el hombre no fuese bípedo, o que en la definición del bípedo esté contenida la definición del hombre. Pero esto, repitámoslo, es imposible, porque es el bípedo quien está contenido en la definición del hombre. Y, si el bípedo y el animal pertenecen por accidente a otra cosa, y ni el uno ni el otro son seres verdaderos, en ese caso el hombre pertenecería por accidente a otra cosa. Mas sabemos que es preciso que el ser verdadero no sea atributo de nada, y sea el sujeto al que se relacionan los dos atributos y su conjunto. El todo estaría, pues, compuesto de indivisibles.

Algunos han concedido algo a los principios de la teoría. Por una parte, a la razón de que todo sería uno, si el ser tuviera significación de unidad, se concede la existencia del no-ser. Por otra parte, a la dicotomía se responde imaginando tamaños indivisibles. Es erróneo, ciertamente, so pretexto de que el ser tiene significación de unidad, negar la existencia de todo no ser, porque nada impide que exista, no el no-ser absoluto, pero sí un cierto no-ser. Por contra, afirmar que, si no hay nada fuera del ser en sí, todo es uno, es absurdo. ¿Qué entender, en efecto, por ser intrínseco, sino un ser como tal cosa? Y si es así, nada impide que los seres sean múltiples, como se ha dicho, con lo cual queda demostrado que la unidad del ser, de ese modo entendida, resulta imposible.

CAPÍTULO IV

CRÍTICA DE LOS VERDADEROS FÍSICOS
Y EN PARTICULAR DE ANAXÁGORAS

Cuanto a los físicos, se expresan de dos modos sobre este punto. Unos, estableciendo la unidad del ser, sea el cuerpo-sustancia que constituye uno de los tres elementos, sea otro más denso que el fuego y más sutil que el aire, engendran todo el resto por condensación y por rarefacción, con lo que queda sentada la pluralidad de los seres. Los dos fenómenos son contrarios, del género del exceso y del defecto, y semejantes a lo grande y a lo pequeño de la teoría platónica. Empero, para Platón, constituyen la materia, mientras que lo uno es la forma. Para aquellos físicos, la materia-sustancia es lo uno, y los opuestos son las diferencias y las formas.

Según otros, de lo uno, que las contiene, salen, por división, las cosas opuestas. Así opinan Anaximandro y todos los que establecen la unidad y la multiplicidad de los seres, como Empédocles y Anaxágoras, que hacen surgir del caos todas las cosas por división. Lo que los diferencia es que, mientras que para el uno existe en ello alternancia, para el otro existe un sentido único. Para el uno, existe una infinidad de homeomerias[619] y de

---

[619] Término griego de difícil traducción al español, pero que responde al concepto de partículas infinitesimales, simples, invisibles e indivisibles, que, para Anaxágoras, componían los elementos últimos de todas las cosas. Aristóteles *(De generatione et corruptione*, I, I) estimaba que semejante concepto, mal expresado por la palabra que empleó Anaxágoras, cuando no fuera metafísicamente erróneo, sería por lo menos, dudoso e incierto (ἀσαφής) en el orden físico. Empero Anaxágoras distó mucho de considerarlo sólo físicamente, pues lo enlazó con su profundo postulado metafísico de que "todo está en todo" (παντά ἐν πασιν) Al establecer su dogma de las *homeomerias,* elementos últimos que no guardan la menor relación con los "átomos" de Demócrito, indicó Anaxágoras simbólicamente la universalidad del éter como principio de contenencia, generación, evolución y retorno de los prototipos de las cosas y de sus elementos, que a su vez encerraban virtualmente la totalidad constitutiva, según la observación de Simplicio *(Scholia in Aristotelem*, 337). Esta teoría se vuelve a encontrar, aunque modificada, en los cuatro elementos de Empédocles y en el παντά de Heráclito, como demostró Stuke *(Empedocles Agrigentvnum,* 337), y refrendé yo en uno de mis libros *(El materialismo combatido* en sus *principios,* 214). Por lo demás, Aristóteles, en dos de los suyos *(Metaphysicorum,* I, III; *De anima,* I, I) hizo justicia a Anaxágoras, por haber reconocido al espíritu (νοῦς)

contrarios, y, para el otro, sólo hay lo que se llama los elementos.

Anaxágoras aceptaba la opinión común entre los físicos de que nada puede engendrarse de la nada, lo que les ha hecho establecer la mezcla primitiva, y aseverar que la generación de una cualidad determinada es alteración, o hablar de composición y de separación. Otro principio de Anaxágóras es que los contrarios se engendran unos de otros. Así, preexistían los unos en los otros, pues que es necesario que todo lo engendrado provenga de seres o de no seres. Pero (y en esto están de acuerdo todos los físicos) es imposible que provenga de no seres, de lo que se sigue que la generación verifícase necesariamente a partir de seres preexistentes, aunque, por la pequeñez de sus masas, escapan a nuestros sentidos. A seguida dicen que todo está mezclado en todo, porque la experiencia les ha probado que todo está engendrado de todo. Las apariencias cambian según la mezcla. En el estado puro, no se encuentra nada que sea blanco por completo, ni negro, ni dulce, ni carne, ni huesos, sino que lo que domina en cada cosa parece constituir su naturaleza.[620]

---

como autor de la organización humana y primer principio de las potencias cósmicas, y por haber refutado victoriosamente el absurdo concepto del acaso. Hablando Aristóteles de él, y parangonándole con sus antecesores, escribió estas palabras célebres, que, a fuerza de ser repetidas por los filósofos, bien pueden llamarse clásicas: "Sobrevino un hombre (Anaxágoras), que, por haber atribuido a la inteligencia la causa de la hermosura y del orden que reinan en el mundo y en los seres animados, pareció salir del sueño, después de las vaguedades de los que le habían precedido... Diríase que, en Anaxágoras, la filosofía despertaba de una larga embriaguez". (Véase mi libro sobre *El universo invisible*, 69.)

[620] Diels, en su estudio *Zur Textgeschichte der Aristotelischen Physik*, ha acopiado los fragmentos de Anaxágoras a que parecen corresponder las opiniones que Aristóteles le atribuye. Helos aquí: "Ninguna cosa nace, ni perece, sino que todo proviene, por mezcla o por división, de las cosas preexistentes... En conjunto, todas las cosas eran, al principio, tan infinitas en multitud como en pequeñez... No hay absoluto mínimo, porque es imposible que el ser cese de ser... Como el cabello proviene de una anterior falta de cabello, la carne proviene de lo que no es carne... En todo hay algo de todo, excepto inteligencia, pero ciertos seres la contienen... Todo está en todo, nada existe aisladamente, y, como en el origen, todo se reúne con todo... Las cosas no se hallan separadas o cortadas, ni el calor lejos del frío, ni el frío del calor... Lo que domina es lo que da a cada cosa su individualidad, por lo cual nada se asemeja a nada". Esta última sentencia la hubiera suscrito Aristóteles, quien, por lo demás, reconoce que Anaxágoras, comparado con sus predecesores, tuvo el mérito de distinguir en la naturaleza dos principios: la materia y la intención o tendencia a un fin, producida en los primitivos y confusos elementos por la inteligencia ordenadora (νοῦς). Lo que

Empero, si el infinito como tal es incognoscible, el infinito según el número y el tamaño es una cantidad incognoscible, y el infinito como especie es una cualidad incognoscible. Y si los principios son infinitos según el número y la especie, no es posible conocer lo que de ellos se deriva, puesto que no consideramos conocer el compuesto en tanto que no conocemos el número y naturaleza de sus elementos. Además, si la parte puede ser cualquiera en grandeza o en pequeñez, el todo puede serlo también. Nos referimos a las partes en que se divide el todo. Un animal o una planta no pueden tener cualquier tamaño, ni tampoco cada una de sus partes. La carne y los huesos son partes del animal, como los frutos de las plantas, y la carne o los huesos no pueden alcanzar todas las posibles gradaciones de tamaño, ni el sentido de aumento, ni el sentido de disminución. Y, admitiendo que estas cosas estén las unas en las otras y no sean engendradas, sino extraídas por separación de donde preexistían como partes, he aquí que si, por ejemplo, extraemos el agua de la carne por separación, quitando primero una parte, y otra luego, aunque la parte extraída sea cada vez más pequeña, no rebasará su pequeñez un orden determinado de tamaño. Y, si la extracción se termina, todo no será todo, puesto que en lo que es parte de carne no quedará nada de agua. Si, por lo contrario, queda, tendrá un tamaño finito en tamaños igualmente finitos, pero en número infinito, lo que es imposible. Fuera de esto, como todo cuerpo de que se quitan partes necesariamente disminuye, y la cantidad de agua está limitada en tamaño y en pequeñez, se halla que de la parte más pequeña no se puede extraer cuerpo ninguno, porque sería más pequeño que lo más pequeño posible. Y habría en los cuerpos infinitos una carne, una sangre, un cerebro infinitos, con existencia separada, pero realmente existentes y cada uno infinito, lo que es absurdo.

Anaxágoras, al decir que la separación no se acaba nunca, lo dice sin penetrar las verdaderas razones, pero lo dice con razón. Las afecciones, en efecto, no son separables. Si los colores y los hábitos estuviesen mezclados, habría, al separarlos, un blanco y un buen aspecto, verbigracia, que no serían más que blanco y buen aspecto, y no en un su sujeto. La inteligencia de aquél es, pues, absurda y busca lo imposible, puesto que quiere separar, y esto es imposible en la cantidad y en la cualidad. En la cantidad, porque el tamaño más pequeño no existe, y en la cualidad, porque los objetos, por ejemplo, no son separables. De otra parte, su idea

---

Aristóteles *(Metaphysicorum*, I, IV) reprochaba a Anaxágoras era que, "aunque daba a menudo buenos golpes *(sic)*, hablaba como quien no sabe lo que dice, pues hacía poco o ningún caso de aquellos dos principios".

de la generación no es correcta. En un sentido, el barro se divide en barro, y en otro, no. Y la manera como el agua y el aire han sido formados la una del otro, en nada se parece a la manera como los ladrillos provienen de la casa, o la casa de los ladrillos. Preferible es, pues, tomar principios menos numerosos y más limitados, como lo hizo Empédocles.

CAPÍTULO V

LOS CONTRARIOS COMO PRINCIPIOS. EXPLICACIÓN Y CRÍTICA DE LA OPINIÓN DE LOS ANTIGUOS

En todo caso, todos toman como principios los contrarios, tanto aquellos para los que el todo es uno y carece de movimiento (Parménides, en efecto, admite por principios el calor y el frío, que él, por lo demás, llama fuego y tierra),[621] como los partidarios de lo denso y lo ralo, y como Demócrito, con su lleno y su vacío, de los que el uno es, a su juicio, el ser, y el otro, el no ser,[622] y además, con las diferencias de los géneros contrarios, que llama situación y figura: situación, respecto de lo alto y de lo bajo de lo anterior y de lo posterior, y figura, respecto de lo anguloso y de lo no anguloso, de lo recto y de lo circular. En suma: cada uno, a su manera,[623] toma por principios los contrarios, lo que no es razonable,

---

[621] De muy grave consecuencia fue el arrojo de Parménides. Dando por supuesto que el ser y el pensamiento son una misma cosa, resolvió a carga cerrada que, fuera del primero, nada había. ¿Qué es, pues, el no ser? Lo puramente material o aparente de las cosas. "Sobre el no ser (dice Parménides), no puedo exponer ninguna verdad, sino solamente emitir mi opinión, tal como me la impone la percepción efectiva, aunque engañosa, de los sentidos". Pero consideró las cosas aparentes del mundo exterior como engendradas de dos elementos invariables: el elemento caliente (fuego) y el privado de calor (tierra), y, por tanto, compuestas en cierto modo del ser y del no ser.

[622] En el sistema de Demócrito, el cosmos se explicaba, no por un principio racional, como el νοῦς de Anaxágoras, sino por una necesidad forzosa (ἀνάγκη) o suerte fatal (τύχη), residente en los átomos puestos en movimiento desde la eternidad, constitutivos de los primitivos e invariables elementos de las cosas, y que eran impenetrables y extensos, pero indivisibles y distintos entre sí únicamente en razón de su peso, configuración y magnitud. En este supuesto, el vacío representaba un postulado indispensable, no sólo para que las partículas atómicas tuvieran espacio donde moverse, sino que también para que los cuerpos naturales pudieran condensarse y dilatarse.

[623] Y aun sin quererlo, acrecienta, apostillando, Carterón (La physique d'Aristote, I, 39). Nos hallamos ante un feliz ejemplo del modo como entendía Aristóteles la

porque los principios no deben estar formados ni unos de otros ni de otras cosas, sino que todo ser debe estar formado de los principios. De aquí el grupo de los opuestos primarios: opuestos, porque no están formados unos de otros, y primarios, porque no están formados de otras cosas.

Mas ¿por qué esto es así? Es lo que se ha de explicar racionalmente.[624] Hay primero que admitir que no se da ente a quien su naturaleza permita influir o ser influido en o por la acción de otro ente. No existe generación en cuya virtud un ente cualquiera salga de un ente cualquiera, a menos que ocurra por accidente. ¿Cómo provendrá lo blanco del letrado, no siendo que el letrado sea accidente de lo no blanco o de lo negro? Lo blanco viene de lo no blanco, y no de todo no blanco, sino de lo negro y de sus intermedios, como el letrado viene del no letrado, y no de todo no letrado, sino del iletrado y de sus intermedios, si existen. Nunca una cosa se corrompe esencialmente en cualquiera otra. Así, lo blanco no se corrompe en el no letrado, salvo por accidente, sino en lo no blanco, y no en cualquier no blanco, sino en negro, o en sus intermedios, como el letrado en no letrado, y no en cualquier no letrado, sino en iletrado o en sus intermedios, si se dan. Igual sucede en todos los demás casos, porque el mismo razonamiento se aplica a lo que no es simple, sino compuesto. Mas, como no se conoce nombre para los estados opuestos, no se los señala. Necesariamente, lo armonioso viene de lo no armonioso, y viceversa, así como lo armonioso se destruye en la no armonía,[625] no en cualquiera, sino en la que le es contraria. Igualmente una casa, una estatua, o cualquier cosa, tiene la misma forma de generación. La casa sale de una no unión, de una dispersión de los materiales, y la estatua, de una falta de figura, y esto es, en todo caso, una composición o una ordenación. Y, si ello es verdad, la generación de cuanto se engendra y la destrucción de

---

historia de la filosofía, y este es punto que Jacques (*Aristote consideré comme historien de la philosophie*, 18, 37) ha desarrollado con erudición y con acierto.

[624] Acúsase aquí hasta qué punto impera un supremo principio de inteligibilidad en la concepción que del cambió formó Aristóteles. Esta concepción aparece también en el tratado *De coelo* (IV, III), a pesar de que los postulados del mismo la favorecen poco, puesto que en él sostiene Aristóteles que el cielo es inalterable. Alejandro de Afrodisia dedujo de dicha concepción el principio de los contrarios, como depone Simplicio (*In de Coelo*, 696).

[625] Uso esta locución, aun a sabiendas de que no es castiza, por más que la Academia de la Lengua le diera entrada en su *Diccionario*, en 1884. Los griegos jamás emplearon la palabra ἁρμονία a cosas que no concerniesen al arte musical. En castellano, los substitutivos de *armonía* son numerosos: *concordia, ajuste, proporción, orden, conformidad, uniformidad*, etc., etc.

cuanto se destruye tienen por puntos de partida y por términos[626] los contrarios o los intermedios. Y los intermedios vienen de los contrarios. Ejemplo, los colores, que vienen del negro y del blanco. Así, todos los seres engendrados por naturaleza son contrarios, o provienen de los contrarios.[627]

Hasta aquí el acuerdo de los antiguos es casi unánime, como dijimos antes, puesto que todos toman por elementos y por principios los contrarios, aunque los aceptan sin motivo racional, y como si una lógica instintiva les obligase a ello. Distínguense unos de otros en que toman los primeros o los últimos, los más conocidos según la sensación o según la razón, unos el calor y el frío, otros lo seco y lo húmedo, otros lo par y lo impar, otros la amistad y el odio, como causas de la generación. De modo

---

[626] Los contrarios son, pues, principios de cambio, aunque a título de límites solamente. Si hacen inteligible el cambio, no por eso lo explican, dado que no pueden ser, ni materia, ni causa eficiente el uno del otro, como el mismo Aristóteles lo advierte más adelante (I, VI, IX). Véase a Carterón, *La phisyque d'Aristóte,* I, 40.

[627] En su tratado *De docta ignorantia,* el cardenal Nicolás de Cusa, célebre filósofo del Renacimiento, volvió a tomar el problema de los contrarios en el punto en que lo había dejado Aristóteles. Siguiendo la tendencia pitagorizante del *Timaeus* de Platón, nos hizo comprender lo que hay de superficial en todo aparente dualismo. Como Aristóteles, vio en la naturaleza una aspiración universal y espontánea a lo mejor: Pero no le siguió en sus afirmaciones relativas a la irreductibilidad de los contrarios, y se anticipó a las dos leyes que la metapsíquica contemporánea considera imprescindibles en toda investigación del mundo oculto: la *ley de la analogía* y la *ley de la serie.* Ambas rectifican la confusión que podría hacerse entre la coincidencia de los *análogos* y la de los *semejantes,* y entre la de los *contrarios* y la de los *contradictorios.* La semejanza, como la contradicción, exige que, entre los términos que se asimilan o los que se oponen, no quepa medio alguno, ni quede realidad indeterminada. ¿Son radicalmente antagónicos, por ejemplo, el método deductivo y el inductivo? No, porque ambos se concilian, sin supresión de ninguno de ellos, en el método analógico. ¿Existe, verbigracia, entre el día y la noche, una oposición absoluta? No, porque entre ambos está el crepúsculo. Lo mismo puede decirse de lo tibio entre lo cálido y lo frío; de lo líquido entre lo sólido y lo gaseoso; del equilibrio entre la atracción y la repulsión, etc. Hay, pues, cosas que no son semejantes, sino simplemente análogas, y, por la misma razón, una cosa contraria a otra no le es contradictoria casi nunca. Tal fue lo que Nicolás de Cusa vislumbró al pedir, entre términos semejantes u opuestos, un tercer término posible, una resultante, un intermediario. Aristóteles reconoció el intermediario, pero sin llevar tan lejos las consecuencias de su transcendente significación, como Nicolás de Cusa. Acerca de éste, véase mi obra sobre *El universo invisible,* 225, 229.

que entre ellos hay acuerdo y desacuerdo: acuerdo en la apariencia, pero desacuerdo en la analogía, pues que sus contrarios son siempre, unos positivos y otros negativos, e idénticos sus principios, por ende. Lo son también por la distinción entre peor y mejor, así como porque unos la aceptan según la sensación y otros según la razón, y lo particular es más cognoscible según la sensación, y lo general según la razón, ya que la sensación tiene por objeto lo particular y la razón lo general. La oposición de lo denso y lo ralo, verbigracia, es del orden de la sensación, y la de lo grande y lo pequeño, del orden de la razón. Sea como fuere, se ve que los principios han de ser contrarios.

CAPÍTULO VI

NÚMERO DE LOS PRINCIPIOS

Aquí se presenta la cuestión de saber si los principios contrarios son dos o tres o más, ya que uno no pueden serlo, porque lo contrario no es uno, y tampoco son infinitos, porque el ser resultaría entonces ininteligible. Hay una contrariedad[628] única en un género único, y la sustancia es un género único. Indudablemente, la explicación es más factible partiendo de un número finito de principios, como Empédocles, que de un número infinito, como Anaxágoras, y, debido a ello, el primer filósofo piensa dar así mejor cuenta de todo lo que el segundo explica con su infinidad de principios. Además, entre los opuestos hay relaciones de anterioridad y de procedencia, como lo dulce y lo amargo, lo blanco y lo negro, pero los principios deben permanecer eternos. Vese, pues, que no son ni uno ni infinitos.

Mas, si son en número finito, debemos razonablemente rechazarlos como dos, porque sería harto engorroso explicar cómo la densidad actuaría sobre la rarefacción, o el odio sobre la amistad, y recíprocamente. La acción de uno sobre otro ha de producirse mediante un tercer término. Varios admiten algunos para constituir la naturaleza de los seres. No cabe que haya seres cuya sustancia esté constituida por los contrarios y no pueda el principio atribuirse a ningún sujeto,[629] por cuanto habría principio

---

[628] *Contrariedad* se emplea aquí en el sentido de *oposición dificultad, obstáculo, estorbo*, pero también en el de *irreductibilidad, incompatibilidad, exclusión recíproca, negación mutua*. Esta última acepción es la verdaderamente filosófica.
[629] Revélase aquí el hondo concepto *substancialista* con que Aristóteles juzgaba la naturaleza. Al establecer la insuficiencia dinámica de los contrarios, trataba de contraminar los designios de los que, atenidos a datos sensoriales o a

de principio. El sujeto es principio, y debe ser anterior al atributo. Si la sustancia no es contraria a la sustancia, ¿cómo una sustancia vendrá de la no sustancia? ¿Y cómo una no sustancia será anterior a una sustancia? Por ello, muchos admiten un tercer término entre los principios. Ésta es la opinión de aquellos para quienes el todo es una naturaleza única, como el agua o el fuego o un intermedio entre estas cosas. Parece el intermedio preferible, porque el aire y el agua y el fuego y la tierra son ya contrarios, y así no sin razón han establecido algunos como sujeto otra cosa, el aire, porque es lo que posee menos diferencias sensibles, y después de él, el agua. Pero todos, en general, informaban su uno a base de contrarios, como densidad y rarefacción, o más y menos. Estos términos son seguramente exceso y defecto, y es opinión antigua que lo uno con el exceso y el defecto es el principio de los seres. Para los antiguos, la pareja es el agente y lo uno el paciente. Para los más recientes es al contrario: lo uno agente y la pareja paciente.

Sea como fuere, puede decirse que hay tres elementos, pero que no es lícito rebasar este guarismo. Como paciente, lo uno basta, y, si hubiese cuatro términos, y, consiguientemente, dos contrariedades, sería preciso que existiese otra naturaleza intermedia fuera de cada una. Mas si pueden, siendo dos, engendrarse una a otra, es inútil una de las contrariedades. No puede haber a la vez varias contrariedades primeras. Siendo la sustancia un género único del ser, los principios se distinguen por la anterioridad y la posterioridad, y no por el género, pues que, al no haber en un género único más que una contrariedad única, las contrariedades parece que se reducen a una sola. De modo que el elemento ni es uno, ni más de dos o tres. Ahora bien: ¿qué número de éstos admitiremos? Porque ya hemos dicho que se trata de una cuestión molesta y enojosa en grado sumo.[630]

---

abstracciones racionales, se mostraban incapaces de elevarse al verdadero dinamismo. El de Aristóteles, inductivo y concreto, rechazaba todo materialismo burdo y todo idealismo mecanizante, para alcanzar, empírica y mentalmente, una naturaleza penetrada de inteligibilidad por sí misma y para el filósofo.

[630] Pero esencial, a no dudarlo, y, a base de su solución recta, juzga Aristóteles a Platón, en el capítulo IX de este mismo libro I. La insuficiencia del orden estática para explicar el órden dinámico es peculiar al sistema aristotélico, como ingrediente tomado de la concepción de Heráclito. Ahora, ¿cuál fue la solución que el Estagirita dio a este problema? La de suponer que, en el sujeto, los dos contrarios no existen como diferencias genéricas, sino que el uno le es incorporado de un modo accidental, y que, lejos de huir del otro, le busca por un ciego instinto. Empédocles había dicho algo semejante, pues admitía la

CAPÍTULO VII

TEORÍA DE LA GENERACIÓN.
LOS CONTRARIOS Y LA MATERIA-SUJETO

Procedamos en nuestro examen comenzando por la generación en su conjunto, porque lo natural es hablar de cosas generales, y no examinar lo particular más que en cada cosa. Cuando decimos que una cosa se engendra de otra, y un término diferente de un término diferente, lo entendemos en sentido simple o complejo. Puede decirse que un iletrado se hace letrado, o que un iletrado se hace hombre letrado. El sentido simple es cuando se enuncia el término sujeto de la generación, como el hombre o el iletrado, y lo que llegan a ser las cosas engendradas, como el letrado. El sentido complejo es cuando se une el sujeto de la generación y lo que deviene: verbigracia, el hombre iletrado se hace hombre letrado. No es igual en todos los casos, porque no se dice que *el letrado ha venido del hombre,* sino *el hombre se ha hecho letrado.* Además, de las cosas que son engendradas en el sentido de generación simple, una subsiste al engendrarse, y otra no. El hombre subsiste al hacerse letrado, pero el iletrado no subsiste, ni como simple, ni como unido a su sujeto. De modo que en todos los casos de la generación se halla la necesidad de un cierto sujeto, el que es engendrado, y, si es uno cuanto al número, no lo es cuanto a la forma,[631] porque la esencia del hombre no es la misma que la del iletrado. Un término subsiste y otro no; y subsiste lo que no es opuesto; el hombre subsiste, pero no el letrado y el iletrado, ni el compuesto, como el hombre iletrado.

Respecto a la expresión *ser engendrado de algo,* más bien que *ser engendrado algo,* se aplica a las cosas que no subsisten, como *el letrado es engendrado del iletrado,* y no *del hombre se engendra el letrado.* Esta expresión se dice a veces respecto a cosas que subsisten, como *del metal se engendra la estatua,* y no *el metal ha sido engendrado estatua.* En todo caso, ambas expresiones se dicen de lo que es opuesto, y no subsiste. Digamos igual para lo compuesto, ya que puede expresarse que del hombre iletrado se engendra el letrado, y que el hombre iletrado es engendrado letrado.

---

mutabilidad de las cosas por accidente, y negaba que tal mutabilidad fuese un principio inherente a su substancia material.

[631] *Forma* tómase aquí en sentido de *idea* o εἶδος, término que tiene mala aplicación a la materia.

Pero *ser engendrado* se toma en varias acepciones. Al lado de lo que ha sido engendrado absolutamente,[632] hay lo que por generación se convierte en tal cosa. La generación absoluta pertenece sólo a las sustancias. Para todo lo demás es necesario un sujeto, *lo que es engendrado*. La cantidad, la cualidad, la relación, el tiempo, el lugar, son engendrados, porque sólo la sustancia no se considera sujeto de otra cosa, y todo lo demás se considera de la sustancia. No obstante, que las sustancias y todo cuanto es absolutamente proviene de un cierto sujeto, parece evidente. Siempre, en efecto, hay algo que es sujeto, y a partir del cual se produce la generación, como las plantas y los animales a partir de la siembra o de la fecundación. Las generaciones absolutas se producen o por transformación, como la estatua a partir del bronce; o por aportación, como lo que crece; o por reducción, como el Hermes sacado de la piedra; o por composición, como la casa; o por alteración, como las cosas que son modificadas en su materia. Es indiscutible que todas estas alteraciones se producen partiendo de sujetos.

Vemos así que cuanto es engendrado es compuesto, ya que, de un lado, está la cosa engendrada, y, del otro, lo en que se convierte por generación, y esto puede tomarse en dos sentidos: relativamente al sujeto o relativamente al opuesto. Llamo opuesto al iletrado (en el caso anterior) y sujeto al hombre. La falta de figura, de forma, de orden, es el opuesto, y el bronce, la piedra o el oro, el sujeto. Si hay, pues, para las cosas naturales causas, principios, elementos primeros de que tienen el ser, y con los que han sido engendrados, y no por accidente, sino sustancialmente, vemos que los elementos de toda generación son el sujeto y la forma. El hombre letrado se compone, en cierto modo, de hombre y de letrado, por lo que se resolverán los conceptos de la cosa en los conceptos de sus elementos. Pero el sujeto es uno cuanto al número, y doble cuanto a la forma, porque el hombre, el oro y, en general, la materia son unidades numerables, y sobre todo el individuo particular, que no es elemento accidental de la generación como lo son la privación y la contrariedad. La forma es una,

---

[632] En esta parte, Aristóteles pasa muy de ligero por sobre la cuestión de la generación sustancial, que estudia con un poco más de detenimiento en los tratados *De physiognomica* (II, I; V, IX, XIX, XXIX) y *De generatione et corruptione* (I, III, IV). La cuestión, sin embargo, es de las más graves para la física de Aristóteles, porque, como observa Carterón (*La physique d'Aristote*, I, 45), *en poussant la philosophie vers l'affirmation d'une matière absolue et d'une puissance pure, elle met l'accent sur la différence qu'il faut établir entre une affection et une forme substantielle et par là sur l'insuffisance de la théorie de la subtance.*

como el orden, o las bellas letras, o cualesquiera de aquellas determinaciones. De aquí que haya que decir que los principios son dos en un sentido y tres en otro, y en un sentido, que son contrarios, como el letrado y el iletrado, el calor y el frío, lo armonioso y lo inarmónico. En otro sentido no, porque puede haber pasión recíproca entre los contrarios, dificultad que se alza para la introducción de otro principio, el sujeto, que no es un contrario. Así que en cierto modo los principios no son más numerosos que los contrarios, y puede afirmarse que son dos por el número, pero en absoluto no dos, sino tres, por la diferencia que hay entre sus esencias, porque el hombre y el iletrado son diferentes en su esencia, como lo informe y el bronce. En resumen: vemos que hace falta un sujeto a los contrarios, y que éstos deben ser dos. Donde no, necesario, porque uno de los contrarios bastará, por su presencia o por su ausencia, para efectuar el cambio.

Cuanto a la naturaleza del sujeto, puede conocerse por analogía. La relación del bronce a la estatua, o de la madera al lecho, y en general, de la materia y de lo informe a lo que tiene forma, anteriormente a la recepción y posesión de la forma misma, es la relación que existe de la materia a la sustancia, al individuo particular, al ser. La materia es, pues, uno de los principios, aunque no tenga la unicidad ni la especie de existencia del individuo particular. El correspondiente a la forma es otro término, y ya hemos dicho cómo hay dos y más de dos, y como siendo los contrarios exclusivamente principios hace falta un sujeto, y así habrá tres. Tocante a saber si la sustancia es la forma o el sujeto, es cosa muy oscura.[633] Pero se ve claro que existen tres principios y cuál es su modo de ser en las definiciones anteriores.

CAPÍTULO VIII

SOLUCIÓN DE LAS DIFICULTADES DE LOS ANTIGUOS

Sólo así se pueden resolver las dificultades de los antiguos. Los primeros que se dedicaron a la filosofía buscando la verdad y la naturaleza de los seres se vieron casi a la fuerza metidos en mal camino por inhabilidad. Según ellos, ningún ser es engendrado ni destruido, porque lo

---

[633] Oscura, a no dudarlo, pero representativa del problema central del sistema del Estagirita, el cual le plantea, y trata de resolverlo, en el libro VI de los *Metaphysicorum*.

que es engendrado debe necesariamente ser o ser no-ser, dos soluciones igualmente imposibles, ya que al ser no puede ser engendrado, porque existía ya, y nada puede engendrarse del no-ser, porque hace falta un algo como sujeto. Con tal punto de partida, y extremando las consecuencias, van hasta la conclusión de que no existe multiplicidad, y sí sólo el ser.

Nosotros, al contrario, hablamos del ser y el no-ser como sujetos de una acción o pasión, o de la generación que quiera, o como punto de partida de una existencia o una generación. Si el sentido de este último caso es doble, lo mismo es evidentemente para el sufrir y el padecer atribuidos y provinentes del ser. El médico construye una casa no como médico, sino como constructor, y se pone blanco no como médico, sino como negro, y cura y pierde la facultad de curar como médico. Y si decimos que es el médico quien hace tal cosa o se vuelve tal otra, puesto que hace o sufre tal como médico, se ve que *ser engendrado del no-ser* significa *del no-ser como tal*.

Por no hacer esta distinción se vieron extraviados, y cayeron en esta otra enorme aberración: creer que ninguna cosa es engendrada, ni existe, y suprimir la generación. Pero no hay generación que venga en absoluto del no-ser lo que no impide que sea engendrada alguna cosa partiendo del no-ser, por accidente, como partiendo de la privación, que es en sí un no-ser, pero que, sin que ella subsista, puede engendrar alguna cosa. No obstante, maravilla que se produzca una generación a partir del no-ser. Tampoco hay generación del ser ni a partir del ser, si no es por accidente, generación admisible en el sentido en que lo sería la generación del animal a partir del animal, y de tal animal a partir de cuál animal, como la generación del perro a partir del caballo. El perro, en efecto, viene no ya de tal animal, sino del animal, pero no como animal, porque el carácter ya existe. Si debe producirse una generación—y no por accidente—del animal, no será a partir del animal, y para determinado ser, no será a partir del ser ni del no-ser, porque hemos dicho que a partir del no-ser significa el no-ser tomado como tal. Agreguemos que no suprimimos el axioma de que toda cosa es o no es.

Ésta es la primera explicación, y otra se basa en la distinción de las cosas según la potencia y el acto. Así se resuelven las dificultades que forzaron a los antiguos a negaciones como la indicada. Habríales bastado contemplar la naturaleza para no extraviarse de tal modo en el estudio de la generación, de la composición y, en general, del cambio.

CAPÍTULO IX

LA MATERIA. CRÍTICA DE PLATÓN

Otros contemplaron la naturaleza, pero insuficientemente. Empezaron dando la razón a Parménides, al resolver que la generación se efectúa en absoluto a partir del no-ser. A seguida opinaron que siendo una numéricamente debía en potencia ser una. Pero existe mucha diferencia entre ambas cosas. Hay que distinguir entre materia y privación de ella. La materia es un no-ser por accidente, y la privación es un no-ser por sí misma. La una es sustancia en cierto modo, la otra no lo es en ningún grado. Para esos filósofos, el no-ser es indistintamente lo grande y lo pequeño, tómese en bloque o dividido. Esa triada es totalmente distinta de la nuestra. Han llegado hasta la necesidad de una naturaleza-sujeto, pero la hacen una, porque si hablan de diada, la llaman grande y pequeño, y es que descuidan el otro principio.

La causa coeficiente que subsiste bajo la forma de las cosas engendradas es como una madre, y la otra parte de la contrariedad aparecerá frecuentemente como no siéndolo del todo. Admitiendo, en efecto, un término divino, bueno y deseable, hay que admitir una cosa que le es contraria y que por su propia naturaleza tiende hacia ese ser y lo desea. Pero en la doctrina de aquellos de quienes tratamos ocurre que el contrario desea su propia corrupción. La forma no puede desearse a sí misma, porque nada falta en ella, ni el contrario, porque los contrarios se destruyen los unos a los otros.

Pero el sujeto del deseo es la materia, como la hembra desea al macho, y lo malo a lo bueno, salvo que no es mala en sí, sino por accidente. Está corrompida y engendrada en un sentido, y en otro no; considerada respecto a lo que hay dentro de ella, está corrompida en sí, porque lo corrompido en ella es la privación; considerada según la potencia, no está corrompida en sí, pues necesariamente es ingenerable e incorruptible. Si hubiese sido engendrada, necesitaría un sujeto, elemento inmanente a partir del cual hubiese sido engendrada, así que precisó ser antes de ser engendrada. Llamo materia al sujeto primero para cada cosa, elemento inmanente, y no accidental, de su generación. Suponiendo que estuviese corrompida, es a este término al que será reducida finalmente, de modo que tendrá que estar corrompida antes de sufrir la corrupción.

Cuanto al principio formal, el saber si la forma es una o múltiple, y cuál es su naturaleza o sus naturalezas, compete a la filosofía; así que, por ahora, dejaremos esto a un lado. De las formas físicas perecederas hablaremos más tarde, ya que hasta aquí nuestra tarea se ha limitado a dejar establecida la existencia de los principios, su número y su naturaleza. Ahora continuaremos nuestro discurso situándonos en un nuevo punto de partida.

LIBRO II

LA NATURALEZA Y LAS CAUSAS

CAPÍTULO PRIMERO

LA NATURALEZA

Entre los seres, los unos son y existen por naturaleza, y los otros por otras causas.[634] En el primer caso están los animales y sus partes, las plantas y los cuerpos simples como tierra, fuego, agua, aire, de cuyas cosas, como de las demás de igual calidad, se dice que son y existen por naturaleza. Ahora bien: todas esas cosas difieren manifiestamente de las que por naturaleza no son y no existen. Cada uno de los seres naturales lleva en sí mismo un principio de movilidad y de fijeza, los unos cuanto al lugar, los otros cuanto al crecimiento, los otros cuanto a la alteración. Por el contrario, un lecho, un vestido o cualquier otro objeto de ese género, en la medida en que cada uno merece su nombre y en que es producto del arte, no poseen ninguna tendencia natural al cambio, sino únicamente en el sentido de estar compuestos accidentalmente con piedra, con madera o con cualquier materia mixta, y sólo bajo tal relación,[635] porque la naturaleza es un principio y una causa de movimiento y de reposo para la cosa en que reside e inside, por esencia, y no por accidente. Y advierto que *no por accidente,* pues podría ocurrir que un hombre, siendo médico, fuese él mismo la causa de su propia salud. Sin embargo, no posee el arte de la medicina por el mero hecho de recibir la curación. Por accidente, el hombre es médico, y a la vez la recibe, de suerte que esas dos cualidades pueden separarse la una de la otra. Lo mismo sucede con las demás cosas fabricadas, ninguna de las cuales tiene en sí el principio de su fabricación. Unas lo tienen en otras cosas y fuera de sí, por ejemplo, una casa y todo objeto hecho por mano de hombre. Otras lo tienen en sí mismas, mas no por esencia, como sucede con todas aquellas que pueden ser por accidente causas para sí mismas. De donde se infiere que tener una naturaleza es lo

---

[634] Por ejemplo, la actividad artística, intelectual y práctica del hombre, que produce obras, no naturales, sino artificiales. También el acaso o la fortuna puede producirlas, aunque no conscientemente.

[635] Carterón (*La physique d'Avistote,* I, 59) insinúa que esta proposición permite comprender el difícil pasaje que se encuentra al final del presente capítulo.

propio de todo lo que tiene semejante principio. Todas esas cosas son sustancias, por cuanto son sujetos, y la naturaleza está siempre en un sujeto. Conformes a la naturaleza son las sustancias y sus atributos esenciales. Atributo del fuego es la tendencia a dirigirse a lo alto, lo cual no es naturaleza, ni tampoco tiene una naturaleza, pero existe por naturaleza y es conforme a la naturaleza.

La naturaleza es, por consiguiente, lo que acaba de explicarse. También queda explicado lo que es existir por naturaleza, y ser conforme a ella. Cuanto a intentar la demostración de que la naturaleza existe, sería ridículo, puesto que hay en su seno muchos seres naturales. Demostrar lo que es manifiesto por lo que es oscuro, sólo cabe en hombres incapaces de distinguir lo que es cognoscible por sí de lo que no lo es. Trátase de una enfermedad mental, posible, a no dudarlo, ya que un ciego de nacimiento puede, en teoría, razonar sobre los colores. Empero, tales gentes no discurren más que sobre palabras, sin dejar resquicio a la menor idea.

Para algunos pensadores, la naturaleza y la sustancia de las cosas que existen por naturaleza parecen ser el sujeto próximo e informe de suyo. Así, la naturaleza del lecho será la madera, y la de la estatua, el bronce. Una prueba de ello, dice Antifón, es que, si se entierra un lecho, y la putrefacción hace brotar un retoño, la madera, y no el lecho, producirá el resultado. Ello muestra que conviene distinguir la manera convencional y artificial, que existe por accidente en la cosa, de la sustancia que la constituye, y que sufre todas las modificaciones, subsistiendo de una manera continua. Si estos sujetos se encuentran, con respecto a los otros, en la misma relación de dependencia, como el bronce y el oro lo están con el agua, o los huesos y la madera con la tierra, también en todo otro caso dichos sujetos son la naturaleza y la sustancia de los primeros. He aquí por qué para unos la tierra, para otros el fuego, para otros el agua, para otros el aire, para otros varios de estos cuerpos simples, para otros todos ellos, forman la naturaleza de los seres físicos. En efecto: a lo que (unidad o grupo) dan ese papel, representa la sustancia del conjunto (en él sólo o en todos ellos), en tanto que, relativamente a tales sujetos, el resto no sería más que afecciones, disposiciones, hábitos. Y cada uno de ellos sería eterno, porque no habría cambio que les hiciese salir de sí mismos, al paso que todo lo restante sufriría hasta lo infinito la generación y la corrupción.

En este sentido, se llama naturaleza a la materia que sirve de sujeto inmediato a cada una de las cosas que tienen en sí mismas un principio de movimiento y de cambio. Pero, en otro sentido, es el tipo y la forma, en concepto de forma definible. Bien como se llama arte en las cosas a lo que tienen de conforme a lo técnico, se llama asimismo naturaleza en ellas a lo que tienen de conforme a lo físico. De una cosa artificial no diremos que tiene nada de conforme al arte, si es solamente lecho en potencia, y no posee todavía la forma de lecho, ni lo que en él hay de arte, y ocurre lo mismo con la cosa constituida naturalmente. La carne o los huesos en potencia no tienen todavía su naturaleza propia, y no existen por naturaleza, hasta que han recibido la forma que presentan en acto. Por tanto, en ese segundo sentido, la naturaleza es, en las cosas que poseen en sí mismas un principio de movimiento el tipo y la forma, no separables, como no sea por abstracción lógica. Cuanto al compuesto de los dos, materia y forma, no es una naturaleza, sino un ser por naturaleza como el hombre, y esto es más naturaleza que la materia, porque de cada cosa se dice que es lo que es más bien cuando está en acto que cuando está en potencia. ¿Se objetará que un hombre nace de otro hombre, mas no un lecho de otro lecho? Los que así razonan dicen que la naturaleza del lecho no es su figura, sino la madera, dado que, por brote, se producirá madera, no un lecho. Pero, si el lecho es una forma artificial, este ejemplo de la madera prueba hasta qué punto es naturaleza la forma. Además, la naturaleza como naturante es el tránsito a la naturaleza propiamente dicha o naturada.[636] Indudablemente, la palabra curación no significa el tránsito al arte de curar, sino a la salud, puesto que la "curación" proviene necesariamente del arte de curar, en vez de conducir a él. Pero otra es la relación que existe entre los dos sentidos del concepto de naturaleza, pues lo que está en plan de ser naturado va de un término hacia otro. ¿Hacia cuál? No hacia el punto de partida, sino hacia aquello a que tiende, o dígase, hacia la forma, que, consiguientemente, es naturaleza. Pero la forma y la naturaleza admiten dos sentidos, porque la privación es forma en algún modo. ¿Debe, pues, considerarse o no considerarse la privación como un contrario, en la generación absoluta? Esto pertenece a un orden de cuestiones que examinaré más tarde.

CAPÍTULO II

EL OBJETO DE LA FÍSICA O CIENCIA DE LA NATURALEZA

Después de determinar en qué sentido se entiende la naturaleza, procede examinar en qué se distingue el matemático del físico. Los sólidos, superficies, puntos y magnitudes que pertenecen a los cuerpos

---

[636] Espinosa, en su *Ethica*, tomó de Aristóteles las expresiones de *natura naturans* y de *natura naturata*, expresiones que muchos aficionados a la filosofía suponen ser de la exclusiva invención del judío holandés.

físicos son objeto de estudio de los matemáticos. También la astronomía es distinta a la física, porque sería absurdo que competiese al físico conocer la esencia del sol y la luna, y no sus atributos esenciales, ya que los físicos hablan de la figura de la luna y del sol, y se preguntan si el mundo y la tierra son esféricos o no. Lo cierto es que esos atributos son también objeto de las especulaciones de los matemáticos, pero no como límite que son de un cuerpo natural. Y, si estudian los atributos, no es porque sean atributos de las sustancias estudiadas, ya que, en el pensamiento, son separables del movimiento, separación que no causa ningún error.

Igual operación hacen, sin notarlo, los partidarios de las ideas, pues que separan las cosas naturales, mucho menos separables que las cosas matemáticas. Esto se aclarará si se procura definir las cosas de cada uno de estos dos órdenes, sus sujetos y sus accidentes. A un lado, lo par, lo impar, lo recto, lo curvo, y, al otro, el número, la línea, la figura, existirán sin el movimiento, pero no la carne, los huesos, el hombre. Esta diferencia se notará sobre todo en las partes más físicas de las matemáticas, como la óptica, la armónica, la astronomía, porque su relación física es inversa de la de la geometría. La geometría estudia la línea física en lo que no tiene de física. En cambio, la óptica estudia la línea matemática, no que tanto matemática, sino en tanto que física.

Pues que la naturaleza se entiende en dos sentidos, la forma y la materia, hay que considerarlos de tal modo como si ni careciesen de materia, ni sólo en su aspecto material. Ahora, si la naturaleza es doble, ¿de cuál se ocupa el físico? ¿De los dos compuestos? ¿Pertenece entonces a una sola ciencia conocer ambos? Ateniéndose a los antiguos, parece que el objeto del físico es la materia. Sólo Empédocles y Demócrito se ocupan, y poco, de la forma. Pero, si el arte imita la naturaleza, y en cierto límite pertenece a una misma ciencia conocer la materia y la forma, debe pertenecer al físico el conocer las dos naturalezas. Por ende, pertenecen a la misma ciencia la causa final, el fin y lo al fin relativo, porque la naturaleza es fin y causa final. Cuando hay un fin a un movimiento continuo, este fin es a la vez término extremo y causa final. Decía el poeta:

Espera el término para el que ha nacido[637]

Pero esto es risible, porque no toda especie de término que pretende ser

---

[637] Alusión a la muerte. Filopón (*In de generatione et corruptione*, 236) supone que el texto es de Eurípides. Bonitz (*Index*, 607, *b*) lo atribuye a un poeta cómico.

un fin es el mejor. Las artes trabajan sus materias, unas en absoluto y otras adecuándolas a sus necesidades. Nosotros usamos las cosas como si existieran para nosotros, porque nosotros somos, en algún modo, los fines o su causa final, tomándola en dos, sentidos, como lo hemos dicho ya en nuestra obra sobre la filosofía. Dos clases hay, pues, de arte, que rigen a la materia: unas, las que hacen uso de las cosas; otras, las que, entre las artes poéticas son arquitectónicas. El arte usa las cosas en cierto sentido arquitectónico, con la diferencia de que las artes arquitectónicas persiguen el conocer la forma, y las poéticas, conocer la materia. Así el piloto conoce y ordena la forma del gobernalle, y el constructor la madera que se ha de emplear en él. En suma: en las cosas artificiales hacemos la materia en vista de la obra, y en las cosas naturales preexiste. La materia, pues, es relativa, porque a distinta forma corresponde distinta materia.

¿Hasta qué punto debe conocer el físico la forma? ¿No es como el médico conoce el nervio, o el forjador el bronce, quiero decir, sólo hasta cierto punto, ya que cada cosa de ésas lo es respecto a alguna cosa, y pertenece a cosas separables en forma, mas no en materia, porque lo que engendra un hombre es un hombre? Determinar el modo de ser y la esencia de lo separado es labor de la filosofía.

CAPÍTULO III

LAS CAUSAS. SUS ESPECIES Y SUS MODALIDADES

Determinados estos puntos, hay que buscar las causas y su número. Nuestro estudio persigue el conocerlas, y no conociéndolas hasta que conozcamos su *por qué,* o primera causa, lo mismo hemos de hacer respecto a la generación y corrupción y todo cambio físico, para organizar nuestras investigaciones a base del conocimiento de las cosas.

La causa es, en un sentido, aquello de que una cosa está hecha, y que permanece inmanente, como el bronce en la estatua, y la plata en la copa, así como sus géneros. En otro sentido, es el modelo y la forma, como, la relación de dos a uno por el octavo. Y, en un sentido más, es aquello de que se origina el primer comienzo del cambio y del reposo, como el padre es causa del hijo, y el agente de lo que hace. En último lugar, es el fin, la causa final, como la salud es causa del paseo, pues de quien se pasea decimos que lo hace por causa de su salud. Y pertenece también a la misma causalidad cuanto es intermediario, movido por lo que sea, entre el motor y el fin, como para la salud el adelgazamiento, las purgas, los remedios, los tratamientos, puesto que todas estas cosas persiguen el mismo fin, y sólo difieren entre sí como instrumentos y como acciones. Éstas son todas las acepciones en que se entienden las causas. Mas ocurre, por esa pluralidad de sentidos, que una misma cosa tenga pluralidad de causas, y no por accidente, como la estatua, el escultor y el bronce, sino siempre como estatua, pero en diverso sentido: como materia y como causa de movimiento. Hay cosas que son causa una de otra, como la fatiga del buen estado del cuerpo, y éste de aquélla, mas no en el mismo sentido, sino una como fin y otra como principio del movimiento. La misma cosa puede también ser causa de los contrarios. Si lo que por su presencia es causa de tal o cual efecto falta, estimamos su ausencia como causa del efecto contrario, como la ausencia de piloto es causa del naufragio, mientras que su presencia lo hubiera sido de la salvación.

En todo caso, las causas señaladas se comprenden en cuatro clases. Las letras respecto a las sílabas, la materia en relación a los objetos fabricados, el fuego y otros elementos respecto a los cuerpos, las partes en relación al todo y las premisas respecto a la conclusión, son causas según las cuales se hacen todas las cosas. De cada dualidad, uno de los términos es causa como sujeto, verbigracia, las partes, y el otro como quididad: el todo, el compuesto, la forma. La siembra, el médico, el autor de una decisión, y en general, el agente, son causas del comienzo del cambio, movimiento o detención. Éstas son las causas y su número cuanto las especies. Cuanto a sus modalidades, son múltiples en número, pero, resumidas, se reducen. Se habla de las causas en sentidos múltiples. Entre las causas de una misma especie, una es posterior y otra anterior: para la salud el médico y el hombre del arte, para lo octavo el doble y el número, y siempre las clases relativamente a los individuos, unas por sí y otras por accidente, como para la estatua Policleto es una causa, el escultor otra, ya que para el escultor es un accidente ser Policleto. Entre los accidentes unos son remotos, próximos otros, la estatua. Las causas, propiamente dichas o accidentales, como si decimos que lo blanco y el músico son causa de están, ora en potencia, ora en acto, como en la construcción de una casa el constructor y el que está construyendo. Las cosas o las causas pueden tomarse según sus acepciones por separado, o combinando varias. No se dirá que Policleto ni que el escultor son causas de la estatua, sino el escultor Policleto. Con todo, estas acepciones se reúnen en seis, cada una de las cuales implica dos sentidos: genérico o particular, intrínseco o accidental, combinado o simple, en acto o en potencia.

Las causas en acto y particulares ofrecen simultaneidad de existencia y de no-existencia con aquello de que son causas, como el médico que cura y el enfermo curado, el arquitecto que construye y la casa construida. No es igual para las causas potenciales, porque el arquitecto y la casa no se destruyen al mismo tiempo. En cada caso hay que buscar la causa más elevada, como en todo otro sujeto hay que buscar lo perfecto. El hombre construye porque es constructor, y es constructor por el arte de construir;

ésta es la causa anterior, como en todos los casos.

Los géneros son causa de los géneros, y las cosas particulares de las cosas particulares. Un escultor es causa de una estatua, las potencias son causa de los posibles, y las cosas actuales, de las cosas actualizadas. Por donde las determinaciones que hemos hecho sobre el número de causas y los distintos sentidos en que son causas resultan suficientes.

CAPÍTULO IV

LA FORTUNA Y EL ACASO. ESTUDIO EXOTÉRICO

Dícese que la fortuna y el acaso son causas, y que muchas cosas se engendran de ellas. Vamos a examinar en qué sentido la fortuna y el acaso forman parte de las causas estudiadas antes, y si fortuna y acaso son idénticos o distintos, y cuál es su esencia.

Algunos discuten su existencia, diciendo que nada puede ser efecto de la fortuna, sino que hay una determinante de todo lo qué achacamos al acaso, como el hecho de que un hombre vaya por casualidad a la plaza, y encuentre al que quería ver, sin que lo hubiese pensado, ha tenido por causa el hecho de ir a la plaza a sus asuntos. Así puede hallarse siempre en todo suceso una causa distinta a la fortuna. Por lo demás, si la fortuna existiese, es extraño e inexplicable que ningún sabio antiguo introdujese la fortuna entre las causas de la generación y la corrupción. Parece que pensaban que nada provenía de la fortuna.

Pero lo maravilloso es que muchas cosas existen y se engendran por fortuna, o acaso, pero debiendo relacionarse con alguna causa en el universo, según el viejo argumento que elimina la fortuna.[638] No obstante, todo el mundo dice que unas cosas son por fortuna, y otras no. Los antiguos habrían debido mencionar la fortuna, si bien no había de ser para ellos una cosa análoga a la amistad, al odio, a la inteligencia, al fuego o a otra cosa parecida. Pero, sea que la admitiesen, o que la negasen, no debieron silenciarla, y más cuando la citan, como Empédocles, que dice que el aire no se separa constantemente para situarse en la región más elevada, sino según place a la fortuna. En su *Cosmogonía* escribe: "Hállase que el aire se extiende así, porque también frecuentemente se extiende de otro modo". Asimismo, a creerle, las partes de los animales se engendran por acaso, en su mayoría.

Para otros, nuestro cielo y todos los mundos tienen por causa cl acaso,

---

[638] Eudemo (*Specilegium*, 330) encuentra aquí una clara alusión a Demócrito.

porque del acaso proviene la formación del torbellino y el movimiento que ha separado los elementos, constituyendo el universo según lo vemos. Mas lo particularmente extraño es que, para ellos, los animales y las plantas no existen por casualidad, ya que la causa de su generación es naturaleza, inteligencia o cosa semejante, mientras el cielo y los más divinos de los seres visibles provienen del acaso, y no tienen causa comparable a la de los animales y las plantas. Aun siendo así, merecería la pena hablar de ello. Pero esta teoría es contraria a la razón y a la experiencia, ya que en el universo nada ocurre casualmente, mientras que, al contrario, en las cosas que se dice no existir por fortuna, muchas cosas ocurren por casualidad.

Otros piensan que la fortuna es una causa oculta a la razón humana, por lo que tiene de divina y de sobrenatural en grado elevado.[639] Hay, pues, que examinar lo que es acaso, y lo que es fortuna, para ver si son, o no, idénticos, y si entran en nuestra clasificación de las causas.

CAPÍTULO V

LA FORTUNA

La experiencia nos muestra hechos que se producen siempre igual, y hechos que se producen frecuentemente, y es evidente que la fortuna no es causa ni de los hechos necesarios y constantes, ni de los que se producen a menudo. Pero, pues que hay hechos que se producen excepcionalmente, y que llamamos efectos de la fortuna, es notorio que fortuna y acaso existen en cierta manera. Entre esos hechos, unos se originan en vista de alguna cosa, y otros no. De modo que entre los hechos excepcionales respecto a la necesidad y a la frecuencia hay algunos a los que se puede aplicar la determinación teleológica. Los hechos producidos en razón de algo son los que podrían efectuarse por el pensamiento o la naturaleza. Si se producen por accidente, los achacamos a la fortuna, ya que, como al ser se aplica la distinción de *por sí* y *por accidente*, igual puede aplicarse a la causa. El arte de construir es causa *por sí* de la casa. Lo blanco y el músico son causa por accidente. La causa por sí es determinada, la accidental indefinida, porque es infinita la multitud de accidentes posibles en una cosa.

Háblase, pues, de fortuna y de acaso cuando, como se ha dicho, el carácter accidental se presenta en los hechos producidos con vistas a un

---

[639] Este parecer fue el de los estoicos, y Plutarco, en sus *Placita, philosophorum,* se equivocó, al colgárselo a Anaxágoras.

fin. Más adelante, discerniremos diferencias. Ahora contentémonos con la verdad evidente de que estas cosas pertenecen a aquellas a que se aplica la determinación teleológica. Un hombre pudo haber venido a tal sitio a cobrar una deuda si hubiese sabido que su deudor había recibido una suma. Pero ha venido por accidente, no porque habitualmente venga tampoco, y el fin de su venida, cobrar la deuda, no es causa final inmanente. Entonces se dice que ha sido por casualidad. Si, por el contrario, va a ese lugar deliberada o frecuentemente, no hay acaso. De modo que la fortuna es una causa por accidente, y sobreviene en las cosas que, tendiendo a algún fin, excluyen la elección. Luego es preciso que las causas de los golpes de fortuna sean indeterminadas. De aquí se deriva que la fortuna parece ser del dominio de lo indeterminado e impenetrable al hombre, y que se pueda opinar que no hay fortuna. Estas fórmulas son correctas y justificadas. En un sentido, hay fortuna, puesto que hay hechos que la casualidad causa accidentalmente. Mas, como causa absoluta, no es causa de nada. El arquitecto es causa de la casa, y el tocador de flauta por accidente, y las causas del hecho de que habiendo ido a tal lugar, y no a cobrar, se cobre, son en número indefinido. Es correcto también decir que la fortuna es contraria a la razón, porque la razón predomina en las cosas frecuentes o constantes, y la fortuna en las excepcionales. Siendo éstas indeterminadas, lo es también la fortuna. Podría, no obstante, preguntarse en algunos casos si ciertas causas pueden serlo del acaso, y por qué entre las causas accidentales unas están más próximas que las otras. Además, se habla de buena suerte cuando ocurre una ventura, y de mala cuando ocurre un mal, y de feliz fortuna o de infortunio cuando lo que sucede es considerable. Dícese también que la suerte es poco segura, lo que es verdad, porque la suerte no puede ser constante, ni frecuente. Y, en resumen, fortuna y acaso son causas accidentales para cosas no susceptibles de producirse constante o frecuentemente y, por ende, susceptibles de producirse con tendencia a su fin.

CAPÍTULO VI

LA FORTUNA Y EL ACASO. SU DIFERENCIA
Y SU LUGAR ENTRE LAS CAUSAS

Si todo efecto de fortuna pertenece al acaso, no todo hecho casual pertenece, a la fortuna. Hay efectos de fortuna para todo lo que puede atribuirse a buena suerte, y, en general, para las actividades prácticas. Prueba de ello es que se considera como felicidad la buena suerte, que es casi una actividad práctica, puesto que es una actividad práctica con éxito. Los seres que no pueden obrar prácticamente no pueden producir ningún efecto de fortuna. De lo que resulta que ningún ser inanimado, ninguna bestia, ningún niño es agente de efectos de fortuna, porque no tienen la facultad de elegir, y no son susceptibles de buena o mala suerte sino por metáfora. Así, Protarco decía que las piedras de los altares tienen buena suerte, porque se las honra, mientras las demás piedras son pisoteadas. En cambio, estas cosas pueden padecer por efecto fortuito, cuando lo que ejerce sobre ellas una actividad práctica obra por efectos de fortuna. De lo contrario, no es posible.

Pero el acaso alcanza a los animales y a muchos seres inanimados, como se dice que es casual la llegada de un caballo en que está la salvación. En el dominio de las cosas que se efectúan sin vistas al resultado y con su causa final fuera de sí, hablamos de la casualidad, y de la fortuna, mas no respecto a las cosas que son susceptibles de elección. Hablamos de una causa vana cuando lo que se produce no es el fin a que tiende la causa, sino en el sentido de que habría producido otra. Si uno se pasea para obtener una evacuación, y no la obstiene, se dice que el paseo ha sido en vano, entendiendo por vano que, aunque tienda a una cosa, no la produce. Si decimos que nos hemos bañado en vano porque el sol no se eclipsó, diremos una tontería, porque un detalle no implicaba otro. La caída de una piedra no es para herir a alguien, sino casualmente, a menos que la haya arrojado alguno para herir. Por consiguiente, se aprecian hechos fortuitos y casuales, sobre todo en las generaciones naturales. De una generación antinatural no decimos que se deba a la fortuna, sino al acaso. La causa final de un efecto de acaso está fuera de este efecto, y la de tal generación es interna.

Hemos dicho lo que son fortuna y acaso, y marcado sus diferencias. Como modalidades de causas, una y otro pertenecen a aquello de que proviene el comienzo del movimiento, pues que son especies de causa natural o de causa por el pensamiento, en número infinito. Puesto que fortuna y acaso son causa de hechos de que la inteligencia o la naturaleza podrían ser causas, cuando esos hechos tienen una causa accidental, comoquiera que nada accidental es anterior *por sí*, es evidente que la causa por accidente no es anterior a la causa por sí. Fortuna y acaso son, pues, posteriores a la inteligencia y a la naturaleza. Luego si el acaso fuese la causa del cielo (¡el colmo del absurdo!),[640] la inteligencia y la naturaleza serían causas anteriores del universo y de muchas otras cosas.

---

[640] En su refutación del atomismo, tal como Filopón (*In de generatione et corruptione*, 164) la comprendía, Aristóteles vuelve a la carga, afirmando que el ἄτακτος es el acaso, y, por ende, lo excepcional.

CAPÍTULO VII

EL FÍSICO CONOCE CUATRO CAUSAS

Es evidente que hay causas, y en número tal como decimos, pues ese número abraza el porqué. El porqué se refiere, o a la esencia (respecto a las cosas inmóviles, como las matemáticas, ya que encaminan a definir lo recto, lo conmensurable, etc.), o al motor próximo (ejemplo: ¿por qué ésos guerrean? Porque les han robado), o a la causa final (ejemplo, dominar), o respecto a las cosas engendradas, a la materia. Éstas son las causas y su número. Y, habiendo cuatro causas, compete al físico conocerlas todas, y, para indicar su porqué en física, se referirá a todas: materia, forma, motor, fin. Ciertamente que tres de ellas se reducen a una en muchos casos, porque esencia y causa final son una sola, y el origen del movimiento es específicamente idéntico a aquéllas, pues es un hombre quien engendra un hombre, y en general lo mismo ocurre con todo lo movido, y, cuanto a lo que no lo es, no se sustrae a la física, dado que, si mueven, no es por tener movimiento ni principio de movimiento. Tres órdenes hay, pues, de investigaciones: sobre las cosas inmóviles, sobre las móviles e incorruptibles y sobre las corruptibles. El físico indica el porqué cuando relaciona con la materia la esencia y el motor próximo. Así es, tocante a la generación, como se buscan las causas. Se ve qué cosa viene tras la otra, cuáles son el agente y el paciente próximos, y sucesivamente. Mas los principios movidos por modo natural son dobles, y uno no es natural, porque no tiene en sí un principio de movimiento. Tales son los motores no movidos, como el motor absolutamente inmóvil y primero de todos, y la esencia y la forma. Siendo fines y cosas que se persiguen, y pues que la naturaleza persigue algún fin, preciso es que el físico conozca esas causas, y de todos esos modos debe señalarlas. Por ejemplo, dirá que de tal causa eficiente necesariamente ha de venir tal cosa, sea siempre o con frecuencia; que, para que pase tal cosa, es precisa la materia, como las premisas a la conclusión; que tal era su quididad; y por qué ello era lo mejor, no de modo absoluto, sino relativamente a la sustancia de cada cosa.

CAPÍTULO VIII

LA FINALIDAD EN LA NATURALEZA.
CRÍTICA DE LA TEORÍA MECANICISTA

Hay que establecer que la naturaleza tiene un número de causas tendentes a un fin, y que hay un encadenamiento en las cosas naturales. El calor es por naturaleza calor, y el frío, frío, y tales cosas son y serán por necesidad. Todos los mecanicistas relacionan la causa a este encadenamiento, y, si aducen otra causa (la amistad y el odio, o la inteligencia) pronto la abandonan.

Ofrécese una dificultad: que qué es lo que impide a la naturaleza no obrar en vista de un fin, ni porque sea lo mejor, sino como Zeus hace llover, no por aumentar la cosecha, sino por necesidad, o porque el vapor debe elevarse y, una vez enfriado y hecho agua, caer, sin que el consiguiente aumento de la cosecha sea más que un accidente, como si, al contrario, se pierde, tampoco llovió para eso. ¿Qué impide que ocurra igual respecto a las partes de los vivientes? Por necesidad es por lo que los dientes han crecido, los incisivos, cortantes y propios para desgarrar, y los molares, anchos y propios para masticar, pues que (dicen) no fueron engendrados para eso, sino que se adecuaron por accidente, e igual las demás partes en que parece haber determinación teleológica. Bien entendido que éstos, los seres que se han conservado, fue por estar debidamente constituidos, mientras que los demás han perecido, como, para Empédocles, los carneros con faz humana.

Pero este razonamiento es imposible. Las cosas naturales en general se producen como son, siempre o frecuentemente, y los hechos fortuitos o casuales, no. No es por fortuna por lo que llueve en invierno, o hace calor en verano. Si esas cosas no existen por oposición o por fortuna, será en vista de algún fin. Todas estas cosas, según los mismos que sostienen esas razones, son naturales. Luego la finalidad se encuentra en los cambios. Doquiera hay un fin, los términos anteriores y consecutivos se producen con vistas a ese fin. Según es una cosa, así se produce por naturaleza, y según la naturaleza produce una cosa, así es, salvo impedimentos. Si una cosa se hace tendiendo a un fin, su consecuencia natural tenderá a ese fin. Si una casa fuese producto natural, sería producida como el arte la produce, y, si el arte produjese cosas naturales, las produciría como la naturaleza. De una manera general, el arte imita, o ejecuta lo que la naturaleza no puede crear. Si las cosas artificiales persiguen algún fin, las de la naturaleza igualmente lo persiguen, parque en las cosas artificiales y las naturales los consiguientes y los antecedentes tienen entre sí la misma relación. Ello es visible en especial para los animales distintos del hombre, que no obran por arte, investigación o deliberación. ¿Acaso las arañas, hormigas y demás animales de esta clase trabajan con la inteligencia, o algo parecido? Incluso en las plantas se ve producirse las cosas útiles con vista al fin, como las hojas que abrigan el fruto. Si es por un impulso natural y tendiendo a algún fin por lo que la golondrina hace su nido y la araña su tela, y si las plantas producen sus hojas para abrigar los frutos, y dirigen sus raíces, no hacia arriba, sino hacia abajo, para buscar nutrición, claro es que esta especie de causalidad existe en las generaciones y en los seres naturales. Y, siendo la naturaleza doble, materia por un lado y forma por otro, y siendo ésta fin y las otras tendentes a este fin, ésta será una causa, la causa final.

Hay defectos también en las cosas artificiales. Ocurre que el gramático escribe incorrectamente, o que el médico administra mal la medicina, y esto es asimismo posible en las cosas naturales. Si hay cosas artificiales en las que lo que es correcto está determinado teleológicamente, mientras que las partes imperfectas persiguen un fin, pero están incompletas, igual pasa en las cosas naturales, como los monstruos, que son equivocaciones de la finalidad. Si los carneros no hubieran sido capaces de llegar a cierto término y a cierto fin, es que hubiesen sido producidos por un principio viciado, como los monstruos lo son. Y hubiese sido preciso que la semilla fuese engendrada primero, y no a continuación del animal.

En las plantas se halla también la finalidad, pero menos acentuada. ¿Se han producido, como entre los animales los carneros de cara de hombre, entre las plantas viñas con copas de olivo? Es absurdo, y, no obstante, debía ser, si así ocurriese entre los animales. Por lo demás, sería preciso que las generaciones a partir de la semilla se hicieran a capricho de la fortuna.

Tesis tal suprime, de un modo general, las cosas naturales y la naturaleza, ya que son cosas naturales las que, movidas de un modo continuo por un principio interior, llegan a un fin. De cada uno de esos principios deriva un término final diferente para cada uno, y que no está al capricho de la fortuna, y ese término es constante para cada cosa, salvo impedimentos.

La causa final y lo que tiende a esta causa pueden ser, por lo demás, efectos de fortuna, como decimos que el forastero llega y parte por fortuna, lo que debe considerarse accidental. La fortuna está entre las causas por accidente, como antes hemos dicho. Cuando los hechos ocurren constantemente o con frecuencia, no hay accidente ni fortuna, y esto es siempre así en las cosas naturales, a menos de que haya impedimentos.

Absurdo es, en fin, pensar que no hay generación teleológicamente determinada, si no se ve el motor deliberador. El arte no delibera, y, si el arte de hacer barcos estuviese en la madera, obraría como la naturaleza. Si la determinación teleológica está en el arte, también está en la naturaleza. El mejor ejemplo es el del hombre que se cura a sí mismo, por obra de la naturaleza. De donde se infiere que la naturaleza es causa, y causa final.

CAPÍTULO IX

LA NECESIDAD EN LA NATURALEZA

¿Existe lo necesario en las cosas naturales como necesario hipotético o necesario absoluto? Los filósofos piensan que lo necesario existe en la generación, como si el muro se produjese necesariamente porque las gravas fuesen transportadas naturalmente hacia la base y lo ligero hacia la superficie. Así, piedras y cimientos estarían en la base, la tierra encima, como más ligera, y la madera, más ligera que todo, en la superficie. La verdad, sin embargo, es que sin eso la generación de la casa no se hubiera realizado, pero que no se ha realizado por eso, a no ser como materia. Dondequiera que hay finalidad, las cosas no se verifican sin las condiciones de orden necesario, pero no por ellas, sino como materia. Un instrumento es para tal o cual fin, y este fin no se efectúa si el instrumento no es de hierro. Lo necesario es, pues, hipotético, pero no como fin, porque lo necesario está en la materia, y la causa final, en la noción. Lo necesario, por otra parte, es poco más o menos de la misma especie en las matemáticas y en las cosas naturales.

Si la recta es positivamente recta, es preciso que el triángulo tenga sus ángulos iguales a dos rectos. Pero la verdad de la consecuencia no entraña la de la hipótesis. Si la consecuencia no es verdadera, la recta no existe. En las cosas que tienden a un fin, el orden es inverso. Si es verdad que el fin es o será, es verdad que el antecedente será o es, y si no, como en el caso precedente, no existiendo la conclusión, no existirá el principio, y el fin no existirá si no existe el antecedente, porque el fin es principio, no de la ejecución, sino del razonamiento, y, en el otro caso, del razonamiento solamente, porque no hay ejecución. Si es verdad que existe una casa, es preciso que se realicen determinadas condiciones, disponibles o presentes, esto es, la materia que tiende al fin (en el caso de la casa, piedras). Sin embargo, no se realiza el fin por la acción de estas cosas, sino que estas cosas sólo intervienen como materia. Cierto que, de un modo general, ni la casa será sin las piedras, ni el instrumento sin el hierro, ni, en el otro caso, los principios subsistirán, si un triángulo no equivale a dos rectos. Es, pues, evidente que lo necesario en las cosas naturales es lo que se enuncia como su materia, y los movimientos de ésta, y el físico ha de hablar de ambas causas, pero más aún de la causa final, porque el fin es causa de la materia, y no la materia del fin. El fin es lo que la naturaleza persigue, y de la definición y de la noción es de donde la naturaleza parte. En las cosas artificiales, si existe la casa, es preciso que necesariamente existan ciertas cosas. Para que el hombre exista, han de existir ciertas cosas, y para que existan éstas, otras. Puede estar lo necesario hasta en la noción, porque si definimos la obra de la sierra diciendo que consiste en una división, tal división no podría hacerse si la sierra no tuviese dientes de cierta forma, y éstos no serían así si la sierra no fuese de hierro. De suerte que hay en la noción ciertas partes que son como la materia de la noción.

LIBRO III

EL MOVIMIENTO Y LO INFINITO

CAPÍTULO PRIMERO

DEFINICIÓN DEL MOVIMIENTO

Puesto que la naturaleza es principio de movimiento y de cambio, y nuestra investigación a la naturaleza atañe, importa no dejar en la sombra lo que el movimiento es. El que no entiende el movimiento, no entiende la naturaleza. Mas, al parecer, el movimiento pertenece a los continuos, y en el continuo lo infinito se presenta en primer lugar. Y, como el continuo es divisible hasta lo infinito, en la noción de éste hay que utilizar forzosamente las definiciones que se den de aquél. Además, sin lugar, ni vacío, ni tiempo, el movimiento es imposible. Por donde se ve que hay ahí cosas comunes a todo y válidas universalmente, y, así, nuestro esfuerzo debe iniciarse por el examen de cada uno de esos puntos, puesto que la consideración de las cosas particulares viene después de la de las cosas comunes. Comencemos, pues, como hemos dicho, por el movimiento.

Ante todo, conviene distinguir lo que está solamente en acto de lo que está, de una parte, en acto, y de otra, en potencia, y esto, sea en el individuo determinado, sea en la cantidad, sea en la cualidad, sea en las demás categorías del ser. También hay que considerar lo relativo, sea según el exceso y el defecto, sea según lo activo y lo pasivo, y, en general, según el motor y el móvil, puesto que el motor es motor del móvil, y el móvil es móvil bajo la acción del motor. Además, no hay movimiento, como tampoco cambio, fuera de las cosas,[641] porque nada existe al margen de ellas. Lo que cambia, siempre cambia, o sustancialmente, o cuantitativamente, o cualitativamente, o localmente, y no cabe encontrar género común a estos sujetos de cambio que no sea, ni individuo

---

[641] Ordenada está esta homonimia del ser a rechazarla teoría de Platón (*Sofista*, 248 E; *Fedón*, 97 B, 99 C; *Parménides*, 138 B, 162 E), en cuyo espíritu la enérgica acentuación de las *ideas* le indujo a separarlas de las cosas. Por ahí levantaba una barrera insuperable entre el mundo del pensamiento, cuya esfera es el ser, y el de la percepción sensitiva, cuya esfera es el *fenómeno*, es decir, el orden de las apariencias variables, mudables, fugaces, efímeras, perecederas y caducas.

particular, ni cantidad, ni calidad, ni ninguna de las claves de afirmación. Por último, cada uno de esos modos del ser se realiza en cada cosa de una doble manera, por cuanto en el individuo determinado hay forma y privación; y también en la cualidad (blanco y negro); y también en la cantidad (lo completo y lo incompleto); y también en el movimiento local (lo centrípeto y lo centrífugo o lo grave y lo ligero). Así, hay tantas especies de movimiento como de ser. Mas, comoquiera que en cada género se da la distinción de lo que está en entelequia y de lo que está en potencia, la entelequia de lo que está en potencia, en cuanto tal, es lo que constituye el movimiento. De lo alterado, en cuanto alterable, la entelequia es la alteración; de lo que es susceptible de aumentar y de su contrario lo que es susceptible de disminuir, el aumento y la disminución; de lo generable y de lo corruptible, la generación y la corrupción; de lo que es móvil cuanto al lugar, el movimiento local.[642]

---

[642] Increíble parece que tantos comentadores de Aristóteles hayan podido ver en el vocablo *entelechia* (εντέληχια) un término misterioso, y que aun entre el vulgo alfabeto se use a menudo aplicado a lo que es incomprensible, musarañesco, logomáquico. Aristóteles, como se infiere del texto, está bien claro en precisar que la *entelechia* es el *acto* (ἐνέργεια) en toda su pureza, plenitud y perfección. Bonitz *(Index,* 253) observa que, dentro de la concepción aristotélica, el acto es, de ordinario, lo que conduce a la esencia perfecta, mientras que la *entelechia* es la esencia perfecta misma. Lo que dio lugar a confusiones y a cábalas, fue, sin duda, el empleo de la locución en la psicología. Aristóteles definió el alma como "acto primero del cuerpo natural orgánico que tiene la vida en potencia". Para expresar su idea, se sirvió de dicha palabra *entelechia,* que debió ser algo áspera para los oídos de los griegos, y que Cicerón, en el libro I de las *Disputationum Tusculanarum,* tradujo también en sentido harto materialista, queriendo ver en ella la designación más precisa posible de un modo especial de movimiento *(quasi quamdam continuatam et perennem motionem).* A mi juicio, la interpretación más exacta, o, a lo menos, la más conforme al resto de la doctrina peripatética, es la que considera el alma como un ente completo, acabado, substancial, que sirve de finalidad al cuerpo, y que preside a su organización, dándole unidad. Ya Teofrasto, uno de los primeros intérpretes del Estagirita, llamó la atención sobre este concepto de la unidad comprensiva de todo el hombre, de su espíritu y de su naturaleza, enseñando que, en sentir de Aristóteles, el espíritu inmaterial, si bien colocado fuera y por encima de la naturaleza sensible, abarcaba a todo el individuo humano en una misteriosa identidad. Esto es innegable, si, al distinguir el alma del cuerpo, quiso indicar que tomaba a la primera, no por resultado, sino por principio del segundo. Y como, a pesar de ello, estaba muy lejos de creer que el alma fuese verdadera causa del cuerpo (según, siglos después, sostuvo Stahl), parece lógico inferir que Aristóteles entendía la

Que tal sea verdaderamente el movimiento, lo aclararán algunas razones. En efecto: cuando lo construible está en entelequia, se construye, y esto es la construcción, e igual la curación, el aprendizaje, la votación, el salto, el crecimiento o el envejecimiento. Pero ciertas cosas están a la vez en potencia y en entelequia, no juntas ni en la misma relación, como lo que es calor en potencia y frío en entelequia. De aquí muchas acciones y pasiones recíprocas, porque todo será a la vez activo y pasivo. Luego el motor natural es móvil, y todo ser de este género mueve a la vez que es movido. Creen algunos que todo motor es movido. Después hablaremos de esto, porque hay un motor que está inmóvil. En todo caso, el acto de la cosa que existe en potencia, considerándola en la entelequia que posee como móvil y no en sí misma, es movimiento.

Yo digo *considerándola como tal,* porque el bronce es en potencia estatua, pero la entelequia del bronce, considerándolo como tal, no es movimiento, porque la esencia del bronce y la esencia del ser, que estando en tal potencia es tal móvil, no se confunden, pues si se confundiesen absolutamente, cuanto a la definición y no sólo cuanto al sujeto, la entelequia del bronce como tal sería movimiento, pero no se confunden. Vese esto también cuando se consideran los contrarios, ya que el hecho de poder estar sano difiere del de poder estar enfermo, y, si no, ambos hechos serían iguales. No obstante, el sujeto que está sano o enfermo es uno solo, sea agua o sangre. El sujeto y sus atributos no se confunden, como no se confunde el color con lo visible. Luego, si el movimiento es una entelequia, lo es de lo que está en potencia, en tanto que está en potencia. Es evidente que el movimiento es así, y que el hecho de ser movido no ocurre más que a los seres cuya entelequia es tal, y no antes ni después, ya que cada cosa puede, ora estar en acto, ora no, como lo construible, en tanto lo construible es construcción, porque el acto de lo construible es la construcción o la casa, pero cuando es la casa no es lo construible, puesto que lo construible es lo que se construye. Es necesario, pues, que la construcción sea un acto, y la construcción es un movimiento. Igual razonamiento se aplica a los demás movimientos.

---

relación de causalidad de lo corpóreo con lo anímico como una relación de causalidad meramente *final,* reconociendo en el espíritu, no la fuerza creadora, sino el objeto inmediato, de la organización.

CAPÍTULO II

DEFINICIONES INSUFICIENTES DE LOS ANTIGUOS.
PRECISIONES SOBRE LA PRECEDENTE DEFINICIÓN
DEL MOVIMIENTO

La prueba de que esta explicación es buena se obtiene de las que los antiguos nos han dado del movimiento, y de la dificultad de definirlo de otro modo. No es, en efecto, posible situar el movimiento y el cambio en géneros distintos, como los que pretenden clasificarlo en alteración, desigualdad y no-ser. Mas nada de esto es necesariamente movimiento, ni como distinto, ni como desigual, ni como no-ser, términos que no son más que sus opuestos origen y fin del cambio.

Colocando el movimiento en esa serie, parece ser algo indefinido, e indefinidos los principios de la segunda serie, como principios de privación, pues que ninguno es sustancia particular, ni cualidad, ni pertenece a otras categorías. Pero, si el movimiento parece indefinido, no se le puede, en rigor, clasificar ni entre los seres en potencia, ni entre los seres en acto, porque, ni la cantidad que está en potencia, ni la que está en acto se mueven necesariamente. El movimiento es un acto determinado, pero incompleto, porque la cosa en potencia de que el movimiento es el acto es incompleta, y de aquí que sea difícil averiguar la naturaleza del movimiento, ya que habría que situarlo en la privación, o en la potencia, o en el acto puro, pero nada de esto parece admisible. Queda nuestra manera de concebirlo como un acto determinado, pero un acto tal como lo hemos definido es difícil de comprender, aunque sea admisible.

El motor es también movido, o al menos todo motor que, estando en potencia, es móvil, y cuya falta de movimiento es reposo. Obrar sobre el móvil como tal es el acto de moverse, pero el motor lo produce por contacto, y sufre al mismo tiempo una pasión. De aquí que el movimiento sea una entelequia del móvil como móvil, que se produce por contacto del motor, que padece al mismo tiempo. Sea como fuere, el motor tendrá siempre una forma, sea sustancia particular, cantidad o cualidad, principio y causa del movimiento, cuando el motor produzca el movimiento, como el hombre en entelequia hace del hombre en potencia un hombre.

CAPÍTULO III

EL MOVIMIENTO ES EL ACTO DEL MOTOR EN EL MÓVIL

Una dificultad se destaca, y es que, si el movimiento está en el móvil, por ser la entelequia de éste bajo la acción del motor, el acto del motor no es otra cosa, pues que precisan una entelequia uno y otro. Este, considerado en potencia, es motor, y en acto, moviente, y tiene la facultad de convertir al acto al móvil. Luego hay un solo acto igual para uno y para otro, y un solo intervalo de uno a dos y de dos a uno, de los que suben a los que bajan. Estas cosas son una, en efecto, pero su definición no es una. Es igual para el ser moviente y para el ser movido. Una dificultad lógica es que puede ser necesario que los actos de lo pasivo y lo activo sean diferentes, siendo uno acción y otro pasión, y teniendo uno por fin producir un efecto y el otro sufrirlo. Si son movimientos los dos, y si son diferentes, ¿en qué sujeto estarán? Uno u otro estarán en el ser que padece y que es movido, la acción estará en el agente, la pasión en el paciente, y sólo por homonimia podemos llamar acción a esta última. De modo que el movimiento estará en el motor, porque la misma fórmula se aplica al caso del motor y de lo movido. Luego, o todo motor será movido, o una cosa, teniendo movimiento, no será movida.

Por otra parte, si los dos están en el ser que es movido y padece, entendiendo, verbigracia, por acción y por pasión la enseñanza que se da y la que se recibe, el acto de cada cosa no estará en cada cosa. Luego es absurdo que un mismo sujeto sea movido según dos movimientos, porque ¿dónde se hallan dos alteraciones de un solo sujeto hacia una sola forma? Es imposible. El acto, pues, será único. Pero es ilógico que para dos cosas de diferente forma haya un solo y único acto, porque, si la enseñanza que se da es la misma que se recibe, y la acción que la pasión, será igual el acto de enseñar que el de aprender, y el de obrar que el de padecer, de modo que el que enseña recibirá toda su enseñanza, y el que obra, padecerá.

Mas ¿es absurdo decir que el acto de una cosa está en la otra? El acto de enseñar es el acto del que enseña, está en un sujeto, y se transmite sin separarse sino como el acto de tal ensoñador está en tal enseñado. ¿Impide algo que el mismo acto pertenezca a dos cosas, no como idénticas en la esencia, sino como lo que está en potencia y lo que está en acto?

No es necesario que el ser que enseña reciba la enseñanza, y, si se admite que obrar y padecer son la misma cosa, no es porque tengan una definición idéntica, como ropa y vestido, sino como el camino de Atenas a

Tebas es el mismo que el de Tebas a Atenas, porque la identidad total no pertenece a las cosas idénticas en cualquier modo, sino a aquellas de esencia idéntica. Si la enseñanza dada y la recibida son lo mismo, no habría que hablar del hecho de enseñar y del de recibir enseñanza, bien como la distancia entre dos puntos es una, pero el hecho de estar distante de aquí a allí no es igual a distar de allí a aquí. La enseñanza recibida y la dada no son la misma cosa, como no lo son la acción y la pasión. El acto de esto es aquello, y el de aquello bajo la acción de esto difieren por definición.

Hemos explicado la naturaleza del movimiento en general y en detalle, y es fácil definir cada una de sus especies. La alteración es la entelequia de lo alterado como alterado, o, más claramente, la entelequia de lo activo y de lo pasivo en potencia, como tal, absoluta y respectivamente en cada cosa particular, construcción o curación. Y lo mismo ocurre con otros movimientos.

CAPÍTULO IV

LO INFINITO. OPINIÓN DE LOS ANTIGUOS. DIFICULTADES SOBRE SU EXISTENCIA

Pues que la ciencia de la naturaleza estudia las magnitudes, el movimiento y el tiempo, y pues que todo esto ha de ser necesariamente infinito o limitado, e incluso ambas cosas alternativamente, como una afección o un punto, que no necesitan ser una cosa u otra, conviene examinar la cuestión de si existe o no lo infinito, y, de existir, estudiar su naturaleza.

Cuantos han tocado un poco seriamente esta parte de la filosofía han hablado de lo infinito, y todos han hecho de él un principio de los seres. Para unos, como los pitagóricos y Platón,[643] lo infinito es algo que existe por sí y no atribuible a otra cosa, por constituir en sí sustancia. Para los pitagóricos, lo infinito está en las cosas sensibles (porque no separan el número) y lo que está fuera del cielo es infinito. Para Platón, al contrario, no hay fuera ningún cuerpo, ni aun las ideas, en razón de que no están en ninguna parte, pero lo infinito está en las cosas sensibles y en las ideas. Para los unos, lo infinito es lo par, porque, limitado por lo impar, lleva a los seres a la infinidad, probándolo por los números. Con agregar los

---

[643] Bonitz (*Index*, 659 *b*) ha estudiado detenidamente las conexiones doctrinales entre ambos sistemas filosóficos.

gnomos alrededor de lo Uno, se obtiene una figura, ora siempre diferente, ora la misma.[644] Para Platón, en cambio, hay dos infinitos: lo infinitamente grande y lo infinitamente pequeño.

Los físicos ponen bajo el infinito otra naturaleza, tomada de los principios, como el agua, el aire o sus intermedios. Aquellos que consideran los elementos limitados en número no los consideran infinitos. Los que los estiman infinitos en número, como Anaxágoras y Demócrito, uno con las *homoeomoeris* y otro con la *universal reserva seminal* de las figuras, afirman así la existencia del infinito, de que hacen un continuo por contacto. Uno pretende que toda parte es una mezcla como el todo, fundándose en el hecho experimental de que cualquier cosa viene de cualquier otra. Por eso, aparentemente sostiene que todo está confundido en un cierto momento, por ejemplo, tales huesos y tal carne, y tal otra cosa cualquiera, en el mismo momento, porque no ha habido un momento solo para cada cosa que se ha empezado a separar, sino para todas. Puesto que el ser engendrado lo es partiendo de un ser semejante, y puesto que hay una generación de todas las cosas, con la restricción de que no es simultánea para todas, es preciso un origen único a esta generación: origen que él llama inteligencia, y que trabaja a partir de cierto principio, ejerciendo el intelecto. Así, pues, todo está junto en un momento, y todo en un momento empieza a ser movido. Demócrito sostiene que los seres primeros no se engendran uno de otro, pero que el cuerpo común es principio de todo, difiriendo en sus partes, tamaño y figura.

Con razón han hecho todos un principio del infinito, porque parece ser el principio de todas las cosas, como afirman valor que el de principio. Todo, en efecto, es principio o proviene de él, pero no hay principio del infinito, porque sería su límite. Por lo demás, es no-engendrado y no-corruptible en tanto que es un principio, ya que necesariamente toda generación recibe un fin y tiene un término en toda corrupción. Por esto digo que no tiene principio, sino que parece ser el principio de todas las cosas, como afirman todos los que no admiten otras concausas, como serían la amistad o la inteligencia. Incluso es la divinidad, puesto que es inmortal e imperecedero, como opinan Anaximandro y los más de los fisiólogos.

Cinco razones principales abonan la creencia en el infinito. El tiempo, que es infinito; la división de las magnitudes, que los matemáticos llevan hasta el, infinito; que si la generación y la destrucción no se extinguen es gracias a la fuente de que se nutre todo lo engendrado; que lo limitado

---

[644] Recuérdese lo dicho, en la introducción, acerca de esto.

limita a otra cosa, por lo que nada es límite. La razón más fuerte es ésta: el número parece infinito porque la representación no lo agota, así como las magnitudes matemáticas, y lo exterior al cielo. Y, siendo ese exterior infinito, el cuerpo debe serlo, y los mundos. ¿Por qué, si no, habría vacío aquí mejor que allá? La masa que llena, si está en un solo lugar, está en todos. Y, si existe vacío y lugar infinito, preciso es que haya también un cuerpo infinito, ya que entre lo posible y el ser no hay diferencia alguna en las cosas eternas.

El examen de lo infinito ofrece dificultades, así como su negación o afirmación, a más que surge la cuestión de su naturaleza. ¿Es sustancia o atributo esencial a una naturaleza, o ni una ni otro,[645] pero existe, no obstante, un infinito, o cosas infinitas en número? Sobre todo, el físico tiene que examinar si existe una magnitud sensible infinita. Preciso es, pues, definir las diversas acepciones de lo infinito: lo que no puede por naturaleza ser recorrido, como la voz, que es invisible; lo que se puede recorrer y no tiene fin; lo que se puede difícilmente recorrer; o lo que, pudiéndose recorrer por naturaleza, no se deja recorrer, y no tiene fin. Todo es infinito por composición, o por división, o por las dos cosas a la vez.

CAPÍTULO V

DE CÓMO NO HAY INFINITO EN ACTO

Es imposible que lo infinito sea separable de las cosas sensibles.[646] Si lo infinito no es magnitud, ni número, sino sustancia por sí mismo, y no atributo, será indivisible, porque lo divisible es magnitud o número. Pero, si es indivisible, no es infinito, si no es como la voz es invisible. Y ese infinito no existe como lo conciben los que afirman su existencia, ni tal como lo buscamos, que es el infinito recorrible. Si el infinito es por atribución, no será elemento de los seres como infinito, bien como lo movible no lo es del lenguaje, por más que la voz sea invisible. Por ende, pudiendo el infinito ser alguno cosa en sí, cuando no es ni magnitud ni número, de los que el infinito está afectado esencialmente, tiene muchas

---

[645] Como advierte Alejandro de Afrodisia *(Specilegium,* 469), el Estagirita se refiere aquí al caso de que lo infinito fuese un atributo *accidental,* y no esencial, a una naturaleza.

[646] Con esta aseveración, vuelve Aristóteles a oponerse al parecer contrario de los pitagóricos y de Platón.

menos razones de ser que el número o la magnitud.

Por otra parte, es evidente que el infinito no puede existir como ser en acto y como sustancia o principio, porque una cualquiera de sus partes, tomada por separado, sería infinita si se la pudiese partir. La esencia del infinito y el infinito son la misma cosa, si el infinito es sustancia y no en un sujeto. Luego será indivisible o divisible en infinitos. Mas no cabe que la misma cosa sea varios infinitos.[647] Así como la parte del aire es aire, la parte del infinito será infinita, si se le supone sustancia y principio. De modo que es sin partes e indivisible, pero esto es imposible para un infinito en acto, que necesariamente será una cantidad. Así, el infinito existe por atribución, pero, como se ha dicho, no es él quien puede llamarse principio, sino aquello a que se atribuye, como el aire o lo par. Todo esto prueba lo absurdo de una concepción como la de los pitagóricos, que hacen del infinito una sustancia y la dividen.

Es una cuestión en exceso general el saber si el infinito es posible en las cosas matemáticas y en las inteligibles y en las que no tienen ninguna dimensión. Para nosotros, lo es en las cosas sensibles, en el sentido de que nos preguntamos si es posible o no un cuerpo infinito en cuanto al aumento de tamaño.

Un examen lógico[648] parecería probar que no hay infinito. Si el cuerpo se define como lo limitado por una superficie, no habrá cuerpo infinito, ni inteligible, ni sensible. El número no será infinito más que separado abstractamente de los cuerpos. El número o lo que tiene número es numerable, y, si lo numerable puede de hecho ser contado, el infinito será recorrible.

Considerando las cosas físicamente, he aquí las razones que se presentan. El infinito no puede ser compuesto ni simple. Si es compuesto, el cuerpo infinito no será infinito si los elementos son finitos en número, en cuyo caso es preciso que sean varios, que los contrarios se igualen, y que ninguno de ellos sea infinito, ya que si la potencia de un cuerpo supera

---

[647] Acertada observación, por cuanto esos supuestos infinitos se limitarían mutuamente, y dejarían de serlo *ipso facto*.

[648] *Examen lógico* vale aquí por *examen dialéctico*, en el sentido que la palabra "dialéctica" tenía entre los griegos de aquella época, y que en nada se parecía a la significación de lógica formal, demostrativa o silogística, que, en la Edad Media, le dieron los escolásticos. Al revés de éstos, los griegos entendían por dialéctica precisamente toda especulación metafísica que sólo condujese a la probabilidad, y que no fuese susceptible de apodíctica demostración. Aristóteles recordaba, sin duda, la frase tan repetida por Platón en sus diálogos (principalmente en el *Timaeus* y en el *Parménides*): "Os doy *probabilidades*, no me pidáis más".

a la de otro en una cantidad cualquiera, verbigracia, si el fuego es limitado y el aire infinito, éste, pese a su inferioridad en caso de cantidad igual, acabaría destruyendo a aquél. De otra parte, es imposible que todo cuerpo sea infinito, porque el cuerpo se extiende en un sentido y el infinito se extiende sin límites, de modo que el cuerpo infinito se extiende hasta el infinito.

Mas tampoco el cuerpo infinito puede ser uno y simple, ni si se considera, como algunos,[649] cual lo que está fuera de los elementos, ni de ningún modo. Aquéllos establecen un infinito, que no es el agua ni el aire, para que los demás elementos no sean destruidos por el que es infinito. En efecto: hay entre los elementos contrariedades:[650] el aire es frío; el agua, húmeda; el fuego, caliente. Si una sola de estas cosas fuese infinita, destruiría a las demás, y, por eso, dicen, hay otra cosa de que vienen todas éstas. Mas tal cosa no puede existir, porque ningún cuerpo sensible existe fuera de los elementos. Todo se resuelve en aquello de que procede, así que debería haber, en el origen, algo fuera del agua, del aire de la tierra, del fuego. Pero no se nota nada de esto,[651] ni ningún elemento aislado puede ser infinito, como es imposible también que el todo, aun siendo limitado, resuélvase uno solo de sus elementos, como quiere Heráclito cuando afirma que todo se convertirá en fuego. El mismo razonamiento se aplica también a lo uno, que los físicos ponen fuera de los elementos. Todo se transforma en lo contrario, como el calor en frío.

Hay que examinar si es posible o no que exista un cuerpo infinito. Pronto se apreciará la imposibilidad de que exista un cuerpo sensible infinito. Todo lo sensible es por naturaleza alguna parte, y hay sitio para cada cosa, igual para la parte que para el todo, para la tierra en bloque y para un grano de arena, para el fuego y para la chispa. Por consiguiente, si hay homogeneidad del todo, habrá para la parte inmovilidad o transporte perpetuo. Pero es imposible. ¿Porque el movimiento sería hacia arriba o hacia abajo, o en un sentido cualquiera? Una arena, ¿será transportada, o estará en reposo? El lugar de su cuerpo específico es infinito. ¿Ocupará su lugar entero? ¿Y cómo? ¿Cuáles serán y dónde se verificarán su reposo y su movimiento? ¿Está siempre en reposo? No será movida. ¿Se mueve siempre? No se detendrá.

Si el todo es heterogéneo, lo serán los lugares. El cuerpo del todo no

---

[649] Aristóteles alude a Anaximandro y a los que pensaban como él.
[650] Compárese con el capítulo v del libro I.
[651] No se olvide que Aristóteles cíñese ahora al *examen físico*, cuyo criterio cardinales el sacado de la experiencia.y no de la dialéctica.

tendrá otra unidad que una unidad de contacto. Luego las cosas serán limitadas o ilimitadas en especies. Limitadas es imposible, porque unas serían infinitas en tamaño y otra no, si el todo es infinito, y vendría la destrucción de los contrarios, como se ha dicho. Por eso ningún fisiólogo establece como infinitos el fuego o la tierra, sino el fuego o el aire, o sus intermedios, porque el lugar de los primeros está evidentemente definido.

Si las cosas son infinitas y simples, los lugares serán infinitos, y los elementos también. Pero si es imposible y los lugares son limitados en número, preciso es que el todo sea también limitado. No puede estimarse por el lugar el cuerpo, el tamaño del lugar no puede exceder lo que llena el cuerpo, y entonces el cuerpo no será infinito. Ni el cuerpo puede ser mayor que el lugar, porque, o habría vacío, o un cuerpo podría, por naturaleza, no estar en ninguna parte.

Para Anaxágoras, no hay razón para hablar del reposo de lo infinito. Dice que lo infinito se sostiene a sí mismo, porque está en sí mismo, y no tiene nada que lo rodee, como si el lugar actual de un ser fuese precisamente su lugar natural. Pero esto es un error, porque una cosa puede estar en cierta parte, no naturalmente, sino por violencia. Supongamos que el todo no se ha movido, porque lo que le sostiene a sí mismo y en sí mismo está necesariamente inmóvil. Mas habrá que decir por qué es así su naturaleza. No basta obtenerla por una simple comprobación: podría haber cosa que, sin ser movida, fuese por naturaleza susceptible de serlo: así la tierra no se mueve con un movimiento de traslación, aunque se la suponga infinita, y se movería, sin embargo, si se la desplazara del centro. Y ciertamente se puede decir que se sostiene a sí misma. Si ésta no es la causa del reposo, en el caso de la tierra supuesta infinita, sino más bien en pesantez, y la gravitación hacia el centro, igualmente lo infinito puede permanecer en sí por otra causa, y no porque es infinito,[652] y se sostiene a sí mismo. Una parte cualquiera debería en tal caso estar en reposo, como lo está el infinito a que pertenece, porque los lugares del todo y la parte son de igual naturaleza, como lo baja para la tierra y para un grano de arena, y lo alto para el fuego y para una chispa. Si ser en sí es el lugar del infinito, lo será igualmente de sus partes.

Vemos que es imposible admitir un cuerpo infinito, y a la vez un lugar

---

[652] Se ha hecho observar que esta argumentación revela el hondo criterio *dinamístico* de Aristóteles y la *elasticidad* de su universo. Para él, la causa del reposo no es puramente geométrica, sino profundamente dinámica. El universo es un sistema cerrado y atravesado por campos de fuerza. En nuestros días, el célebre físico Einstein ha reproducido tan energética y elevada concepción.

para los cuerpos, si es verdad que todo cuerpo sensible tiene pesantez o ligereza, y que si es pesado se inclina hacia el centro, y, si es ligero, a lo alto, porque igual sería para lo infinito. Pero es imposible que esté completamente aquí o allá, o que esté la mitad allá y aquí. ¿Cómo dividir el infinito? ¿Cómo el infinito tendrá alto y bajo, centro y extremos?

Todo cuerpo sensible está en un lugar, y sus distinciones de especies y diferencias de lugar no son relativas a nosotros y por posición, sino en el todo mismo, y es imposible que sean en el infinito. De un modo general, es imposible que el lugar sea infinito, y si es cierto que todo cuerpo ocupa un lugar, no es posible un cuerpo infinito. *Una parte* es la categoría de lugar, y lo que entra en la categoría de lugar es *una parte*. Así como el infinito no puede ser cantidad, porque sería una cantidad determinada, tampoco le conviene la condición de lugar, porque sería una parte, y estaría arriba, abajo, o en cualquiera de las seis dimensiones, cada una de las cuales es finita. Por donde queda demostrado que no hay cuerpo infinito en acto.

CAPÍTULO VI

LA EXISTENCIA Y LA ESENCIA DE LO INFINITO

Pero negar en absoluto el infinito acarrearía consecuencias inaceptables, porque habría que admitir un comienzo y un fin del tiempo, el número no sería infinito, y las magnitudes no serían divisibles. Puesto que de ambos lados hay imposibilidad, es notorio que el infinito existe en un sentido y en otro no.

El ser se dice del ser en potencia y del ser en acto. Se dice que la magnitud no es infinita en acto, pero lo es por división. Luego el infinito existe en potencia, mas no al modo de una estatua, que será estatua, y como si hubiese una cosa infinita que hubiese en el futuro de existir como acto, sino por cuanto el existir se toma en varias acepciones. Así como la existencia de la jornada y de la lucha es una renovación continua, así el infinito. Hay existencia en potencia y en acto; la olimpíada es la lucha en potencia más bien que en acto.

Por ende, el infinito es evidente en el tiempo, como en las generaciones humanas, o en la división de las magnitudes. El infinito, en general, consiste en el hecho de que aquello que se considera es siempre nuevo, y, aunque limitado, siempre diferente. No hay, pues, que tomar al infinito como un individuo particular, un hombre o una casa, sino como se habla de una jornada o de una lucha, donde el ser no existe como sustancia determinada, sino siempre en generación y en corrupción, limitadas, pero distintas de continuo.

En las magnitudes subsiste la parte que se considera al producirse lo infinito, en los tiempos y generaciones de los hombres, cuya destrucción impide toda persistencia. Lo infinito por composición es en cierta manera igual que lo infinito por división, y, en la cosa limitada, el infinito por composición se produce a la inversa que el otro.[653] Según la medida en que el cuerpo aparece dividido hasta lo infinito, las adiciones sucesivas parece converger hacia el cuerpo finito. Si sobre una parte tomada en cierta proporción sobre una magnitud limitada se toma otra en la misma proporción, no quitando al todo la dimensión misma, no se llegará al fin del cuerpo limitado. Pero, si se aumenta la proporción, quitando sucesivamente una cantidad siempre igual, se llegará al fin, porque todo cuerpo limitado se extingue en virtud de una sustracción finita cualquiera.

En las demás condiciones, el infinito no existe. No existe más que en potencia y por reducción, y si es en acto, como decimos que la jornada y la lucha lo son, y si en potencia, como la materia, y no como cosa en sí. El infinito por aumento es también infinito en potencia, e identificable en cierto modo al infinito por división, porque se puede siempre tomar algo fuera de él, pero no se superarán todos los límites en el tamaño, como se supera por la división todo cuerpo finito. Exceder todo por aumento podrá hacerse en potencia, si es verdad que no hay infinito en acto que sea atributo, como era infinito según los fisiólogos el cuerpo extramundial, cuya sustancia era aire u otro elemento. Pero si no puede haber un cuerpo sensible que sea infinito en acto, es notorio que tampoco lo será en potencia por aumento, sino como inverso de la división, según se ha dicho. Por eso, Platón ha imaginado una dualidad en los infinitos, atendiendo a ese progreso hacia el infinito, que se ve por aumento y disminución. Pero de nada sirve establecer esos dos infinitos, ya que en los números no existe como principio, ni el infinito por reducción, pues la unidad es un mínimo, ni por aumento, porque la serie numérica se detiene en la década.

El infinito resulta ser lo contrario de aquello que se menciona. No está fuera de aquello en que no hay nada, sino fuera de aquello en que hay alguna cosa. Eso es el infinito. Un ejemplo son los anillos que avanzan siempre más allá de la circunferencia, aunque la analogía no sea exacta en absoluto, porque es condición precisa no pasar nunca por el mismo punto, y en el círculo un punto solo es diferente del consecutivo. Es, pues,

---

[653] Carterón (*La physique d'Aristote*, I, 104) advierte que, para comprender el razonamiento de Aristóteles, basta tener presente en el espíritu la progresión geométrica de razón decreciente:1, 1/2, 1/4, 1/8, etc., y considerar la otra progresión, que constituye la serie de las denominaciones.

infinito aquello en que siempre se puede encontrar algo de nuevo cuanto a la cantidad. La cosa que no tiene más allá es acabada y entera, porque definimos lo entero como aquello de que no falta nada. Un hombre es un entero. Mas, si algo falta, por poco que sea, la cosa no es un entero. Entero y acabado son, o poco les falta, de la misma naturaleza. No siendo nada acabado si no está terminado, el término es el límite. De aquí que Parménides tenga razón contra Meliso. Este proclama el *todo infinito,* y aquél habla de un finito *igualmente distante de un centro.* No es juntar hilos con hilos aproximar el infinito al todo y a lo entero, porque si atribuyen la dignidad al infinito es porque tiene cierta semejanza con el entero, pues que es materia de la conclusión de la magnitud y del entero en potencia, aunque no en acto, divisible por reducción y a la inversa por adición. Es entero y limitado, pero no en sí, sino extrínsecamente, y no envuelve, sino que es envuelto,[654] como infinito, e incognoscible, porque la materia no tiene forma. De modo que parece que el infinito entra más en la noción de la parte que en la del todo, porque la materia es parte del todo como el bronce lo es de la estatua de bronce.[655] Si se admite que lo grande y lo pequeño son lo que envuelven las cosas sensibles, deben cumplir igual función en las cosas inteligibles, pero es imposible y absurdo que lo incognoscible y lo indefinido abarquen y definan.

CAPÍTULO VII

PROPIEDADES DE LO INFINITO

Lógico es, pues, que no haya infinito que supere todo tamaño, según el aumento, pero sí que lo haya según la división, ya que el infinito, como la materia, está en el interior de la forma que envuelve. Parece justo que haya un límite inferior en el número, y que en el sentido del aumento se pueda siempre rebasar cualquier cantidad. Pero para las magnitudes es al contrario. En el sentido de disminución se supera un tamaño cualquiera, pero en el de aumento no hay tamaño infinito. La razón es que lo uno es indivisible, como un hombre es un solo hombre, y no varios. El número está compuesto de varias unidades que forman una cantidad. Luego hay que detenerse ante lo indivisible porque dos o tres son números deducidos, pero en el sentido del aumento se pueden siempre concebir. Las

---

[654] Acotación crítica a los pareceres de Anaximandro y de Platón.
[655] Sobre este concepto del περι τὰγαθοῦ de que ya habló antes, vuelve Aristóteles en diversos pasajes de la obra.

dicotomías de la magnitud son infinitas en número. De modo que el número es infinito en potencia y no de hecho, pero el número considerado puede exceder toda cantidad determinada. Mas en la dicotomía no se trata del número separado, y el infinito no permanece, sino deviene, como el tiempo y su número.

Por otra parte, el infinito no es igual en el tamaño, el movimiento y el tiempo, como constituyendo una naturaleza única, sino que el término posterior se determina según el término anterior. Así es infinito el movimiento por el intermedio de la magnitud según la cual hay movimiento, crecimiento o alteración, como el tiempo a su vez es infinito por el movimiento. Luego hablaremos de todas estas ideas y de cómo toda magnitud es divisible en magnitudes.

La teoría no suprime las consideraciones de los matemáticos que eliminan el infinito que existiría en acto en el sentido del aumento, porque, en realidad, ellos no necesitan y no hacen uso del infinito, sino de magnitudes tan grandes como se quiera, pero limitadas. La división aplicada a una magnitud muy grande puede aplicarse lo mismo a otra magnitud cualquiera, de modo que para la demostración importan poco las magnitudes reales.

Distinguidas cuatro clases de causas, es evidente que lo infinito es causa como materia, que su esencia es privación, y que su sujeto en sí es el continuo sensible. Todos utilizan lo infinito como materia. Luego es absurdo creer que envuelva, y no que esté envuelto.

CAPÍTULO VIII

REFUTACIÓN DE LAS RAZONES EN FAVOR DE LA EXISTENCIA DE LO INFINITO

Venimos, finalmente, a los razonamientos según los cuales lo infinito parece existir, no sólo en potencia, sino como cosa definida, y a los cuales pueden hacerse objeciones muy fundadas. La continuidad inextinguible de la generación, no exige la existencia de un cuerpo sensible infinito en acto, porque puede concebirse que la generación de una cosa sea la corrupción de otra. El contacto y la limitación son cosas diferentes. El primero es relativo, y comporta dos términos, porque todo contacto se produce entre dos términos, y puede producirse en ciertas cosas limitadas, pero la limitación no es un relativo. Además, el contacto no se verifica entre cualquiera y cualquiera cosas.

Por ende, es absurdo fundarse en la representación, Ya que el exceso y el defecto en la representación y no en la cosa, se producen. Se podría imaginar a cada uno de nosotros agrandado en un aumento infinito. Pero, si alguien está fuera de nuestra estatura no es porque se le represente así, sino porque es así. La representación es un nuevo accidente.

Cuanto al tiempo y al movimiento, son infinitos, pero la magnitud no es infinita, ni por la reducción, ni por el aumento, que opera la representación. Así es como existe lo infinito, y como no existir, y lo que es.

LIBRO IV

EL LUGAR, EL VACÍO, EL TIEMPO

CAPÍTULO PRIMERO

IMPORTANCIA Y DIFICULTADES DEL ESTUDIO DEL LUGAR

El físico debe estudiar si el lugar existe o no, a qué título y lo que es. Según opinión común, los seres como tales son alguna parte, porque el no-ser no es ninguna parte. ¿Dónde están la esfinge o el unicornio? El movimiento general y principal es el que se produce según el lugar, o sea, en nuestra terminología, el transporte.

Mas el saber lo que sea el lugar está lleno de dificultades, ya que no se presenta como único a quien le examina en virtud de todas sus propiedades. Además, la mayoría de los autores no nos han dejado ninguna exposición ni solución de dificultades a su respecto.

De que existe el lugar no cabe duda. Si en un vaso hay agua, cuando se la quita, el aire ocupa su sitio, u otro cuerpo, y es claro, pues, que el lugar (o extensión) es otra cosa que los cuerpos que lo ocupan. Los transportes de los cuerpos naturales simples, como el fuego, la tierra y otros semejantes, indican no sólo que el lugar es alguna cosa, sino que tiene cierta potencia, ya que cada uno, si no hay obstáculo, ocupa su propio lugar, unos abajo, otros arriba, que son las partes y especies del lugar correspondientes a las seis dimensiones. Estas determinaciones, alto, bajo, derecha, izquierda, no lo son sólo con relación a nosotros, ya que para nosotros no son constantes, sino dependientes de la posición que la cosa afecta según nuestra orientación. En la naturaleza, al contrario, cada cosa se determina absolutamente. Lo alto no es cualquier cosa, sino el lugar a que el fuego, el aire y los ligeros son transportados, ni es cualquier cosa lo bajo, sino aquel lugar donde son transportados la tierra y las cosas pesadas, difiriendo tales determinaciones por su posición y potencia. Igual pasa en las cosas matemáticas. No están en lugar, y no obstante, según su posición relativa a nosotros, tienen derecha e izquierda, si bien no poseen naturalmente tales determinaciones, que son objeto de pensamiento.

Los partidarios del vacío afirman la existencia del lugar, porque el vacío sería un lugar privado de cuerpo. Y pues que el lugar es algo independiente de los cuerpos, y que todo cuerpo sensible ocupa lugar, parece que Hesíodo pensó bien cuando dijo:

El primero de todos los seres fue el caos, y la tierra después en su ancho seno [656] como si fuese preciso que existiese primero un sitio para os seres, porque pensaba, con todos, que toda cosa está en alguna parte, esto es, en un lugar. Pero, si es así, la presencia del lugar o espacio es prodigiosa y anterior a todo, pues que nada existe sin él, y él existe antes que toda cosa El lugar, en efecto, no desaparece cuando lo que hay en él es destruido.

Supuesto que el lugar existe, sobreviene la dificultad de saber lo que es, y si es una masa corpórea u otra naturaleza, por donde su género es lo que hay que buscar. Ahora bien: tres intervalos, longitud, latitud y profundidad, delimitan todo cuerpo. Pero el espacio no puede ser cuerpo, porque habría dos cuerpos juntos. Y, si existe un lugar para el cuerpo, también existirá para la superficie y los demás límites, ya que se aplicaría a ellos razonamiento igual. Mas no podemos establecer diferencias entre punto y lugar de punto. Luego tampoco debe ser establecida para las otras cosas, y el lugar, por tanto, no es nada independientemente de ellas. ¿Qué admitiremos, pues, que es el lugar? No debe ser ni elemento, ni formado de elementos con tal o cual naturaleza, ni está entre lo corporal, ni entre lo incorporal, porque tiene magnitud, y no tiene cuerpo. Los elementos de los cuerpos sensibles son cuerpos, y sus elementos inteligibles no tienen tamaño. No se puede tampoco establecer que el lugar sea causa de los seres, porque no le pertenece ninguna de las cuatro causalidades, ya que no es causa, ni como materia de los seres (pues nada se constituye a partir

---

[656] Literalmente *(Theogonia,* 120): *Lo primero que existió fue el caos* (πρώτιςτα χάω γένετο) *y luego la tierra en su inmenso piélago.* A continuación, introduce Hesíodo el amor, llamándole *el más hermoso entre los dioses inmortales* (πὄ ερος κάλλιστος εν ἀθανάτοισῖ θεοισι) La misma concepción cosmogónica refrendaron Propámides (tenido por maestro de Homero), Aristófanes (en la comedia *In avibus)* y Eurípides (citado por Eusebio de Cesárea, en su tratado *De praeparatione evangelica,* I, IV). No les fueron en zaga los filósofos Anaxágoras y Platón. Cuanto a Aristóteles, si bien pareció suponer que, en la mente de Hesíodo el caos y la nada eran la misma cosa, y que de la nada hizo Dios la tierra, poco vale en esta parte su autoridad, y, si valiera, no irla contra lo que aquí se intenta probar. En la sexta de las *Homliae,* falsamente atribuidas a San Clemente Romano, se comenta el texto hesiódico, diciendo que, por la voz existió (ἐγένετο) el poeta griego "quiso significar que fue hecha la materia, y no que siempre existiese no hecha". Quien desee más pormenores, sobre, tan discutido e interesante punto, puede consultar a Boccacio *(Genealogía degli dei,* I, III), que lo trata con erudición de humanista y con sugestiones de literato.

del lugar), ni como forma o esencia, ni como fin, ni mueve los seres.

Y si fuera uno de los seres, ¿en dónde está? La dificultad de Zenón tiene que ser discutida, pues si todo ente ocupa un lugar, habría un lugar de lugar, y así hasta lo infinito. Y, bien como todo cuerpo está en un sitio, en todo sitio hay un cuerpo. ¿Qué pensaremos de las cosas que aumentan? Es preciso que el lugar crezca con el cuerpo, si el lugar no es mayor ni menor que cada cuerpo. Es, por ende, precisa una discusión crítica sobre la esencia y la existencia del lugar.

CAPÍTULO II

EL LUGAR NO ES MATERIA, NI FORMA, A PESAR DE LAS APARIENCIAS

Si distinguimos lo que es relativo para sí mismo de lo que es relativo para otra cosa, hay que distinguir el lugar común a todos los cuerpos y el lugar en que cada cuerpo está primero. Ejemplo: estamos en el cielo, porque estamos en el aire y el aire está en el cielo, y en el aire, porque está en la tierra, y en ésta, porque aquél en este lugar sólo nos envuelve a nosotros. Si el lugar es lo que primero envuelve a cada cuerpo, es un límite determinado, y así el lugar parece ser la forma y configuración de cada cosa, por la que está determinada la materia de la magnitud: que tal es para las cosas la función del límite.

Desde ese punto de vista, el lugar es la forma de cada cosa, mientras que, en cuanto parece ser el intervalo de la magnitud, el lugar es la materia, cosa, en efecto, distinta de la magnitud, pues que es lo que está envuelto y determinado por la forma, como una superficie o uh límite. Tal es la materia y lo indefinido. Suprimidos los límites y afecciones de la esfera, no queda más que la materia, Por eso, afirma Platón en el *Timeo* la identidad de la materia y la extensión. Porque receptáculo y extensión son una sola y misma cosa, aunque su terminología no sea la misma. Queda por identificar el lugar y la extensión. Y cito a Platón porque, si para todos el lugar es algo, sólo él trató de explicar lo que es.

Muestra este examen lo difícil que es penetrar la esencia del lugar, en la hipótesis de que fuera materia o forma, ya que esto reclama un estudio arduo, y separadas una de, otra son muy dificultosas de investigar. Pero veremos fácilmente que el lugar no puede ser una ni otra. La forma y la materia no se separan de la cosa, y el lugar puede ser separado, ya que unos cuerpos pueden reemplazar a otros en el mismo lugar. Luego el lugar no es parte ni estado, sino algo separable de cada cosa. El vaso, considerado como un lugar transportable, no forma parte de la cosa que contiene. Pues que es separable de ella, no es su forma, y, pues que la envuelve, no es su materia. Por otro lado, lo que es una parte es por sí alguna cosa, e implica como parte otra cosa fuera de ella. Habría que preguntarle a Platón; por qué las ideas y los números no están en el lugar, puesto que el lugar es participante, sea el participante do grande y lo pequeño, sea la materia, como está escrito en el *Timeo* [657].

¿Y cómo podría producirse el transporte hacia el lugar adecuado, si el lugar fuese la materia o la forma? Es imposible que aquello hacia lo que no hay movimiento, y que no tiene como, diferencias lo alto y lo bajo, sea el lugar. Amén de esto, si el lugar es la cosa misma, lo que es forzoso si es forma o materia, el lugar estará en el lugar, porque la forma y lo indeterminado se transforman y son movidos con la cosa, y no permanecen en el mismo sitio, sino donde está la cosa, así que habrá un lugar de lugar. Por ende, cuando se engendra agua a base del aire, el lugar es destruido, porque el cuerpo engendrado no está en el mismo lugar. ¿Qué clase de destrucción es ésta? He aquí las razones de que la existencia del lugar sea necesaria, y las dificultades que surgen acerca de su esencia.

CAPÍTULO III

CONTINUACIÓN DE LA INTRODUCCIÓN DIALÉCTICA

Hay que comprender en cuantas acepciones se considera una cosa dentro o en otra: de un modo, como el dedo en la mano o la parte en el todo; de otro, como el todo en las partes, porque no hay todo sin partes; de otro, como el hombre en el animal y la especie en el género; de otro, como el género en la especie y la parte de la especie en la definición de la especie; de otro, como la salud en las cosas calientes y frías, y la forma en la materia; de otro, como los asuntos griegos están en manos del rey de Macedonia, y en general como en el primer motor; de otro como en el bien, y en general en el fin, es decir, en vista de lo que se obra. Pero el más apropiado sentido es cuando se dice en un vaso, y en general en un lugar.

Una dificultad es saber si una cosa puede estar dentro de sí misma, o si no puede, siendo entonces, o ninguna parte, u otra cosa. Pero esto se entiende de dos maneras: o la cosa se considera con respecto a sí, o con respecto a otra cosa. Cuando el continente y el contenido son partes del todo, el todo podrá considerarse en el interior de sí mismo, porque también se le nombra según las partes, como blanco porque la superficie

---

[657] Compárese con los *Metaphysicorum,* I, VII.

es blanca, o sabio por la facultad de razonar. De fijo no estarán el ánfora ni el vino en su interior, sino el ánfora de vino, porque contenido y continente son partes del mismo todo. Así una cosa puede estar en el interior de sí misma, pero inmediatamente no. Ejemplo: lo blanco está en el cuerpo, porque la superficie está en el cuerpo, o la ciencia en el alma, porque la facultad de razonar está en el alma.

Según estos términos, que son simples partes, se han hecho las apelaciones considerando implícitamente que están en el hombre. El ánfora y el vino aislados no son partes, y lo son cuando están juntos. Por eso, cuando son partes hay algo en su interior, como lo blanco está en el hombre, porque éste está en el cuerpo, y en el cuerpo, porque está en la superficie, pero no relativamente a otra cosa. Hay que añadir que lo blanco y la superficie son cosas diferentes de la esencia, y que cada una tiene naturaleza y potencia distintas.

Un examen por inducción no nos presenta nada que esté en su propio interior según alguna de las determinaciones indicadas, y el razonamiento muestra que es imposible, porque precisaríase que cada término, el continente y el contenido, fuesen lo uno y lo otro, es decir, que el ánfora fuese ánfora y vino, y el vino, vino y ánfora, para que una cosa estuviese en el interior de sí misma. Por profundamente que una cosa esté en otra, el ánfora recibe el vino sin ser vino, sino ánfora, y el vino está en el ánfora, no como ánfora, sino como vino. Luego su esencia es diferente, porque la definición del continente es una y otra la del contenido. Ni aun es posible el caso por accidente, porque habría dos cosas en una sola. El ánfora, en efecto, estaría en el interior de sí misma, si la cosa que recibe pudiera estar en el interior de sí misma. Es, en suma, imposible que una cosa esté inmediatamente en lo interior de sí misma.

La dificultad que sugiere Zenón diciendo que si el lugar es alguna cosa está en alguna cosa no es difícil de resolver. Nada impide que el primer lugar esté en otra cosa, pero no como en un lugar, sino como la salud está en las cosas calientes cómo estado, y el calor en el cuerpo como afección. No es necesario ir hasta lo infinito.

Es evidente que, puesto que el vaso no es lo que contiene, porque el continente y el contenido en sentido propio son diferentes, el lugar no podría ser materia ni la forma, sino que es diferente de lo que contiene, porque la materia y la forma son partes constitutivas de lo que está en el lugar. Esta será nuestra exposición crítica de las dificultades.

CAPÍTULO IV

INVESTIGACIÓN DE LA ESENCIA DEL LUGAR Y SU DEFINICIÓN

Vamos a ver lo que puede ser el lugar, tomando las que parecen sus verdaderas propiedades esenciales. Admitimos, pues, que el lugar es la envoltura primera de lo que está en el lugar, que no es la cosa, que el lugar primero no es mayor ni menor que la cosa, que puede ser abandonado de cualquier cosa, y que es separable de ella. Agreguemos que a todo lugar corresponden lo alto y lo bajo, que los cuerpos son transportados por naturaleza, y que reposan en el lugar adecuado a cada uno. Establecido esto, hay que proseguir el examen, y tratar de dirigir una investigación que permita obtener la esencia, para resolver nuestras dificultades, y transformar en propiedades verdaderas del lugar las que han sido admitidas como tales,[658] a la vez que patentice la razón de las dificultades halladas. Ésa es la mejor manera de explicarlo todo.

Hemos primero de reflexionar en que no se haría ninguna investigación sobre el lugar si no hubiese una especie de movimiento según el lugar. Así, cuando pensamos que el cielo está en un lugar, es que está siempre en movimiento. De esta especie de movimiento hay que distinguir el transporte, de una parte, y de otra, el crecimiento y el decrecimiento, ya que en él hay cambio de lugar, y lo que antes estaba en tal sitio se desplaza de él por aumento o disminución.

Por otro lado, un cuerpo se mueve, o por sí en acto, o por accidente, y lo movido por accidente puede serlo o por sí, como las partes del cuerpo, o no lo puede ser, pero es siempre movido por accidente, como la blancura y la ciencia. En efecto: el cambio de lugar se produce por cambio de la cosa en que está. Decimos que una cosa está en el cielo como en un lugar, porque está en el aire, y éste, en el cielo. Está en el aire, sí, pero no en todo el aire, sino en la parte extrema del aire que tenemos a la vista, porque si todo el aire es lugar, cada cosa no será igual a su lugar, y hemos admitido esa igualdad, y que aquél era el lugar inmediato de la cosa.

---

[658] Helas aquí: 1) el lugar es envoltura primera; 2) no es nada de la cosa; 3) es igual a la cosa; 4) es separable de ella; 5) tiene altura y profundidad; 6) es el término de los momentos propios. "Estas propiedades se sacan del lenguaje, de la evidencia, de la experiencia y de las teorías anteriores". (Carterón, *La physique d'Aristote*, I, 135.)

Cuando la envoltura no se halla separada del cuerpo, sino en continuidad con él, no se dice de éste que esté en ella como en su lugar, sino como una parte en un todo, mientras que cuando se halla separada y simplemente en contacto el cuerpo está inmediatamente en el interior de la superficie extrema de la envoltura, que no es parte de su contenido, ni más grande que el intervalo de la extensión del cuerpo, pero le es igual, porque las extremidades de las cosas en continuidad están unidas. Y si el cuerpo es continuo con la envoltura, no se mueve en ella, sino con ella, y separado, en ella. Que la envoltura sea movida o no, es igual para el caso. Cuando el cuerpo no está separado, se le considera parte de un todo, como la vista en el ojo o la mano en el cuerpo, mientras que el agua en el tonel y el vino en el odre están separados, porque la mano se mueve *con* el cuerpo y el agua *en* el tonel.

Éstas son las indicaciones que nos mostrarán lo que es el lugar. El lugar no puede ser, en suma, más que una de estas cuatro cosas: o forma, o materia, o un intervalo entre los extremos, o los extremos, si no hay ningún intervalo fuera de la magnitud de la cosa que está en él. Tres de estas soluciones son manifiestamente inadmisibles. La forma parece ser el lugar por la propiedad de envolver, ya que las extremidades de lo envuelto y de lo envolvente son las mismas. Son dos límites, mas no del mismo ente. La forma es de la cosa, y el lugar, del cuerpo envolvente.

Con frecuencia, mientras queda la envoltura cambia el cuerpo envuelto, como el agua que cae fuera de un vaso. El intervalo intermedio entre los límites parece ser algo, mientras es independiente del cuerpo desplazado. Si el intervalo considerado en sí fuese algo capaz de ser por naturaleza, y de subsistir en sí mismo, los lugares serían infinitos.[659] Cierto

---

[659] Esta infinidad de lugares se hace inevitable desde el momento en que nuestra mente procede a efectuar la *objetivación absoluta* de la idea del espacio, el cual, una vez concebido como extenso y sometido a relaciones de cuantidad, medirá, sin duda, a los cuerpos que abarca en su seno indefinido, pero sin dejar él mismo de ser *medible* también. Y entonces siempre se preguntará de nuevo qué otro espacio o receptáculo comprende a ese espacio que se imagina como un vaso material de otros cuerpos menores. Así vendremos necesariamente a parar en un espacio inmenso, que todo lo mide, sin estar sujeto a medida, y en un inextenso, que sustenta todo lo extenso. *Sustentación* de las cosas extensas, y no *extensión* pura, es el elemento mental que en la noción del espacio está incluida. Mala definición de él dan los que lo entienden como cosa *extensa,* y los que le consideran como un *receptáculo,* porque semejante definición explica un género de sujeto y de causa física pasiva, términos repugnantes a la inmensidad de Dios, e inútiles para conocer la manera como se sostienen el universo y todos sus

que el aire acaba de sustituir en su lugar al agua, mas todas las partes
harán en el todo lo que hace el agua en el vaso. El lugar, a la vez, estará
sometido al cambio. Habrá para el lugar otro lugar, y varios lugares
estarán juntos. Pero no hay para la parte otro lugar en aquel en que es
movida cuando todo el vaso cambia de sitio, sino que es el mismo
siempre, porque es en el lugar en que está donde cambian de sitio el aire,
el agua y las partes del agua, pero no el sitio donde ocurre el todo.

Podría también la materia parecer el lugar, cuando se considera en un
cuerpo en reposo un atributo no separado, pero continuo. Así como en una
alteración hay algo que ahora es blanco y antes era negro, igual
representación se aplica al lugar, diciendo: el agua está donde estaba el
aire, o el aire donde el agua. Mas la materia no es separable de la cosa ni
la puede envolver, caracteres ambos propios del lugar.

Luego, si el lugar no es forma, ni materia, ni un intervalo, que sería
diferente al intervalo de extensión del objeto desplazado, resulta que el
lugar tiene que ser el límite del cuerpo que envuelve, entendiendo por
cuerpo envuelto lo que es móvil por transporte.

Parece difícil comprender el lugar, porque causa la ilusión de ser la
materia y la forma, y porque el desplazamiento del cuerpo transportado se
produce en el interior de una envoltura que queda en reposo. El lugar
parece poder ser otra cosa intermedia e independiente de las magnitudes
en movimiento. A esto contribuye la apariencia incorpórea del aire, porque
el lugar parece que es no sólo los límites del vaso, sino lo que hay entre
estos límites, considerado como vacío. Así como el vaso es un lugar
transportable, el lugar es un vaso que no se puede mover. Luego, cuando
una cosa interior a otra que se mueve es movida y cambia de sitio, como
un barco en un río, es por relación a lo que la envuelve más como un vaso
que como un lugar. El lugar quiere ser inmóvil, y así es más bien el río
completo lo que es el lugar, porque como completo está inmóvil. De modo

---

cuerpos, a menos que fantaseemos una virtud externa que evite su disolución en la
infinidad. Si dicha virtud externa es extensa, estará contenida en otra, y entonces
se formará un estuche de vasos o de receptáculos metidos unos en otros sin fin.
Ahora bien: todo este proceso hasta lo infinito, que envuelve una petición de
principio evidente, se obvia, como observa Ceballos (La *falsa filosofía*, II, 120),
reconociendo a un *inmenso* en lugar de un *extenso*, y a la inmensidad real y
espiritual de Dios, por el íntimo y último espacio de todas las cosas extensas. Tal
fue ya el profundo pensamiento del apologista cristiano Arnobio (en el libro 1 de
su obra *Adversus gentiles)*, pensamiento que algunos malos metafísicos quisieron
censurar, pero que reprodujeron, en el siglo XVII, dos físicos de la talla de
Newton y de Clarke.

que el límite inmóvil inmediato de la envoltura es el lugar.

Por consiguiente, el centro del firmamento y el extremo del transporte circular se consideran para todo, en sentido eminente, como lo alto y lo bajo. Lo uno, en efecto, permanece eternamente, y lo otro permanece en el sentido de que se comporta de la misma manera. Y, puesto que lo ligero es transportado naturalmente hacia lo alto y lo pesado hacia lo bajo, lo bajo es el límite envolvente del lado del centro, y es él mismo el cuerpo central, y lo alto es el límite del lado extremo, y el cuerpo extremo. Otra consecuencia es que el lugar parece ser una superficie y una envoltura. Por ende, el lugar está con la cosa, porque el límite está con lo limitado.

CAPÍTULO V

LA LOCALIZACIÓN. SOLUCIÓN DE LAS DIFICULTADES

Si un cuerpo tiene fuera de sí otro cuerpo que le envuelve, está en un lugar, y, si no, no, porque si una cosa que no tenga nada fuera de ella, si torna fluida, podrá decirse de ella que no tiene lugar. Las partes de un todo se mueven y se envuelven mutuamente,[660] pero el todo se mueve en un sentido y no en otro. En tanto que todo no cambie de lugar, sino que se mueva circularmente, algunas de sus partes se moverán igual, pero otras (las que sufren condensación y rarefacción) se moverán hacia arriba y hacia abajo.

Todas las cosas están en un lugar, unas en potencia y otras en hecho. Luego, cuando un cuerpo homogéneo es continuo, las partes están en un lugar en potencia, y cuando se separan, están en contacto y en acto. Las cosas están en un lugar por sí, como todo cuerpo móvil por transporte o aumento está por sí en algún sitio. Pero el firmamento en su conjunto no está en ningún sitio ni ningún cuerpo lo rodea, sino que, en tanto que se mueve, tiene un lugar para las partes, cada una de las cuales es contigua a la otra. Otras están en un lugar por accidente, como el alma y el cielo. En un sentido, todas las partes están en un lugar, porque todas, en el orbe, se rodean mutuamente, y porque la parte superior se mueve circularmente, y

---

[660] Según esto, son bien definidas las partes como elementos singulares que componen el mundo en el interior de la esfera extrema. Porque esta idea se aplica, no sólo a las esferas homocéntricas, mas también a la región sublunar. Aristóteles trataba de evitar el escollo en que tropezó el filósofo Cleomedes, cuando, al dar extensión al espacio, infirió la necesidad de otra virtud externa, que apoyando en contrario, le impidiera disolverse hacia fuera, o en riada.

sólo así. Pero el todo no es una parte, ya que lo que es parte es alguna cosa, y a ésta se le supone otra que la envuelve, mientras que en el universo no hay nada fuera del todo, y el todo es el firmamento. El lugar no es el firmamento, sino su extremo, que está en contacto con el cuerpo móvil como límite inmóvil. De modo que la tierra está en el agua, el agua en el aire, el aire en el éter y el éter en el firmamento, pero éste no está en otra cosa.

Esta teoría del lugar resuelve todas las dificultades, ya que no es necesario que el lugar aumente con el cuerpo, ni que el punto tenga un lugar, ni que dos cuerpos estén en el mismo lugar, ni que el lugar sea un intervalo corporal. En efecto: el intervalo del lugar es un cuerpo y no una extensión corporal. Así, el lugar es una parte, mas no como estando en un lugar, sino como el límite está en lo limitado. En fin, cada cuerpo se sitúa en el lugar que le es propio, porque el cuerpo que es consecutivo, y, en contacto con aquél, sin violencia, le es semejante. Las cosas que se tocan son mutuamente activas y pasivas. Cada cosa permanece en reposo natural en su lugar adecuado, ya que cada parte está en el lugar como una parte dividida relativamente al todo, como se puede ver en el movimiento de una parte de agua o de aire. El aire es al agua como la forma a la materia, porque el agua es aire en potencia y el aire en potencia agua. Si la materia y la entelequia son lo mismo, es en la situación de una parte relativamente al todo, porque hay contacto entre estos términos; y *sínfisis* cuando dos se hacen uno por generación. Tal es nuestra teoría del lugar cuanto a su existencia y a su esencia.

CAPÍTULO VI

EL VACÍO. POSICIÓN DE LA CUESTIÓN. EXAMEN DIALÉCTICO

Hemos de admitir que compete también al físico examinar si hay vacío o no, y su esencia. Hay razones para creer en él, y para negarlo. Los partidarios del vacío lo consideran como una especie de lugar y recipiente. Parece lleno cuando contiene la masa de que es receptáculo, y vacío cuando está privado de ella. Así que vacío, lleno y lugar serían el mismo ser con diferentes conceptos.

Hay que comenzar examinando lo que dicen los partidarios y los adversarios del vacío, y las opiniones comunes, porque los que lo niegan no refutan lo que vulgarmente entiéndese por vacío, como Anaxágoras y los que le siguen en sus argumentos. Éstos hacen ver que el aire resiste prensándolo, y que existe encerrándolo en clepsidras. Pero el vulgo entiende por vacío una extensión en que no hay ningún cuerpo sensible, y como piensa que todo ser es corpóreo, cree que es vacío lo que en realidad está lleno de aire. Lo que hay que demostrar no es que el aire sea una realidad, sino que no hay una extensión diferente de los cuerpos, sea como separable o como efectuada de hecho extendiéndose a través del conjunto de la naturaleza corporal y dividiéndola de modo que rompa su continuidad, como dicen Leucipo, Demócrito y otros muchos fisiólogos, o permaneciendo en el exterior del conjunto de la naturaleza corporal, que permanecería siendo continua.[661]

Cuanto a los partidarios del vacío, su primer argumento es que el movimiento local, esto es, el transporte y el aumento, no existirían sin el vacío, porque es imposible que lo lleno reciba nada, y, si dos cuerpos pudiesen estar juntos, tal coexistencia sería posible para un número cualquiera. Siendo esto posible, lo más pequeño contendría a lo más grande, pues que varias cantidades iguales forman una grande, y si fuera posible que varias cantidades iguales estuvieran juntas, también varias desiguales. Meliso demuestra, partiendo de aquí, que el todo es inmóvil, porque, si se moviese habría vacío, que es un no-ser.

He aquí otro modo de demostrar la realidad del vacío. Ciertas cosas parecen comprimirse, como el tonel que recibe el vino parece comprimir en los espacios vacíos que hay en él el cuerpo condensado. El aumento para todas las cosas es posible gracias al vacío. El alimento es un cuerpo y dos cuerpos no pueden coexistir. Argumentan también con lo que ocurre cuando la ceniza recibe tanta agua como el vaso vacío.

Los pitagóricos[662] afirmaban asimismo la existencia del vacío, y pensaban que penetraba con la infinidad de un soplo hasta el mismo cielo. El cielo así respiraría el vacío, que sería una separación y una delimitación de las cosas consecutivas, e incluso estaría entre los números, pues que el vacío delimito sus naturalezas. He aquí las razones apordas en contra y en pro del vacío.

---

[661] Aristóteles distingue el vacío *exterior* a los cuerpos del vacío *interior,* que divide el vacío *difuso* y en vacío *burbujeante.* Así como no admite solidez o *antitipia* absoluta, sino relativa, en cuanto una parte material es más densa que otra, y la resiste para que no ocupe su lugar de igual modo el vacío es relativo respecto a la materia o a la menor densidad dé los cuerpos, y aun a la existencia de todos los seres, de suerte que no hay un vacío absoluto o privado de todo ser. Véase la explanación de este concepto en Ceballos *(La falsa filosofía,* II, 103); y en Diels *(Vorselungen, LIV,* LV).

[662] Su teoría expónela muy bien Zeiler *(Die Philosophieder Griechen,* I, 385).

CAPÍTULO VII

CRÍTICA DE LOS PARTIDARIOS DEL VACÍO

Para resolver la alternativa hay que empezar por el significado de la palabra. Vacío es el lugar en que no hay nada. La razón es que se piensa que el ser es cuerpo,[663] y, estando todo cuerpo en un lugar, el lugar en que no hay cuerpo es vacío. Por la misma razón que, no es vacío todo lo tangible y dotado de ligereza o pesantez. De modo que resulta por silogismo que es vacío aquello en que no hay pesado ni ligero. Pero es absurdo que un punto esté vacío. Luego es preciso que el vacío sea un lugar donde haya extensión de un cuerpo tangible. La primera definición que se obtiene es que el vacío no está lleno de un cuerpo sensible al tacto, ni con pesantez o ligereza. Pero, si el intervalo contiene color o sonido, ¿está vacío o no? Es notorio que si puede recibir un cuerpo perceptible está vacío, y si no, no.

De otra manera, podemos decir que el vacío es aquello en que no hay individuo ni sustancia corporal particular. Por esto, según algunos, el vacío es la materia de los cuerpos, que es lo mismo que habían dicho del lugar, confundiendo ambas cosas. La materia no es separable de las cosas,

---

[663] La insuficiencia de esta concepción refrendóla Aristóteles en los *Metaphysicorum* (I, VII). Si, en efecto, la entidad de las cosas visibles fuese puramente corpórea, habría que atribuir al espacio la impenetrabilidad de los cuerpos, es decir, de las extensiones, que se suponen en él. Pero el espacio no es algo corpóreo y sensible, como la materia, la cuantidad o la extensión, ni tampoco un vacío absoluto y sin ser alguno. En este mismo capítulo y en el siguiente, Aristóteles impugna esa concepción del espacio como vacío absoluto. "Siendo un vacío, no puede ser causa de movimiento, pues no hay, en él, parte superior o inferior, diestra o siniestra". Descartes *(Principia philosophiae,* II, x) quiso decir lo mismo, pero añadiendo la curiosa y antitética consecuencia de que el espacio, considerado como vacío absoluto, no se distingue del cuerpo. Y de la noción que se tiene vulgarmente del espacio como extensión dada en longitud, en latitud y en profundidad, inferior que el dicho espacio no es alguna realidad distinta de la materia. Según esto, sería más breve y más sencillo definir el movimiento como transporte del cuerpo movido por sus mismas partes, o, de otro modo, como aplicación sucesiva del móvil a dichas partes. Idea difícil, pero consecuente, como apuntaron ya D'Alembert *(Elememts de philosophie,* 16) y Ceballos *(La falsa filosofía,* II, 111). A evitar tan grosera e insólita conclusión tienden todos los esfuerzos deductivos (o *dialécticos)* de Aristóteles.

y en ese vacío, objeto de sus investigaciones, hay una cosa separable, que examinan.

Dada nuestra teoría del lugar, y que el vacío, si existe, es un lugar privado de cuerpo, como hemos dicho en qué sentido existe y no existe el lugar, vemos que el vacío no existe, ni como inseparable, ni como separado, porque el vacío no debe ser un cuerpo, sino un intervalo de cuerpos, lo que explica la aparente realidad del vacío, como la del lugar. Los partidarios de la realidad independiente del lugar obtienen el movimiento local por relación de los cuerpos que provienen de él, como sostienen los partidarios del vacío, ya que, según éstos, la causa del movimiento es el vacío. Pero la conclusión del movimiento en el vacío no es necesaria, porque no es condición absoluta de todo movimiento, lo que no había notado Meliso. Lo lleno es susceptible de alteración. Tampoco es condición del movimiento local, porque las cosas pueden reemplazarse mutuamente a la vez., sin que ningún intervalo tenga que separar a los cuerpos en movimiento, como se ve, por ejemplo, en los torbellinos de los líquidos. La condensación, por ende, puede producirse, no por compresión en el vacío, sino por expulsión de lo que está en el cuerpo, como el agua arroja por compresión el aire que contiene. Y asimismo ocurre con el aumento, que puede producirse por alteración, como la generación del aire partiendo del agua. El razonamiento sobre el aumento y el agua vertida en la ceniza se refuta por sí mismo, porque el aumento no se hará sobre todas las partes indistintamente, o no será efectuado por un cuerpo, o dos cuerpos podrán ocupar un sitio juntos. Ese argumento trata de resolver una dificultad corriente, pero no indica que exista el vacío. Además, todo cuerpo debe estar vacío, si puede aumentar por todos lados y si aumenta gracias al vacío, e igual razonaremos con lo de la ceniza. Donde se ve que es fácil refutar los argumentos que intentan probar la existencia del vacío.

CAPÍTULO VIII

INEXISTENCIA DEL VACÍO SEPARADO

Es forzoso explicar cómo no existe el *vacío separado* que propugnan ciertas teorías. Si cada cuerpo simple tiene un transporte propio, como el fuego hacia arriba y la tierra hacia abajo, es evidente que el vacío no puede ser causa del transporte. Así, ¿de qué movimiento será origen el vacío, si no lo es del movimiento local? Y, siendo el vacío un lugar sin cuerpo, ¿dónde será llevado el cuerpo que se sitúa en él? No puede serlo en todas direcciones. Argumentaremos igual contra los que afirman la realidad separada del lugar como término final del transporte. ¿Cómo serán posibles el transporte o el reposo del cuerpo que está en el interior del lugar? ¿Y cómo estará una cosa en el lugar o en el vacío? Tampoco la teoría vale en el caso de que un todo esté situado en un lugar que esté separado y sea sustancia corporal, porque la parte, a menos de tener sitio distinto, no estará en un lugar, sino en el todo. En fin, si no hay lugar como intervalo sustancial, no habrá vacío.

Los que afirman que el vacío es condición necesaria del movimiento llegan más bien a la conclusión contraria, esto es, que nada puede moverse si el vacío existe, porque si según algunos la tierra está en reposo merced a su homogeneidad, asimismo es inevitable el reposo en el vacío, pues no hay nada hacia lo que el movimiento pueda preferentemente producirse, ya que el vacío como tal no comporta ninguna diferencia. Todo movimiento es forzado o natural, y, si existe el primero, debe existir el segundo, dado que lo contrario a la naturaleza, como lo forzado, debe ser posterior a lo conforme a ella. Conque si no hay para los cuerpos físicos movimiento natural, no lo habrá de otra clase. Pero ¿en qué sentido se producirá un movimiento natural, si en lo infinito y en el vacío no hay alto, ni bajo, ni medio? Porque en el vacío lo alto no difiere de lo bajo, pues que en la nada no caben diferencias. Pero el transporte natural las comporta, así como las cosas naturales. No hay transporte natural en ningún sitio y para nada. Luego no hay vacío. Los proyectiles se mueven fuera de la mano que los lanza, sea por contragolpe, como sostienen ciertas teorías, o por la impulsión del aire, que imprime al proyectil un movimiento más rápido que su transporte hacia el lugar natural. Nada de esto puede pasar en el vacío, y un transporte sólo por un vehículo es posible.

No se podría tampoco decir por qué un cuerpo movido en el vacío se detendrá en alguna parte. ¿Por qué aquí y no allá? Luego, o necesariamente estará en reposo, o necesariamente será transportado hasta lo infinito, si algo más fuerte no lo detiene.

Por lo demás, es hacia el vacío hacia el que este transporte parece producirse. A pretexto de que tal medio cede, pero en el interior del vacío, al producirse el mismo fenómeno en todos los sentidos por igual, ei transporte tendrá lugar en todas direcciones. La experiencia prueba que el mismo peso y cuerpo es transportado más de prisa por dos razones: por diferencia del medio atravesado, o por diferencia de los móviles según su pesantez o ligereza. El medio, atravesado influye, sobre todo cuando el movimiento es en sentido contrario, por el obstáculo que presenta, que aumenta cuanto más denso es. Sea un cuerpo A transportado a través de B durante el, tiempo C y a través de D, que es más sutil, durante el tiempo E. Si B es igual a D en longitud, el tiempo será proporcional a la resistencia del medio. En efecto, supongamos que B sea agua y D aire; siendo el aire más sutil que el agua, el transporte de A a través de D será más rápido que a través de *B*, porque hay la misma proporción entre el agua y el aire que entre las velocidades respectivas. De modo que la sutileza es doble, el tiempo de travesía de *B* será doble que el de *D*, y cuanto más incorpóreo sea el medio atravesado, más rápido será el transporte.

Mas no hay entre el vacío y el cuerpo más proporción que mida el grado de exceso del uno sobre el otro que la que pueda haber entre el cero y un número, porque cuatro excede a tres en uno, pero no hay proporción a su exceso sobre el cero, como la línea no tiene exceso sobre el punto, porque no se compone de puntos. Así, lo vacío no tiene proporción con lo lleno ni con el movimiento tampoco.

Si el transporte a través del medio más sutil se verifica en un tiempo determinado sobre una longitud determinada, en el vacío toda proporción será excedida. Sea *Z* el vacío, igual en grandor a *B* y a *D*. Si el recorrido y el movimiento de *A* a través de *Z* dura cierto tiempo, *H*, más corto que *E*, el vacío estará con lo lleno en esta proporción. Pero en ese mismo tiempo *H*, *A* no recorrerá de *D* más que la longitud *H*. Tal será su recorrido si se puede establecer entre el grado de sutileza de 2 y el aire una reacción igual a la de E a *H*. Porque si *Z* excede en sutileza a *D* como *E* a *H*, a la inversa, el cuerpo *A* en movimiento atravesará el vacío *Z* con velocidad correspondiente a *H*. Si no hay ningún cuerpo en *Z*, será la velocidad tanto mayor, pero eso se comprende en el tiempo *H*. En resumen: en un tiempo igual recorrerá una longitud vacía y otra llena, lo que es imposible. Es notorio que si hay un tiempo cualquiera en el que un cuerpo cualquiera atraviesa el vacío, se llega a esta imposibilidad. Un cuerpo puede a la vez atravesar lo vacío y lo lleno, porque habrá igual relación entre los cuerpos que entre los tiempos. Y la razón de conclusión tan clara es que hay siempre proporción de un movimiento a un movimiento (porque están en el tiempo y hay siempre relación entre dos tiempos, cantidades limitadas), pero no de lo vacío a lo lleno.[664]

Tales son los resultados de la diferencia de los medios, y lo que resulta de la diferencia de los móviles transportados. La experiencia enseña que los cuerpos de fuerza mayor, sea en pesantez o en ligereza, atraviesan más de prisa un espacio igual, y en la proporción que las magnitudes tienen entre sí. Igual debía pasar en el vacío, pero es imposible, porque ¿por qué había el transporte de ser más rápido? En las cosas llenas es una

---

[664] Carterón (*La physique d'Aristote*, I, 142) resume la precedente discusión, diciendo que, si llamamos *t* a los tiempos de recorrido de un mismo espacio, y d a, lo inverso *del* verso del grado de sutileza del medio, obtendremos: $t/t' = d/d'$ y recíprocamente $d'/d = t'/t$.

necesidad, porque el cuerpo de superior potencia divide más de prisa, ya que la división depende de la figura o fuerza del móvil o proyectil. Los cuerpos debían, pues, tener igual velocidad, para que fuese posible el vacío. No es posible que la tengan igual. En conclusión: las razones de ser del vacío demuestran lo contrario de lo que sus partidarios pretenden, ya que deducen el vacío como condición del movimiento local, a título de cosa distinta en sí, lo que equivale a decir que el lugar es una realidad separada, imposibilidad señalada anteriormente.

Considerándolo en sí mismo, este vacío sería en verdad vacío. Metiendo un cubo en el agua, se desplazará una cantidad de agua igual al cubo, y lo mismo en el aire, pero eso no se aprecia por la sensación. Todo cuerpo susceptible de cambio de sitio efectuará necesariamente ese desplazamiento hacia su fin natural, no siendo que se le comprima, esto es, hacia arriba o hacia abajo, según sea fuego o tierra, o en ambos sentidos. Pero eso en el vacío no es posible, porque el vacío no es un cuerpo. Luego la extensión que hay en el vacío debía penetrar en el cubo, como si el agua o el aire no fuesen desplazados por el cubo, sino que se extendiesen por todo él. Pongamos que el cubo tiene un tamaño igual al que ocupa el vacío. Caliente o frío, pesado o ligero, hay algo diferente de sus afecciones, aunque no separable: la masa del cubo de madera. De modo que, separado de todas sus características, seguiría ocupando un vacío igual, y ocuparía una parte del lugar y del vacío igual a sí mismo. ¿Qué diferencia habrá entre los cuerpos del cubo y un vacío o un lugar igual? Y si esto es así para dos cosas, ¿por qué no habría cosas en cualquier número juntas también? Primer absurdo e imposibilidad.

Además, se ve que el cubo, al cambiar de sitio, conservara su masa como los demás cuerpos, de modo que si la masa no difiere del lugar, ¿por qué dar un lugar al cuerpo; fuera de su propia masa, puesto que no sirve de nada rodearlo de otra extensión? Habría que encontrar también algo semejante al vacío en las cosas movidas. Pero no se encuentra en ninguna parte en el interior del, mundo, porque el aire es una realidad, aunque no sea sensible, como no lo sería el agua para los peces, si éstos fueran de hierro, ya que se juzga de lo sensible por el tacto. De suerte que no existe vacío separado.

CAPÍTULO IX

INEXISTENCIA DEL VACÍO INTERIOR. EL DINAMISMO

Para algunos, lo ralo y lo denso son pruebas de la existencia del vacío. Si lo ralo y lo denso no existiesen, no sería posible la compresión, o, sin ellos, el movimiento en general no existiría, o el todo se movería por soplos, como dice Jutos, o el aire y el agua se transformarían siempre recíprocamente en cantidades iguales, o bien hay vacío, porque serían, si no, imposibles la compresión y la coextensión.

Pero si se llama ralo a lo que contiene muchos vacíos separados, se ve que, si es verdad que no puede existir ningún vacío separable ni ningún lugar que tenga su propia extensión, no hay nada ralo en este sentido. Mas si no se trata de vacío separdo, y se sostiene que hay en el interior de los cuerpos cierto vacío, la imposibilidad es menor. Pero se llegará a que el vacío no es causa de todo movimiento, sino sólo del movimiento hacia arriba, pues que lo ralo, como el fuego, es ligero. Luego el vacío será causa del movimiento, no a modo de medio del movimiento, sino al modo que los que por su propio movimiento hacia lo alto arrastran lo que les es continuo. Mas ¿cómo puede haber un movimiento del vacío, o un lugar del vacío? Porque habría entonces un vacío del vacío hacia el que sería transportado. ¿Y cómo apreciar el movimiento de las piedras hacia abajo? Si el transporte hacia arriba responde a la rarefacción, el vacío será transportado con máxima rapidez. Pero, como en tal medio hay imposibilidad de movimiento, pues que se ha demostrado que todo estaba inmóvil en el vacío, el vacío por igual razón debe ser inmóvil, ya que las velocidades en él son inconmensurables.

Aunque neguemos la existencia del vacío, restan serias dificultades. Sin condensación ni rarefacción no hay movimiento y el cielo se movería por soplo, y el aire y el agua se producirían recíprocamente por cantidades iguales, cuando es notorio que el aire producido por el agua es en cantidad superior. Es preciso, pues, que bajo el impulso producido por continuidad, el extremo se hinche o que una cantidad igual de aire se transforme en agua, para que la masa del conjunto sea constante. Siempre un cambio de sitio causará condensación, salvo un movimiento circular. Pero el transporte no es siempre así, sino que también se hace en línea recta. En virtud de esas razones se afirma la realidad del vacío.

Pero nuestra teoría es opuesta. Según los principios que hemos establecido, los contrarios tienen una sola materia, la generación se efectúa de la existencia en potencia a la existencia en acto, y la materia no es separable, sino diferente en ciencia y una numéricamente según la ocasión. La misma materia hay en un cuerpo grande que en uno pequeño. Cuando el aire se engendra del agua, la misma materia sufre la generación, sin adición de nada extraño, sino sólo convirtiéndose en hecho lo que estaba en potencia, y lo mismo, inversamente, cuando el agua se engendra del aire, porque la generación va de lo grande a lo pequeño, y viceversa. Así, la materia, siendo en potencia esto y aquello, se convierte en aquello y en esto.

La misma materia es la que se convierte en cierto grado de calor a partir de cierto grado de frío, como la que efectúa lo inverso, pues que todo lo lleva en potencia. Y la misma cuando la circunferencia y la convexidad de un círculo mayor se convierten en la de un círculo menor, en el que, sea la circunferencia ésta u otra, la convexidad no, provenga de algo que no haya sido convexo antes. Lo más y lo menos no se originan de una privación de partes, y no se podría encontrar en las partes de la llama una que no contenga luz o calor. La grandeza o la pequeñez de una masa sensible no tienen lugar por adición de otra cosa a la materia, sino porque la materia es en potencia una cosa y otra, bien como en una cosa densa o rala no hay para ambas cualidades más que una materia.

Por otra parte, lo denso es pesado, y lo ralo, ligero. Así como la circunferencia del círculo, al ser reducida, no recibe del exterior su convexidad, sino que tiene en reducción la que antes tenía, y así como no se podría encontrar parte del fuego que no tuviese calor, así el todo se transforma por extensión y reducción de la misma materia. Las dos cualidades de pesado y ligero pertenecen a las otras desde lo denso y lo ralo, porque lo pesado y lo duro parecen densos, y ralos sus contrarios, blando y ligero, pero lo pesado y lo duro no van unidos en el plomo y en el hierro.

De lo precedente se sigue que no hay vacío ni separado, ni en potencia, a menos que se quiera llamar vacío a la causa del transporte. Pero entonces el vacío no sería materia de lo pesado y de lo ligero, ya que son estos contrarios la causa eficiente del transporte, y según la dureza y la blandura, causas de la afección o de su falta, esto es, no de un transporte, sino de una alteración. Y tal es nuestra teoría sobre el vacío y sobre su existencia.[665]

---

[665] Esta teoría de Aristóteles puede resumirse en las proposiciones siguientes: 1) que el vacío no precedió al mundo, porque lo que no es, ni existe, no puede preceder, ni preexistir; 2) que la materia no es más que un *casi vacío*, que no es

CAPÍTULO X

ESTUDIO CRÍTICO DEL PROBLEMA DEL TIEMPO

Ahora hemos de efectuar el estudio del tiempo. Preciso es situar las dificultades a su respecto, y examinar, con una argumentación exotérica, si hay que colocarlo entre los seres o entre los no-seres, una vez estudiada su naturaleza.

Que no existe, o que tiene una existencia imperfecta y oscura, se deduce de lo que sigue. De una parte, ha sido y no es, y, de otra, va a ser, y no es aún. Lo que se compone, de no-seres parece no poder participar de la sustancia. Además, la existencia de toda cosa divisible como tal, entraña necesariamente la existencia de todas o algunas de sus partes, y las partes del tiempo son unas pasadas y otras futuras. Ninguna existe, y el tiempo es, sin embargo, una cosa divisible.

Cuanto al instante, no es parte suya, porque la parte es una medida del todo, y el todo debe estar compuesto de partes, pero el tiempo no se compone de instantes. El instante que parece limitar el pasado y el futuro, ¿subsiste uno e idéntico, o es siempre nuevo? Es difícil saberlo Si siempre es diferente, como ninguna parte de una sucesión temporal coexiste con ninguna otra (salvo para las partes envolvente y envuelta), y, como lo que no es y ha sido antes debe ser destruida en un momento, los instantes no coexistirán uno con otro, y el que precede será siempre forzosamente destruido. ¿Destruido en sí mismo? Imposible, porque entonces existe, pero ser destruido en otro instante no puede ser para el instante precedente.

---

dable a la ciencia asir en su cantidad real; 3) que en la materia no hay un*idad* alguna, sino una *unión* o composición continua, y una íntima e interminable división; 4) que esto nos pone delante una infinidad de intersticios o poros, tan innumerables como las partículas que tejen a cada cuerpo; 5) que tales intersticios no están vacíos, sino que los llena el aire, el cual es también un cuerpo, aunque de materia más delgada o sutil; 6) que un lugar se dice vacío, cuando no se había ocupado por cuerpos sólidos y tangibles, si bien lo creemos lleno por el aire; 7) que quien en realidad lo llena es el éter, la más tenue de las materias concebibles; 8) que es absurdo imaginar varios *absolutos*, ocupados por la pura nada; 9) que basta un vacío *relativo*, lleno por el éter, y que deje suficiente libertad a los movimientos de la materia. Donde se advierte que, en su teoría del vacío, Aristóteles anticipó muchos puntos de vista que en la física moderna corren por válidos.

La continuidad de los instantes es imposible entre sí, como la de los puntos. No siendo, pues, destruido en el instante consecutivo, sino en otro, coexistiría con los instantes intermedios, que son infinitos, lo que resulta imposible. Pero no puede permanecer siempre el mismo, porque para ninguna cosa divisible limitada hay más que un límite único, sea continua según una dirección sola o según varias. El instante es un límite, y a más la coexistencia según el tiempo (el hecho de no ser anterior ni posterior) consiste en estar en el mismo, de modo que si las cosas anteriores y posteriores están en el mismo instante, los acontecimientos de hace diez mil años coexistirían con los de hoy, y nada sería posterior ni anterior a nada.

Éstas son las dificultades relativas a las propiedades del tiempo. Las relativas a su naturaleza no las aclara tampoco la tradición. Unos pretenden que el movimiento del todo es el tiempo, y otros que la esfera misma. La parte del movimiento circular podrá ser tiempo, pero no ya movimiento circular, puesto que es una parte de él. Y, si hay varios cielos, el movimiento de cualquiera de ellos sería el tiempo, y coexistirían varios tiempos. Por lo demás, si la esfera del todo parece ser el tiempo, es porque el todo está en el tiempo y en la esfera del todo. Ésta es, pues, una teoría tan simplista que no merece el examen de sus imposibilidades.

El aspecto que hay que examinar es aquel en que el tiempo parece que es un movimiento y un cambio. El cambio y el movimiento de cada cosa están sólo en la cosa que cambia, pero el tiempo está en todas por igual. Todo cambio es más rápido o más lento, y el tiempo no, porque la rapidez y la lentitud las define el tiempo. Es rápido lo movido en poco tiempo, y lento lo movido en mucho, mas el tiempo no es definido por el tiempo, ni en cantidad ni en calidad. Luego el tiempo no es movimiento. Por ahora, no necesitamos diferenciar el movimiento del cambio.

CAPÍTULO XI

FIN DEL ESTUDIO CRÍTICO. DEFINICIÓN DEL TIEMPO

El tiempo no existe sin el cambio, ya que, cuando no sufrimos o no percibimos cambios en nuestro pensamiento, nos parece que no ha pasado tiempo: impresión que, según la leyenda, sintieron los que dormían en Sardis junto a los héroes. En efecto: el instante de antes y el de ahora forman uno solo, si, en el intervalo, no ha habido sensación. Si el instante no fuese diferente, sino idéntico y único, no habría tiempo, y por eso parece que no lo hay, si no se siente su variación. Así nos parece que no corre el tiempo cuando no sufrimos ningún cambio y el alma parece permanecer en un estado único e indivisible, y puesto que, al contrario, sintiendo y determinando notamos que pasa tiempo, es notorio que no hay tiempo sin movimiento y cambio, así como que el tiempo no es el movimiento.

Pero, pues que buscamos la esencia del tiempo, hay que definir qué elemento del movimiento es el tiempo. Percibimos el tiempo percibiendo el movimiento. Si estamos a oscuras y no percibimos nada por intermedio del cuerpo y un movimiento se produce en el alma, entonces nos parece que ha pasado simultáneamente cierto tiempo, e, inversamente, cuando cierto tiempo ha pasado parece que cierto movimiento se ha producido. Luego el tiempo es movimiento, o algo de él, y puesto que no es el movimiento, es algo que pertenece al movimiento.

Ya que lo movido lo es de un punto de partida a un punto de llegada,[666] y que toda magnitud es continua, el movimiento obedece a la magnitud, puesto que por la continuidad de la magnitud es continuo el movimiento y por el movimiento el tiempo, porque el tiempo parece siempre correr proporcionalmente al movimiento. Lo anterior y lo posterior están originariamente, según la posición, en el lugar. Pero, si la relación de lo anterior a lo posterior está en la magnitud, necesariamente estará también en el movimiento, por analogía con la magnitud. Mas estará también en el tiempo, porque el tiempo y el movimiento obedecen el uno al otro. Por lo demás, lo anterior-posterior para uno y otro está en el movimiento, y cuanto al sujeto es el movimiento mismo, pero cuanto a la esencia es diferente. Conocemos el tiempo cuando hemos determinado el movimiento, utilizando para esta determinación lo anterior-posterior, y decimos que ha pasado tiempo cuando tenemos sensación de lo anterior-posterior en el movimiento.

Esta determinación supone que se toman estos términos uno distinto del otro, con un intervalo diferente de ellos. Cuando distinguimos con la inteligencia los extremos y el medio, y el alma declara que hay dos instantes, el anterior de una parte y el posterior de otra, entonces decimos que existe un tiempo, porque lo determinado por el instante parece ser tiempo. Cuando sentimos el instante como único en lugar de sentirlo anterior o posterior en el movimiento, o como único, pero como fin del anterior y comienzo del posterior, parece que ningún tiempo ha pasado, porque ningún movimiento se ha producido. Cuando percibimos lo

---

[666] Este principio de apariencia analítica es capital en la física aristotélica. Aquí empieza solamente a insinuarse. Pero, en el libro VI, Aristóteles lo desenvuelve con toda amplitud, para fundar en él su teoría de la continuidad del movimiento.

anterior y lo posterior, decimos que hay tiempo, y esto, en efecto, es el tiempo: el número del movimiento según la relación de antes y después.

El tiempo no es movimiento sino en tanto que el movimiento comporta un número. El número (y ésta es la prueba) nos permite distinguir lo más y lo menos, y el tiempo, lo más y lo menos del movimiento. Luego el tiempo es una especie de número. Mas número se entiende de dos modos: como numerado, como numerable y como medio de numerar. El tiempo es lo numerado, y no el medio de numerar. El medio de numerar y la cosa numerada son distintos.

Así como el movimiento es siempre distinto, igual le sucede al tiempo. El tiempo considerado entero es el mismo, porque el instante es el mismo en su sujeto, y otro en su esencia. El instante mide el tiempo como anterior y posterior. El instante es el mismo en un sentido y en otro no. En tanto varía de un momento a otro, es diferente, y cuanto a su sujeto, es el mismo. Como hemos dicho, el movimiento obedece a la magnitud y el tiempo al movimiento, y al punto obedece lo transportado, que nos permite conocer el movimiento, y lo anterior y lo posterior en el movimiento, Lo transportado es igual como sujeto, pero distinto por definición, y así los sofistas consideran a Corisco en el Liceo distinto a Coriseo en el Agora. A lo transportado corresponde el instante, como el tiempo al movimiento, porque lo transportado nos permite conocer lo anterior-posterior en el movimiento. En tanto es numerable lo anterior-posterior, se tiene el instante, de suerte que en el dominio del tiempo el instante como sujeto es el mismo, porque es lo anterior-posterior del movimiento, pero es diferente cuanto a la esencia.

Éstos son los elementos más cognoscibles, porque el movimiento se conoce por lo movido, y por lo transportado, el transporte, ya que lo transportado es un ser individual y el movimiento no. En un sentido, pues, el instante es siempre el mismo, y en otro, no es el mismo, como en el caso de lo transportado.

Vemos que sin el tiempo no hay instante, ni sin el instante tiempo, pues así como coexisten el transporte y lo transportado, coexisten el número de lo transportado y del transporte. Él tiempo, en efecto, es el número del transporte, y el instante, lo mismo que lo transportado, es como la unidad del número.[667]

---

[667] En varias partes de la obra, vuelve Aristóteles solare esta, idea de la medida del tiempo por el instante. En su opinión, el instante es un elemento de dimensión, que no forma parte de ella. Cuanto a la medida por composición, a la continuidad

El tiempo es continuo por el instante, y se divide por el instante, por correspondencia con lo que ocurre entre lo transportado y el transporte. El movimiento y el transporte son uno por la unidad de lo transportado, y, si hay variación, no es cuanto al sujeto, lo que sería una ruptura de la unidad del movimiento, sino cuanto a la esencia, de lo que viene la determinación del movimiento como anterior y posterior. Y esta propiedad corresponde en cierto modo a la del punto, porque el punto hace continua la longitud y la determina, puesto que es el comienzo de una parte y el fin de otra. Cuando se toma como doble el elemento único, siendo el mismo punto fin y principio, es inevitable una detención. Pero el instante, por el movimiento continuo de lo transportado, es siempre diferente, de modo que el tiempo es número, no en la hipótesis de servirse del mismo punto como comienzo y fin, sino más bien considerando los extremos de una línea, siendo esta línea la misma y no formando partes en acto, por la razón expuesta de que tomándose el punto como doble se produciría una detención. Se ve, por ende, que el instante no es más parte del tiempo que el elemento del movimiento lo es del movimiento, o los puntos de la línea, pero aquí hay dos líneas que son partes de una línea. Como límite, el instante no es el tiempo, sino un accidente, y el número es número, porque los límites no pertenecen sino a lo que limitan. El tiempo es, pues, número del movimiento según la relación de antes y de después, y continuo, porque pertenece a un continuo.

CAPÍTULO XII

CONSECUENCIAS DE LA DEFINICIÓN. LA EXISTENCIA EN EL TIEMPO

El número mínimo, en un sentido absoluto, es la díada. Como número concreto, en un sentido existe y en otro no. Para la línea lo más pequeño en cantidad son dos o una sola línea. En magnitud no hay más pequeño, porque toda línea puede dividirse. Igual ocurre en el tiempo, y, según el número, hay uno o des tiempos como mínimo, y, según la magnitud, no hay mínimo.

No se habla de la velocidad o lentitud del tiempo, sino que se dice mucho tiempo o poco. Pero no es rápido ni lento, porque no hay número numerable que sea rápido o lento. Es simultáneamente igual para todo,

---

de la línea, al *lapso* de tiempo y a otros conceptos análogos, estùdíalos más detenidamente en los *Metaphysicorum* (IV, x).

pero no es igual como anterior-posterior, porque el cambio, como presente, es uno, pero diferente como pasado y futuro. No olvidemos que el tiempo es número, no como modo de numerar, sino como numerado. Luego se produce siempre distintamente en lo anterior y en lo posterior, porque los instantes son diferentes. El número de cien caballos y el de cien hombres es único e idéntico, pero los caballos difieren de los hombres. Por ende, así como puede haber un movimiento único e idéntico por la periodicidad, así el tiempo: un año, un otoño, una primavera.

No medimos sólo el movimiento por el tiempo, sino también el tiempo por el movimiento, puesto que ambos se determinan recíprocamente, porque el tiempo determina el movimiento de que es número, y el movimiento, el tiempo. Hablamos de mucho o de poco tiempo midiéndolo por el movimiento, como medimos el número por lo numerable, como el número de caballos por el caballo unidad, ya que por el número conocemos la cantidad de los caballos, y por el caballo unidad el número de los caballos.[668] Así, por el tiempo medimos el movimiento y por el movimiento el tiempo, porque el movimiento corresponde a la magnitud y el tiempo al movimiento, ya que son cantidades continuas y divisibles. Como la magnitud tiene caracteres que recaen sobre el movimiento, el movimiento recae sobre el tiempo, y medimos la magnitud por el movimiento, y al contrario. Decimos que un camino es largo, si el viaje lo es, y viceversa. Pero, pues que es el tiempo medida del movimiento, y del movimiento efectuándose, y pues que mide el movimiento por la determinación de cierto movimiento que sirve de medida al total, para el movimiento estar en el tiempo es ser medido por el tiempo, en sí mismo o en su existencia, ya que simultáneamente el tiempo mide el movimiento y su esencia, y para el movimiento estar en el tiempo es el hecho de ser medido en su existencia.[669]

Para las demás cosas, la existencia en el tiempo consiste en ser medidas en su existencia bajo la acción del tiempo. Estar en el tiempo puede entenderse de dos modos: estar cuando el tiempo se produce, o estar

---

[668] Carterón (La physique d'Aristote, I, 154) hace nota cuán mal distingue Aristóteles la medida de una dimensión por una unidad que forma parte de ella, y la medida de una colección por un elemento unitario.

[669] Esta deducción, aunque poco conocida de los escolásticos en sus transcendentales consecuencias, era muy vieja en la escuela de Aristóteles, como lo demuestra la interpretación que de ella hizo Alejandro de Afrodisia (Specilegium, 735). En los siguientes términos se expresa el comentador: "Con relación al movimiento, como con relación a todo lo que tiene τὸ εἶναι ἐν τῷ γίνεσθαι. la esencia y la existencia, se confunden".

como se dice que ciertas cosas están en el número, lo que significa que la cosa es alguna cosa del número, o que la cosa es ese número. Siendo el tiempo número, el instante, lo anterior y todo lo análogo, están en el tiempo, como la unidad, lo par y lo impar en el número, siendo estos términos algo del número y aquéllos algo del tiempo, y en tal caso serán envueltos por el número, como las cosas que hay en el lugar por el lugar. La existencia en el tiempo no es, pues, al hecho de coexistir con el tiempo, lo mismo que no es igual estar en un lugar o moverse que ser movimiento o lugar, ya que si coexistir fuera ser, un grano de trigo sería el cielo porque coexiste con él. Pero esto es sólo un accidente. Al contrario, por una correspondencia necesaria, la existencia de una cosa en el tiempo entraña la existencia de un cierto tiempo, mientras la cosa existe, y que el movimiento exista cuando una cosa está en movimiento.

Pero, puesto que la existencia en el tiempo[670] se asemeja a la existencia en el número, se puede considerar un tiempo mayor que cuanto está en el tiempo, y es inevitable que cuanto está en el tiempo sea envuelto por él, como lo que está en el lugar está envuelto por el lugar.

El tiempo produce necesariamente también una cierta pasión. Decimos que el tiempo consume, y que lo envejece todo, y todo lo borra, pero no que instruye o rejuvenece, porque el tiempo intrínsecamente es más bien causa de destrucción, ya que es número del movimiento, y el movimiento destruye. Luego los seres eternos, como tales, no existen en el tiempo, porque el tiempo no les envuelve ni mide su existencia.

Pues que el tiempo es medida del movimiento, será también por accidente medida del reposo, porque todo reposo se produce en el tiempo. Aunque lo que está en el movimiento necesariamente haya de ser movido, no sucede igual con lo que está en el tiempo, porque el tiempo no es movimiento, sino número del movimiento, y en ese número puede estar también lo que se halla en reposo. No todo lo inmóvil está en reposo, sino sólo lo que, pudiendo moverse, está privado de movimiento. Pero estar en un número es tener la existencia medida por el número en que la cosa está. Luego estar en el tiempo, es ser medido por el tiempo. Por otra parte, el tiempo medirá lo movido y el cuerpo en reposo, lo uno como movido, lo otro como reposando, en cuanto son cantidades. El cuerpo movido no lo

---

[670] Comparando el pasaje que sigue con otro del tratado *De generatione et corruptione* (II, IX), adviértese que Aristóteles admitía tres clases de seres: 1) los que necesariamente no existen nunca; 2) los que existen necesaria y eternamente; 3) los no necesarios y necesariamente sometidos al nacimiento y a la muerte. Véase a Carterón, *La physique d'Aristote*, I, 155.

mide, pues, el tiempo como una cierta cantidad, sino como la cierta cantidad que es su movimiento. Por tanto, cuanto está en reposo o en movimiento está en el tiempo, ya que existir en el tiempo es ser medido por él, y el tiempo es medida del reposo y del movimiento. Únicamente el no ser, pues, no está en el tiempo. Ejemplo, lo que no puede ser, como la conmensurabilidad del diámetro al lado.

De un modo general, si el tiempo es por sí medida del movimiento y por accidente de otras cosas, todo aquello cuya existencia mide existirá en el movimiento y en el reposo. Cuanto está sometido a generación y destrucción, y todo lo que ora existe, ora no existe, están necesariamente en el tiempo, porque hay un tiempo mayor que excede su existencia y el tiempo que mide su sustancia. Pero de las cosas que no existen, aquellas que el tiempo envuelve, existieron, como Homero existió, o existirán como cosa por venir, según el sentido en que el tiempo las envuelve, o, si las comprende en ambos sentidos, pueden tener una u otra de las dos existencias. Las que no envuelve de ningún modo, ni existieron, ni existen, ni existirán. Pero, entre las cosas que no están en el tiempo, las hay que son eternas, como la inconmensurabilidad del diámetro lo es, y no están en el tiempo. No lo estará tampoco la conmensurabilidad, por ser contraria a un ser eterno. Pero todo aquello que no es contrario de un ser eterno, puede ser y no ser, y está sometido a la generación y a la destrucción.

CAPÍTULO XIII

EL INSTANTE Y LA EXISTENCIA EN EL INSTANTE

El instante es la continuidad del tiempo, porque une el pasado al futuro, y es en general el límite del tiempo, ya que es comienzo de una parte y fin de la otra, pero esto no se aprecia en el punto cuando está en reposo. El instante divide en potencia, y como tal siempre es distinto, y, en tanto que une, es el mismo siempre, como en las líneas matemáticas. El mismo punto no es siempre uno en cuanto a la definición, puesto que es otro cuando se divide la línea, pero es el mismo cuando ejerce su función unificadora. El instante es, pues, por un lado, división del tiempo, y por otro, limita y unifica las dos partes. Cuanto al sujeto, la división y la unificación son lo mismo, pero no así con respecto a la esencia.

Éste es uno de los sentidos del instante, pero hay otro, y es cuando el tiempo de la cosa es próximo. *Vendrá al instante,* esto es, ahora. Ni los sucesos de Troya, ni el diluvio, se produjeron en un instante, porque el tiempo que los une es continuo, pero no próximo.[671] La expresión *un día* significa un tiempo limitado relativamente al instante tomado en el primer sentido. Troya, por ejemplo, fue tomada un día, y el diluvio tuvo lugar otro. Debe, en efecto, tener limitación relativa al instante, y habrá una determinada cantidad de tiempo entre el instante actual y el futuro, y otra entre el instante actual y el pasado. Si no hubiese ningún tiempo que fuese un *día*, todo tiempo sería limitado. ¿Puede haber, pues, una extinción del tiempo? No, puesto que el movimiento existe siempre. ¿Es distinto o el mismo repetido? Evidentemente, es como el movimiento. Y si éste es a la vez mismo y uno, el tiempo será uno y lo mismo, y, si no, no. Como el instante es fin y comienzo del tiempo, no es de la misma parte de tiempo, sino fin del pasado y comienzo del futuro. Así como el círculo es a la vez convexo y cóncavo, así el tiempo estará siempre empezando y terminando. El instante no es comienzo y fin de la misma parte (porque los opuestos coexistirían desde el mismo punto de vista) No hay cesación, sino siempre tiempo comenzado.

La expresión *ahora* indica la parte de futuro que está próxima al presente instante indivisible. ¿Cuándo paseas? Ahora, porque el tiempo en que eso ocurrirá está próximo. Indica también que la parte del tiempo pasado no está lejos de la presente. ¿Cuándo te paseas? Ahora me he paseado. Y no se dice que Troya fue destruida ahora, porque está muy lejos del presente.

La expresión *recientemente* indica la parte próxima del pasado. ¿Cuándo has ido? Recientemente, si él tiempo está cercano al instante actual. Antes, si está lejano. La expresión *de pronto* se aplica a una modificación ocurrida en un tiempo insensible por su pequeñez.

Todo cambio es destructor por naturaleza. Todo en el tiempo se engendra y se destruye. Todos le llaman muy sabio, pero para el pitagórico Pavón es muy ignorante, porque se olvida de sí mismo: Y tiene razón Pavón. El tiempo por sí es causa más bien de destrucción que de generación, porque el cambio tiende a destruir, y, si es causa de generación y de existencia, lo es por accidente. Nada deviene sin ser movido, mientras que una cosa puede ser destruida sin ser movida. Esta destrucción es la que atribuimos ordinariamente al tiempo. A decir verdad, el tiempo no es la causa eficiente, sino un accidente para el cambio mismo producirse en tal tiempo.

---

[671] El tiempo fluye incesantemente, comprendiéndolo todo en su sucesión indefinida. Por eso, el instante nunca es comienzo y fin, en *acto*. De otro modo, habría que admitir la justaposición de las partes limitadas por él.

CAPÍTULO XIV

SOLUCIÓN DE LAS DIFICULTADES.
UBICUIDAD Y UNIDAD DEL TIEMPO

Todo cambio y todo lo movido lo son en el tiempo,[672] porque lo más rápido y lo más lento constituyen una noción que se aplica a todo cambio, y la experiencia lo prueba. Lo más rápido, considero yo, es lo que llega antes al sujeto de la transformación, si el movimiento es uniforme,[673] y proyectado sobre una misma distancia.

Lo anterior está en el tiempo, porque anterior y posterior son con respecto al instante, y el instante es límite de lo pasado y lo futuro, de modo que, si los instantes están en el tiempo, también lo están lo anterior y lo posterior. Lo anterior, según se tome en el pasado o en el porvenir, tiene significados opuestos, porque en el pasado llamamos, anterior a lo más alejado del instante, y posterior a lo más próximo, mientras que en el porvenir es al contrario. Así, como lo anterior está en el tiempo y lo anterior pertenece a todo movimiento, todo movimiento o cambio están en el tiempo.

Merece la pena preocuparse de las relaciones del tiempo al alma y por qué el tiempo parece estar en todas las cosas. ¿No será que es una afección o un estado del movimiento y que todas esas cosas son, móviles? Todas están en el lugar, y ahora el tiempo y el movimiento, en potencia y en acto, están juntos. Es dificultoso saber si el tiempo existiría o no sin el alma, porque si no puede haber nada que la numere, no será numerable, ni tendrá número, mas si no puede por naturaleza contar más que el alma, y en el alma la inteligencia, no puede existir el tiempo sin el alma, salvo para lo que es sujeto del tiempo, como se dice que el movimiento puede existir sin el alma.[674] Lo anterior-posterior está en el movimiento, y como numerable

---

[672] En el libro VIII, Aristóteles se vale de este postulado para probar la necesidad de un primer motor, el cual, como bien supremo, es causa del movimiento, más no creador de las fuerzas motrices.

[673] "La uniformidad del movimiento, que Aristóteles estudia a fondo en el libro V, no se concibe como función cinemática, sino como estrechamente unida al sujeto, y se niega a los movimientos de las cosas sublunares distintas del transporte " (Carterón, *La physique d'Avistóte,* I, 159).

[674] Si somos dueños de admitir la idea del número como síntesis de la unidad y de la multiplicidad, nada obsta que supongamos que la mera sucesión de estados

constituye el tiempo. De otra parte, hay que saber de qué movimiento es número el tiempo. ¿Es número de un movimiento cualquiera? En el tiempo se producen a la vez generación, destrucción, aumento, alteración, transporte. En tanto tiene movimiento, tiene una medida para cada movimiento. Por eso, el tiempo es número del movimiento continuo en general y de tal o cual movimiento. Pero en un instante mismo se verifican los movimientos de varias cosas, movimientos que deberían tener sus números respectivos. ¿Hay, pues, un tiempo diferente, y existirían simultáneamente dos tiempos iguales? No, porque todo el tiempo es el mismo e igual tomado simultáneamente, y tomados en sucesión, los tiempos específicamente son uno. Sean siete perros y siete caballos: el número es el mismo. Así, para movimientos simultáneamente ejecutados, el tiempo es el mismo, sea el movimiento rápido o no, transportativo o alterativo. El tiempo es el mismo, porque el número es igual y simultáneo para la alteración y el transporte. Los movimientos son diferentes y separados, mientras que el tiempo es el mismo para todos, porque el número de objetos iguales y simultáneos es uno y el mismo.

Así como el transporte, especialmente el circular, y cada cosa, se mide por una cosa única de su misma naturaleza, igualmente el tiempo se mide por un tiempo determinado (la medida, hemos dicho, es el tiempo por el movimiento, y viceversa). Porque es en el tiempo, sobre un movimiento determinado, como se mide la cantidad del movimiento y la del tiempo. Luego si lo primero es la medida para todo lo de su género,[675] el transporte circular uniforme es la principal medida, puesto que su número es el más conocido. Ni la alteración, ni el aumento, ni la generación, son uniformes, sino sólo el transporte. Por eso, el tiempo parece ser el movimiento de la esfera, porque es el movimiento que mide los demás y al tiempo. De ahí que la idea general de que las cosas humanas forman un círculo se aplique también a las otras cosas que poseen movimiento natural, generación y destrucción. Porque todas las cosas tienen el tiempo por regla, y toman fin y comienzo como si girasen durante cierto período. Hasta el mismo tiempo parece ser un círculo, de modo que afirmar que las cosas engendradas forman un círculo, es decir que hay un círculo de tiempo, puesto que es medido por el movimiento circular. Lo medido no parece diferente de la medida, a no ser que el todo esté hecho de varias medidas.

Con razón se afirma la identidad del número de los perros y los

---

psíquicos constituye el tiempo. Pero estos estados, determinados por los objetos que los producen, constituyen el número.

[675] Con más amplitud habla Aristóteles de la medida en los *Metaphysicorum* (I, I).

caballos, si es igual en los dos casos, pero la de cada no es la misma que los diez objetos, como no son iguales los triángulos isósceles y escalenos. No obstante, la figura es la misma; pero se llama idéntico a lo que no difiere entre sí, por una diferencia propia, como un triángulo difiere de otro. De aquí que difieran como triángulo y no como figura, a cuya clase pertenecen, ya que existe la del círculo y la del triángulo, y en éste la del equilátero y la del escaleno, como figura, pues, son lo mismo, pero no como triángulo. El número es también el mismo, porque el número de los objetos no difiere por una diferencia de número. Pero la decena como tal difiere, porque se la aplica a seres diferentes, como perros y caballos. Tal es el resultado último a que conduce nuestro examen del tiempo, considerado en sí mismo y en sus propiedades.

LIBRO V

EL MOVIMIENTO Y SUS ESPECIES

CAPÍTULO PRIMERO

DISTINCIONES PRELIMINARES AL ESTUDIO DEL MOVIMIENTO

Todo aquello que cambia, o cambia por accidente, como cuando decimos de un músico que anda, porque lo que anda es a lo que pertenece, por accidente, el músico, o porque se dice que una cosa cambia cuando cambia algo de ella, como cuando se dice que un cuerpo se cura, porque se curan el pecho o un ojo. Hay, en fin, algo que no se mueve, ni por accidente, ni por el movimiento de otra cosa que le pertenezca, sino por el hecho de que se mueve originariamente. Esto es lo móvil en sí, diferente según cada clase de movimiento, por ejemplo, lo alterable, y, en la alteración, lo curable y lo caldeable. Y, asimismo, lo que se mueve, o es por accidente o por movimiento de una parte suya, o por moverse originariamente,[676] como cura el médico o como hiere la mano.

Preciso es, pues, distinguir entre lo que se mueve originariamente y lo que es movido. Además, hay que saber en qué tiempo se cumple el movimiento, su término inicial y su término final, ya que todo movimiento va de un término a otro. En efecto: el móvil inmediato, el término final, el término inicial, son tres cosas distintas. Ejemplo, la madera, el calor y el frío, que son, respectivamente, el sujeto, el término final y el término inicial. El movimiento está en la madera, y no en su forma, porque ni la forma, ni el sitio, ni la cantidad, se mueven, ni son movidos, sino que hay que atender a lo moviente, a lo movido y al término final, ya que más bien de éste que del inicial saca el cambio su nombre. De ahí que la destrucción exista mientras constituye un cambio que tiene por fin el no ser, y, no obstante, es el ser término inicial del cambio lo que se destruye, así como hay la generación, en que el ser es el término final, y el inicial, entonces, es el no-ser. La naturaleza del movimiento ha sido ya explicada antes.

---

[676] *Originariamente* se toma aquí por *de un modo inmediato,* de suerte que no haya intermedio alguno entre el músico y la marcha, o el médico y el acto de curar.

Por otra parte, las formas, las afecciones, el lugar, que son fin de los movimientos, están inmóviles, como la ciencia o el calor. Puede surgir esta pregunta: ¿no son las afecciones movimientos, puesto que la palidez es una afección? En este caso, el término final de un cambio será un movimiento.[677] Mas se puede contestar que el movimiento no es la palidez, sino el palidecer. Se puede, además, distinguir entre lo que se mueve por accidente, según una parte de sí mismo, o según otra cosa ajena, y lo que se mueve inmediatamente, y no según otra cosa. Así, una cosa que emblanquece, cambia accidentalmente en un objeto de pensamiento, porque el hecho de ser un objeto de pensamiento es un accidente para el color, y cambia también en un color, porque el blanco es parte del color, como, Atenas es parte de Europa, pero cambia por sí cuando se convierte en color blanco

Vemos, pues, cómo una cosa se mueve, bien por sí misma, bien por accidente, bien por efecto de otra cosa, y vemos también que estas distinciones se aplican al motor y a lo movido, y que el movimiento no está en la forma, sino en lo movido, entendiendo que hay que dejar a un lado el cambio por accidente, que concierne a todas las cosas.[678] Por el contrario, el cambio no accidental no concierne a todo, sino sólo a lo que es contrario, a las cosas intermedias y a las contradictorias. Nos convenceremos de ello por inducción. Hay cambio a partir de lo intermedio, porque sirve de contrario a uno o a otro de los extremos, ya que el intermedio es extremo en cierto modo. Por ello, recíprocamente, lo

---

[677] No debe perderse de vista que Aristóteles supone implícita la alternativa de que haya algo que se mueva, aunque el cambio hubiese acabado, o que no se mueva, aun siendo una cosa movida. Muy sobre sí está Aristóteles cuando advierte que el movimiento no es la afección (la palidez), sino el proceso que a ella conduce (el palidecer). Esta distinción da gran fuerza a su discurso,

[678] Aristóteles juzga conveniente omitir el cambio por accidente en la confirmación de toda alteración esencial y de todo hecho que sea cinemático, singular o específicamente. En el fondo, su pensamiento es que el cambio por accidente sólo tiene lugar en los hechos producidos por el acaso. Un movimiento provocado en una substancia repercute, a no dudarlo, en las demás categorías, que son accidentes suyos, pero de un modo indeterminado, que a menudo resulta inaccesible. Recuérdese cómo, al comienzo de este tratado (I, III), tiende Aristóteles a ridiculizar la opinión de Demócrito sobre el movimiento comunicado al cuerpo por el alma. También critica, la hipótesis del acaso como causa del movimiento, y el que Demócrito hubiera mirado las afecciones, o dígase, los fenómenos sensibles, como verdaderos en sí mismos. Véase a Zeiler, *Die, Philosophie der Griechen*, I, 710, 742.

intermedio y los extremos pueden llamarse contrarios, como la nota mediana es grave respecto a la alta, y aguda respecto a la baja, y como, lo gris es negro respecto a lo blanco y blanco respecto a lo negro.

Puesto que todo cambio va de un término a otro, lo que cambia puede cambiar en cuatro sentidos: de un sujeto hacia un sujeto, de un sujeto hacia un no sujeto, de un no sujeto hacia un sujeto, y de un no sujeto hacia un no sujeto, llamando sujeto a lo que se significa por una expresión positiva.[679] Así que hay necesariamente sólo tres cambios, porque el que va de un no sujeto a un no sujeto no es un cambio, ya que no hay contradicción entre los dos términos.

El cambio que va de un no sujeto a un sujeto es la generación. Cuando se produce absolutamente, es absoluta. Cuando especialmente, especial. Así, la generación del no blanco al blanco, es generación especial de éste, mientras que la que va del no ser a la sustancia es absoluta, y cuando se trata de ella se dice que la cosa ha sido engendrada absolutamente, y no de tal o cual modo. El cambio de un sujeto a un no sujeto es la destrucción: absoluta, cuando va de la sustancia al no ser, y especial cuando va hacia la negación opuesta.

Pero el no ser puede entenderse en varias acepciones, y ni el no ser por síntesis o división, ni el en potencia, pueden moverse, aunque lo no blanco y lo no bueno puedan ser movidos por accidente (lo no-blanco puede ser un hombre). Aquello que es absolutamente una no sustancia particular, el no ser como tal, no puede ser movido. Pero si esto es así, la generación no puede ser movimiento, puesto que es el no ser quien es engendrado. Sin embargo, hay verdad en decir que, desde el punto de vista de la generación absoluta, existe un no ser real. Existe una equivalente imposibilidad para el reposo del no ser. Tales son las dificultades que se hallan al movimiento del no ser. En fin, si todo se mueve, el no ser no está en ningún sitio. Cuando a la destrucción, no es un movimiento, porque lo contrario del movimiento es movimiento o reposo, y la destrucción es contraria a la generación.

Puesto que todo movimiento es un cambio, y hemos dicho que hay tres cambios, y puesto que los cambios de generación y de destrucción no son movimientos, sino cambios contradictorios, preciso es que sólo el cambio de sujeto a sujeto sea movimiento. Las cosas que merecen el nombre de sujetos son, o contrarios, o intermedios, y así la privación debe

---

[679] Aristóteles dice *afirmación*, "no en el sentido, ordinario en él, de proposición afirmativa, sino para expresar la simple *posición* de algo (hombre o blanco, por ejemplo), y un *estado* de *privación*" (Carterón, *La physique d'Aristote*, II, 13).

considerarse como un contrario, y, con respecto a lo blanco, lo negro. Y pues que las categorías se dividen en sustancia, cualidad, lugar, tiempo, relación, cantidad, acción y pasión, debe haber tres movimientos: el de cantidad, el de cualidad y el de lugar.

CAPÍTULO II

LOS SUJETOS DEL MOVIMIENTO

Según la sustancia, no hay movimiento, porque no hay ser contrario a la sustancia. Tampoco según la relación, porque el cambio de uno de los relativos puede verificarse para el otro sin que él cambie en nada, y su movimiento se verifica, pues, por accidente. No hay movimiento del agente y del paciente, ni del motor y lo movido por cuanto no hay movimiento de movimiento, ni generación de generación, ni cambio de cambio.

En efecto: puede admitirse en dos sentidos un movimiento de movimiento. O bien haciendo del movimiento un sujeto. Ejemplo, el hombre se mueve porque cambia de blanco a negro. ¿Sería, en su virtud, movimiento el ser calentado o enfriado, aumentado o destruido? Imposible, porque el cambio no puede ser contado entre los sujetos. O bien, cuando un sujeto cambia, partiendo de determinado cambio, hacia otra forma, como el hombre que pasa de la enfermedad a la salud. Mas tampoco esto es posible, salvo por accidente, porque un movimiento de movimiento es un cambio, en que otra forma constituye el punto de partida y el de llegada. Asimismo para la generación y la destrucción, con la salvedad de que van hacia determinada suerte de opuestos, y que no son los mismos para el movimiento. Habría, pues, cambio de la salud a la enfermedad, y de este cambio a otro. Pero es evidente que, al caer en la enfermedad, el cambio se ha efectuado en el sentido de un cambio cualquiera, y que puede muy bien ser el reposo. Hay más: el segundo cambio se efectúa a partir de un término determinado hacia otro término determinado, pues puede ser el cambio opuesto, la curación. Puede el cambio, no obstante, ser posible por accidente, como en el acto de olvidarse o en el de recordar, porque aquí es el sujeto quien cambia.

Se llegaría hasta el infinito, si hubiese cambio de cambio, o generación de generación. Necesario es así que el primer movimiento haya sido cambio de cambio, si es que ha de serlo el segundo. Si, por ejemplo, una generación absoluta ha sido engendrada en un momento, igualmente lo engendrado se engendraría como tal, de suerte que no existiría absolutamente como engendrado, sino como un engendro en disposición de engendrarse, y esta generación, a su vez, se habría engendrado en un momento dado. De manera que no estaba en ese momento en disposición de engendrase.[680] Como en las cosas infinitas no hay nada que sea primero, no existirá un primer engendrado, y, por consecuencia, no existirá un siguiente. Toda generación, todo movimiento y todo cambio serán, pues, imposibles.

Digamos lo mismo del movimiento contrario y hasta del reposo, la generación y la destrucción. Lo engendrado, cuando se engendra como tal, se destruye en el momento mismo, porque no puede existir cuando comience precisamente a engendrarse, ni después, porque lo que se destruye tiene que existir de antemano.

Además, debe existir una materia bajo lo que se engendra y bajo el cambio. ¿Cuál será? Si lo alterable es cuerpo y alma, lo que se engendra será movimiento o generación. ¿Cuál es el término hacia el que tienden los movimientos? Porque el movimiento de esto a partir de esto hacia aquello debe ser algo,[681] y no un movimiento, ni una generación. ¿Y cómo? El acto de enseñar no es la generación del acto de enseñar.[682] No hay, pues, generación de generación, ni en el caso de generación especial.

Sobre que, si hay tres clases de movimiento, necesariamente una de ellas debe ser la naturaleza que sirve de sujeto y término final del movimiento. El transporte, por ejemplo, sería alterado o transportado. En suma: si cuanto se mueve se mueve de tres maneras, bien por accidente, por movimiento de una de sus partes, o por movimiento propio, el cambio sólo puede cambiar por accidente, como cuando un hombre a punto de

---

[680] Aristóteles razona aquí *ad absurdum* y con mucha oscuridad e incertidumbre, pues queda sin explicación por qué lo que se engendra es simultáneamente aquello que se hace, aquello que puede ser, sin haber llegado a la realidad todavía, y aquello que existe como ya engendrado.

[681] Esto presupone la persistencia de la substancia, proposición que aspira al valor de un axioma, como condición preliminar e indispensable de toda experiencia regular y como primera analogía de esta experiencia, no obstante lo cual, tanto ha tardado en imponerse en la historia de la filosofía. El nacimiento y la destrucción, lejos de invalidar semejante tesis, la corroboran, porque, como ya sentenció Demócrito, "todo cambio no es más que una agregación o separación de partes". Lange (*Geschichtedes* Materialusmus, I, 12) observa que, en todos tiempos, no solamente los pensadores, mas también el sentido común, han partido, consciente o inconscientemente, del postulado de que, a pesar de todas las modificaciones de los fenómenos, la materia es indestructible, sin que su cantidad aumente, ni disminuya., en la naturaleza.

[682] Todo cuanto la experiencia nos enseña persuade ser absurda la confusión del cambio con su sujeto o con sutérmino. Tal confusión llevaría a la afirmación de la existencia hipotética del cambio, y a la negación de su existencia real.

curarse corre o enseña. Ya hemos excluido el movimiento por accidente.[683]

Puesto que no hay movimiento, ni de la sustancia, ni de lo relativo, ni de la acción o la pasión, resulta que sólo hay movimiento según la cualidad, la cantidad y el lugar, porque en cada una de esas categorías hay contraposición. Llamemos, pues, alteración al movimiento según la cualidad. Yo no entiendo por cualidad la que está en la sustancia, sino la cualidad afectiva, según la cual se dice que una cosa está afectada o no. Cuanto al movimiento según la cantidad, no hay nombre que designe su conjunto, sino que, conforme a cada uno de los dos contrarios, es crecimiento o decrecimiento. El movimiento de lugar no tiene nombre, ni en conjunto ni en particular. Llamémosle, en conjunto, transporte, aunque esta palabra se aplique propiamente a las cosas que cambian de lugar sin tener en sí la facultad de detenerse, y a las cosas que no se mueven por sí según el lugar.

El cambio en más o en menos en la misma propiedad llámase alteración, y en efecto, este movimiento va de contrario a contrario, o absolutamente, o en cierto modo. Si el movimiento va hacia lo menos, se dirá que es hacia la propiedad contraria, y, si hacia lo más, que es de su contraria hacia sí misma. Indiferente es que el cambio se efectúe de cierta manera, o que sea absoluto, salvo que en el primer caso los contrarios deben ser contrarios en cierto modo, porque lo más o lo menos tienen en la presencia o en la ausencia más abundante o más débil la propiedad contraria.

Se ve, pues, que no hay más que tres movimientos. Lo inmóvil es lo que absolutamente no puede ser puesto en movimiento (cómo el sonido es invisible), así como lo que se mueve con dificultad y en mucho tiempo, o aquello cuyo movimiento es lento al empezar, que es lo que se llama difícil de mover. Y, finalmente, lo que siendo por naturaleza apto para moverse y capaz de hacerlo, no se mueve, sin embargo, cuando y como debe naturalmente hacerlo; éste es el único caso de inmovilidad, que yo llamo estar en reposo. El reposo es contrario al movimiento, o dígase, es una privación en el sujeto capaz de recibir el movimiento. Esto explica la naturaleza del movimiento y del reposo, el número de los cambios y la especie de los movimientos.

---

[683] En el caso de que el sujeto sea *transporte*, no hay pensador que arrostre, en buena filosofía, un término en que el cambio afectase por igual al lugar, a la, cualidad y a la magnitud. Este razonamiento falta en los *Metaphysicorum* (X, x (( ).

CAPÍTULO III

CONSECUTIVIDAD, CONTIGÜIDAD, CONTINUIDAD

Ahora hemos de explicar lo que es estar junto, estar separado, estar en contacto, intermedio, contiguo, consecutivo, continuo, y a qué clase de seres pertenecen por naturaleza cada una de estas categorías.

Se dice *conjunto* de todas las cosas que están en un lugar único e inmediato, y *separado,* cuando están en distintos lugares. Están en *contacto* las cosas cuyos extremos se juntan.

Intermedio es el término adonde lo que cambia de un modo continuo y natural llega antes de alcanzar el término extremo del cambio. El intermedio supone, por lo menos, tres cosas. De una parte, lo contrario es el extremo del cambio, y de otra, se mueve de un modo continuo, que no presenta lagunas, o las presenta insignificantes, respecto a la cosa, no al tiempo, como dominio del movimiento. Esto se ve en el movimiento según lugar; y en los otros.[684] En fin, lo contrario por el lugar es lo que está más lejos en línea recta, porque la línea más corta se ha dejado determinar, y lo determinado es la medida.

Consecutivo es lo que no está separado de la cosa a que sigue por ningún intermedio del mismo género. Por ejemplo, una línea o líneas después de una línea, una unidad o unidades después de una unidad, una casa o casas, después de otra casa, etc., sin que nada impida que haya cosas intermedios de otro género,[685] porque lo consecutivo lo es a cierta cosa, y posterior a ella. Uno no es consecutivo a dos, ni el primer día del mes al segundo, sino a la inversa.

Contiguo es lo consecutivo en contacto. Mas, suponiendo todo cambio una oposición, que es contradicción o contrariedad, y no admitiendo medio los contradictorios, se ve que es intermedio entre los contrarios.[686] Lo *continuo* es del género de lo contiguo, y hay continuidad cuando los límites de las cosas que se tocan forman una sola cosa. Lo continuo está, pues, en todas las cosas que naturalmente forman sólo una cuando están en contacto. La unidad del todo será la del factor eventual de continuidad.

Vemos que lo consecutivo es lo primero, porque cuando está en

---

[684] Carterón *(La physique d' Aristote,* II, 18) ilustra esta idea por el siguiendo tenor: *Rattacher en route son soulier n'est pas briser le domaine du mouvement et la suite des intermédiares, car on ne s 'est pas détourné du but.*

[685] Una cosa de otro género (por ejemplo, un hombre entre dos casas).

[686] La razón es porque, al revés de los contradictorios, los contrarios pertenecen al mismo género.

contacto es consecutivo, y no todo lo consecutivo está en contacto, por lo cual lo consecutivo está en las cosas que, siendo lógicamente anteriores, como los números, no están en contacto. La continuidad implica necesariamente el contacto, pero no el contacto la continuidad, porque los extremos pueden tocarse, sin ser por fuerza u*no,* mientras que, si son *uno,* forzosamente han de tocarse. Por consiguiente, la sínfisis es posterior cuanto a la generación, porque su contacto exige extremos, al paso que las cosas en contacto no se presentan en sínfisis naturalmente,[687] y, cuando no hay entre ellas contacto, no hay sínfisis tampoco. Si el punto y la unidad están, como se afirma,[688] separados, el punto y la unidad no pueden ser idénticos. A los puntos pertenece el contacto, y a las unidades lo consecutivo. Los primeros pueden tener un intermedio (toda línea lo es entre dos puntos), y las otras no, pues que no puede haber intermedio entre dos y uno con lo cual queda esclarecido lo que es estar junto, separado, en contacto, intermedio, consecutivo, contiguo, continuo, y también a qué clase de cosas pertenecen cada una de estas calificaciones.

CAPÍTULO IV

LA UNIDAD DEL MOVIMIENTO

La unidad del movimiento se toma en diferentes acepciones,[689] porque en diferentes acepciones se toma lo Uno. El movimiento es uno genéricamente, según las formas de la atribución, y el transporte es uno, genéricamente con todo transporte, pero la alteración es, genéricamente, distinta del transporte. Su unidad es específica cuando, existiendo la

---

[687] Por ejemplo, los dientes, o, al contrario, los huesos del cráneo. Compárese con lo dicho al final del capítulo v del libro IV.

[688] Entiéndase separación en concepto de realidades substanciales. No hay duda sino que Aristóteles apunta en esto a los platónicos pitagóricos, como Espeusipo, y, de rechazo, a Zenón de Elea, para quien, como para su maestro Parménides, el ser realmente existente es el todo único, esfera perfectamente redondeada, en la cual no hay cambio, ni movimiento, y en la que toda modificación es apariencia pura. También va Aristóteles contra Demócrito, en cuyo sistema se niega la continuidad, puesto que se afirma que nada existe en realidad más que los átomos y el vacío (ἐτεῇ δὲ ἄτομα καὶ κενόν), y que todo lo demás es hipótesis. Véase a Mullach, *Fragmenta philosophorum graecorum,* I, 357.

[689] Trátase de acepciones categoremáticas, sin duda, pues Aristóteles aplica a esta cuestión el mismo criterio que en sus tratados de lógica había aplicado a las diferentes categorías del ser.

unidad genérica, es uno también en la especie indivisible. Así, el color tiene diferencias, y si el emblanquecimiento y el ennegrecimiento son específicamente distintos, todo emblanquecimiento es específicamente idéntico a otro, y lo mismo todo ennegrecimiento. Mas, si hay cosas que son a la vez género y especie, se ve que el movimiento tendrá una unidad específica, pero no en absoluto: verbigracia, el acto de enseñar, si la ciencia, de un lado, es una especie de juicio, y de otro, un género respecto a las ciencias.

Puede ser difícil saber si hay unidad específica de movimiento cuando la misma cosa cambia de lo mismo a lo mismo: ejemplo, un punto único, que va y viene de aquí a allí. Así, el movimiento circular será igual al rectilíneo, y la rotación a la marcha. Mas se ha establecido, por definición, que la diferencia específica del dominio[690] en que se produce el movimiento entraña la del movimiento, y el círculo es específicamente distinto de la recta. Tales son las condiciones de la unidad genérica y específica del movimiento.

El movimiento que es uno en absoluto es aquel que lo es sustancial y numéricamente. Lo que es tal movimiento, lo mostrará el análisis. Tres son las cosas acerca de las que hablamos de movimiento: el sujeto, el lugar y el tiempo. El sujeto, porque lo movido ha de ser algo, hombre u oro; el lugar, porque se precisa un dominio al movimiento; el tiempo, porque todo es movido en un tiempo. Entre estos elementos, la unidad genérica y específica se debe a lo que es dominio del movimiento, la contigüidad al tiempo, y la unidad absoluta a todos. El dominio ha de ser uno e indivisible, como la especie, e igual el cuándo, que ha de ser un tiempo sin lagunas, y lo movido, en fin, ha de ser uno, y no por accidente, como lo blanco que ennegrece a Corisco que anda, en tanto que, si Corisco y lo blanco forman uno, es por accidente. No es preciso sólo que el movimiento sea simplemente común, porque dos hombres pueden curar a la vez de una oftalmía, sin que la curación sea una sino por accidente. .

Supongamos que Sócrates sugiere una alteración idéntica específicamente, pero repetida en distintos tiempos. Si es posible que la cosa destruida sea de nuevo engendrada y no forme más que una, numéricamente, con la antigua, la alteración podrá ser una. Donde no, será similar, pero no una.

Otra dificultad del mismo orden: ¿Es una la salud? ¿Son

---

[690] Qué concepto haga de este dominio la razón empírica, lo declara la mecánica, estimando lo circular y lo rectilíneo como simples *trayectorias* del movimiento, y como efectivos modos del mismo la rotación y la marcha.

sustancialmente unas las costumbres y las afecciones en los cuerpos? Porque es manifiesto que las cosas en que residen son movidas. Y, si la salud de uno es una e idéntica, por qué no lo sería de nuevo cuando, tras una interrupción, la recobra? ¿Y por qué esta salud no sería una numéricamente con la otra? Mas yo digo que hay una diferencia, y es que, si de una parte los casos en este acto son, dos, por igual razón, como en el caso de la unidad numérica, los hábitos han de ser dos, porque el acto numéricamente uno es el de una cosa numéricamente una. Por contra, si es uno el hábito, puede pensarse que no es la unidad *del* acto, porque, cuando se deja de andar, la marcha no existe, pero existirá cuando otra vez se ande. Si la salud fuese idéntica y una, la misma cosa una sería susceptible de muertes y de existencias repetidas. Mas estas dificultades quedan fuera del examen de ahora.

Puesto que todo movimiento es continuo, un movimiento que es absolutamente uno es necesariamente continuo, mientras que todo movimiento es divisible y, si es continuo, es uno. En efecto: todo movimiento no es continuo a todo movimiento, sino sólo por las cosas cuyos extremos se juntan y forman una. Ciertas cosas no tienen extremos,[691] otras los tienen, pero son distintas específicamente, aunque homónimas.[692] ¿Cómo habría unidad o contacto entre el fin de una línea o el fin de una marcha?

Pueden, en cambio, ser contiguos movimientos no idénticos, ni específica, ni genéricamente. Un hombre que corre puede, después, tener un acceso de fiebre, y, cuando una antorcha pasa de mano en mano, es un transporte contiguo, pero no continuo. También la contigüidad y la consecutividad salen del dominio de la continuidad del tiempo, pero la continuidad de éste sale del dominio de la de los movimientos, que se produce cuando la extremidad se hace una para los dos movimientos.

El movimiento absolutamente continuo y uno debe tener identidad específica, unidad de sujeto, unidad de tiempo. De tiempo, para que no haya, en un intervalo, falta de movimiento, porque en la laguna de tiempo habría necesariamente reposo. Siendo, pues, varios y no uno los movimientos que tienen intervalo de reposo, un movimiento que se corta no es uno ni continuo. Si el tiempo es uno, el movimiento es otro específicamente. Para ser absolutamente uno, es preciso que sea uno

---

[691] Éste es el caso de los indivisibles, como el punto la unidad y el instante, sobre los cuales vuelve a razonar Aristóteles en los capítulos I, II y III del libro VI.
[692] Quiere decir con esto Aristóteles que, entre extremos diversos, la semejanza es puramente nominal.

específicamente, pero esta última unidad no entraña necesariamente la primera.

Se ha explicado cuál es el movimiento absolutamente uno. Además, el movimiento se dice uno, aun cuando haya terminado, sea según el género, la especie o la sustancia. Lo acabado y lo todo pertenecen a lo uno. Incluso un movimiento inacabado se llama uno, supuesto que sea continuo. En otro sentido, se llama uno al movimiento uniforme, porque, para el que no lo es hay un modo de juzgar que no es uno, sino que es uniforme. En efecto: el que no es uniforme es descanso posible, y la diferencia parece ser del orden de lo más o lo menos (y no específica). Por lo demás, todo movimiento es susceptible de uniformidad y de no uniformidad, porque puede tener alteración uniforme y transporte en un lugar uniforme, como un círculo o una recta, y lo mismo para el incremento y para la destrucción. A veces la diferencia que hace la no uniformidad corresponde al lugar del movimiento. No hay, en efecto, uniformidad posible para éste, si no es en una magnitud uniforme. Ejemplo el movimiento sobre una línea quebrada, o sobre una hélice, o sobre toda dimensión en la que dos partes cualesquiera no coincidan. O a veces corresponde, no al lugar, ni al tiempo, ni al término final, sino al régimen del movimiento, puesto que se le distingue por su velocidad o por su lentitud. Si la velocidad es la misma, el movimiento es uniforme, y si no, no. La velocidad y la lentitud no son especies, ni diferencias específicas, porque acompañan a todas las clases de movimiento. Ni la pesantez ni la ligereza son especies ni diferencias relativamente al cuerpo mismo, por ejemplo, al respecto de la tierra o del fuego. El movimiento no uniforme es uno en el caso en que es continuo, pero no es frecuente, como en el caso del transporte en línea quebrada. Mas, si todo movimiento uno puede ser uniforme y no uniforme, los que, son contiguos, sin ser específicamente idénticos, no podrían ser unos y continuos. ¿Cómo podría ser uniforme un movimiento compuesto de transporte y de alteración? Habría para ello que adaptar el uno al otro.

CAPÍTULO V

LA CONTRARIEDAD DE LOS MOVIMIENTOS

Preciso es definir, por ende, de qué naturaleza es el movimiento contrario de un movimiento, y proceder lo mismo con el reposo.

Primero hay que distinguir si lo contrario de un movimiento viene de una cosa contraria a aquella hacia la que el movimiento *ya*, como el movimiento que parte de la salud es contrario al que va hacia ella, contrariedad análoga, al parecer, de la de la generación y la destrucción. O bien si se trata de contrariedades de movimientos que parten de los contrarios, como el que parte de la salud es contrario al que parte de la enfermedad. O bien si se trata de la contrariedad de los movimientos hacia los contrarios, como el que va hacia la salud, contrario al que va hacia la enfermedad. O si el movimiento que parte del contrario es contrario al que va hacia el contrario, ejemplo, el que parte de la salud a aquel que va hacia la enfermedad. Y, finalmente, si el movimiento que va de un contrario hacia un contrario es contrario al que va del contrario hacia el contrario, como el movimiento de la salud hacia la enfermedad, contrario al de la enfermedad hacia la salud. Tiene que ser de uno de estos modos, porque no hay otras oposiciones posibles

Mas el movimiento que parte del contrario no es contrario al que va hacia el contrario, como el que parte de la salud hacia el que va a la enfermedad, porque son idénticos y forman sólo uno. Es verdad que la esencia no es la misma, como no es el mismo cambio el que parte de la salud y el que va hacia la enfermedad. Ni el movimiento que parte del contrario es contrario al que parte del contrario, porque los dos, partiendo del contrario, van hacia el contrario o hacia el intervalo, caso de que hablaremos más tarde. Es más bien el hecho de cambiar yendo hacia el contrario lo que se juzgaría causa de la contrariedad, antes que partiendo del contrario, porque uno de ambos movimientos es pérdida de la contrariedad, y el otro, adquisición. Y cada movimiento saca su nombre, más que del término inicial, del final, como la curación es el movimiento hacia la salud.

Queda, pues, el movimiento que va hacia los contrarios, y el que, partiendo de los contrarios, va hacia los contrarios. El que va hacia los contrarios parte igualmente de los contrarios, pero, sin duda, su esencia no es la misma, como el movimiento que va hacia la salud, por relación al que viene de la enfermedad, y el que parte de la salud con relación al que va hacia la enfermedad.

Como el cambio difiere del movimiento (es movimiento el cambio que va de un sujeto determinado a otro sujeto determinado), la contrariedad está entre el movimiento que va de un contrario hacia un contrario, y el que va de este contrario hacia su contrario, por ejemplo, entre el que va de la salud a la enfermedad y el que va de la enfermedad a la salud.

Por inducción se ve cuáles pueden ser los contrarios. El hecho de enfermar se juzga contrario al de curar, el de aprender al de estar equivocado sin deseo de estarlo, ya que en todo, por sí o por otros, se puede incurrir en error. El transporte hacia arriba es contrario al transporte hacia abajo, y contrario en longitud, y el transporte hacia la derecha es contrario al transporte hacia la izquierda, y contrario en anchura, como es también contrario el movimiento hacia atrás del movimiento hacia adelante.

Cuanto al cambio que va sólo hacia un contrario, es un cambio, no un movimiento, como convertirse en blanco, sin que se diga a partir de qué. Y, para todo lo que no tiene contrario, el cambio que parte de la cosa es contrario al que va hacia ella, como la generación es contraria a la destrucción, y la adquisición a la pérdida. Pero esto son cambios, y no movimientos.

Los movimientos hacia lo intermedio, en los casos todos en que los contrarios lo admiten, se deben considerar como movimiento hacia los contrarios, ya que para el movimiento el intermedio es un contrario, en cualquier sentido que el cambio se haga. Así, lo gris se mueve hacia lo blanco, como si partiese de lo negro, y lo blanco hacia lo gris, como si fuese negro. De modo que la contrariedad en los movimientos se produce entre lo que va de un contrario a un contrario por relación a lo que va de este contrario a su contrario.

CAPÍTULO VI

LA OPOSICIÓN DEL MOVIMIENTO AL REPOSO

Puesto que lo contrario del movimiento parece ser, no sólo un movimiento, más también el reposo, es necesario precisar este punto. Hablando en absoluto, un movimiento tiene por contrario otro movimiento, pero también el reposo se opone al movimiento, porque es una privación y, en cierto sentido, una privación puede ser llamada un contrario. Pero ¿entre qué movimiento y qué reposo existe contrariedad? Entre el movimiento local, por ejemplo, y el reposo local. Pero esto es generalizar demasiado. En efecto: ¿cuál es el opuesto del reposo en determinado punto? ¿El que va o el que viene a ese punto? El movimiento que se efectúa entre dos términos tiene por opuesto al reposo de cierto punto del que parte el movimiento y va hacia su contrario, y el reposo en el lugar contrario es opuesto al movimiento que parte del contrario para ir a ese lugar.

Pero, a la par, los reposos son contrarios entre sí, porque sería absurdo que si los movimientos son contrarios los reposos no lo fuesen. El reposo en la salud es contrario al reposo en la enfermedad, así como al movimiento que va de la salud a la enfermedad, pero no al movimiento que va de la enfermedad a la salud. El movimiento hacia un estado en el que se detiene es más bien una ida al reposo, que puede engendrarse en coexistencia con el movimiento. Pero entonces este reposo ha de ser uno de los términos del movimiento, porque de fijo que el reposo en la blancura no es opuesto al reposo en la salud.

Cuanto a las cosas que no tienen contrarios, sus caminos pueden ser opuestos, como entre el que parte de un punto y el que va a él, pero no son movimientos. Y estas cosas no tienen reposo propiamente dicho, sino falta de cambio, y aun habiendo un sujeto en ellas, la contrariedad sería entre la ausencia del cambio en el ser y la ausencia de cambio en el no ser. Pero si el no ser no es algo, se puede preguntar a qué es contraria la falta de cambio en el ser, si es un reposo, y de serlo, o no todo reposo es contrario a un movimiento, o la generación y la destrucción son movimientos. Vemos, pues, que no hemos de hablar de reposo, si se quiere que aquellos hechos no sean movimientos. Pero la falta de cambio es cosa análoga, y, bien la falta de cambio en el ser no es contraria a nada, o es contraria a la falta de cambio en el no-ser, y aun a la corrupción, pues que a la parte de ese primer estado es a lo que la generación conduce.

Puede ahora preguntarse por qué se aplican las distinciones de "conforme" y "contrario a la naturaleza", en el cambio local, a los reposos y a los movimientos, mientras que no es así en los otros cambios. No hay, por ejemplo una alteración conforme y otra contraria a la naturaleza, ya que el curarse no es más ni menos antinatural que el enfermar, ni el ennegrecer más que el emblanquecer. Lo mismo diremos respecto al aumento o a la disminución, porque la contrariedad de estos cambios no es la de lo "conforme" o lo "contrario a la naturaleza". Idéntico razonamiento emplearemos para la generación y la destrucción, porque ni la generación es conforme a la naturaleza, ni la destrucción contraria, ya que la vejez es natural. Pero si lo que es violento es contrario a la naturaleza, habrá una destrucción contraria a la otra, y la violenta será contraria a la natural. Mas igualmente hay generaciones violentas, que son antinaturales, como el desarrollo precoz del adolescente sensual, y la madurez precoz de granos en la tierra. ¿Será igual lo que afecta a las alteraciones? Las habrá violentas y otras serán naturales, como las que ocurren en los días críticos y las que pasan fuera de ellos.

Se dirá: ¿serán entonces las destrucciones contrarias entre sí, y no a la generación? ¿Qué se opone a ello? Si una es agradable, otra será penosa, mas no por eso será la destrucción contraria a la destrucción en absoluto, sino en tanto que una tiene tal cualidad y cuál la otra.

En general, los movimientos y los reposos son contrarios del modo que se ha dicho, como el movimiento o reposo de arriba es contrario al de abajo, porque son contrariedades locales. Por naturaleza, el fuego se transporta arriba y la tierra abajo, lo que son transportes contrarios, e igual para los reposos. El reposo en alto es contrario al movimiento de arriba a abajo, y ese reposo se produce por la tierra contrariamente a la naturaleza, mientras que ese movimiento es conforme a ella. Por ende, reposo y movimiento son dos opuestos aquí, y los movimientos de un mismo cuerpo admiten tal contrariedad, puesto que uno es conforme y otro contrario a la naturaleza.

Surge la dificultad de saber si hay generación del reposo no eterno, y si tal es la de la detención. Si responde afirmativamente para el cuerpo en reposo contrario a la naturaleza, como la tierra puesta en alto, habría generación, ya que cuando iba violentamente hacia lo alto estaba en camino de detenerse. Pero se admite que siempre el cuerpo que va a detenerse se transporte más de prisa, y al contrario en el caso de un movimiento violento, así que el cuerpo estará en reposo, sin que haya sido generado este reposo. Por ende, se admite que la detención consiste, o absolutamente en el hecho de ser transportado al lugar debido, o en producirse en coexistencia con ese movimiento.

Y aun otra dificultad: el morar en tal lugar, ¿es opuesto al movimiento que parte de él? Cuando un cuerpo parte de un lugar, parece aún conservar lo que deja. Si el reposo es contrario al movimiento que parte de ese reposo, para ir al reposo contrario, los contrarios coexistirán en la cosa misma. ¿No es verdad que se está en reposo en cierto modo si se está en el término inicial? De una manera general, en todo móvil, una parte está aquí y la otra en el término final del cambio, con que es más bien el movimiento contrario al movimiento que no el reposo. Así nos explicamos lo que se refiere a la unidad y contrariedades mutuas del movimiento y el reposo.

Se puede, sin embargo, preguntar, respecto al acto de detenerse, si todos los movimientos contra la naturaleza tienen un reposo que les sea opuesto. Si no lo hay, es absurdo, porque el cuerpo permanece, pero por violencia, y habrá, por consiguiente, un reposo que, aunque no eterno, no habrá comenzado. Pero es evidente que hay uno, porque, como hay movimientos, puede haber reposos antinaturales. Y, pues que ciertas cosas pueden tener un movimiento natural y otro contrario, como para el fuego es natural el movimiento hacia arriba y antinatural el movimiento hacia abajo, ¿será contrario el primero o el segundo (que es el de la tierra) hacia abajo? ¿No es más justo decir que ambos lo son, aunque no de igual manera? El movimiento conforme a la naturaleza es contrario al movimiento conforme a natura, como lo son el de la tierra y el del fuego. Además, el movimiento del fuego hacia arriba es opuesto a su movimiento hacia abajo, pues que uno es conforme y otro contrario a la naturaleza. Dígase lo mismo de los reposos. Quizá el movimiento es, en cierto modo, opuesto al reposo también.

LIBRO VI

EL MOVIMIENTO Y SUS PARTES

CAPÍTULO PRIMERO

LA COMPOSICIÓN DE LO CONTINUO

Si la continuidad, el contacto y la consecutividad obedecen a las definiciones precedentes, es imposible que un continuo esté formado de indivisibles, por ejemplo, que una línea esté formada de puntos, si es verdad que la línea es un continuo y el punto un indivisible. No se puede, en efecto, decir que las extremidades de los puntos formen uno, puesto, que el indivisible no puede tener una extremidad, que sería distinta de otra parte, ni que los extremos se junten, porque nada en una cosa sin partes puede ser un extremo. Por ende, se precisaría que los puntos que forman el continuo estuviesen, o en continuidad, o en contacto recíproco. Pero no pueden ser continuos, según se acaba de decir, y cuanto al contacto, ha de tener lugar del todo al todo, o de la parte a la parte, o de la parte al todo. No teniendo partes lo indivisible, forzosamente será del todo al todo, mas esto no será una continuidad, porque lo continuo tiene partes distintas unas a otras, y se divide en partes que se distinguen de tal manera, y que están separadas con respecto al lugar.

No hay, pues, consecución entre punto y punto, ni entre instante e instante, de modo que se pueda formar con ella la longitud o el tiempo. Son consecutivas las cosas entre: las que no hay intermedios del mismo género, mientras que para los puntos el intermedio es una línea y para los instantes un tiempo.[693] Añadamos que lo continuo sería divisible en indivisibles, si es verdad que cada cosa puede dividirse en lo que la compone. Mas ningún continuo es divisible en cosas sin partes.[694]

---

[693] Significase con estas palabras que, si los puntos y los instantes *limitan* siempre una línea o un tiempo, jamás los *componen*. Ello patentiza una vez más el cuidado que ha de ponerse en distinguir el orden matemático del orden físico.

[694] Ataque al atomismo de Demócrito, el cual, rechazando lo *infinito* (ἄπειρον) de Anaximandro, en concepto de infinito *continuo*, lo reemplazaba por una *infinidad* de partículas *discontinuas* e *indivisibles*, que ocupaban el espacio vacío (κενόν). Parecíale al Estagirita imposible que pudiera haber un espacio vacío, porque sin plenitud no existiría ninguna, especie de medio. Mas, por otra parte negaba que

Tampoco es posible que entre los puntos o instantes haya intermedio de distinto género, porque ha de ser divisible o indivisibles, y, si es lo primero, lo será en indivisibles o en partes siempre divisibles, y esto es lo continuo. Es notorio que todo continuo es divisible en partes siempre divisibles, porque si lo fuese en indivisibles, habría contacto entre ellos, ya que en los continuos, si la extremidad es una, hay contacto.

Así que, o el tiempo, el movimiento y la dimensión se componen de indivisibles, y se dividen en ellos, o ninguno lo puede ser. Si la dimensión se compone de indivisibles, el movimiento sobre esa dimensión se compondrá de movimientos indivisibles correspondientes. Ejemplo: si a ABT lo forman los indivisibles A, B T, el movimiento, sea ΔEZ, que mueve a Ω sobre la distancia ABT tiene indivisible cada una de sus partes. Entrañando la presencia del movimiento el que algo se mueve, y entrañando el que algo se mueva la presencia del movimiento, la acción de ser movido estará compuesta de indivisibles. Ω será movido según A del movimiento Δ, según B del movimiento E y según T del movimiento Z. Lo movido no puede a la vez moverse de aquí a allá y acabar su movimiento. No se puede, al mismo tiempo, *ir* a Tebas y *haber ido a Tebas*. Ω es movido según la dimensión indivisible A, en razón de la presencia del movimiento Δ. Y, si ha terminado de recorrerla después de que la estaba recorriendo, el movimiento será divisible, porque cuando la recorría no estaba en reposo ni en movimiento concluso sino en un estado intermedio. Y, si la recorre y acaba de recorrerla, al mismo tiempo, el que va habrá en el momento acabado de ir al lugar a que va y de ser movido al lugar hacia el cual se mueve.

Mas admitamos que un cuerpo sea movido según la línea ABT completa; que el movimiento que le acciona se componga de los movimientos ΔEZ; y que, según el indivisible A nada se mueva, sino que acabe su movimiento. Entonces el movimiento no se compondría de movimientos, sino de conclusiones de movimientos, y he aquí una cosa que habría acabado de moverse antes de estar en disposición de moverse, ya que habría terminado de recorrer A sin, en realidad, recorrerlo. Así habría un ser que habría terminado de llegar sin ponerse nunca a ir, puesto que ha terminado su camino sin hacer su camino.

átomos sueltos, sin continuidad real y sin divisibilidad posible, aun siendo infinitos en número, llena sen aquel medio, que sería una oquedad inconmensurable. Para Aristóteles, el error de Demócrito provenía de que la idea de átomo es precisa y clara, en tanto que la idea de continuidad es relativa e indecisa.

Si todo precisa reposo o movimiento, y si hay reposo del móvil según cada elemento de ABT, una cosa podrá estar a la vez, y de un modo continuo, en reposo y en movimiento. El móvil, en efecto, se movía según toda kt línea ABT, y, si estaba en reposo en cualquiera de sus partes, lo estaba en toda la línea. Dicho de otra manera: si los indivisibles que constituyen ΔEZ son movimientos, será posible que, pese a la presencia del movimiento, no haya movimiento, sino reposo, y, si no son movimientos, será posible qué el movimiento no se componga de movimientos.

Como la dimensión y el movimiento, el tiempo debería ser indivisible, y componerse de instantes indivisibles. Si toda dimensión es divisible, como a igual velocidad un, cuerpo recorre menos en menos tiempo, el tiempo será divisible también. Y, siendo divisible el tiempo durante el movimiento de una cosa según A, también A será divisible.

CAPÍTULO II

EL TIEMPO Y LA MAGNITUD

Puesto que toda magnitud es divisible en magnitudes (demostrado que lo continuo no puede estar compuesto de indivisibles, y que toda magnitud es continua), necesariamente lo más rápido ha de moverse sobre una mayor distancia en un tiempo igual, y sobre una igual en un tiempo menor, pues así se define a veces lo más rápido. Sea, en efecto, A más rápido que B. Pues que lo más rápido es lo primero en cambiar, en el tiempo en que A haya acabado su cambio de T en Δ, por ejemplo, en Z H, en este tiempo B no estará *aún* en B, sino detrás, con lo que en el mismo tiempo recorre más lo más rápido. Y aún será superior en menos tiempo. En el que A tarde en llegar α Δ, B, que es más lento, estará, por ejemplo, en E, y puesto que el movimiento de A a Δ tiene lugar en un tiempo igual a ZH, hacia Δ, en menor tiempo, será Z K. El camino TΔ qué recorre A es más grande que TE, y el tiempo Z K más corto que Z H. El más rápido recorre, pues, mucho más camino en menos tiempo.

Vemos luego que lo más rápido recorre un camino igual en un tiempo menor. Puesto que recorrer un camino mayor que el más lento en menos tiempo, recorrerá más camino que el más pequeño en más tiempo (sea A M más pequeño que A E), ocurrirá que el tiempo II P del recorrido A M será mayor que el tiempo IIE del recorrido A E, por tanto, si II P es menos tiempo que Σ X, durante el cual el más lento recorre A Σ, IIE es un tiempo menor que II X, porque es más pequeño que II P y lo más pequeño que lo más pequeño es lo menor. Así, en menos tiempo lo más rápido recorrerá igual camino. Por ende, si todo se mueve necesariamente en un tiempo igual, mayor o menor, y si lo que se mueve en un tiempo mayor es más lento, y en un tiempo igual tiene la misma velocidad, y si lo más rápido, en fin, no es lo de velocidad igual, ni lo más lento, lo más rápido no se moverá, ni en un tiempo igual, ni en un tiempo mayor. Queda, pues, que lo haga en menos tiempo. Consecuencia de ello es que lo más rápido debe recorrer una distancia igual en un tiempo menor.

Pero, puesto que todo movimiento tiene lugar en el tiempo, y en todo tiempo hay posibilidad de movimiento; puesto que, de otra parte, todo puede ser movido más rápida y más lentamente, en todo tiempo se podrá hallar un movimiento más rápido y otro más lento. Así que necesariamente el tiempo ha de ser continuo, y se llama continuo lo que es divisible en partes siempre divisibles. Siendo esta noción de lo continuo nuestra base, forzosamente el tiempo será continuo. Se ha demostrado que lo más rápido hace un recorrido igual en un tiempo menor. Sea A lo más rápido, B lo más lento, y supongamos que lo más lento recorre una extensión $T\Delta$ en un tiempo ZH. Es claro que lo más rápido será movido sobre la misma extensión en un tiempo menor, verbigracia, $Z\theta$. Puesto que lo más rápido recorre toda la línea $T\Delta$ en $Z\theta$, lo más lento en igual tiempo recorrerá una parte más pequeña, por ejemplo, TK y como a su vez lo más rápido la recorrerá en un tiempo más corto, $Z\theta$ a su vez será dividido, y su división exigirá la de la extensión TK, según la misma proporción, y quedando la magnitud dividida, también lo quedará el tiempo. Esto se producirá siempre, si se toma lo más lento después de lo más veloz, y viceversa, y lo más rápido dividirá al tiempo, y lo más lento a la extensión.[695] Entrañando, la recíproca una división incesante, es evidente que todo tiempo ha de ser continuo, como toda magnitud.

En virtud de estos razonamientos, se nota que la continuidad del tiempo y de la magnitud son correlativas, puesto que en mitad de tiempo se recorre mitad de extensión, y, en general, menos en menos tiempo, habiendo iguales divisiones para el tiempo que para la magnitud. Por consiguiente, si uno de los dos es infinito, igual lo será el otro, y en igual

---

[695] Aristóteles se anticipa aquí a la dificultad que podrían oponerle los que permanecían fieles a la idea de la distinción perfecta entre el movimiento y el tiempo, distinción que repercutiría en la velocidad mayor o menor del móvil. Aunque el tiempo no sea el movimiento, es su medida, y la ciencia no se abate a hacer al primero absolutamente independiente del segundo. Tan absurdo sería el tiempo no unido al movimiento, como el movimiento separado de la extensión y revoloteando libremente en torno o por encima de ella. Éstas son concepciones metafísicas arbitrarias, que no bajan de la esfera fantástica en que nacieron, ni vienen a actuarse en los fenómenos que dieron al discurso ocasión de crearlas.

manera. Verbigracia, si el tiempo es infinito en sus extremos, lo será en sus extremos la dimensión, e igualmente ocurrirá con la división. De aquí el error del razonamiento de Zenón, cuando supone que los infinitos no pueden ser recorridos sucesivamente cada uno en un tiempo finito. En efecto: la extensión y el tiempo, y en general todo lo continuo, se dicen infinitos en dos acepciones, sea en división, o respecto a sus extremos. Sin duda, los infinitos según la cantidad no se pueden tocar en un tiempo finito, pero sí los infinitos por división, ya que el mismo tiempo es infinito de este modo. Es, pues, en un tiempo infinito, y no finito, como se puede recorrer lo infinito, y los infinitos han de tomarse por infinitos, y no por finitos.

No es, por ende, posible ni recorrer lo infinito en un tiempo imito, ni lo finito en un tiempo infinito. Mas, si el tiempo es infinito, lo es también la magnitud, y al contrario. Sea una magnitud finita $A B$ y un tiempo infinito T, y tomemos una parte finita del tiempo, por ejemplo, $T\Delta$. En este tiempo se recorre una porción finita de la dimensión, $B E$, porción que medirá $A B$, o será mayor o menor. Si una magnitud igual a BE es siempre recorrida en un tiempo igual, y $B E$ mide la magnitud completa, el tiempo total del recorrido será limitado, porque se dividirá en partes iguales, correlativamente a la magnitud. Además, si la magnitud no es recorrida en un tiempo infinito, sino que una magnitud dada, $B E$, puede ser recorrida en un tiempo finito, siendo conmensurable con el todo, y recorrida en igual tiempo magnitud igual, el tiempo también debe ser finito. Y es evidente que no hace falta un tiempo infinito para recorrer $B E$, admitiendo que el tiempo es finito en uno de los dos sentidos. Si la parte se recorre en un tiempo menor que el todo, es más pequeño, necesariamente es limitado, e igual demostración haríamos en el supuesto de suponer la magnitud infinita y finito el tiempo.

En conclusión: ni la línea, ni la superficie, ni en general ninguno de los continuos, será indivisible, no sólo por las razones aducidas, sino porque la consecuencia sería la división de lo indivisible. En efecto: como en todo tiempo hay lo más lento y lo más rápido, y lo más rápido recorre más en un tiempo igual, recorrerá una doble longitud o una longitud vez y media mayor que el lento. Admitamos que ésta sea la relación de las velocidades. Supuesto así, dividamos las distancias del más rápido en $A B$, $B T$ y $T \Delta$ indivisibles las tres, y las del más lento en dos, $E Z$ y $Z H$. En consecuencia, el tiempo se habrá dividido en tres indivisibles, pues que igual espacio se recorre en igual tiempo. Queda el tiempo dividido en $K A$, $A M$, $M N$. A su vez, y como lo más recto se mueve según $E Z$ y $Z H$, el tiempo quedará también partido en dos, con lo que lo indivisible será dividido, y la dimensión sin partes se recorrerá, no en un tiempo indivisible, sino en un tiempo de varias partes,[696] de lo que se deduce que ningún continuo carece de ellas.

CAPÍTULO III

DE CÓMO NO HAY MOVIMIENTO NI REPOSO EN EL INSTANTE

El instante, tomado, no en el sentido amplio,[697] en sí y originariamente, debe ser indivisible, y como tal se le encuentra en todo tiempo a título de elemento. En efecto: es un extremo del tiempo, más allá del cual no hay porvenir, y viceversa. Demostrado que todo instante es tal en sí e idéntico, es evidente que es indivisible. Es preciso que sea idéntico, porque es el extremo de un tiempo y de otro, y, si hubiese dos instantes diferentes, uno no sería consecutivo al otro, ya que un continuo no se compone de elementos sin partes, y, si están mutuamente separados, habrá un tiempo en el intervalo, porque todo continuo implica que hay algo de sinónimo[698] entre los límites. Siendo un tiempo lo intermedio, será divisible, pues está demostrado que todo tiempo es divisible, y el instante, pues, será divisible. Mas, si lo es, habrá parte de lo por venir en lo pasado, y de lo pasado en lo por venir, al par que el instante no existirá por sí, sino tomado en sentido de la extensión, porque la división no es la cosa en sí.[699] Por ende, una parte del instante pertenecerá al pasado y otra al porvenir, y. no serán siempre el mismo pasado ni el porvenir mismo. Luego el instante no será idéntico simultáneamente, porque el tiempo es divisible de modos múltiples.[700] Y, si eso es imposible respecto al instante, es necesario que él

---

[696] Aristóteles emplea, en esto, un raciocinio *ad absurdum.*

[697] *Según otra cosa,* dice textualmente. Aristóteles. La frase equivale a *según lo opuesto a en sí,* o a *según el límite,* determinación amplia que el instante comparte con *el* punto.

[698] Quiere decir que en la naturaleza y hasta en el nombre son equivalentes el continuo y los elementos de que se compone.

[699] Siendo así, resultaría imprudente hacer al instante indivisible, porque se le concibe *según* la división. Esta es *otra* que el punto divisor, el cual constituye el *en sí* del instante.

[700] Si el instante fuese tiempo, habría tantas divisiones posibles del último cuantos fuesen los diversos instantes. La dificultad se evita concibiendo el instante como límite *común* de dos tiempos.

sea idéntico en los dos tiempos. Pero si es idéntico, es indivisible, por lo que vemos que hay en el tiempo un elemento indivisible: el instante.

Vamos ahora a ver cómo nada se mueve en el instante. Si no, el movimiento en el instante podría ser más rápido y más lento. Sea N el instante y AB el movimiento más rápido en el instante. Lo más lento se moverá en el instante en una longitud inferior a AB, que puede ser AY, y pues que lo más lento se moverá en el instante entero según AT, lo más rápido será movido en un tiempo inferior a este instante, y el instante será dividido. Pero como sabemos que es indivisible, no es posible el movimiento en el instante. Tampoco es posible el reposo, puesto que corresponde a lo que posee movimiento natural, y no pudiendo nada moverse naturalmente en el instante, el reposo en el instante no se concibe.

Siendo, además, el instante igual para los dos tiempos (pasado y porvenir), si una cosa está, ora en movimiento, ora en reposo, durante la totalidad de un tiempo, y, si lo que es movido en un tiempo total puede ser movido en otro cualquiera, e igual el reposo, se sigue que la misma cosa está a la vez en reposo y en movimiento, pues que el extremo de los dos tiempos es idéntico.

Digamos, en fin, que si el reposo pertenece a lo que permanece constantemente tanto en sí como en sus partes, y a lo que semeja lo de ahora a lo de antes, no habiendo antes en el instante, no hay reposo tampoco. Porque es preciso que lo que sea movido lo sea en el tiempo, y que lo que está en reposo lo esté en el tiempo también.

CAPÍTULO IV

LAS DIVISIBILIDADES DE LOS ELEMENTOS DEL MOVIMIENTO

Todo lo que cambia es necesariamente divisible. Puesto que todo cambio va de un término a otro, lo que está en el término final de un cambio no cambia más, y lo que está en el término inicial no cambia en sí ni en ninguna de sus partes, ya que lo que es constante en sí y en sus partes no cambia. Así, lo que cambia es preciso que tenga una de sus partes en un término, y la otra, en el otro, dado que el que esté en las dos a la vez, o en ninguna, no es posible. Entiendo por término final del cambio lo primero del cambio, como es, a partir de lo blanco, lo gris, y no lo negro, porque lo que cambia no está necesariamente en uno cualquiera de los extremos. Cuanto cambia es, pues, divisible.

El movimiento es divisible de dos modos: a causa del tiempo o según los movimientos de las partes de lo movido. Si AT se mueve en su totalidad, AB y BT se moverán igualmente. Siendo movimiento de las partes A *E* de *A B* y *E Z* de *B T*, el movimiento total de Δ *Z* debe ser el movimiento de *A T*. porque el todo se moverá según ese movimiento, ya que cada parte se mueve según cada movimiento componente. Nada se mueve según el movimiento de otra cosa, y el movimiento total es el movimiento de la magnitud total. Por ende, todo movimiento lo es de un sujeto, y el movimiento total Δ *Z*, no es movimiento de ninguna de sus partes, ni de ninguna otra cosa, por donde el movimiento total debe pertenecer a la magnitud total, *A B T*. Además, si hay otro movimiento del todo, sea θ *I*, se le podrá sustraer el movimiento de cada una de sus partes, y se tendrán movimientos iguales a A *E*, *E Z*, porque a un sujeto, un movimiento. Luego, si el movimiento total θ *I* debe dividirse en los movimientos de las partes, θ *I* será igual a Δ *Z*. Dígase lo mismo del caso en que haya un exceso de dimensión. Si esto es imposible, necesariamente el movimiento será idéntico e igual.[701] Tal es la división según los movimientos de las partes, que debe aplicarse a todas las partes del móvil divisible.

La otra división es según el tiempo, porque, como todo movimiento se efectúa en el tiempo, y todo tiempo es divisible, y a tiempo menor corresponde movimiento menor, forzosamente todo movimiento se divide por el tiempo.[702] Puesto que para todo lo movido hay un dominio y un tiempo del movimiento, necesariamente serán idénticas las divisiones del tiempo, del movimiento, del hecho de ser movido, de la cosa movida y del dominio del movimiento (salvo que, en este último caso, la división no se haga siempre de la misma manera, ya que para la cantidad se hace por sí y para la cualidad por accidente. Sea *A* el tiempo del movimiento y *B* el movimiento. Si todo el movimiento se verifica en todo el tiempo, uno más pequeño se verificará en menos tiempo, y, a una nueva división del tiempo corresponderá un movimiento menor, y así sucesivamente. El tiempo se divide como el movimiento, por el razonamiento anterior, a la inversa. Y

---

[701] Es evidente que se debe adoptar, al tenor de los casos de igualdad, defecto y exceso de las partes del movimiento con relación al todo, un criterio radicalmente negativo en lo tocante a los dos últimos, pues la que se mueve en precaria o en demasía no puede ser el movimiento de nada. De ahí la imposibilidad de que ocurra lo contrario de lo que prueba el razonamiento de Aristóteles.

[702] Cuando la filosofía de Aristóteles designa el tiempo como *medida* del movimiento, puede esta palabra, entenderse en sentido *pasivo*, o sea, como aquello del movimiento que es medido, y también en sentido *activo*, o sea, como aquello fuera del movimiento, que, al medirse la duración de éste, es empleado como modelo. La primera significación es la que prevalece en Aristóteles, como observa Pesch *(Die grösse Welträtsel,* I, 391).

asimismo el móvil quedará dividido.[703] Sea 0 el móvil. Con la mitad de movimiento será menor que el total, y sucesivamente. Puede decirse que al movimiento total corresponde el total de lo que se mueve, porque si hubiese otros móviles, habría varios para el mismo movimiento, en virtud de una demostración pareja a la de la división del movimiento en los movimientos de las partes. Si se toma el móvil en correspondencia con cada movimiento, vemos que el total de lo movido debe ser continuo.

Igual se demostrará que la longitud es divisible, y, en general, cuanto compete al cambio (excepto ciertos casos en que la división se hace por accidente), porque basta que uno de los elementos del movimiento sea divisible para que todos lo sean.

Añadamos que para lo finito y lo infinito deben comportarse semejantemente. Pero es sobre todo la divisibilidad o la infinidad del sujeto cambiante la que dispone la de los otros elementos, puesto que son propiedades inmediatas de dicho sujeto.[704]

CAPÍTULO V

LOS MOMENTOS PRIMEROS DEL CAMBIO

Puesto que todo lo que cambia, cambia de un término a otro, forzosamente lo que cambia está, en cuanto ha cambiado, en el término hacia el que cambiaba. Lo que cambia, sale del término inicial, y lo deja. Luego el hecho de cambiar y el de dejar son idénticos, o bien el de dejar es una consecuencia del de cambiar, porque el hecho de haber dejado es una consecuencia del hecho de haber cambiado.

Como hay que contar entre los cambios el cambio por contradicción, cuando el sujeto cambia del no-ser al ser, ha dejado el no-ser, o sea, que lo que ha cambiado está en el término hacia el que ha cambiado. Siendo esto así para este cambio, es igual para los demás, porque lo que vale para uno vale para todos.

Evidentemente, lo que ha cambiado ha de estar en algún sitio, sea en el término hacia el que cambiaba, sea en otro. En efecto: si lo que cambió, abandonó el término inicial del cambio, como debe forzosamente estar en

---

[703] Siempre que Aristóteles se refiere al hecho de moverse un ser, concibe este hecho como acto del móvil en cuanto es movido, y manifiesta así un movimiento. Pero el movimiento en sí puede considerarse, amén de como *acto*, como *estado* y como *fuerza* de movimientos.

[704] Esto no dice relación al tiempo, que, no tanto depende de lo movido, cuanto del movimiento por él medido o numerado.

alguna parte, estará ya en el término hacia el que cambió, ya en otro. Si está en otro, sea T, para el cambio en que *B* es el término final, partiendo otra vez de *T,* cambia hacia *B,* porque *T* no es contiguo a *B,* dado que el cambio es continuo.[705] Por ende, lo que cambió está en disposición de cambiar hacia el término final del cambio acabado, cosa imposible, porque lo que ha cambiado está ya en el término hacia el que cambiaba.

Vese, pues, que lo que fue engendrado existirá al tener lugar la generación, y que lo que fue destruido no existirá. Esto, que sirve para todo cambio, es sobre todo visible en el cambio por contradicción.[706] El momento primero en que ha cambiado lo que cambia es necesariamente indivisible. Si suponemos divisible a *A T* como primer momento, y lo dividimos por *B,* al efectuarse el cambio en *A B* o *B T,* A T no será el término primero del cambio efectuado. Si el cambio estaba en disposición de producirse en uno u otro, estaría en disposición de producirse en el todo, pero, hemos supuesto hecho el cambio. A igual conclusión se llega suponiendo el cambio en disposición de verificarse en una parte y verificado en la otra, porque habría entonces un término primero que el primero. Luego el término en que se ha efectuado el cambio no puede ser divisible. Así que cuanto ha sido destruido o engendrado lo ha sido en un indivisible.

Pero el momento primero en que el cambio se ejecuta se toma en dos acepciones. Por un lado, es el momento primero en que el cambio ha llegado a su término, y por otro, es el momento primero en que el cambio ha comenzado a producirse. El momento primero según el término del cambio es, pues, real y existe, porque un cambio puede llevarse a su término y hay un término de cambio del que os hemos demostrado que es indivisible, porque es un límite. Cuanto al término según el comienzo, no existe, porque no hay comienzo del cambio, ya que según el tiempo no hay momento primero en que la cosa se ponga a cambiar.[707] Sea Λ Δ ese

---

[705] Puede desprenderse de esta consideración que en lo continuo hay fusión de límites y contacto con lo contiguo.

[706] Va esta tesis contra la de los antiguos atomistas, que, empezando por negar toda producción epigenética y toda alteración cualitativa, trataban de reducirlo todo en la naturaleza a mero cambio local de substancias invariables en sí. Aristóteles repitió una y otra vez que el manantial propio de los procesos naturales se encuentra en la generación de nuevos seres y en las previas alteraciones cualitativas.

[707] Esto podría formularse de otro modo, diciendo que el movimiento, ni *comienza,* ni *acaba,* por movimiento. El movimiento es esencialmente sucesivo,

momento primero. No es indivisible, porque resultaría que los instantes son contiguos. A más, si en el tiempo Λ suponemos que hay reposo, habrá también reposo en Λ, y si Λ Δ no tiene partes, habrá al mismo tiempo reposo y cambio: reposo en Λ y cambio en Δ. Y puesto que tiene partes, será divisible, y el cambio se ejecutará en una cualquiera de sus partes. Si es divisible A, y el cambio no se ha hecho en ninguna parte, no se habrá hecho en el todo, y, si hay cambio en disposición de hacerse en sus partes, asimismo lo habrá en el todo, mientras que, si el cambio se efectúa en una de las dos partes, no se efectuará en el todo como momento primero. Luego el cambio debe efectuarse en alguna de las partes. Vemos, pues, que no hay momento primero en que haya cambio cumplido, porque las divisiones llegan a lo infinito.

Tampoco hay para el sujeto en cambio término primero del cambio cumplido. Sea Δ Z término primero del cambio cumplido de Δ E. Se ha demostrado que cuanto cambia es divisible. Sea Δ el tiempo durante el cual ha efectuado el cambio Δ Z. Si Δ Z ha efectuado su cambio durante todo θ I, en la mitad de ese tiempo, una parte menor habrá hecho su cambio, y será anterior a Δ Z, y así sucesivamente, por donde se advierte que no hay término primero del sujeto que cambia que haya ejecutado su cambio.

Así que no hay término primero, ni del sujeto que cambia, ni del tiempo en que cambia. Mas no ocurre lo mismo en aquello con arreglo a lo cual hay cambio. Se enuncian tres términos relativos al cambio: sujeto, dominio término final. Ejemplo: el hombre, el tiempo, lo blanco. El hombre y el tiempo son divisibles. Pero lo blanco es otra cosa, aunque todo por accidente sea divisible. Mas nos referimos a lo divisible en sí, no por accidente. Sea una dimensión A B, y T el momento primero hacia el cual se habrá efectuado el movimiento partido de B. Si B T es indivisible, habrá contigüidad entre cosas sin partes. Pero, si es divisible, habrá un momento primero de la conclusión del movimiento que será anterior a T, su término final, y aun otro anterior a ése, y así hasta lo infinito, pues que la división no se detiene nunca, y, en último resultado, no habrá momento primero hacia el cual haya habido cambio efectuado. Igual sucede con el cambio cuantitativo, que sigue verificándose en lo continuo, de manera que sólo en el movimiento según la cualidad puede haber un indivisible en sí.[708]

---

o, lo que vale lo mismo aquí, *sucesivo hasta lo infinito*. Véase a Pesch (*Die grösse Welträtsel*, I, 377).

[708] No se olvide lo indicado en la introducción. Para Aristóteles, el cambio cuantitativo (local, cuando se trata del verificado en el espacio) es sólo aumento o

CAPÍTULO VI

EL CAMBIO ACABADO Y EL CAMBIO EN DISPOSICIÓN DE HACERSE

Cuanto cambia, cambia en el tiempo.[709] Ese cambio en el tiempo se considera, ora como primero, ora en relación a otro, como se relaciona al año el cambio que pasa en uno de sus días. Es preciso, pues, que el cambio se produzca en una parte cualquiera del tiempo primero del cambio, lo que es evidente por definición y por lo que diremos.

Sea XP el tiempo en que se mueve lo movido, y dividámoslo en Λ, ya que todo tiempo es divisible. En el tiempo XK, o se mueve, o no se mueve, e igual alternativa hay en KP. Y, si no se mueve en uno ni en otro, estará en reposo en el todo, porque es imposible que el todo se mueva, si no se mueve ninguna de sus partes. Si se mueve sólo en una, no se moverá en XP como tiempo primero, porque su movimiento se efectúa con relación a otro tiempo. Es necesario, entonces, que efectúe su movimiento en una parte cualquiera de XP.

Demostrado esto, se ve que cuanto se mueve ha de pasar por estados anteriores de movimiento acabado. Si la magnitud KA ha efectuado su movimiento durante XP como tiempo primero, en la mitad de tiempo, a igual velocidad y empezando a la vez, habrá efectuado una mitad de movimiento. Pero, si lo que tiene velocidad igual ha efectuado un movimiento en el mismo tiempo, necesariamente otro móvil debe haber efectuado otro movimiento de la misma dimensión. Así que cuanto se mueve habrá pasado por movimientos cumplidos.

Por ende, cuando se dice que el movimiento se ha efectuado en el todo

---

disminución, y únicamente el cambio cualitativo es mutación propiamente dicha. Cuanto a la generación y a la corrupción, son ya mutaiciones substanciales.

[709] El cambio, en cuanto cambio *actual,* está con el tiempo en la misma relación que el tiempo con la sucesión, en cuanto sucesión *actual*. No hay posibilidad de que el tiempo sea ninguna sucesión y ningún cambio actuales, lo uno porque el tiempo no es una cosa, actuada y existente en sí, y lo otro porque, por su concepto, antecede a toda cosa sucesiva y cambiante, dado que toda sucesión y todo cambio deben transcurrir en el tiempo. De toda sucesión y de todo cambio, cabe pensar que *no existan.* Mas no es posible echar del pensamiento el tiempo mismo, puesto que, "aun cuando toda secuencia y toda mutación cesasen, el tiempo seguiría sin estorbo, e, igualmente que antes, un instante pasaría sin tregua en pos de otro" (Pesch, *Die groðsse Welträtsel,* I, 393).

de *X P,* o en una parte cualquiera de ese tiempo, considerando el extremo del tiempo, un instante, porque el instante es lo que delimita, y el intervalo de los instantes es el tiempo, se podrá decir que ha acabado su movimiento en los tiempos anteriores. El punto de división de la mitad del tiempo es un extremo. Por tanto, el móvil habrá efectuado un movimiento en la mitad, o en una parte cualquiera del tiempo, que, puesto que es seccionado, se encuentra limitado por los instantes. Si todo tiempo, pues, es divisible, y si el intervalo de los instantes es el tiempo, todo aquello que cambia habrá pasado por una infinidad de cambios concluidos.

El sujeto que cambia de un modo continuo, sin cesar de cambiar y sin ser destruído, debe, o estar en disposición de cambio, o haber efectuado su cambio en una parte cualquiera de tiempo. Por otro lado, si puede estar cambiando a cada instante, es preciso que haya cumplido su cambio según cada instante. Y si los instantes son infinitos en número, cuanto cambia habrá pasado por una infinidad de cambios cumplidos.

Pero cuando ha efectuado cambios ha debido estar en disposición de cambiar, porque cuanto ha efectuado su cambio de un término a otro lo ha efectuado en el tiempo. Suponiendo que una cosa haya efectuado en un instante su cambio de *A* a *B,* de fijo no ha hecho su cambio cuando estaba en *A,* porque entonces estaría a la vez en *A* y en *B,* pues que hemos demostrado que la cosa que cambió no está en el primer término. Mas, si está en otro, hay un tiempo intermedio, y los instantes no serán contiguos. Y, puesto que ha cambiado en un tiempo, y todo tiempo es divisible, en la mitad del tiempo habrá hecho otro cambio, y así hasta lo infinito. Luego el cambio que se está haciendo es anterior al cambio hecho.

En el caso de la magnitud, lo que se ha dicho es aún más claro. Sea un cambio efectuado de T hacia Δ. Si Δ es indivisible, una cosa sin partes será contigua a otra cosa sin partes. Pero como eso es imposible, es necesario que el intervalo sea una magnitud, es decir, que sea divisible hasta lo infinito, y habiendo debido preceder a ello un cambio en disposición de producirse, es preciso que todo cambio efectuado haya pasado antes por un cambio efectuándose. Igual demostración se aplicaría al caso de las cosas discontinuas.

En conclusión: es preciso que lo que ha efectuado un cambio haya estado cambiando, y que lo que está cambiando haya sido antes cambio hecho, ya que el cambio hecho es anterior al que está haciéndose, y viceversa, sin que nunca se sepa cuál de los dos es primero, porque nunca una cosa sin partes será contigua a una cosa sin partes, pues que la división llega hasta lo infinito, como en el caso de líneas progresivamente reducidas o aumentadas.[710]

De modo que cuanto es engendrado ha estado engendrándose, y viceversa, y esto para cuanto es divisible y continuo, no siendo, sin embargo, siempre verdad para el sujeto engendrado de sí mismo, pero sí algunas veces para sus partes, como para la casa los cimientos. Digamos igual para lo destruido y para lo que está destruyéndose. No es posible que nada esté engendrándose sin haber sido engendrado, ni engendrado sin haber estado engendrándose, e igualmente en el caso de la destrucción, pues que la efectuada será anterior a la que se efectúa, y a la inversa, porque toda magnitud y todo tiempo son divisibles hasta lo infinito, y, por tanto, en cualquier magnitud o tiempo que se produzca, el cambio no es nunca un término primero.

CAPÍTULO VII

LA FINITUD EN EL MOVIMIENTO[711]

Puesto que cuanto se mueve lo hace en el tiempo y en una magnitud al tiempo proporcional, es imposible que en un tiempo infinito el movimiento se efectúe según una trayectoria finita, porque se trata de una trayectoria recorrida en el tiempo total. Es evidente que si la velocidad es igual al movimiento según una dimensión finita, debe tener forzosamente efecto en un tiempo finito. Considerando una parte que mida la trayectoria total, en tanto tiempo como partes tenga acabará la totalidad del movimiento. Al ser estas partes finitas cada una en cantidad y todas según el número que las multiplica, el tiempo será igualmente finito, e igual al producto del tiempo de una de las partes por el número de todas. Esto no cambia, incluso si la velocidad no es la misma. Sea una distancia finita la

---

[710] Consígnase aquí la incuestionable fijeza del principio matemático conforme al cual la división, cuando es continua, aumenta lo que se ha dividido ya, y disminuye lo que queda por dividir.

[711] Extraña contradicción la de Aristóteles, al afirmar tan enérgicamente la *finitud* del movimiento, a una que asevera, no menos enérgicamente, su *eternidad*. ¿Cómo puede ser eterno un movimiento finito? Aplíquense al universo o a Dios, los atributos de infinidad y de eternidad se suponen recíprocamente. Si los seres limitados no son eternos, débenlo a su finitud. Desde el momento en que se concibe algo como eterno, hay que concebirlo también como infinito, a la vez que como necesario y como absoluto. Todas estas propiedades, infinidad, eternidad, necesidad y aseidad, corresponden a ideas idénticas en la mente humana, y, separadas, no tendrían realidad alguna.

línea *A B,* y supongamos que el movimiento sobre esta distancia tenga lugar en un tiempo infinito T Δ Si el movimiento ha de haber acabado necesariamente en cada parte de la dimensión (siendo evidente, por lo demás, que el paso del movimiento de una parte a otra se produce con arreglo al *antes* y al *después* del tiempo, pues que en un tiempo más largo el movimiento se habrá realizado en otra de las partes, y poco importa que la velocidad o intensidad del movimiento se modifique), tomemos una parte *A E* que divida la distancia *A B.* El movimiento sobre esta parte se producirá en una parte de tiempo infinito, no en un tiempo infinito, porque en éste se produce con respecto al todo. Tomando así varias partes, no habrá ninguna de esas partes de infinito que sea medible por él, porque, si lo infinito no puede componerse de partes finitas, iguales o no, se debe a que las cosas finitas se miden en número y tamaño por una de ellas tomada como unidad, y así son siempre limitadas. Pero, en cambio, la distancia limitada será medida por las cantidades determinadas, como *A E.* Luego *A B* se moverá en un tiempo limitado, e igual para el reposo. Luego una cosa una e idéntica no puede ser destruida ni engendrada infinitamente.

Igual razonamiento nos muestra que en un tiempo finito no puede haber movimiento ni reposo infinitos, sea el movimiento uniforme o no. Basta tomar una parte que mida todo el tiempo. Este tiempo será recorrido por una parte de la dimensión, no por la totalidad, ya que es en todo el tiempo como toda la magnitud es recorrida, y en un tiempo igual el movimiento recorrerá una parte. El infinito-extensión no puede, pues, recorrerse en un tiempo finito, sin que importe que la extensión sea infinita en uno o en dos sentidos, porque el razonamiento es el mismo.

Vemos que el infinito no se puede recorrer por una magnitud finita en un tiempo finito, ya que en una parte de tiempo se recorrerá una extensión finita, con que, en el recorrido total, lo recorrido será finito. Y, puesto que lo finito no recorre lo infinito en un tiempo finito, tampoco lo infinito recorrerá lo finito. No importa cuál de los dos se tome por móvil, ya que, en los dos casos, lo finito recorrerá lo infinito. Cuando una magnitud infinita, Λ, se mueve, una parte, sea Δ, estará en *B,* que es finito, y así sucesivamente, y sin fin. De modo que lo infinito habrá terminado un movimiento según lo finito, y lo infinito habrá recorrido lo infinito, porque, sin duda, lo infinito no puede moverse según lo finito, sin que, a la vez, lo finito recorra lo infinito, como móvil o como unidad de medida. Y, siendo esto imposible, lo infinito no puede recorrer lo finito. Tampoco lo infinito podrá recorrer lo infinito en un tiempo finito, porque, si recorre lo infinito, recorre también lo finito, que está contenido en lo infinito. Y, puesto que lo finito no recorre lo infinito, ni lo infinito lo finito, y puesto que lo infinito no se mueve en lo infinito en un tiempo finito, no habrá movimiento infinito en un tiempo finito, porque no hay diferencia entre la infinidad del movimiento y la de la magnitud. Si uno de los dos es infinito, el otro también lo será, pues que todo transporte se efectúa en un lugar.

CAPÍTULO VIII

LA DETENCIÓN. RESUMEN SOBRE LA CONTINUIDAD DEL MOVIMIENTO.

Ya que todo ser hecho naturalmente para moverse se mueve o está en reposo, en el tiempo, lugar y modo que le son naturales,[712] es preciso que se detenga, y que, cuando vaya a detenerse, esté en movimiento, porque si no se mueve estará en reposo, y lo que reposa no puede ponerse en reposo. La detención debe también producirse en el tiempo, ya que lo que se mueve lo verifica en el tiempo. Las nociones de lo rápido y lo de lento se relacionan con el tiempo, y la detención se relaciona con esas nociones.

Considerando el primer tiempo de lo que se detiene, hallamos que debe detenerse en una parte cualquiera de ese tiempo. Dividido el tiempo en dos partes, no será ninguna el tiempo total, y lo que se detiene no se detendrá, porque si está en una parte, no se detendrá en el todo. Y así como para lo movido no hay momento primero en que sea movido, tampoco lo hay para lo que se detiene, porque ninguna parte del movimiento ni de la detención merece el nombre de primero. Si A B es el momento primero en que se produce la detención, no puede carecer de partes, porque donde no hay partes no hay movimiento, y puesto que A B es divisible, la detención debe producirse en una de sus partes. Perteneciendo el primer momento de la detención al tiempo, y no a un indivisible, como todo tiempo es divisible hasta lo infinito, no hay momento primero para la detención. Ni hay momento primero para lo que se pone en reposo, porque no hay estado de reposo en lo que no tiene partes, pues que no hay movimiento en lo

---

[712] Aplicación particular es ésta del principio general de Aristóteles, conforme al cual el movimiento que las cosas tienen de naturaleza, tiende, casi de continuo, a llevarlas a aquel lugar o a ponerlas en aquella situación que les compete, según las leyes del universo, y atendida su relación con las demás cosas. Comoquiera que lo cuerpos naturales existen para obrar unos sobre otros, y se requiere contacto para que lo consigan, pudo pensarse en una mutua aproximación universal, llamada vulgarmente atracción. Mas este pensamiento no fue expresado por Aristóteles, porque carecía de los medios con que hubiera podido interpretar bien y conciliar las observaciones de fenómenos al parecer contradictorios. Véase a Pesch, *Die grösse Weltträtsel*, I, 374.

indivisible. Allí donde hay reposo, hay movimiento, ya que existe el reposo cuando lo que puede moverse naturalmente no lo hace.

Hemos dicho también que hay reposo cuando el estado es el mismo ahora que antes, lo que entraña un mínimo de dos términos, de suerte que aquello en que se produce el reposo no es indivisible. Y, siendo divisible, será un tiempo, y el reposo se producirá en una parte cualquiera de ese tiempo, y por la misma demostración que en los casos precedentes no habrá término primero. La razón de esto es que todo movimiento o reposo se verifican en el tiempo, y en el tiempo no hay término primero, ni en la magnitud, ni en ningún continuo, que es divisible siempre hasta lo infinito.

Puesto que todo ser que se mueve se mueve en el tiempo, y cambia de un término a otro, es imposible que en el tiempo en que se mueve de una manera esencial, y no en una de las partes que están en él, el ser esté en una situación que pueda llamarse primera. En efecto: un ser está en reposo cuando él y todas sus partes permanecen cierto tiempo en el mismo estado. Hay reposo cuando en la sucesión de los instantes el ser permanece, y todas sus partes, en el mismo estado. De modo que lo que cambia no puede estar completamente según el primer tiempo en una situación determinada, porque todo el tiempo es divisible, y si en la serie sucesiva de sus partes permanecen las partes del ser en el mismo estado, éste es el reposo. Si no es así, sino que el ser está en un solo y único instante, no estará en una situación dada en ningún tiempo, sino en lo que es límite del tiempo. Lo que pueda haber de fijo al permanecer él ser en un instante, no significa el reposo, porque ni el reposo ni el movimiento son posibles en el instante, en el cual lo único cierto es la ausencia de movimiento. En el tiempo, por otra parte, el movimiento no puede estar en lo que descansa, porque entonces ocurriría que lo que es transportado estaría quieto.[713]

---

[713] En este resumen de la continuidad del movimiento en relación con la detención y con el reposo, Aristóteles se insinúa claramente contra el atomismo. Como nota Pesch (*Die grösse Welträtsel*, I, 377), mirando con alguna atención el estado de movimiento, advertimos al punto que la continuidad matemática, cosa detestada como ninguna por los atomistas, pertenece a la esencia misma, del movimiento concebible sin continuidad. Cuando se trata de movimiento, se acaba todo intento o ensayo de. atomizar, y, por este lado a lo menos, el movimiento, tan mimado por los atomistas derrumba sin piedad el fundamento de la explicación atomística de la naturaleza. Mientras el movimiento es continuo, existe, y, no bien cesa la continuidad por alguna interrupción, cesa también el movimiento, pudiendo, sólo después de terminada la interrupción, seguir con nueva, continuidad. Basta hacerse mover el radio de dos circunferencias concéntricas, para deducir, con evidencia geométrica, que la continuidad es un predicado inseparable del

CAPÍTULO IX

DIFICULTADES ACERCA DEL MOVIMIENTO

Zenón incurre en un paralogismo al decir que, si toda cosa está, en un instante dado, en reposo y en movimiento, y si está en reposo cuanto está en un espacio igual a ella misma, como, por otra parte, lo que es transportado está siempre en el instante, la flecha enviada está siempre inmóvil. Pero esto es falso, porque el tiempo no se compone de indivisibles.

En los cuatro razonamientos de Zenón sobre el movimiento, hay una fuente de dificultades para el que los quiera resolver. El primero, o argumento dicotómico, saca la imposibilidad del movimiento de que el móvil transportado debe llegar primero a la mitad que al término. Ya hemos hablado de ello antes.

El segundo es el argumento Aquiles. Helo aquí. El más lento en la carrera no será nunca alcanzado por el más rápido, porque el que persigue debe siempre primero alcanzar el punto del que ha partido el que huye, con lo que siempre el más lento tiene alguna ventaja. Es idéntico razonamiento que el de la dicotomía, con la diferencia de que la dimensión sucesivamente añadida y dividida no lo es en dos. Como en la dicotomía, se concluye que no se puede llegar al límite, dividiendo la magnitud de un modo u otro, y se agrega que el muy rápido no podrá alcanzar al muy lento.[714] A esto debemos dar la solución ya dada, y cuanto a que el más lento no será alcanzado, es falso. No lo será mientras vaya delante, pero sí lo será si recordamos que se está recorriendo una línea finita.

El tercer argumento pretende que la flecha que vuela está inmóvil,

---

movimiento, y que, aun en el caso de que todo movimiento se compusiera de saltos y de brincos, cada salto y cada brinco serían, a su vez, continuos en sí. De donde se infiere que, si el movimiento es continuo, no se concibe en él parte alguna que quepa designar simplemente como principio o como fin. Por pequeña que tal parte sea, siempre habrá otra parte más pequeña que ella y con más derecho a pretender el carácter de fin o de principio. En suma: si el movimiento es continuo, nada de lo que está moviéndose queda reducido al tiempo presente, pues ya se ha movido, y todavía se moverá.

[714] Trátase del *Aquiles el de los pies ligeros* de Homero, opuesto al animal de proverbial lentitud. Nada, más difícil que verter a idiomas neolatinos la expresión que denota, en Aristóteles, el carácter *dramático* que reviste el argumento. Es una *mise en scène,* como observa Carteróu (*La physique d'Avistote,* II, 61).

consecuencia de suponer que el tiempo se compone de instantes. Rechazada esa hipótesis, se viene abajo el silogismo.

El cuarto, que trata de masas iguales, las cuales se mueven en sentido contrario a lo largo de otras masas iguales, en el estadio, unas partiendo del fin y otras del medio, con velocidad igual,[715] pretende deducir la consecuencia de que la mitad del tiempo es igual a su doble. Consiste el paralogismo en que se piensa que la magnitud igual, con igual velocidad, se mueve en un tiempo igual, tanto a lo largo de lo que se mueve como de lo que está parado. Esto es falso. Sean $\Lambda \Lambda$ las masas iguales inmóviles, B B las que parten del medio de Λ y les son iguales en número y magnitud, $\Gamma \Gamma$ las que parten del extremo,[716] iguales a aquéllas en número y magnitud y con la misma velocidad que B. La primera B estará en el extremo a la vez que la primera Γ, puesto que se mueven paralelamente. De otra parte, las Γ han recorrido todo el intervalo a lo largo de las A. Luego es la mitad del tiempo, porque, para los grupos tomados dos a dos,[717] hay igualdad del tiempo de paso ante cada Λ. Pero a la vez las B han pasado todas ante las Γ, porque la primera B y la primera Γ están al mismo tiempo en extremos opuestos, y el tiempo para cada B es, dice Zenón, el mismo que para las Γ, porque ambas desfilan en igual tiempo a lo largo de las A. El razonamiento cae en la falsedad que hemos señalado.

Así que en el cambio por contradicción no habrá dificultad que no podamos resolver. Ejemplo: si lo que cambia del no-blanco al blanco no está en uno ni en otro, no será blanco ni no-blanco. Ahora bien: no por no estar enteramente en un estado u otro no será llamado blanco o no-blanco, pues llamamos así a una cosa, no porque sea enteramente tal, sino porque lo es en su mayor parte, y no es igual no estar en cierto estado a no estar completamente en él. Dígase lo mismo del ser y del no-ser, y de cuanto se contrapone. El sujeto del cambio estará precisamente en uno u otro de los opuestos, pero no en su totalidad.

Igual podemos afirmar de la esfera o el círculo y en general de cuanto se mueve sobre sí mismo. Se dirá que están en reposo, porque ellas y sus partes están en un mismo lugar cierto tiempo, y estarán, por consiguiente, en movimiento y en reposo. Respondemos a esto que nunca las partes

---

[715] Bayle, en su *Dictionnaire historique et critique* (en la palabra *Zenón*), figuraba esto ingeniosamente por una corredera o bolsa, en la cual se deslizasen, una sobre otra, dos reglas de longitud igual e igual a la de la corredera, y metidas en ella hasta la mitad.

[716] Se refiere Aristóteles al extremo final de las λ, que es también el del estadio, como su centro es la mitad de su longitud diametral.

[717] Alusión a los grupos móviles, que se recubren en la totalidad del tiempo.

están en el mismo lugar, y que el todo cambia siempre hacia un lugar distinto. La circunferencia tomada a partir de *A* y la tomada a partir de *B* o *Γ*, u otros puntos, no es la misma sino por accidente, [718] como el hombre letrado es igualmente hombre. De modo que hay siempre cambio de una circunferencia diferente a una circunferencia diferente, sin que nunca en ella haya quietud, y esto ocurre con todo lo que se mueve sobre sí mismo.

CAPÍTULO X

IMPOSIBILIDAD DEL MOVIMIENTO DE LO INDIVISIBLE Y DEL MOVIMIENTO INFINITO

Hechas estas demostraciones, digamos que una cosa sin partes no puede ser movida sino por accidente, esto es, cuando son movidos el cuerpo o magnitud en que existe esa cosa, como decimos que lo que está en un barco es movido por el desplazamiento del barco, o la parte por el movimiento del todo. Llamo sin partes a lo indivisible según la cantidad. En un todo divisible, los movimientos de las partes son distintos, según se consideren las partes en sí mismas, o conforme al movimiento del todo. La diferencia se apreciará considerando la esfera, porque la velocidad no será igual en las partes cercanas al centro que en las exteriores, ni para la esfera en conjunto.

Si lo que no tiene partes puede ser movido, es como el que va en un barco, cuando éste navega, y no por sí. Supongamos que lo indivisible cambia de *A B* a *B T*, que ese cambio sea de magnitud a magnitud, o de forma a forma, o por contradicción, [719] y sea *Δ* el tiempo primero del cambio. Necesariamente, durante el tiempo del cambio estará en *A B*, o en *B Γ*, o algo en uno y algo en otro. Pero no puede haber parte en uno y en otro, porque sería en tal caso divisible. No estará en B Γ, porque habría terminado de cambiar, y lo suponemos cambiando. Estará en *A B* mientras cambia, pero entonces estará en reposo, porque el reposo consiste en permanecer cierto tiempo en un mismo estado. Luego lo que no tiene partes no puede moverse ni cambiar de ninguna manera. Sólo sería posible su movimiento si el tiempo se compusiese de instantes, porque habría cumplido en el instante su cambio y su movimiento, de modo que nunca

---

[718] En cuanto son todos igualmente círculos, *ΛΛ*, BB, *ΓΓ*, no pueden ser los mismos más que por modo accidental.

[719] Referencia a los cambios de lugar, de volumen, de cualidad, o producidos por generación y por corrupción.

estaría moviéndose, sino siempre estaría en estado de movimiento acabado. Pero antes hemos mostrado que es imposible, porque ni el tiempo está hecho de instantes, ni la línea de puntos, ni el movimiento de movimientos ejecutados. Esta teoría compone el movimiento de elementos sin partes, como si el tiempo se compusiese de instantes, o la magnitud de puntos.

Además, por argumentos que explicaremos, se ve que ni el punto ni ningún otro ser indivisible puede ser movido. Es imposible que ningún móvil recorra un espacio mayor que él antes de recorrer uno igual o más pequeño. Luego el punto recorrerá un espacio más pequeño o igual, pero más pequeño no puede ser, pues que el punto es indivisible, y, por consiguiente, será igual. De modo que la línea se compondrá de puntos, y el punto medirá toda la línea. Pero, siendo esto imposible, es imposible asimismo que lo indivisible se mueva.

Si todo, pues, es movido en un tiempo y nada en el instante, y si todo tiempo es divisible, habrá, para lo que sea, movido en un tiempo menor que él, en el que también se mueve, tiempo que existirá, porque todo se mueve en el tiempo, y todo tiempo es divisible, como se ha demostrado. Y, si el punto se mueve, habrá un tiempo más pequeño, en el cual se ha movido. Y esto es imposible, porque, al moverse en un tiempo menor, se moverá sobre una distancia más pequeña. Luego lo indivisible será divisible en partes menores, como el tiempo es divisible en tiempo. La única condición que permitiría el movimiento de lo sin partes e indivisible sería la posibilidad del movimiento en el instante. Por otro lado, ningún cambio es infinito, ya que todo cambio va de un término a otro. En los cambios que se verifican por contradicción, la afirmación y la negación son sus límites, como el ser es el límite de la generación y el no-ser de la destrucción. En los cambios por contrariedad, los contrarios son los extremos del cambio, y en consecuencia, toda alteración, pues que parte de determinados contrarios. Igualmente ocurre con el crecimiento y con el decrecimiento, porque el límite de aquél es el estado de la magnitud acabada según la naturaleza propia del sujeto, y el decrecimiento, la pérdida de este estado. Pero el transporte no es finito de este modo, porque no está siempre limitado por los contrarios. Si una cosa imposible de seccionar no puede ser que se haya seccionado (porque lo imposible se entiende en varias acepciones),[720] esa imposibilidad implica que no haya

---

[720] No bien examinamos el concepto de imposibilidad, en cuanto puede servirnos de criterio para negar las afirmaciones falsas en cosmología, descubrimos que cabe tomarlo de dos diferentes terrenos: el de la imposibilidad absoluta y el de la

podido estar seccionándose, así como lo que es imposible de generar no puede estar engendrándose. Y lo que no puede cambiar no puede estar cambiando hacia un cambio posible. Si lo que se transporta está cambiando hacia alguna cosa, es porque la posibilidad del cambio existe para él. Luego el movimiento no será infinito y no habrá transporte en lo infinito, porque es imposible recorrerlo. He aquí, pues, que el cambio no es infinito en el sentido de que carezca de límites que lo determinen.

Pero hay que ver si puede serlo en el sentido de la infinitud del tiempo. De no tratarse de un movimiento único, nada impide qué lo sea de tal manera, como si después del transporte hay alteración, luego de la alteración crecimiento, y, a su vez, generación. Así puede haber siempre movimiento por relación al tiempo, pero no movimiento único, porque no hay movimiento único que se componga de todos reunidos. Mas un movimiento único no puede ser infinito en el tiempo, exceptuando uno solo: el movimiento circular.

---

imposibilidad condicional. A su vez, la última puede ser imposibilidad por naturaleza o imposibilidad por accidente. En sus *Metaphysicorum* (XI, XII), trata Aristóteles con toda extensión de este punto.

LIBRO VII

LA EXISTENCIA DLL PRIMER MOTOR. LA COMPARACIÓN DE LOS MOVIMIENTOS

CAPÍTULO PRIMERO

DEMOSTRACIÓN DE LA EXISTENCIA DEL PRIMER MOTOR. EL PRINCIPIO DE CAUSALIDAD[721]

Todo lo que se mueve, necesariamente es movido por algo. En efecto: si no se tiene en sí el principio del movimiento, es movido por otro, que será el motor. Si lo tiene, representemos por *A B* este ser, que se mueve por sí, y no por el movimiento de una de sus partes.[722] Ante todo, notemos que suponer que *A B* es movido por sí mismo en el sentido de ser movido por entero, y no por nada exterior, equivale a suponer, moviendo Δ *E* a *E Z*, y siendo movido el mismo, que Δ *E Z* se mueve por sí, a causa de no distinguirse cuál es movido por el otro, si Δ E por *E Z*, o *E Z* por Δ *E*. Además, lo que se mueve por sí no cesará jamás en su movimiento por efecto del reposo de otra cosa, de donde se sigue que si una cosa detiene su movimiento porque otra haya detenido el suyo, ella misma es movida por algo. Si imaginamos a *A B* movido, debe ser divisible, pues todo lo movido lo es. Dividiéndolo según Γ, si Γ *B* está en reposo, *A B* lo estará también. Figurémonos que no es así, y tengámoslo por movido. Entonces, si Γ *B* está en reposo, Γ *A* estará en movimiento, y *A B* no se moverá por sí y primitivamente.[723] De otro modo, si Γ *B* no se mueve, *A B* está en

---

[721] En la introducción indiqué que este capítulo y los dos siguientes han tenido, en algunos manuscritos, una segunda redacción, que ofrece, con respecto a la más usual, algunas diferencias, aunque no tan importantes que no me hayan permitido refundirlas eclécticamente en mi versión.

[722] En el capítulo I del libro V, Aristóteles había distinguido el movimiento por sí del movimiento por accidente. Se dice de un hombre que se mueve, aunque sólo mueva voluntariamente un miembro cualquiera de su organismo. Pero el participio-movido no significa aquí movido parcialmente, sino de un modo autónomo y a la vez total.

[723] El intento de Aristóteles, en todas estas suposiciones, es insinuar que, dando por aparente el motor, lo que se mueve por sí mismo conserva, a pesar de ello, la capacidad o posibilidad de ser movido por algo.

reposo. Pero una cosa que detiene su movimiento porque otra reposa, forzosamente es movida por algo. En efecto: todo lo movido es divisible, y el reposo de la parte entraña el reposo del todo.

Ahora, puesto que todo lo movido lo es por algo, lo es asimismo en el movimiento local,[724] en que el motor mismo es movido por otra cosa, y ésta por otra, y siempre así. Pero no se progresará, ciertamente, hasta lo infinito, sino que habrá que detenerse alguna vez, y habrá una cosa que sea causa primera del moverse. Admitamos, en efecto, que no hay primer motor, y que la serie es infinita.[725] Entonces diremos que A es movido por B, B por Γ, Γ por Δ, y que siempre lo contiguo es movido por lo contiguo. Puesto que se acepta que el motor mueve siendo movido, resulta indiscutible que los movimientos de A de B y de los otros motores y movidos serán simultáneos. Tomemos, pues, el movimiento de cada uno, y sea E el de A, Z el de B, H el de θ y Γ el de Δ. En tal caso, el movimiento de cada uno no deja de ser unidad, numéricamente hablando, y no es infinito con relación a sus extremidades, ya que cabalmente todo movimiento va de un extremo a otro. En efecto, la identidad del movimiento puede ser numérica, genérica o específica. Identidad numérica existe cuando el movimiento va de un término numéricamente idéntico a otro término numéricamente idéntico también, y en un tiempo numéricamente idéntico asimismo. Identidad genérica existe cuando el movimiento pertenece a la misma categoría del ser, es decir, al mismo

---

[724] Aristóteles se ciñe al movimiento más conocido de nosotros, que es aquel que se nos presenta en el cambio de lugar, o sea, en la mutación de las relaciones externas de una cosa con otra respecto de la coexistencia y de la distancia en el espacio. Pero, como el movimiento local es, en la naturaleza, el más comprensivo de todos, la demostración aristotélica vale igualmente para las demás clases de movimiento. Así lo comprendió Santo Tomás *(In VIII Physicorum, XIV; ín XI Metaphysicorum,* VIII; *In II De coelo,* x), al escribir: *Motus localis est motus primus in natura... Quidquid invenitur moveri aliis motibus, movetur motu lodali.*
[725] Así lo admitía Demócrito, el cual, según Cicerón *(De natura deorum,* I, XII), no temía el *proceso hasta lo infinito,* y llegó a persuadirse de que, cuanto existiese en el universo, debe moverse, sin que haya ningún primer motor. sempiterno y estable. En el mismo sentido razonó Hobbes (*Elementa philosophiae,* 4) diciendo: *Quidquid movetur ab alio. Datur, ergo, ut videtur, primus motor. Sed primus motor et ipse nec inmobilis esse potest, neo mobilis. Non est inmobilis. Quomodo enim alia omnia movere possit, qui ipse nom movetur?* Esta objeción de Hobbes no hubiera convencido a Platón, para quien Dios se movía a sí mismo. Sólo que el filósofo griego no empleaba la palabra movimiento en el sentido de alteración o mudanza, sino de acción u operación. ¿Cómo negar que Dios *obra,* aunque su obrar no sea variable o cambiante, como el del hombre?

género que éste. Identidad específica, en fin, existe cuando va de un término específicamente idéntico a un término específicamente idéntico, como de lo blanco a lo negro, o de lo bueno a lo malo. Mas sobre esto ya se disertó anteriormente.

Consideremos, pues, el tiempo en que A ha agotado su movimiento, y sea K este tiempo. Dado que el movimiento de A terminó, el tiempo terminó igualmente, y K no será infinito. Y ese tiempo es el mismo en que se movían A, B y los demás móviles. De donde surgiría la consecuencia de que siendo el movimiento E Z H θ infinito, se produciría durante el tiempo K, que es determinado. Sean los movimientos adicionados iguales o mayores, el movimiento total es infinito, por lo que, por hipótesis, juzgamos posible.[726] Ahora bien: como el movimiento de A y de los demás móviles son simultáneos, el movimiento total tendría lugar en el mismo tiempo que el de A. Pero el de A tiene lugar en un tiempo finito. Luego un movimiento infinito tendría lugar en un tiempo finito, lo que es imposible.

Queda, por ende, demostrada la proposición que al comienzo se expuso. Sin embargo, ello poco significa, porque de aquí no resulta ningún absurdo manifiesto.[727] Un movimiento infinito puede tener lugar en un tiempo finito, no el mismo movimiento, el de un solo sujeto, sino movimientos siempre diferentes de sujetos movidos, que sean varios o una infinidad. Y éste es nuestro caso precisamente, ya que cada movido se mueve con movimiento propio, y nada hay de imposible en que varias cosas se muevan simultáneamente. Pero, si es necesario que el primer movido,[728] según el lugar y el movimiento corporal, esté en contacto o en continuidad con el motor,[729] como la experiencia lo muestra por doquiera,

---

[726] En esta insinuación, pónese de manifiesto que un movimiento cada vez más pequeño acabaría por reducirse a la nada. Cuanto a lo que Aristóteles juzga *posible,* es la suposición de una infinidad de motores movidos. Esto he querido apuntar aquí, dejándolo a la mano de quien mejor lo entienda.

[727] Compárese con los *Analytica priora,* I, xv, XXXIV. Al final del capítulo, Aristóteles insinúa que, "cuando lo posible se ha planteado, no cabe admitir que de él resulte lo imposible". Aquí quiere decir que, si de lo que se plantea resulta algún absurdo manifiesto, es que lo admitido contradice los datos de la realidad.

[728] Conservo el término de la segunda redacción. La primera trae *primer motor,* y no *primer movido.* Pero la variante no es de gran momento, porque a *motores movidos* se refieren ambas redacciones.

[729] Este contacto o continuidad entiéndelos Aristóteles sólo del movimiento puramente físico, donde son indispensables. Mas no sucede lo mismo con los movimientos del alma, cuya acción se ejerce por ministerio de la finalidad apetitiva del deseo, y, por decirlo así, a distancia.

entonces el conjunto, formado por todas las cosas, deberá ser uno o continuo. Admitámoslo, por ser posible, y sea A B ∇ la dimensión o el continuo, y E Z H Δ su movimiento. Nada importa por el momento que esta cosa sea finita o infinita, porque se moverá siempre en un tiempo limitado, el tiempo K, de donde resultaría que, en este tiempo, lo infinito recorre lo finito o lo infinito: dos imposibilidades notorias. Por tanto, hay que detenerse, y admitir un primer motor y un primer movido. Y poco vale objetar que ambas imposibilidades surgen de una hipótesis, porque, cuando lo posible se ha planteado, no cabe admitir que de él resulte lo imposible.[730]

CAPÍTULO II

EL MOTOR ESTÁ CON LO MOVIDO

El primer motor, tomado, no como causa final, sino como principio de donde parte el movimiento, está con lo movido. Entendemos por *con* que entre ellos no existe nada en el intervalo, y, en efecto, esta propiedad pertenece generalmente a todo conjunto de movido y de motor.[731] Mas, puesto que hay tres movimientos: local, cualitativo, cuantitativo, hay también necesariamente tres movidos.[732] El movimiento local es transporte; el cualitativo, alteración; el cuantitativo, aumento o disminución.

Empezando por el transporte, es, sin duda, el primero de los movimientos. Todo transportado es movido, sea por sí mismo, sea por otra cosa. En lo que se mueve por sí mismo, el motor está evidentemente con lo movido, sin que se dé intervalo alguno. Cuanto a lo que es movido por otra cosa, lo es de cuatro maneras: por tracción, por empuje, por conducción y por rodadura. Todas las demás maneras de movimiento se reducen a estas cuatro. La tracción es el movimiento que va, ya hacia el

---

[730] Carterón (*La physique d'Avistóte*, II, 76) observa que, en este razonamiento de Aristóteles, la prueba es indirecta. La hipótesis que combate es la de una serie infinita de movidos y de motores, hipótesis que conduce a imposibilidades, y que es, por ende, imposible de suyo. Así, la contradicción de la hipótesis es verdadera, y la serie en cuestión es finita.

[731] Después de haber atestiguado *inductivamente* esta proposición, Aristóteles pasa ahora a dar de ella una *demostración* racional.

[732] Al final del capítulo, y con más claridad en la segunda redacción que en la primera, Aristóteles substituye los motores por los movidos: el transportado, el alterado y el aumentado o disminuido.

motor mismo, ya hacia otro, cuando el movimiento del tractor es más rápido, sin estar separado del de la cosa de que se tira. Al empuje pertenece la impulsión y la repulsión, dándose la primera si el motor no es abandonado por lo movido, y la segunda en el caso contrario. La conducción entra en esos dos movimientos, pues lo conducido no es movido por sí, sino por accidente. En otros términos: es movido porque está en o sobre alguna cosa que se mueve, y el conductor es movido por tracción, por empuje o por rodadura. La tracción se dirige hacia la cosa misma o hacia otra. Y las diversas tracciones, idénticas específicamente, se corresponden entre sí. Tal ocurre con la aspiración, la espiración, el esputo y todos los movimientos orgánicos de rechazo o de absorción, como también el apretamiento y el aflojamiento en el tejido,[733] uno de los cuales es concreción y el otro dilatación. Todo movimiento local es, pues, unión y separación de objetos o de partes de un objeto.[734] En la rotación, se compone de tracción y de empuje, porque el motor tira y a la vez impele, de suerte que está con el tirado y con el impelido, sin que haya intermediario entre el que mueve y el que se mueve según el lugar. Y esto está también de acuerdo con las definiciones. En efecto: la tracción es un movimiento que va de un objeto, ya al objeto mismo, ya a otro. El empuje va, ya del objeto mismo, ya de otro hacia otro, y aun podríamos unir a este movimiento los de condensación y de expansión. Hay proyección en ellos siempre que el movimiento del que tira es más rápido que el que mantiene separadas las partes de los continuos,[735] y así se produce la atracción del

---

[733] Compárese con Séneca (*Ad Lucanum*, XIX, XX) y con Ovidio (*Metamorphoseos*, VI, 65). Aristóteles, en su alusión, tenía en la mente el hecho de que se unen los hilos del tejido con la apisonadora (σπαθή), y que se les separa con la lanzadera (κερκις).

[734] Por hipótesis, sin duda, como advierte Carterón (*La physique d'Aristote*, II, 77), puesto que, para Aristóteles, la sinrazón de los mecanistas estaba precisamente en haber explicado de modo tan socorrido y tan simplista la generación y la destrucción.

[735] No hay para qué vaciar aquí todas las interpretaciones de los comentaristas, por hacer patente la ninguna falta de la distinción entre tracción y empuje. ¿Qué razones inducirán al filósofo griego a llevar por tanto rigor el porfiado empeño de hacernos creer que la proyección opone el movimiento ordinario o natural al violento o forzado? Porque no tiene duda que, considerando ser la tracción lo que *junta* un cuerpo a otro, introdujo el factor *rapidez,* para compensar el movimiento que los *separa*. ¿No parece más lógico entender su razonamiento como significando que el movimiento de tracción, que aparta a una cosa de su sitio antecedente, debe ser más veloz que el que a él la conduce? De ahí viene uno a sospechar que no anduvo Aristóteles muy acorde consigo mismo al afirmar, por

uno por el otro. Acaso la tracción pudiera presentarse de otra manera todavía, puesto que no es por ella por la que la madera desprende fuego.[736] Cuando el movimiento del que transporta se produce con más celeridad que el de lo que se transporta, el impulso se verifica con más fuerza, y de ahí resulta que el transporte dura hasta que el movimiento del transportado sea a su vez más fuerte. Nada importa, por otra parte, que el que tira esté en movimiento o reposo, pues, en el primer caso, tira donde está, y en el segundo, donde estaba. Por ende, es imposible, sin contacto, que una cosa mueva, sea a partir de sí hacia otra, sea a partir de otra hacia ella misma, lo que comprueba que el motor y el movido están juntos, y que no existe intermediario entre ellos.

Lo mismo ocurre con el que altera y el que es alterado, y esto se prueba fácilmente por inducción. Dondequiera se advierte que la extremidad del que altera es el comienzo del que es alterado. Las cosas son alteradas conforme a sus cualidades afectivas, porque la cualidad es alterada en cuanto es sensible, y los cuerpos se diferencian por la naturaleza o por el grado de las cualidades de esa índole que posean, como peso e ingravidez, fijeza y ligereza, dureza y blandura, dulcedumbre y amargor, sonido y silencio, humedad y sequedad, densidad y raridad, como también por las demás que caen bajo los sentidos, como el calor y el frío, lo liso y lo rugoso, todas las cuales son afecciones de la cualidad particular de que estamos ocupándonos. Por ellas, en efecto, difieren los cuerpos llamados sensibles, según su grado de impresionabilidad activa y de receptividad pasiva. El calentamiento y el enfriamiento, el hecho de ser una cosa dulce o amarga, y, en suma, el de estar sujeto a una de las afecciones antedichas, se aplican por igual a los cuerpos animados, a los inanimados y a las partes inanimadas de los animados. Y las sensaciones mismas están sujetas a alteración, por haber en ellas pasividad. Su acto es un movimiento que tiene por lugar el organismo, y, al mismo tiempo, una cierta afección del sentido. En todas las cualidades en que lo inanimado se altera, lo animado se altera también. Pero donde lo animado se altera, lo inanimado no se altera siempre, porque lo último no es alterado en partes sensitivas, ni posee conciencia de la alteración. Y nada impide que lo animado tampoco la tenga, cuando no es en partes sensitivas donde la

---

una parte, que el movimiento es imposible sin *contacto,* y al hablar, por otra, de *continuos.* El contacto implica *contigüidad,* mas no *continuidad,* tomada en su sentido riguroso.

[736] Quiere decir Aristóteles, sin duda, que, aunque la. madera permanezca inmóvil, sus efluvios se mueven. Véase a Carterón, *La physique d'Aristote,* II, 78.

alteración se produce. Si, pues, las afecciones son sensibles, y si por medio de ellas se produce la alteración, infiérase que lo que es afectado y la afección son cosas unidas, entre las que no existe intermediario alguno. El aire es continuo, y el cuerpo está afectado por el aire. Ello se repite en la relación de la superficie con la luz, que es la misma de la luz con la vista; del oído y del olfato con lo que primero los mueve; del gusto con el quimo,[737] que también existen y obran a la par. La conclusión es, pues, igualmente válida para las cosas inanimadas y para las cosas sensibles.

Dígase lo propio del aumentante y del aumentado. Ambos elementos se asocian, para formar un todo único. A su vez, el que disminuye lo hace separando algo de lo que ha disminuido. Luego es necesario que, en el aumento y en la disminución, los motores sean continuos, y que carezcan de intermediarios. Donde se ve que, relativamente a lo movido, no existe intervalo entre su comienzo y su fin y el comienzo y el fin, del motor.

CAPÍTULO III

LA ALTERACIÓN SE PRODUCE SEGÚN LOS SENSIBLES

Procede ahora insinuar que todo lo alterado lo es por los sensibles, y que sólo en aquello que recibe un movimiento por sí, pero bajo la acción de ellos, existe alteración. Entre otras suposiciones, cabe hacer la de que la alteración hay que buscarla en las figuras, en las formas,[738] en los hábitos, y en la adquisición y en la pérdida de los últimos. Pero esto no es verdadero, ni con respecto a la una, ni con respecto a los otros. En efecto:

---

[737] Agudamente nota Aristóteles ser lo sápido, no el alimento, sino el quimo. En la terminología de su época, el alimento era lo seco, que sólo adquiría sabor al disolverse en lo húmedo cálido.

[738] Por excepción, Aristóteles hace aquí a la *forma* sinónimo de *figura*, es decir, que la considera en su sentido espacial o geométrico, y la enfrenta con el *hábito*. Pero, tomado el pulso a la palabra forma, en su sentido dinámico y filosófico, Aristóteles resuelve que no es nada exterior o accidental a las cosas, sino la constitución natural de las cosas mismas, la causa que desenvuelve su esencia, el fin que se realiza por su acción, en cuanto existe en ellas como principio determinativo. Llamábala por metáfora forma, mirando a su semejanza con las formas del arte. Pero insistía mucho en que, en realidad, es la idea impresa en la materia, y en cuya virtud las cosas son lo que son, y obran de una manera determinada, imprimiendo en nuestro espíritu aquellas imágenes claras mediante las cuales las conocemos.

lo que, una vez acabado de hacer, se ofrece a la vista figurado y regularizado,[739] prodúcese a consecuencia de ciertas alteraciones, después de haber sido su materia condensada o rarificada, calentada o enfriada. La figura, sin embargo, no es una alteración. No decimos, por ejemplo, que la estatua es *bronce,* ni que la pirámide es *cera,*[740] ni que el lecho es *madera.* Empero, por paronimia, vemos que cada uno de esos objetos está hecho *en* o compuesto *con* cada una de sus sustancias respectivas, y calificamos directamente la cosa alterada, puesto que afirmamos que tales sustancias son húmedas, cálidas o duras, denominando la materia con el mismo término que la afección que en nosotros provoca.[741] Por consiguiente, si la materia de la figura y de la forma que adquiere el producto no se denomina de la misma manera que lo producido, sino atendiendo a las afecciones que produce, ello prueba que la alteración no radica más que en las cualidades sensibles. Por otra parte, sería ridículo atribuir la alteración al hombre, o a la casa cuando está terminada. ¿Podríamos asegurar, sin manifiesto absurdo, que, al concluir la construcción de una casa, poniéndola el tejado, la hemos hecho sufrir una alteración? Luego lo que por alteración entendemos no está en las cosas engendradas.

Tampoco lo está en los hábitos, ni en los del cuerpo, ni en los del alma. Entre ellos se cuentan las virtudes y los vicios, y unas y otros forman parte de los relativos,[742] no de otro modo que la salud es una cierta proporción, ya interna, ya relativa al medio, de las cosas cálidas y húmedas. Igualmente ocurre con la fuerza y con la belleza, que también forman

---

[739] En este punto, *regularidad* equivale a *conveniencia final.* Un lecho provisto de la *forma conveniente* es un lecho *regularmente* construído.

[740] El vocablo *pirámide* no se aplica aquí a un monumento de piedra de esa figura, sino a la que toma el fuego, al subir a lo alto. Sabido es, en efecto, que, etimológicamente, aquel vocablo deriva, en griego, de πὺϱ, fuego. De ahí que Aristóteles se refiera a la *cera* productora del fuego, y que, en este caso, vale por candela o cirio.

[741] Hay, en esto, la sustantivación de una cualidad. Los atributos cualitativos de la materia son pensados por Aristóteles como lo más íntimo que hay en las cosas, fuera de su tendencia a un fin.

[742] La relatividad del vicio y de la virtud entiéndela Aristóteles en el sentido de no pertenecer la primera a la esencia del alma, ni remontar al origen de ésta, en cuyo concepto la definió cuerdamente Balmes como "hábito de obrar bien", esto es, como algo adventicio y *a posteriori.*
De otra manera habríamos de calificar la relatividad dicha, si llegara a tomar la forma que le dio Campoamor, al sentenciar humorísticamente que las virtudes son "vicios cortos", y los vicios "virtudes alargadas".

parte de los relativos, por ser determinadas disposiciones de lo que es mejor con respecto a la acción excelente, y llamamos mejor a lo que se ampara y dispone mirando a su naturaleza. De aquí que, ni la virtud, ni el vicio, sean alteraciones. La virtud es un acabamiento o un estado de perfección de la naturaleza,[743] mientras que el vicio es un desarreglo o una destrucción de ese estado. Cuando una cosa ha recibido su virtud propia, entonces la denominamos acabada o perfecta, porque es entonces cuando la encontramos conforme con su naturaleza en toda su plenitud, bien como a un círculo lo consideramos acabado o perfecto cuando lo hemos trazado lo mejor que nos ha sido posible. Pero, ni la virtud, ni el vicio, son generables y alterables como hábitos. La recepción de la virtud o la pérdida del vicio puede producirse a consecuencia de alguna alteración del ánimo, mas no son alteración en sí. Si estos fenómenos se engendran o se destruyen por ciertas alteraciones, también la propiedad y la forma de los objetos físicos se engendran o se destruyen por ciertas alteraciones de lo cálido, de lo frío, de lo seco, de lo húmedo o de lo que constituía primordialmente estos fenómenos. Que haya parte de alteración, es evidente, pues la virtud es una impasibilidad o una pasión decorosa, y el vicio una impasibilidad ante el mal, o una pasión contraria al bien. Y, de una manera general, la virtud depende de ciertos placeres y de ciertos dolores. Propio del placer es, o estar en acto, o ser debido a la memoria, o provenir de una esperanza. Si está en acto, su causa es una sensación, y, si deriva de la memoria o de la esperanza, también en la sensación tiene su origen, porque se halla placer, o en recordar el que se experimentó, o en aguardar el que se experimentará.

Más convincente aún que el caso del alma apetitiva es el del alma intelectiva. Los hábitos de la parte noética no son alteraciones, ni están sometidos a una generación propiamente tal. El ser cognoscente forma asimismo parte de los relativos. Y esto es evidente, porque lo que caracteriza la ciencia se produce en sujetos que no se muestran movidos por potencia alguna, sino simplemente advertidos de que existen cosas fuera de ellos, y, únicamente partiendo de la experiencia particular de

---

[743] Acabamiento y estado de perfección (ἐντελέχεια) *superiores,* pero también *posteriores,* en la evolución psíquica. Muchos filósofos han pretendido que la virtud se encuentra *formaliter* en el comienzo de aquella evolución. Esto estaría bien, si la virtud fuese anterior al desarrollo pleno del alma. Pero la virtud es un epiferenómeno, porque el alma existía antes de adquirirla, y, sólo a partir de esta adquisición, forma parte la primera de la segunda.

estas cosas, llegan a alcanzar su conocimiento general.[744] Pero el acto de este conocimiento, o dígase, la ciencia, no es más generación que puedan serlo la visión y el tacto, a los que tanto se parece la operación de la inteligencia. Ni siquiera la adquisición inicial del conocimiento es una generación que altere la potencia intelectual. Cuanto más en reposo y en detención[745] se encuentra el alma, tanto más conocedora y más prudente se torna. El cognoscente no sufre más generación que el dormido que se despierta, o que el ebrio que se restablece, o que el enfermo que se cura. Antes, es incapaz de utilizar su ciencia, o de ponerla en acto. Pero, no bien su agitación se apacigua, y el pensamiento vuelve a su calma, le es dable utilizar su ciencia. He aquí lo que se produce y lo que originariamente está en el fondo del saber humano, el cual es un alto en la agitación y un apaciguamiento del espíritu. Por eso, los niños, perpetuamente agitados y en movimiento continuo, no pueden aprender y juzgar por las sensaciones, como lo pueden los adultos. Pero la calma propia de la ciencia se logra, ora bajo la acción de la naturaleza misma, ora bajo otras acciones,[746] aunque, en uno y en otro caso, se produce una alteración semejante a la de aquel que, al despertar, sacude el sopor de sus sentidos, y vuelve a sus labores habituales. En suma: hay propiamente alteración en los sensibles y en la parte sensitiva del alma, mas no en ninguna otra parte, no siendo por accidente.

---

[744] Sigo la segunda redacción, porque la primera, menos de acuerdo con el espíritu experimental e inductivo de la filosofía de Aristóteles, reza que por lo general o universal se conoce lo particular o singular, y se hace inteligible su percepción. Pero esta inversión de términos en las dos redacciones importa poco con relación al pensamiento fundamental del Estagirita, quien se proponía demostrar, ante todo, que lo propio de los relativos, en el orden de las operaciones intelectuales, es que un saber se actualiza, *sin cambio*, cuando se le ofrece ocasión de sorprender, y, por decirlo así, secuestrar, el *objeto existente* (τόδε τι).

[745] Aristóteles conexiona la palabra επιστήμη, conocimiento, con la raíz στέναι, detenerse.

[746] Por estas otras acciones, Aristóteles entiende, sin duda, la educación recibida la experiencia adquirida, las intuiciones sobrevenidas al investigador, los avances o los retrocesos bruscos en el desenvolvimiento mental, etc.

CAPÍTULO IV

COMPARACIÓN DE LOS MOVIMIENTOS

Cabe preguntarse si todos los movimientos son o no comparables. Si todo movimiento es comparable, y el cuerpo de igual velocidad es aquel que es movido igualmente en un tiempo igual, entonces habrá una línea circular igual a una recta, y mayor o menor, y se podrán hallar una alteración y un transporte iguales, siempre que lo transportado y alterado lo sea en el mismo tiempo, siendo tal afección igual a cual longitud. Pero esto es imposible.

¿Que un movimiento igual en un tiempo igual es de igual velocidad? Pero una afección no es igual a una magnitud. Luego una alteración no es igual a una magnitud, ni más pequeña que ella, y, por ende, no todos los movimientos son comparables.

¿Qué decir del círculo y de la recta? Sería absurdo compararlos si el movimiento circular y el rectilíneo no fuesen semejantes, sino que, de golpe y necesariamente, el uno más rápido o más lento, como ocurre en los movimientos hacia arriba o hacia abajo.[747] Nada cambia en nuestra demostración, si se afirma la necesidad inmediata de una velocidad mayor o menor, porque el movimiento circular, así como puede ser mayor o menor que el rectilíneo, puede ser igual. Si en el tiempo A esto recorre B y aquello Y B, será mayor que Γ. Si el movimiento es igual en un tiempo más pequeño, es más rápido. Luego habrá una parte de A durante la cual B recorrerá una parte del círculo igual a la parte de Γ que Γ recorra durante el tiempo A completo.[748] Pero, si los movimientos son comparables, el círculo será igual a la recta, y como estas líneas no son comparables, tampoco lo serán sus movimientos.

Para que las cosas sean comparables, no basta que sean homónimas. El estilo, el vino y el sonido agudo no son comparables, porque su agudeza no es más que homónima, mientras que dos notas musicales agudas como la neta se pueden comparar, porque lo agudo significa lo mismo para

---

[747] Cuando se leen estas palabras de Aristóteles, podría creerse que había flotado ante su mente una objeción posible. Empero, un poco más adelante, sin dejar de reconocer su licitud, la solventa, observando que la supuesta conmensurabilidad de los dos movimientos conduciría al mismo absurdo que la objeción señalada.
[748] Con relación a la dirección y a la celeridad del recorrido, B y Γ, que habían empezado por ser trayectorias, se convierten en móviles.

ambas.[749] Si aquí la velocidad no tiene la misma significación, menos aún la tendrá en el transporte y en la paraneta la alteración.

¿Serán las cosas comparables por el hecho de no ser homónimas? Lo *mucho* tiene la misma significación para el agua que para el aire, y, no obstante, no hay comparación posible. Lo doble tiene la relación de dos a uno, y el aire y el agua, sin embargo, no son comparables en razón de la doble cantidad.[750] Lo *mucho* es homónimo, y en ciertas cosas son homónimas las mismas definiciones, como si se dice que *mucho* es *tanto* más *tanto*. Lo igual es también homónimo. Asimismo puede ocurrir que lo *uno*, como tal, sea homónimo, pero entonces lo será igualmente *dos*. ¿Cómo habría posibilidad de comparación en ciertos casos, si sólo hubiese por término de la comparación una sola naturaleza?

¿O diremos que se trata de que el receptáculo primitivo es diferente? El caballo y el perro son comparables si se trata de saber cuál es más blanco, ya que es igual el receptáculo primitivo, la superficie,[751] e igual la magnitud. No así en la voz ni en el agua,[752] porque hay dos receptáculos diferentes.

De este modo podría hacerse uno de todo, pero cada cosa estaría en un receptáculo distinto. Lo igual, lo dulce, lo blanco, se confundirían, pero cada uno estaría en un diferente receptáculo. Por ende, el receptáculo no es arbitrario, sino que cada cosa está contenida en uno primitivo y apropiado. Las cosas comparables, no solamente no deben ser homónimas, mas tampoco tener diferencia, ni en sí, ni en su receptáculo. El color, verbigracia, implica división específica, y no hay comparación posible bajo esta relación. No cabe saber cuál de dos objetos es más colorado, sin especificarlo según su color, y no solamente en cuanto color, sino, por ejemplo, según el blanco.

Igualmente ocurre con el movimiento. Hay velocidad igual cuando en un tiempo igual se producen dos movimientos iguales en cualidad y en magnitud. Pero si una parte de la magnitud es alterada y transportada la

---

[749] La aplicación del adjetivo *agudo* al vino sólo cabe dentro de la semántica de la lengua, griega. En nuestros idiomas, no se dice del vino que sea *agudo,* sino *picante.* Cuanto a la *neta* y a la *paraneta,* la primera es la cuerda que da el sonido más vibrante (o agudo), y la segunda la que lo da más bajo.

[750] Dos volúmenes *iguales* de aire y de agua no tienen las *mismas propiedades,* por lo que, al compararles físicamente, no resulta la *misma doble cantidad.*

[751] Diferentes en el respecto de la blancura. "La voz, al no hallarse delimitada por superficies, no es *blanca,* con relación al agua, más que por homonimia" (Carterón, *La physiqué d'Aristote,* II, 85).

[752] Según la hipótesis, estas dos partes deben ser iguales.

otra; la alteración no será igual al transporte, ni de la misma velocidad, porque es absurdo, a causa de que el movimiento tiene especies.

Si, en consecuencia, las cosas transportadas en un tiempo igual sobre igual magnitud tienen igual velocidad, son iguales el círculo y la recta. ¿Por qué el transporte es un género, o por qué es un género la línea?[753] El tiempo es indivisible en especies. Correlativamente es como el movimiento y las trayectorias son de diversas especies, porque el transporte tiene especies si las tiene el lugar en: que se produce. ¿Interviene el medio, como los pies en la marcha o las alas en el vuelo? No, sino que el transporte difiere por las figuras. Tendrán igual velocidad las cosas movidas sobre igual magnitud en el mismo tiempo, entendiendo por el mismo el que es indistinto en relación a la especie. Así hay que estudiar la diferenciación del movimiento.

Este razonamiento muestra que el género no, es una unidad, sino que en él se oculta una pluralidad, y que, entre los términos homónimos, unos están muy distantes y otros tienen cierta semejanza, o de género, o de analogía. Por eso, no parecen homónimos. ¿Cuándo hay diferencias de especie? ¿Es preciso que a otro receptáculo corresponda otra especie? ¿Cuál es el límite? ¿Cómo juzgamos de la identidad y de la diferencia de lo blanco y de lo dulce? ¿Nos parecen diferentes porque están en otro receptáculo, o porque no son absolutamente idénticos? Viniendo a la alteración, ¿cómo tendrá una la misma velocidad que otra? Si la curación es una alteración, uno puede curar de prisa, otro despacio, otros simultáneamente. Pero ¿qué diremos de lo alterado? Aquí no puede hablarse de igualdad, ya que la igualdad está en la cantidad. Llamando igual velocidad a la alteración de la cosa cuyo cambio es el mismo en un tiempo igual, ¿qué hay que comparar, la afección o su receptáculo? Como la salud es la misma, se puede admitir que no hay en ella más ni menos, sino similitud. Si la afección es diferente, como cuando las alteraciones consisten en un emblanquecimiento o en una curación, nada de esto merece ser llamado igual o semejante, ya que son especies de alteración, no más parecidas que lo son los transportes rectilíneos o circulares. Así que hay que establecer el número de las especies de la alteración y del transporte. Si lo que se mueve difiere específicamente, los movimientos diferirán específicamente, y si genéricamente, genéricamente.

Pero, en fin, ¿hay que considerar la afección o lo alterado? ¿O los dos,

---

[753] Pasaje oscuro, según Carterón (*La physique d'Aristote*, II, 85), porque los dos movimientos serían del mismo género (transporte), y se especificarían después, según la trayectoria seguida, el medio recorrido, etc.

y si la alteración en relación a la afección es igual o diferente? Si es la misma, es igual o desigual, según el sujeto. El mismo examen se ha de hacer de la generación y de la destrucción. ¿Y cómo tendrá igual velocidad la generación? Si se obra en el mismo tiempo de un sujeto idéntico y específicamente indivisible, como, el hombre en lugar del animal, ¿será más rápida? En un tiempo desigual, se producirá un ser diferente. Aquí no tenemos dos condiciones de alteración, como teníamos antes dos condiciones de desemejanza. Si la sustancia es un número, el número puede ser mayor o menor, siendo de la misma especie. Pero el número de las sustancias distinguidas así no tiene número, en tanto que hay uno para los casos precedentes. La afección mayor se expresa por *más de,* y la cantidad por *más grande que.*

CAPÍTULO V

ECUACIONES FUNDAMENTALES DE LA DINÁMICA

El motor mueve siempre en alguna cosa y hasta alguna cosa. En alguna cosa, es decir, en el tiempo, y hasta alguna cosa, es decir, cierta cantidad. En efecto: está siempre moviéndose y acabándose de mover, y, por ende, tendrá siempre una cantidad según la cual y otra en la cual se producirá el movimiento. Sea A el motor, B lo movido, Γ la magnitud según la que es movido y Δ el tiempo en que es movido. En un tiempo igual, una fuerza igual, A, moverá la mitad de B según el doble de Γ, pero de Γ en la mitad de Δ, y de este modo se guarda la proporción. Si la misma fuerza mueve el mismo cuerpo en tal tiempo y según cuál cantidad, en la mitad del tiempo lo moverá en la mitad de cantidad, y la mitad de la fuerza moverá la mitad del cuerpo según una cantidad igual en un tiempo igual. Sea E la fuerza mitad de A y Z un cuerpo mitad de B, y supongamos están en la misma proporción, y que la fuerza es proporcional al peso, de suerte que cada fuerza mueva cada cuerpo según cantidad igual en tiempo igual. Si, en Δ E mueve a Z de T, no es preciso que una fuerza como E mueva al doble de Z de la mitad de Γ, en un tiempo igual.[754] En fin, si A mueve a B en A

---

[754] Carterón (*La notion de force dams le système d'Aristote,* 11, 13), resume así estas leyes de la dinámica de Aristóteles: 1) dos traslaciones son comparables de una y de otra parte; 2) las distancias recorridas entre sí y los pesos desplazados entre sí son entre sí como los tiempos entre sí o las fuerzas entre sí; 3) recíprocamente, las distancias recorridas están en razón inversa de los pesos desplazados, y recíprocamente; 4) lo están también los tiempos con respecto a las fuerzas, y recíprocamente.

según un tamaño igual a Γ, la mitad de *A,* esto es, *E,* no moverá a *B* en un tiempo como Δ, ni en una parte cualquiera de Δ, según una parte cualquiera de *T,* o según una magnitud relativa a Γ, como *A* a *E.* De manera que no moverá absolutamente nada, porque, si una fuerza completa ha movido cierta cantidad, la mitad de la fuerza no moverá tal cantidad. Un solo hombre mueve una embarcación, siempre que se divida la fuerza de los que lo hagan según su número y según la magnitud movida por todos.[755] Por ende, no es correcto el razonamiento de Zenón, cuando sostiene que una parte cualquiera de un montón de mijo hace ruido, al caer a tierra, puesto que muy bien puede no haberse movido, aunque se baya caído el celemín entero. La parte en sí no mueve nada, sino en tanto que está en el todo, y sólo es algo en potencia dentro del todo.[756]

Dadas dos fuerzas, y que cada una mueva a cada cuerpo en cierto tiempo, las fuerzas compuestas moverán el cuerpo compuesto de dos pesos en un tiempo igual sobre una igual magnitud. ¿Será lo mismo para el aumento y la alteración? Hay una cosa que aumenta, una cosa que ha aumentado, una cantidad de tiempo y una cantidad de aumento, según la que aquello aumenta y esto ha aumentado. Así para lo alterante y lo alterado hay una cantidad alterada según lo más o lo menos,[757] y una cantidad de tiempo. En un tiempo doble, es doble la alteración, y el doble de la alteración se produce en doble tiempo; la mitad, en la mitad. El mismo sujeto es alterado una mitad en la mitad de un tiempo o igual al doble. Lo que aumenta o altera lo hace según tanto, en tanto tiempo. No es necesario que la división de la fuerza entrañe la división del tiempo, y recíprocamente, pero el aumento o la

---

[755] Quiere decir Aristóteles que la fuerza no es una cantidad continua, y que, por debajo de cierto mínimo, ya no obra.

[756] *Lo* que es verdadero de la fuerza, lo es también del cuerpo. De que tal cuerpo produzca tal efecto, no se deduce que la diezmilésima parte de dicho cuerpo haya de producir la diezmilésima parte del efecto. Como nota Gomperz *(Les penseurs de la Grèce,* I, 206, 208), eso era cabalmente lo que pretendía Zenón, al discutir, bajo supuesto, con Protágoras. Si echar a tierra un celemín de mijo hace ruido, la caída de cada grano debe también hacerlo. Esta era una de las razones de Zenón contra la pluralidad, y lo que Aristóteles objeta es que la parte no es de por sí nada, sino en cuanto el todo *puede* ser dividido. Véase aj Carterón, *La notion de force dans le système d'Avistóte,* 22.

[757] En *grado* mejor que en cantidad, porque la alteración no es de orden cuantitativo, como consta de las últimas palabras del capítulo anterior.

alteración pueden, como el peso, ser nulos.[758]

---

[758] Sobre la ambigüedad de este pasaje, véase a Carterón, *La notion de force dans le système d'Aristote*, 275.

LIBRO VIII

LA ETERNIDAD DEL MOVIMIENTO. LA EXISTENCIA DEL PRIMER MOTOR Y DEL PRIMER MÓVIL

CAPÍTULO PRIMERO

ETERNIDAD DEL MOVIMIENTO

¿Fue el movimiento engendrado un día sin que existiese antes, y debe ser destruido? ¿Escapa a la generación y a la destrucción, y ha existido y existirá siempre? ¿Pertenece, como una especie de vida indefectible e imperecedera, a los seres, para todo cuando por naturaleza existe? A no dudarlo, la realidad del movimiento ha sido afirmada por cuantos han estudiado la ciencia de la naturaleza, ya que han examinado la generación y la destrucción, que no pueden existir sin el movimiento, y han forjado cosmogonías. Los que aseguran que los mundos son infinitos en número, y que unos son engendrados y otros destruidos,[759] afirman también que el movimiento existirá siempre, porque las generaciones y las destrucciones de mundos implican necesariamente el movimiento. De otra parte, los partidarios de la unidad del universo o de la no-eternidad de los mundos sostienen para el movimiento las hipótesis correspondientes a esas tesis.

Si se admite que en un tiempo nada se movía, esto sólo es posible de dos modos: o ateniéndose a Anaxágoras, que dice que las cosas estaban juntas y en reposo en un tiempo infinito y que la inteligencia imprimió el movimiento y operó el discernimiento; o siguiendo a Empédocles, que sostiene que movimiento y reposo se realizan alternativamente. El movimiento, cuando la amistad crea lo uno partiendo de lo múltiple, o el Odio lo múltiple partiendo de lo uno, y el reposo en los tiempos intermedios. Empédocles se expresa así: o lo uno nace de lo múltiple, o se realiza lo múltiple por la dispersión de lo uno. Así, de una parte, son

---

[759] Aristóteles alude, con esto, a Demócrito, cuya es la frase de que "por virtud del movimiento eterno de los átomos en el espacio infinito, mundos innumerables se forman, para perecer en seguida, simultánea o sucesivamente". Como nota Lange (*Gerchchte des Materialismus*, I, 16), "esta grandiosa idea, a menudo considerada como monstruosa en la antigüedad, se acerca más, sin embargo, a nuestras concepciones actuales que el sistema de Aristóteles, quien demostraba a *priori* que, fuera de su inundo completo y finito en sí, no podía existir otro".

engendrados los mundos, sin tener existencia estable, y, de otra, lo son en cuanto aquí el cambio no cesa nunca para las cosas. Una revolución eterna las lleva así a la inmovilidad. Preciso es entender que, al escribir "en cuanto aquí", Empédocles quiso decir "el cambio de las casas a partir de allí".[760] Hay, pues, que buscar la verdad acerca de este punto tan importante, no sólo para el estudio de la naturaleza, sino para la investigación que conduzca al primer principio.

Decíamos en nuestra *Física*[761] que el movimiento es la entelequia del móvil como móvil. Preciso es, pues, que existan primariamente las cosas que tienen la facultad de mover. Dando de lado la definición del movimiento, es notorio que nada es movido, sino lo que tiene la potencia de ser movido según cada movimiento. Así, lo alterable sólo es alterado. Antes del hecho de ser quemado un objeto hace falta un combustible, y, antes del hecho de quemar, un comburente. Por tanto, estas cosas, o han sido engendradas en cierto momento, y no existían antes, o son eternas. Si cada cosa móvil fue engendrada necesariamente antes del cambio y del movimiento considerados, debió producirse otro, aquel en que se engendró lo que tiene la potencia de moverse y de ser movido.

Pero suponer que los seres han preexistido eternamente, sin que existiese el movimiento, es absurdo desde que se considera la hipótesis, y más absurdo cuanto más se avanza en ella. Si entre las cosas las hay móviles y motrices, y si en un momento una es motor primero y la otra primer móvil, y en otro momento no hay nada de esto, sino reposo, es preciso que haya un cambio anterior, ya que el estar en reposo es una privación del movimiento, por lo que, antes del primer cambio, habría un cambio antecedente. En efecto: ciertas cosas se mueven de cierta manera, y otras al contrario. El fuego calienta y no enfría, y hay, sin embargo, una ciencia única para los contrarios. El primer caso parece ser igual, porque el frío caliente en cierto modo, por ejemplo, cuando desaparece, como el sabio se engaña, si usa la ciencia al revés.

Mas todo lo capaz de obrar, de padecer, de moverse o de ser movido, no lo es en las mismas condiciones, sino en algunas determinadas, de proximidad recíproca. Cuando hay proximidad, lo uno mueve y lo otro es

---

[760] Interpretación discutible, cuyo sentido parece ser que las cosas cambian de lo uno a lo múltiple, y recíprocamente. Véase a Carterón, *La physique d'Avistóte*, II, 102.

[761] No se trata de ninguna obra perdida o desconocida de Aristóteles, sino de la designación habitual de los libros I a IV o del V, como se advirtió en la introducción.

movido, siempre que se hallen en estado uno de motor y otro de móvil. Si el movimiento no se produjese siempre, es que no serían capaces uno de mover y otro de ser movido, sino que sería preciso que uno de ellos cambiase. Si lo que no era doble es doble ahora, es que ha cambiado uno de los términos, o ambos, y que ha habido un cambio anterior al primero. Por ende, ¿cómo existirán lo anterior y lo posterior, si no hubiese tiempo, y el tiempo, si no hubiese movimiento? Si el tiempo es el número del movimiento o un cierto movimiento, siempre que el tiempo sea eterno, el movimiento lo será asimismo.[762]

Todos, menos uno,[763] declaran que el tiempo es no engendrado. De ahí que Demócrito diga que es imposible que todo sea engendrado, puesto que el tiempo no lo es.[764] Sólo Platón afirma que ha sido engendrado en el cielo, y que el cielo ha sido engendrado asimismo.[765] Si es imposible que el tiempo exista y se conciba sin el instante, y si el instante, a la vez, es comienzo del tiempo pasado y fin del futuro, necesidad del último tiempo tomado estará en el instante, ya que en el tiempo nada puede percibirse aisladamente más que el instante. Y, puesto que el instante es comienzo y fin, necesariamente delante y detrás de él habrá tiempo, y consecuentemente habrá movimiento, por cuanto el tiempo es una cualidad del movimiento.

Igual razonaremos sobre la indestructibilidad del movimiento mismo. Así como en la generación del movimiento llegamos a un cambio anterior al primero, aquí llegamos a un cambio posterior al último. El mismo ente, en efecto, no deja al mismo tiempo de ser movido y móvil (como lo

---

[762] De otro modo, habría un tiempo *anterior* al movimiento que lo mide.

[763] Ignoramos quién pueda ser este *uno*, a que se refiere Aristóteles. Quizá se trate de Pitágoras, el cual, por considerar el tiempo como algo dinámicamente indiferente cuanto a la generación, lo concebía en algún modo como engendrado por el superior principio legislador y matemáticamente regulativo, que él exigía en las cosas materiales. Pero, leyendo con cuidado lo que, cuatro renglones más abajo, dice Aristóteles, se ve que alude a Platón, sin duda. Por lo demás, Platón, en este punto, no hacía más que seguir a Pitágoras, pues el *Timeo*, de donde saca Aristóteles su cita, es un diálogo pitagórico, como nadie ignora.

[764] En el sistema de Demócrito, el mundo, en lo que tiene de positivo, consiste en infinito número de átomos en movimiento desde la eternidad, y, en lo que tiene de no ser, en espacio vacío e infinitamente grande. El tiempo es tan eterno como el movimiento, y el vacío y el lleno son los dos elementos de todas las cosas, sin que vacío, o lo que *no es*, ceda en nada cuanto a realidad al lleno, o sea a lo que es.

[765] *Timeo* (38, b), cuyo sentido, como observa Carterón (*La physique d'Aristote*, II, 104), está tomado por Aristóteles al pie de la letra.

quemado y el, combustible, porque una cosa puede ser combustible fuera del momento en que se la quema), ni de ser motor y moviente. Así, lo que es susceptible de ser destruido deberá ser destruido cuando haya sido destruido, y lo que es capaz de destruirlo deberá ser a su vez destruido posteriormente, porque la destrucción es un cambio. Pero, de ser imposible, el movimiento será eterno, no siendo y dejando de ser alternativamente, concepción semejante a una ficción. También es igual la que admite que esto es así porque lo quiere la naturaleza, y que hay que ver en ello un principio, que es lo que parece decir Empédocles respecto al poder y a la acción motrices que poseen alternativamente el amor y el odio, y el reposo en el tiempo intermedio.[766] Quizá estimen lo mismo los que, como Anaxágoras, sostienen que hay un solo principio.[767] Pero nosotros sostenemos que no hay nada desordenado en las cosas naturales, porque la naturaleza es, en todas, causa de orden. Lo infinito no tiene proporción con lo infinito, y todo orden es proporción. Y que haya reposo en un tiempo infinito, movimiento en un momento cualquiera, y que esto se produzca indiferentemente ahora o antes, sin orden alguno, no puede ser obra de naturaleza.[768] Porque o lo que es natural posee su naturaleza absolutamente, y no ora así y ora de otro modo (como el fuego sube por naturaleza hacia lo alto y no hacia otra parte), o lo que no existe de un modo fijo encierra alguna proporción. Por eso valdría más decir que el todo está alternativamente en reposo y en movimiento, porque al menos en esto hay cierto orden.

Mas, quien alega tales alternancias, no debe sólo afirmar, sino decir sus causas, no admitir ni suponer proposición sin razón, sino apelar a la

---

[766] Empédodes no pudo reconocer al tiempo como engendrado, como tampoco reconocía que lo fuesen los cuatro elementos, cuyas raíces, en sí mismas, juzgaba eternas e inmutables. Sin embargo, reconoció a la vez, como Heráclito, la realidad y la perennidad de las variaciones de todas las cosas. No por ello concibió las variaciones coma principio inherente a la materia, sino solamente como fuerza motriz de ésta, o bien, como una cualidad de la misma, que, en su lenguaje lleno de afecto y de poesía, designaba como amor y odio, derivando de su acción respectiva toda atracción o asociación y toda repulsión o disociación de los elementos, los cuales, por ende, son mezclados y agitados por fuerzas no materiales.

[767] Vale decir un solo motor, la inteligencia, y no dos, como quería Empédodes.

[768] Como la naturaleza, en la concepción aristotélica, es arte, y no hace nada en vano, juzgaba el Estagirita que las escuelas anteriores a él no se emanciparon de la materia lo bastante para reconocer un principio *formal,* o sea una razón que determinase la esencia de las cosas.

inducción y a la demostración. Esas supuestas alternancias no son causas, en efecto, y no reside en esta regularidad alternante la esencia de la Amistad y el Odio, sino que para la una consiste en el hecho de reunir, y para el otro en el de separar. De definir esa alternancia como, limitada, hay que decir en qué casos lo es; ejemplo, hay algo que reúne a los hombres, que es la amistad, y los enemigos se huyen mutuamente. Pero queda por explicar la igualdad de duración de las alternativas.

Admitir como principio de explicación suficiente el hecho de que tal cosa se produce siempre así no es hacer una suposición correcta. Sin embargo, así es como Demócrito trata de las cosas naturales, "porque esto ha pasado antes así", sin buscar el principio de ese "siempre". Tiene razón en algunos casos, pero no en todos. El triángulo tiene siempre sus tres ángulos iguales a dos rectos, pero existe otra causa de esa eternidad, mientras que los principios no tienen otra causa de su eternidad que ellos mismos.[769] Y esto es bastante para demostrar que, si nunca ha existido tiempo sin movimiento, nunca tampoco existirá.

CAPÍTULO II

RESPUESTA A LAS OBJECIONES CONTRA LA ETERNIDAD DEL MOVIMIENTO

Es fácil resolver las objeciones hechas a esta tesis.[770] Veamos las principales que harían pensar que el movimiento empezó a existir un día, y

---

[769] No levantando los ojos de las verdades contingentes, Demócrito explicaba la necesidad por la mera *constancia,* lo que, tratándose de aquel género de verdades, es suficiente, sin duda. Éste es el yerro capital de Demócrito, según Aristóteles, quien puso la razón de las verdades eternas más allá, en la esencia misma de estas verdades.

[770] No tan fácil como Aristóteles supone, porque dicha tesis implica la posibilidad de un número infinito de mudanzas, y entonces, como observa Mir (La *Creación,* 204), tendríamos tantos infinitos cuantos son los intervalos que hay entre el instante actual y el momento de la producción de un fenómeno pasado. Por otra parte, si los elementos materiales siempre y eternamente se mueven, ¿qué progreso hacen? ¿Cómo se adelantan? Si no tienen ser de nadie sus movimientos, ¿cómo se descomponen, se alteran, se menoscaban? La eternidad del movimiento es hipótesis deleznable, ya que, en movimientos diversos, contrarios y ordenadísimos, ¿cuál de ellos es esencial? Y si todos, ¿qué ley los rige? ¿Quién imprimió fuerza a esa ley? Dada la facultad de moverse, no habría manera de impedir los trastornos causados por semejante facultad, si tan imprescindible fuera.

no antes.

Ningún cambio es eterno. Todo cambio va naturalmente de un término a otro. Luego todo cambio tiene por límites los contrarios entre los que se produce, y nada se mueve en lo infinito. Por ende, vemos, que una cosa que no tiene ningún movimiento, ni es movida, puede serlo, como los seres inanimados, cuyas partes o el todo pueden ser puestos en movimiento en un momento cualquiera. De modo que el movimiento, o es eterno, o no existe, en cuyo caso es verdad que, no existiendo, se engendra.

Esto, se dirá, es aún más evidente en los seres animados. Sin que en tal o cual momento haya en nosotros movimiento alguno, ni provenga del exterior, se produce en nosotros un comienzo de movimiento, cosa que la experiencia no nos presenta en los seres inanimados, que siempre se mueven por algo exterior, mientras que el animal se mueve por sí mismo. Y, supuesto que el reposo sea total en un momento, el movimiento debe producirse en lo inmóvil, viniendo del interior, no del exterior. Pues que esto es posible para el animal, ¿por qué no ha de serlo para el todo? Lo que se produce en el microcosmos puede producirse en el macrocosmos, y, si en el cosmos, también en lo infinito, pudiendo suponerse que el infinito se mueve, o que está en reposo por entero.[771]

El argumento primero, que pretende que lo que va hacia los opuestos no puede ser eternamente idéntico, ni numéricamente uno, es correcto. Sin duda, eso es necesario, si se prueba no ser posible que el movimiento de una cosa idéntica y una sea eternamente uno e idéntico. ¿Es el sonido de una cuerda única uno e idéntico? O siendo siempre distinto, ¿serán iguales la cuerda y su movimiento? Sea como fuere, nada impide, que un movimiento sea idéntico, si es eterno y continuo.

El hecho de que un cuerpo que no se movía sea movido no es absurdo para nuestra teoría, ya que el motor externo está, ora presente, ora no. Queda por aclarar cómo la misma cosa bajo la acción de un mismo motor es movida unas veces y otras no, porque la dificultad que surge es saber cómo ciertas cosas están siempre en reposo y otras en movimiento.

Pero el tercer argumento es el más engorroso. El movimiento, dicen, se produce sin preámbulo en los seres animados, que, estando en reposo, de pronto andan sin movimiento alguno del exterior. Pero esto es falso, porque la experiencia enseña que siempre alguna parte constitutiva del animal es movida, y ese movimiento no lo causa el animal mismo, sino el

---

[771] Quizá aquí vuelve Aristóteles a acotar un pensamiento de Demócrito contrario al suyo.

medio. El movimiento propio que le atribuimos, no es total, sino local. Nada impide, pues, antes es una necesidad, que muchos movimientos se produzcan en el cuerpo bajo la acción del medio circundante. Movido el pensamiento o el deseo, éstos mueven el ser entero, como sucede en los sueños, puesto que, ausente todo movimiento sensitivo, por la existencia de ciertos movimientos, se despiertan los animales, punto que se esclarecerá más adelante.

CAPÍTULO III

REPARTO POSIBLE DEL MOVIMIENTO Y DEL REPOSO EN EL UNIVERSO

Iniciaremos este examen por la dificultad ya enunciada. ¿Por qué ciertas cosas se mueven y vuelven al reposo? Necesariamente, porque, o todo está siempre en reposo, o todo está siempre movido, o ciertas cosas son movidas y otras están en reposo, y, en este caso, o las que son movidas lo son siempre y lo mismo las que están en reposo, o todo por naturaleza está indiferentemente en reposo o movido. Y la tercera hipótesis es que haya cosas siempre movidas, otras siempre reposando, y otras que participen de ambos estados. Precisamente ésta es la solución de todas las dificultades y el coronamiento del presente estudio.

Pretender que todo está en reposo, y buscar de ello una prueba racional, prescindiendo de la sensación, es debilidad de espíritu, que lleva la duda a todas las cosas, y no meramente a una parte. No sólo es combatir al físico, sino a todas las ciencias y a todas las opiniones, porque todas dan lugar al movimiento. Así como en las teorías matemáticas las objeciones contra los principios no afectan en nada al matemático, e igual en las demás ciencias, así el sujeto de nuestro discurso no afecta al físico, porque la ciencia de éste tiene por fundamento qué la naturaleza es principio de movimiento.

Puede ser un error afirmar que todo se mueve, pero es menos opuesto al método. Hemos establecido que la naturaleza es principio de movimiento y de reposo, y que el movimiento es cosa natural. Algunos llegan a decir que el movimiento no pertenece a cosas determinadas, sino a todas y siempre, no siendo en lo que escapa a nuestra percepción. Aunque no definan de qué especie de movimiento han oído hablar, o si de todos, no es difícil contestarles. En efecto: el aumento y la disminución no pueden ser continuos, sino que hay un estado medio en que se detienen, como el desgaste por la gota de agua, o la división de la piedra por las plantas que en ella crecen. Si la gota ha desgastado cierta cantidad de piedra, no quiere eso decir que la mitad haya desgastado la mitad en la mitad del tiempo, por razón parecida a la expuesta en el caso del hombre que hala un barco. Lo arrancado a la piedra se dividirá en partes, pero ninguna movida aisladamente, sino juntas. No hay, pues, aminoración continua so pretexto de que el sujeto de disminución se divide hasta lo infinito, sino que en un cierto momento se produce aminoración de un conjunto.

Ocurre lo mismo para con alteración. La divisibilidad hasta lo infinito de lo alterado no influye en la alteración, que no pocas veces, como la congelación, se produce en bloque. Para un enfermo, hay un tiempo en que curará, el cambio no se produce en un límite de tiempo. Pretender que la alteración es continuar es contradecir los fenómenos, puesto que la alteración va hacia lo contrario. No vemos que la piedra se haga más blanda o más dura.

Respecto a la traslación, sería maravilloso que no nos fuese sensible el cambio de una piedra que es movida o queda sobre la tierra. La tierra y cada elemento están siempre en su lugar adecuado y sólo por un movimiento violento salen de él. Luego, si hay cosas en sus lugares adecuados, no es verdad, ni aun respecto al movimiento local, que todo esté en movimiento.

Éstas son, entre otras, las razones que abonan la no creencia en el movimiento o reposo perpetuo de todas las cosas. La experiencia muestra en las mismas cosas cambios que van del movimiento al reposo, y recíprocamente. Ni el aumento, ni el movimiento violento, pueden existir, si el cuerpo no puede, estando en reposo, recibir un movimiento contra naturaleza.[772] Esta concepción suprime, pues, la generación y la destrucción. Ser movido es comenzar a ser o dejar de ser alguna cosa; el término final del cambio es eso de que o en que hay comienzo de existencia, y el inicial aquello de que o en que hay cesación. Por tanto, se ve que, entre las cosas, unas estén en movimiento y otras en reposo según los momentos.

Cuanto a la teoría según la cual todo está, ora en reposo, ora en movimiento, debe ser relacionada con nuestras pasadas exposiciones.[773] Pero deben tomarse por punto de partida las distinciones presentes y el mismo punto de partida más arriba señalado. O todo está en reposo, o todo se mueve, o unas cosas están en reposo y otras movidas. Pero que todo esté en reposo se ha dicho que es imposible. Supongamos que sea la

----

[772] Sobre todo esto, véase a Hamelin, *Le système d'Aristote,* 323, 325.
[773] Quiere decir Aristóteles que las demás tesis están fuera del punto de vista propio de la física, pero que ésta, no lo está.

verdad como dicen los partidarios del ser insinuo e inmóvil.[774] No todo se nos aparece así, sino que al contrario muchos seres se mueven. El movimiento existe pese a todo, sea imaginación o apariencia variable; la imaginación y la opinión parecen ser movimientos en cierto modo. Pero disertar sobre esto, y buscarle razones cuando se está asaz bien situado para no tener necesidad de ello, es discernir mal lo mejor y lo peor, lo creíble y lo increíble, lo que es principio y lo que no lo es.

Parece imposible que todo sea movido, o que las cosas estén siempre movidas unas y siempre en reposo otras. En contra de todas estas teorías en bloque basta un único criterio, la experiencia, que muestra ciertas cosas en movimiento y en reposo otras. Luego es imposible que todo esté en reposo o todo en movimiento continuamente, o que ciertas cosas sean siempre movidas o siempre en movimiento. Ahora queda por examinar si son todas las cosas las que por naturaleza están en movimiento o en reposo, o si el casose da sólo para algunas, estando las otras en movimiento y varias en reposo.

CAPÍTULO IV

TODO LO MOVIDO LO ES POR ALGÚN MOTOR

Entre las cosas movientes y las cosas movidas, unas lo son por accidente, y las otras en sí. Por accidente son todas aquellas que pertenecen a cosas que mueven o son movidas, y las que son movidas por el hecho de ser una parte. En sí, todas aquellas que no pertenecen a lo moviente o a lo movido, y no son movimientos o movidas por el hecho de ser una parte. Entre las que lo son en sí, unas lo son por propia acción, otras por la acción de otra cosa, y unas por naturaleza, y otras por violencia y contrariamente a la naturaleza. En efecto: el ser movido bajo su propia acción se mueve por naturaleza, como un animal. El animal se mueve por su propia acción, y, como tiene en sí el principio del movimiento, se mueve por naturaleza. El animal se mueve naturalmente, por sí mismo y en su totalidad, pero el cuerpo puede ser movido

------

[774] Los eleatas, quienes, a la teoría de Heráclito, "Nada es, todo se hace", opusieron esta otra: "Nada se hace, todo es". Negando, en primer término, toda razón metafísica, de extensión espacial y de sucesión temporal, los eleatas afirmaron la infinidad e inmovilidad del ser. Parménidea trató de probar cómo no era posible el tránsito del no ser al ser, que se verifica cuando una cosa se hace, ya que el no ser no puede pensarse, si se excluye del ser toda variabilidad y todo movimiento.

conformemente o contrariamente a la naturaleza.

Entre las cosas que son movidas bajo la acción de otra cosa, unas se mueven por naturaleza y otras al contrario. Por ende, a menudo las partes de los animales se mueven contrariamente a la naturaleza, esto es, a lo que es naturalmente su posición y el modo de su movimiento.

En las cosas movidas contrariamente a naturaleza es en las que más aparece la determinación del movimiento por alguna cosa, que es patentemente extraña, lo que aparece también evidente en los movimientos naturales de los seres que se mueven a sí mismos, como los animales. Lo oscuro en esto no es que haya movimiento por alguna cosa, sino el modo de distinguir el motor de lo movido, ya que así como para los barcos y cosas que no tienen una constitución natural hay también para los animales diferencia del motor y lo movido, y es en este sentido como el todo del animal se mueve a sí propio.

Pero la mayor dificultad es respecto a la última parte de la susodicha división. Entre las cosas que son movidas por otra, unas ya hemos dicho que son movidas contrariamente a la naturaleza, y quedan por poner enfrente las otras, que se mueven por naturaleza. Son aquéllas las que es difícil saber por qué son movidas, como pasa con los ligeros y con los graves. Estas cosas son movidas por violencia hacia los lugares opuestos y por naturaleza hacia los lugares adecuados, lo ligero hacia arriba y lo pesado hacia abajo.[775] ¿En virtud de qué acción? Decir que las cosas se mueven a sí mismas por su propia acción es imposible, porque ello es propio de los animales y de los seres animados. Podrían, entonces, detenerse por sí mismas, esto es, que si una cosa es causa del hecho de moverse, lo es también del hecho de detenerse. Si depende del fuego ir hacia arriba, dependerá también de él ir hacia abajo, porque es irracional que si estas cosas se mueven verdaderamente por sí mismas no les competa más que un movimiento. ¿Y cómo puede moverse por sí lo que es homogéneo y continuo? En tanto no lo sea por contacto, que es uno continuo, en esta medida será impasible. Pero, en tanto tiene separación, una parte es agente y la otra paciente. Puesto que ninguna de estas cosas se mueven por sí mismas (porque son homogéneas), ni ningún otro continuo, preciso es distinguir en cada una el motor de lo movido, como se ve por las cosas inanimadas, cuando las mueve un ser animado. Y es un hecho

---

[775] Consuena con esta noción la de Epicuro. Para este filósofo, el movimiento general de los átomos libres tiene lugar en el sentido de la cabeza a los pies de un hombre colocado sobre la línea del movimiento de arriba hacia abajo, el cual es diametralmente opuesto al movimiento de abajo hacia arriba.

que las cosas movidas por naturaleza son siempre movidas por alguna cosa, lo que se comprende bien distinguiendo las causas del movimiento. Lo que acabamos de decir puede aplicarse igualmente a los motores. Unos son motores contra naturaleza y otros motores naturales. Móvil por naturaleza es lo que tiene en potencia tal cualidad, tal cantidad, tal lugar, como principio, y esto por accidente, no por pertenencia esencial.[776] Luego el fuego y la tierra son movidos por la acción de alguna cosa, violentamente cuando es contra naturaleza, y naturalmente cuando, estando en potencia, son movidos hacia sus actos propios.[777]

Mas como *en potencia* se entiende en varios sentidos, no se ve claro por qué acción son movidas las cosas. Son dos potencias diferentes la del sabio que enseña y la del sabio que posee la ciencia, pero que no la hace objeto actual de su estudio.[778] Cuando están juntos lo activo y lo pasivo es cuando lo que está en potencia pasa al acto. El que enseña pasa de la potencia a otro grado de potencia, porque el que posee una ciencia, pero no la hace objeto actual de su estudio, es sabio en potencia de cierto modo.

Lo mismo ocurre con las cosas naturales. El frío es calor en potencia, y, después de que cambia, es fuego, a no haber obstáculo. Semejantemente sucede a lo pesado y a lo ligero, porque lo ligero se engendra de lo pesado (como el aire del agua), lo que es primer grado de la potencia. Y, una vez ligero, pasará al acto, puesto que nada se opone a ello. El acto del ligero consiste en estar en cierto lugar, lo alto, lo que se le impide cuando está en un lugar contrario, y así para la cantidad y la cualidad. Ahora bien: lo que buscamos es la acción que puede mover hacia sus lugares propios lo ligero y lo pesado. La causa es que su naturaleza lo quiere así, y que la esencia de lo ligero y lo pesado se determina, respectivamente, por lo alto y por lo

---

[776] El aumento de masa, por ejemplo, va acompañado de ciertos *aspectos* cualitativos, y la impetuosa celeridad cinemática de un objeto se convierte a veces en calor. Esto quiere decir que la cualidad que retenía el gasto de movimiento en cierta determinación puede ceder su lugar a otra, que da cierta nueva disposición al mismo movimiento.

[777] También suelen serlo hacia los lugares donde, en cuanto *móviles,* se actualiza su potencia. Consecuencia del movimiento es que el lugar de un cuerpo sea continuamente otro, y esta consideración nos suministra directamente los conceptos de mutación potencial y de mutación activa.

[778] No debe verse en la potencia, ni una especie de mera posibilidad, ni de realidad consumada sino que se la ha de reconocer como una especie de virtualidad o como energía incompleta, que no ejerce todavía su principio de realización, pero que, por virtud del movimiento, representa la transición de lo posible o hacedero a lo real o actual.

bajo.[779] Pero la potencia de lo ligero y lo pesado se toma en varias acepciones. Lo cualificado cambia y pasa al acto de un modo análogo a como ha sido transformada el agua en aire, e igualmente se entiende lo cuantificado, salvo impedimento.

Lo que mueve el obstáculo es causa motriz en un sentido y en otro no. Si se quita una columna de sustentación, el movimiento que se produzca es por accidente, como el rebote de una pelota no se debe al muro, sino al que la ha lanzado. Luego ninguna de esas cosas se mueve a sí misma. Y, si tienen un principio de movimiento, no es un principio de motricidad o de acción, sino de pasividad. De modo que, si todas las cosas movidas lo son por naturaleza, o contra ella y violentamente, y en este caso las mueve algo extraño a ellas, y las otras no se mueven por sí mismas (como las cosas pesadas o ligeras, pues que se mueven en virtud de la causa generadora de su pesantez o ligereza, o en virtud de lo que las libra del obstáculo), se puede asegurar que cuanto es movido lo es por algo.

CAPÍTULO V

NECESIDAD DE UN PRIMER MOTOR Y SU INMOVILIDAD

Lo antes apuntado se entiende en dos sentidos: o el motor no mueve por su propio medio, sino por medio de otra cosa que mueve el motor, o mueve por sí mismo y está entonces, o inmediatamente después del término extremo, o separado de él por varios intermedios, como el palo que mueve la piedra y es movido por la mano, y ésta por el hombre, quien

---

[779] Ninguno de estos dos movimientos es absoluto, y ni el de hacia arriba ni el de hacia abajo ofrecen distintivo particular. Zeller (*Die Philosophie der Griechen*, I, 608, 702, 714), nota que los atomistas griegos anteriores y posteriores a Aristóteles no parecen haber sospechado que, en el espacio infinito, no hay arriba, ni, abajo, y que lo que a este propósito dice Epicuro es demasiado superficial y demasiado poco científico para que se pueda, atribuirlo a Demócrito. Lange (*Geschichte des Materialismus*, I, 437) cree que esto es ir demasiado lejos, porque Epicuro no opone en modo alguno (como admite Zeller) la evidencia sensible a la objeción de que, en el espacio infinito, no hay arriba, ni abajo, y hace solamente una observación, perfectamente justa, que cabe colgar a Demócrito, a saber: que, a pesar de la relatividad del arriba y del abajo, en el espacio infinito, debe considerarse la dirección de la cabeza a los pies como precisa y realmente contraria a la dirección de los pies a la cabeza, a cualquier distancia que se prolongue, por el pensamiento, la línea sobre la cual esa dimensión se mide.

a su vez es movido por otra cosa. Claro que los dos mueven, y el último tanto como el primero, pero sobre todo el hombre, que es el primero, porque mueve el palo o último, y éste no a él, pudiéndose el hombre mover sin el palo, y no el palo sin el hombre.

Luego, si todo lo movido lo es por alguna cosa, es preciso que haya un primer motor no movido por otra cosa. Pero, si se ha encontrado el primer motor, no hay necesidad de otro. Es imposible, en efecto, que la serie de los motores movidos por otra cosa llegue hasta lo infinito, porque en las series infinitas no hay nada que sea primero. Así el primer motor, moviéndose, y no por otra cosa, será movido por sí.

Todo motor mueve a la vez alguna cosa, mediante un intermediario. El motor se tiene a sí mismo por intermediario, o a otra cosa, como el hombre mueve la piedra por sí o mediante el palo. El movimiento no puede transmitirse por una cosa sin otra que se mueva por sí. Y, moviéndose por sí, no necesita otra cosa para que mueva, y, si el intermediario es distinto del motor, o bien hay un motor sin otro intermediario que sí mismo, o se irá hasta lo infinito. Cuando el motor se presenta distinto de aquello por lo que mueve, ha de haber un motor anterior que sea por sí mismo su propio intermediario. Luego, si este motor es movido sin que haya nada que lo mueva, es que se mueve a sí mismo. Así que, o todo movido lo es por un motor que se mueve a sí mismo, o se llega en un momento determinado a un motor de ese género.

Si lo movido lo es universalmente por una cosa movida, o se trata de una propiedad accidental de las cosas (el motor sería movido, pero sin estar siempre sujeto a tal condición), o no accidental, sino esencial. Veamos el primer caso. Si es por accidente, no es necesario que lo movido esté en movimiento. Pero, de ocurrir así, sería posible concebir un tiempo en el que nada de lo que existe estaría en movimiento, porque lo accidental no es necesario, sino susceptible de no serlo. Si partimos de la posibilidad de este hecho, nada será imposible, pero podrá ser una falsedad. Mas la no-existencia del movimiento es imposible, porque, hemos demostrado que el movimiento ha existido siempre.

Y esta consecuencia es conforme a la razón. Hay necesariamente tres cosas: lo movido, el motor y aquello por cuyo medio mueve. Lo movido es necesariamente movido, pero no mueve necesariamente. Aquello que transmite el movimiento necesariamente mueve y es movido, porque cambia con lo movido, y está en relación con el motor. En fin, el motor está inmóvil, por lo menos en cuanto no es por él por el que se transmite el movimiento. Tenemos, pues, un término extraño, que puede ser movido sin tener principio de movimiento, y un motor movido por otra cosa y no por sí. Luego es razonable, por no decir necesario, que exista el tercer término, lo que mueve y está inmóvil, en cuyo sentido Anaxágoras acierta en proclamar que el intelecto es impasible y sin mezcla, puesto que hace de él un principio de movimiento. Si puede mover, es a condición de no ser movido, y, si puede dominar, es a condición de no tener mezcla.[780]

Si el motor es movido, no por accidente, sino por necesidad, y, si a menos de ser movido no debe mover, necesariamente debe, en tanto que es movido, o serlo con un movimiento de distinta especie o de la misma, como lo que calienta sería calentado, lo que cura, curado, y lo que transporta, transportado, o bien lo que cura sería transportado, y lo que transporta, aumentado. Pero esto es evidentemente imposible, porque hay que llevar hasta las especies indivisibles la división,[781] y resultaría que

---

[780] En la filosofía de Anaxágoras, como en la de Empédocles, se eliminaba el absurdo a que llegaba la escuela eleática con su negación del movimiento, reduciendo todo nacimiento y toda destrucción a la mezcla y a la separación de los elementos de la materia. Para Anaxágoras, éstos eran infinitos. Empédocles fue probablemente el primero en Grecia que limitó su número a cuatro (tierra, agua, aire, fuego), y esta teoría debió a Aristóteles una vitalidad tan tenaz, que hoy todavía en la ciencia se descubren vestigios de ella en más de un punto, como confiesa Lange (*Geschichte des Materialismus*, I, 25). Pero, si Empédocles había sido el primero en llamar la atención de los filósofos sobre los fenómenos cinemáticos de atracción y de repulsión, como fuerzas fundamentales de la formación y de la disolución del universo, a Anaxágoras le tocó ser, entre los pensadores griegos, el primero que estableció, como principio de explicación de la naturaleza, la inteligencia creadora que, cuando las cosas eran solamente una, masa confusa, sobrevino, para hacer de ellas mundos ordenados. Entre esa masa caótica y el movimiento regular a que estuvo sometida después, se producía una contradicción, que no podía continuar siendo la última palabra de la, filosofía. La afirmación exclusiva del axioma de que "toda variación de la materia obedece a un movimiento", chocaba con otro axioma: "Todo proceso de variación es *dirigido* por algo superior al movimiento mismo". Este algo superior es, según Anaxágoras, la inteligencia creadora, que causa las revoluciones de los elementos, y que empezó la variación por lo pequeño, provocándola luego mayor, y aumentándola cada vez más. Lo que se mezcla, lo que se segrega, lo que se desprende, todo lo reconoce la inteligencia creadora en lo que ha, sido, en lo que es y en lo que será. Pero ¿cómo podría suceder esto, si la inteligencia creadora no se hallase exenta e inmune de toda mezcla, de toda segregación, de todo desprendimiento? De aquí dedujo Aristóteles que no basta que una de las revoluciones de los elementos sea, la primera según el tiempo y el número, sino que debe haber una causa que ella misma no sea causada, ni movida, ni objeto de mudanza alguna, y, que, por tanto, sea la primera, no según el tiempo y el número, sino según la esencia y la jerarquía, por ser la razón de todas las causas causadas.
[781] "Especificando hasta el individuo, cada género de movimiento, se muestra evidente la contradicción inheren te a, la hipótesis, porque del mismo sujeto se

enseñar una proposición geométrica y aprenderla sería lo mismo, o lanzar equivaldría a ser lanzado según el mismo modo de lanzamiento. O bien del movimiento de un género resultaría el movimiento de otro género, por ejemplo, lo que transporta se incrementa, y lo que se incrementa es alterado por otra cosa, y lo que produce esta alteración es movido de un modo diferente. Pero hay que detenerse, porque los movimientos son en número finito.[782] Cuanto a decir que la serie de movimientos es circular y que lo que es alterado es transportado, es decir que lo que transporta es transportado y el que enseña es enseñado, porque lo movido lo es, en todos los casos, por el motor superior. Hay, pues, aquí una imposibilidad, pues el que enseña posee la ciencia, y el que aprende necesariamente la ignora.

He aquí una consecuencia aún más absurda. Todo lo que tiene la facultad de moverse sería móvil, si es verdad que todo lo movido se mueve por un movido, y sería móvil (como se dice que cuanto tiene la facultad de curar y cura es curable), o inmediatamente, o pasando por varios intermediarios. Por ejemplo, si todo lo que es motor es móvil bajo la acción de otra cosa, no es ese movimiento el mismo que aquel con que mueve el término próximo, sino un movimiento de otra clase, al modo que el que tiene la facultad de curar tiene la de aprender. Remontándonos, llegaríamos en un momento cualquiera a la misma especie, según dijimos antes. La primera hipótesis es imposible, y la otra ficticia, porque es absurdo que lo que tiene la facultad de alterar tenga necesariamente la de ser aumentado. No es necesario, por consiguiente, que lo movido sea siempre movido por otra cosa, siendo esta cosa también movida. Luego, se detendrá. Así que lo primeramente movido se moverá por un ser en reposo, o a sí mismo. Y, puestos a examinar si la causa y el principio del movimiento, a saber, si es lo que se mueve por sí o lo que se mueve por otra cosa, todos coincidirán en que es lo primero, ya que lo que es causa por sí es anterior a lo que es causa por relación a otra. Empero, partiendo de otro principio es como hemos de examinar cómo y de qué manera se mueve la cosa que se mueve por sí. Todo lo movido es divisible en partes siempre divisibles, porque se ha demostrado anteriormente que cuanto es movido por sí es continuo. Es, por ende, imposible que lo que se mueve a sí mismo lo haga en su totalidad, porque sería, entero, transportado y transportante respecto a la misma especie de transporte, en tonto que es

---

hace, a la vez y bajo la misma relación, un agente y un paciente". (Carterón, *La physique d'Aristote*, II, 117).
[782] Nada se gana con invertir la hipótesis, como ya se demostró anteriormente.

específicamente uno e indivisible, o sería alterado y alteraría, curado y curaría, o enseñado y enseñaría.

Hemos definido como móvil lo que es movido. El móvil es un movido en potencia, no en acto, pero la potencia se encamina a la entelequia.[783] Por otra parte, el movimiento es la entelequia imperfecta del móvil. Cuanto al motor, está ya en acto, como el calor que calienta. Luego el mismo ser sería al mismo tiempo caliente y no caliente, y así para todo lo demás en que el motor deba ser sinónimo at efecto. Por donde, en lo que se mueve hay una parte que mueve y otra que es movida.[784]

Pero no es posible que el ser que se mueve sea tal que cada una de sus partes sea movida por la otra, y vamos a ver por qué. No habría, en efecto, motor primero si tuviesen que moverse mutuamente sus partes, porque lo anterior es más causa del hecho de ser movido que lo que lo es. Así que cada parte será tal que se moverá de dos maneras: moviendo a la otra y moviéndose por sí, conque lo más alejado de ser movido está más cerca del principio que el intermediario. Además, no es necesario que el motor sea movido, si no es por sí, y el contramovimiento que produzca la otra parte será, pues, un puro accidente. En consecuencia, es posible que no mueva, y habrá una parte movida y otra, la motriz, que estará inmóvil. De modo que no es necesario que el motor sea movido, sino que debe mover, o estando inmóvil, o movido por sí, si es verdad que debe haber eternidad del movimiento. Finalmente, el movimiento cuyo motor mueve será movido también, y lo que calienta será calentado.

Y, sin embargo, no es cierto que en la cosa que es por sí e inmediatamente un motor moviéndose a sí mismo se muevan a sí mismas varias partes o una. En efecto, si el todo se mueve por sí mismo, o se moverá por una parte de sí mismo o el conjunto de las partes por el conjunto de las partes. Si se mueve por una de sus partes, ésta será el primer motor de sí mismo, ya que puesta aparte se movería a sí misma y no formaría parte del todo. Pero si el todo es movido por el todo, entonces sus partes se moverán por accidente a sí mismas. Y no siendo esto necesariamente, se podrá suponer que no son movidas por sí mismas, ya que en el conjunto una parte moverá y estará inmóvil, y otra será movida; sólo así es posible que una cosa sea capaz de moverse a sí misma. Por otro

-----

[783] En el capítulo I del libro III se encuentra la definición de *entelequia* como *perfección*.

[784] Toda la argumentación de Aristóteles en este puntó se resuelve en el dilema de que, por cuanto todo lo movido se mueve por accidente o por un intermediario, no se mueve por sí.

lado, si es el conjunto quien se mueve a sí mismo, una parte moverá el resto, y la otra será movida. El conjunto AB será, así, movido por sí mismo y también por A.[785] Puesto que lo que se mueve es una cosa movida por otra o por una cosa inmóvil, y puesto que lo que es movido es una cosa motriz de otra o de nada, lo que se mueve a sí mismo debe componerse de una cosa inmóvil motriz y de un movido que no es motor necesariamente, sino que puede serlo o no. Sea A el motor inmóvil y B movido por A, y moviendo a TT éste movido por B y no moviendo nada. El todo ABT se mueve a sí mismo, pero quitando T, AB se moverá a sí mismo, siendo A el motor y B lo movido, mien tras que T no se moverá, de no ser movido. Sin embargo, BT no se moverá sin A, porque B mueve en virtud de que le mueve otra cosa, y no por ser una parte de sí mismo. Luego AB sólo se moverá a sí mismo. Lo que se mueve a sí mismo comprende necesariamente el motor, que está inmóvil, y lo movido, que no es preciso que a su vez mueva nada, debiendo estar en contacto ambos elementos, mutuamente o sólo uno con el otro.[786]

---

[785] Los comentadores griegos, como consigna Carterón (*La physique d'Aristote*, II, 119), no se hallan de acuerdo acerca del sentido de este texto, y, entre los latinos, Santo Tomás, engañado por la versión que sigue, toma, a A B como una parte que se movería por entero. Pero el *conjunto,* aquí y antes, es la *línea* por la cual figura Aristóteles la cosa que se mueve a sí misma, para distinguir en ella partes.

[786] Comparando este pasaje con otros dos de los *Metaphysicorum* (VII, y del tratado *De generatione et corruptione* (I, VI), se advierte que el segundo miembro de la alternativa propuesta por Aristóteles plantea el difícil problema de la acción eficiente (que supone contacto) que sobre lo extenso ejerce lo inextenso, es decir, el alma, el primer motor, la *forma* en general. Es fácil colocarse en el punto de vista de Aristóteles, para quien la forma inextensa es substancia en un sentido tan cabal de la palabra como corresponde a la materia extensa serlo asimismo (τὸ ειδος καὶ τὸ ἐξ ἀυφοῖν ουσία δόξειεν ἄν εἶναι μάλλον τῦς ὕλης). Pero, aun así, ¡cuántos enigmas no quedan todavía por resolver! El alma es la *forma substancial* del cuerpo, y el primer motor la *forma de las formas,* lo cual es hasta cierto punto relativamente muy fácil de concebir. Pero es difícil representarnos distintamente la acción eficiente de esas dos substancias inextensas sobre las cosas extensas. Sin embargo, Aristóteles anduvo cuerdo en eludir la candidez de Demócrito, que, para obviar el inconveniente, materializaba el alma, coniderándola formada por "átomos sutiles y semejantes a los del fuego, átomos que son los más movibles de todos, y de cuyo movimiento, que penetra, todo el cuerpo, nacen los fenómenos de la vida". Todos nosotros somos, pues, almas de fuego e hijos del calor del sol, transformado en nuestro organismo, aunque tengamos que resignarnos a compartir nuestro origen celeste con los más ínfimos animales que viven. Pero, en definitiva, Demócrito reconocía, entre el cuerpo y el

Si una parte del motor es un continuo (porque lo movido necesariamente lo es), vemos que el todo se mueve a sí mismo, no porque una de sus partes tenga la facultad de moverse a sí misma, sino porque se mueve todo completo, siendo movido y motor partes suyas. En efecto: ni la totalidad de la cosa es motriz, ni la totalidad movida, sino que de una parte A sólo mueve, y B sólo es movida, y cuanto a T, ya no es movido por A, porque es imposible.[787] Pero hay, en este punto, una dificultad. Si se separa una parte de A, suponiendo continuo el motor inmóvil, o una parte de B, que es lo movido, ¿moverá lo que queda de A a lo que queda de B? De ser así, A B no sería inmediatamente movido por sí, puesto que,

---

alma, una diferencia que no gusta mucho a los materialistas de nuestro tiempo, como insinúa Lange (Geschichte des Materialismus, I, 19), puesto que implica que el alma es la parte esencial y más elevada del hombre, y que el cuerpo no es más qué una parte del alma. Hasta se ha atribuido a Demócrito la teoría de un alma divina del mundo, extendida por todos sus ámbitos. Desgraciadamente, ese ele memta divino no es, para Demócrito, la fuerza creadora del mundo, sino una, materia al lado de otras materias, más sutil, sin duda, pero dotada de propiedades hílicas y de movimientos mecánicos. Con razón observa Zeller (Die Philosophie der Griechen, I, 728, 735) que la teoría del espíritu no se deriva, en Demócrito, de la necesidad general de encontrar un principio más profundo para la explicación de la naturaleza. Aristóteles se mofa de la manera como Demócrito entendía el movimiento impreso al cuerpo por el alma, empleando al efecto la siguiente comparación: "Dédalo habría fabricado, en madera, una estatua móvil de Venus, y el actor Filipo explicaba los movimientos de esta estatua, diciendo que su constructor había probablemente vertido mercurio en el interior de la misma". He aquí, añade Aristóteles, cómo Demócrito hace moverse al hombre por los átomos móviles que en su interior están. La comparación es absurda, y recuerda la empleada por Descartes (Des passions, x, XI) en la manera como se figura la actividad de los espíritus vitales materiales en el movimiento del cuerpo. Aristóteles, más justo y más profundo, declara que el alma hace moverse al hombre, no mecánicamente o a la manera de la estatua, de Dédalo, sino por el pensamiento activo y por la elección libre. Y este postulado de la psicología lo extiende Aristóteles a la biología y a la cosmología, en cuyos dominios, sobre las causas mecánicas están las causas finales, y sobre la materia está la forma, como lo advierte Silvio Mauro (Quaestiones philosophicae, II, IV) por el tenor siguiente: Omnes formae, ut saepe docet Aristoteles, producuntur non sine alique moti, sed aliud est, quod hoc non fiat sine illo, aliud hoc sit illud, e. g. aliud est, quod animal non ambulet sine pedibus, aliud est quod ambulare nihil aliud sit, quam habere pedes.

[787] Imposible según la hipótesis, puesto que no es movido más que por el intermediario. Carterón (La physique d'Aristote, II, 120) ve aquí una interpolación probable.

quitada una parte de *A B* el resto se movería por sí. Se puede contestar que nada impide que cada una de ambas partes sea divisible en potencia, o una de las dos, lo movido. Pero en acto son indivisibles, y, si se dividen en acto, no llenan cada una la misma función. De modo que nada se opone a que esta función sea inmediatamente inmanente a sus sujetos, divisibles en potencia, y de aquí se deduce que el primer motor es inmóvil, sea que la serie de cosas movidas por otras se detenga en un primer móvil, sea que llegue hasta un movido que se mueva y se detenga a sí mismo. De ambos modos se sigue que, en todas las cosas movidas, el primer motor es inmóvil.

CAPÍTULO VI

ETERNIDAD DEL PRIMER MOTOR

Puesto que es necesario que el movimiento exista siempre y no se interrumpa nunca, debe haber una cosa eterna que mueva en primer término, sea una sola o varias. El primer motor debe ser inmóvil. No es nuestra intención tratar de que cada cosa a la par inmóvil y motriz sea eterna. Pero es evidente, por los argumentos que siguen, que hay necesidad de que exista un ente, que, sin ser movido, o sufrir cambios, en absoluto o accidentalmente, sea capaz de mover todas las otras cosas.

Admitamos, si se quiere, la existencia de cosas que ora puedan ser y ora no ser, sin generación ni destrucción. Si hay una cosa sin partes; que ora es y ora no es, ¿a qué, si no a un cambio de esta suerte, deberá su existencia y su inexistencia? Y, de entre los principios a la vez inmóviles y capaces de mover, admitamos también que hay algunos que tan pronto son como no son. Pero esto no es posible para todos.

Es notorio que para las cosas que se mueven por sí mismas debe haber una causa del hecho de que unas veces existan y otras no. Cuanto se mueve a sí mismo debe tener una magnitud en su todo, pues que ninguna cosa sin partes se mueve. Pero, por otro lado, nada impone esta necesidad al motor. La generación y la destrucción, y su continuidad, no pueden tener su causa en las cosas, incluso inmóviles, que no sean eternas, ni en aquellas que mueven ora esto, ora aquello. Ni la eternidad ni la continuidad del movimiento pueden tener por causa, ni cada uno de esos motores, ni todos, porque implican la eternidad y la necesidad, y de otra parte la serie de todos los motores es infinita y no forma un sistema. Se ve, por consiguiente, que incluso si entre las cosas inmóviles y motrices algunas son principios un número incalculable de veces, incluso si muchas cosas automotrices no son destruidas, más que para hacer sitio a otras incluso si tal cosa inmóvil que mueve esto tiene otra que mueve aquello, no menos existirá por ello una cosa que las envuelva a todas y que, estando aparte de cada una, sea causa de la existencia y de la no existencia, y de la continuidad del cambio, y esto es lo que da movimiento a esas cosas automotrices, que a su vez lo transmiten a otras. Si el movimiento es eterno, habrá un primer motor eterno, supuesto que sólo haya uno, y si hay varios, varios motores eternos. Pero hay que atribuirle la unidad mejor que la pluralidad, la finitud mejor que la infinitud. A iguales consecuencias, en efecto, es preferible elegir lo limitado, porque en las cosas naturales es lo limitado lo que existe con más frecuencia, siendo posible. Y basta con un solo principio, que, siendo eterno y primero entre los motores inmóviles, será principio del movimiento para las otras cosas.

Es notorio también por lo que sigue que el primer motor debe ser una cosa única y eterna. El movimiento, como se ha probado, debe existir siempre. Si existe siempre, necesariamente será continuo, porque lo que existe siempre es continuo, mientras que lo consecutivo no es continuo. Si es continuo, es uno. Y será uno, si uño es el motor y uno lo movido, porque si el motor y lo movido son siempre distintos, el movimiento total no es continuo, sino consecutivo.

Puede asegurarse, a base de estas razones, la existencia de un primer inmóvil, y también considerando nuevamente los principios del movimiento en los motores. Es evidente la existencia de cosas que están, ora en movimiento, ora en reposo, por lo que se ve que es falso que todo es movido, o que todo esté en reposo, y que ciertas cosas están siempre en movimiento y otras en reposo. La existencia de cosas que están en reposo unas veces y otras en movimiento es clara para todos, pero queremos mostrar también cuál es la naturaleza respectiva de estas dos clases. Establecido que todo lo que se mueve lo es por alguna cosa, que está inmóvil, o que se mueve, y, en este caso, por sí misma, venimos a admitir que el principio de las cosas movidas es lo que se mueve a sí mismo, y, para todas ellas, lo inmóvil. La experiencia nos muestra evidentemente que hay ciertos seres que tienen la propiedad de moverse a sí mismos, como los hombres y los animales. Esto ha sugerido la idea de que el movimiento podía sobrevenir en un ser sin que existiese antes, puesto que es lo que pasa con los seres mencionados, que, inmóviles antes, se mueven ahora. Pero hay que observar que esos seres se mueven con un solo movimiento, y que la causa no proviene del ser mismo, sino que hay en los animales otros movimientos físicos que no provienen de ellos mismos, como el crecimiento, el decrecimiento, la respiración, por los que cada animal es movido, sin ser él su causa, la cual se debe al medio y a las muchas cosas que entran en su organismo. Así ocurre cuando ciertos animales comen, se duermen, y despiertan, una vez han asimilado la nutrición. El principio de esos movimientos les es exterior, siendo movimientos que les da otro motor, movido a su vez y en relación variable con cada uno de los automotores.[788] Pero en todos el motor primero, causa de la automotricidad, si se mueve por sí mismo, lo es por accidente, como el cuerpo, al cambiar de lugar, hace cambiar al automotor alojado en su cuerpo.

Y, si respecto a seres inmóviles hallamos que son motores movidos ellos mismos por accidente, es imposible que el movimiento sea continuo.[789] Y puesto que tiene que haber movimiento continuo, es preciso que exista una cosa primer motor, inmóvil y no por accidente,[790] si ha de existir un movimiento indefectible e imperecedero, y si el ser total ha de permanecer inmutable en sí y en su mismo sitio,[791] puesto que la inmutabilidad del principio entraña necesariamente la del todo, en virtud de su continuidad en relación al principio. Por otra parte, es preciso distinguir entre el movimiento accidental que el ser se da a sí mismo y el que recibe de otra cosa, porque el que proviene de una cosa extraña pertenece a ciertos principios de los seres celestes, que sufren varios

---

[788] Aunque tal es la opinión de Aristóteles, no por ello se entiende que, como después Descartes, consideró simple *máquinu viviente* al animal, porque, como observa. Mir *(La reacción, 506),* la materia tiene su manera de obrar con sus propiedades particulares, y el principio de vida es la idea creadora, que ordena los elementos y que causa la transformación de ellos. Las máquinas no alteran las propiedades particulares de la materia, sino que componen los elementos según las leyes físicas, y los transforman, siguiendo la dirección del que las inventó y las construyó. En los animales, empero, la materia, además de recibir disposición, recibe propiedades nuevas, y no sólo mudanza de propiedades, mas también vitalidad y acción. Y ¿de dónde recibe atributos tan nuevos sino del principio que los informa? Luego otras son las leyes que administran a los cuerpos organizados, muy diversas de las leyes físicas. La sustancia material, que, debajo de estas leyes, no subía de punto, ni salía de su baja esfera, sometida al principio de vida, se modifica, se muda, adquiere nuevo ser y pasa a un orden superior, a entidad organizada y viva, de masa burda e inerte que antes fuera.

[789] La razón es porque entonces el movimiento no permanece idéntico consigo mismo.

[790] *Inmóvil por sí como por accidente,* aclara Carterón (*La physlque d'Aristote,* II, 124).

[791] Se ha conjeturado que esta fórmula proviene del libro XII del tratado platónico *De legibus.* Con un principio tal como el *alma del mundo,* Platón no podía salvar, como esperaba, la identidad y la estabilidad del mundo mismo.

transportes,[792] mientras que el que se da a sí mismo no pertenece más que a los seres perecederos.

Ahora, si existe un tal motor, inmóvil en sí y eterno, necesariamente la primera cosa movida por él permanecerá movida eternamente. Y es evidente que la generación, la destrucción y el cambio no pueden producirse para las otras cosas, a menos que el movimiento sea originado por una cosa movida. El motor inmóvil producirá siempre el mismo movimiento único y del mismo modo, puesto que no cambia en nada respecto a lo movido. Al contrario, un ser movido por lo inmóvil o por lo que se mueve, desde el momento en que su relación a las cosas es variable, no será causa de un movimiento idéntico, sino que, encontrándose en lugares o formas contrarias, hará que cada uno de los seres tenga movimientos contrarios y que esté ora, en reposo, ora en movimiento. Esta es la resolución de la dificultad señalada al principio. ¿Cómo todo no está en reposo o en movimiento, o ciertas cosas siempre en movimiento y las otras siempre en reposo, sino algunas a veces en reposo y a veces en movimiento? Ahora se aprecia la razón: unas son movidas por un motor inmóvil eterno, de donde se deriva su cambio eterno, y otras, por una cosa movida y cambiante, de lo que se deriva la necesidad de su cambio. Cuanto a lo inmóvil, en tanto no deje de ser simple e idéntico y permanezca en el mismo estado, moverá con un movimiento único y simple también.

CAPÍTULO VII

PRIMACÍA DEL MOVIMIENTO LOCAL

Tomando otro punto de partida, hay que examinar si es posible o no un movimiento continuo, y cuál es el primera de los movimientos. Porque es evidente que, si el movimiento es necesariamente eterno, y si ese movimiento es primero y continuo, es el primer motor quien causa ese movimiento, necesariamente uno e idéntico, continuo y primario.

De los tres movimientos que existen, según la magnitud, la afección y el lugar, es éste, que llamamos transporte, el necesariamente primero, ya que es imposible que haya incremento sin alteración previa, porque

---

[792] Refiérese el Estagirita, no al motor del primer cielo, sino a los motores de las esferas planetarias, que consideraba imperecederos, a diferencia de los motores terrestres. Trátase de su error, ya en la introducción apuntado, sobre los cielos incorruptibles.

aquello en que se incrementa lo incrementado puede ser una cosa semejante o desemejante, ya que es el contrario lo que nutre al contrario, y que no hay desarrollo sin asimilación.[793] Es, pues, preciso que el cambio hacia los contrarios haya tenido alteración. Y, habiendo alteración, hay una cosa que altera, como lo que hace del calor en potencia el calor en acto.[794] Es evidente que lo que se mueve no se comporta siempre igual, sino que está tan pronto más cerca como más lejos de lo que es alterado. Eso supone el transporte. En consecuencia, si el movimiento existe siempre, es siempre el transporte el primero de los movimientos, y es el primero de los transportes, si hay entre ellos un primero y un segundo.[795]

El principio de todas las afecciones es la condensación y la rarefacción. En efecto: ligero o pesado, blando o duro, calor o frío, se consideran como condensaciones y rarefacciones determinadas. Empero, condensación y rarefacción son concreción y separación, y a eso se reducen la generación y la destrucción de las sustancias.[796] En la concreción y en la separación hay necesariamente cambio de lugar.

Añadamos que la magnitud de lo que crece y decrece cambia según el lugar, y, aun situándonos en otro punto de vista, apreciaremos la primacía del transporte. *Primero* se toma en varias acepciones, para el movimiento

---

[793] Aristóteles acota aquí la opinión de Heráclito o la de Anaxágoras, que explicaban por el contrario la mudanza incesante de la naturaleza. Mas, para Aristóteles, el supuesto contrario es más bien un *deseinejante,* que es asimilado por su desemejante correspondiente.

[794] Los fenómenos del calor, como los de la luz, se verifican por medio de movimiento, que les hace pasar de la potencia al acto, lo mismo que las combinaciones y las generaciones. En esto está de acuerdo Aristóteles con la ciencia moderna.

[795] Todo proceso del mundo corpóreo va acompañado de movimiento local, bien sea una impresión mecánica, bien una transformación material, bien una evolución orgánica. En principio, todos los movimientos pueden reducirse a los que se verifican por la línea recta, que une dos moléculas, ya en uno, ya en otro sentido. Pero el constante carácter *genético* del movimiento en el espacio despierta la idea de algo que lo produce, es decir, la fuerza. Gracias a ella, lo que parece estar inmóvil, mirado más de cerca resulta que se halla en movimiento, o, por lo menos, en una serie de estados de movimiento, cuyos hilos misteriosos teje y desteje la fuerza sin cesar. El movimiento que se manifiesta en cambios de lugar es el gran poder excitador de la naturaleza, y el que inicia cuantas alteraciones se efectúan en ella.

[796] Nuevamente vuelve Aristóteles a pensar en Platón y en su libro X del *De legibus,* donde considera los procesos naturales con relación a la asociación y a la disociación de las materias, de por sí invariables.

y para lo demás. Se habla de la prioridad de aquello sin la existencia de lo cual las demás cosas no pueden ser, mientras que él existe sin las demás cosas, tanto según el tiempo como según la sustancia.

De manera que si debe haber movimiento de una manera continua y esta continuidad puede ser de un movimiento continuo o consecutivo, aunque más bien continuo, como la continuidad vale más que la consecutividad, y como, según nuestros principios, es siempre lo mejor, en lo posible, lo que existe en la naturaleza, y como, además, el movimiento continuo es posible, según demostraremos más adelante, no puede haber otro movimiento primero que el transporte. No hay, en efecto, necesidad de que el transporte sea incrementado, ni alterado, ni engendrado, ni destruido, mientras que ninguno de estos movimientos es posible sin la existencia del movimiento continuo que suministra el primer motor.

También el transporte es primero cronológicamente, porque las cosas eternas sólo pueden ser movidas así.[797] No obstante, para cualquiera de los individuos susceptibles de generación, es necesariamente el último de los movimientos, porque, después de ser engendrado, son el crecimiento y la alteración lo que le mueven en primer lugar, mientras que el transporte sólo pertenece a los seres acabados. Aún es necesaria otra cosa movida según el transporte, y que sea anterior, y esta cosa será la causa de la generación para los seres engendrados, sin ser ella misma engendrada, como lo generador de lo engendrado. Podría deducirse que la generación es el primero de los movimientos del hecho de que la cosa debe en primer lugar ser engendrada. Pero, sin embargo, es precisa una cosa anteriormente movida que las cosas engendradas, y que no haya sido engendrada, y hasta una cosa anterior a ésta. Puesto que la generación no es el primero de los movimientos, porque entonces todo lo movido sería susceptible de destrucción, ninguno de los movimientos que le son consecutivos podrá tener la prioridad, llamando consecutivos al crecimiento, la alteración, el decrecimiento y la destrucción, posteriores todos ellos a la generación. Si la generación no es anterior al transporte, ninguno de los otros cambios lo es.

Es visible que, en general, lo engendrado es imperfecto y está en marcha hacia su principio. Luego lo último según la generación debe ser

---

[797] El movimiento local es el primero en ejecutar todas las mutaciones en el mundo corpóreo, lo mismo cuanto a la causalidad que según el tiempo y el concepto. A modo de suplemento de la coexistencia que falta, el movimiento local es la presuposición de unas cosas sobre otras, como en particular de los cambios substanciales. Véase a Pesch, *Die grösse Welträtsel*, I, 374.

lo primero según la naturaleza. El transporte es lo último que llega a los seres generados. Por esto, ciertos seres animados carecen absolutamente de órganos apropiados al transporte, como ocurre a las plantas y a algunos animales inferiores. El transporte es propio de animales acabados. Y, si compete el transporte a los plenamente opuestos en plena posesión de su naturaleza, este movimiento debe ser el primero en esencia, y también por la razón de que el movimiento que menos despoja de su esencia a la cosa movida es el transporte, ya que en su virtud nada cambia la esencia de la cosa movida, mientras que, alterada, cambia de cualidad, y aumentada o disminuida, de cantidad.

Y, por encima de todo, es evidente que el movimiento local es esencial a lo que se mueve por sí mismo, y, afirmamos, es el principio de los movidos que son también motores, siendo el primero respecto a los movidos y a lo que se mueve por sí mismo. De modo que el transporte es el primero de los movimientos. Pero ¿cuál es el transporte primero? Veámoslo ahora, a la vez que averigüemos la posibilidad de un movimiento continuo y eterno. Que ningún otro movimiento puede ser continuo, lo veremos también. Todos los movimientos o cambios van de un opuesto a un opuesto. Así para la generación y la destrucción son límites el ser y el no-ser, y para la alteración las afecciones contrarias; para el crecimiento, el decrecimiento; para la grandeza, la pequeñez. Son contrarios los movimientos hacia los contrarios. Ahora que lo que no se mueve eternamente con determinado movimiento, sino que existe antes, debe estar antes en reposo. De forma que el sujeto del cambio debe estar en reposo en el estado contrario. Igual para los cambios: la generación y la destrucción son absolutamente opuestas. Luego es imposible que dos cambios contrarios se efectúen al mismo tiempo. El cambio no será continuo, sino que habrá entre ambos un tiempo intermedio. Poco importa que los cambios por contradicción comporten o no la contrariedad. Basta que sea imposible su coexistencia en una misma cosa, y esa distinción no destruye nuestro argumento. Tampoco que sea necesario un reposo en la oposición contradictoria, o que no haya cambio que sea el contrario del reposo, porque el no-ser, sin duda, no es un reposo, y la destrucción va hacia el no-ser. Pero basta que se produzca un intervalo de tiempo, porque ya el cambio no es continuo. No es ya la contrariedad que abonaba el razonamiento precedente, sino sólo la imposibilidad de coexistir.[798]

---

[798] En tiempos recientes, se creyó haber dado una explicación profunda del movimiento local, reduciéndolo a espacio y tiempo, y considerándolo como continuación del espacio en el tiempo, o como sucesión de tiempo en el espacio.

No hay, en fin, que conturbarse porque la misma cosa pueda ser contraria a varias otras, por ejemplo, el movimiento al reposo y al movimiento contrario. Basta admitir que el movimiento, en un sentido, se opone tanto al movimiento contrario como al reposo, como lo igual y lo medido a lo que peca por exceso y por defecto, y que, ni los movimientos ni los cambios opuestos, pueden coexistir.

Respecto a la generación y a la destrucción, sería absurdo que lo que es engendrado deba ser destruido inmediatamente, sin subsistir cierto tiempo. Según estos cambios, puede juzgarse de los otros, porque todos en la naturaleza se comportan lo mismo.

CAPÍTULO VIII

EL MOVIMIENTO LOCAL CONTINUO

Puede existir un movimiento infinito que sea uno y continuo: el movimiento circular. Todo lo transportado lo es, o en línea recta, o circular, o mixta. Si uno de los dos movimientos no es continuo, tampoco lo será el que se compone de los dos. Lo transportado sobre una línea recta es evidente que no tiene un transporte continuo, porque vuelve sobre sí mismo, causando, por tanto, movimientos contrarios, como lo son el movimiento hacia arriba y el movimiento hacia abajo, el movimiento hacia adelante y el movimiento hacia atrás, el movimiento hacia la izquierda y el movimiento hacia la derecha.

Definimos más arriba el movimiento uno y continuo, como aquel cuyo sujeto es uno, y que tiene lugar en un tiempo uno y en un dominio sin diferencia específica. Hay que distinguir tres elementos en el movimiento: lo movido, un hombre o un dios; el cuándo, verbigracia, un tiempo; y el dominio en tercer término, es decir, un lugar, o una afección, una forma, o

---

Que los tres conceptos son gemelos, no cabe duda. Mas, como nota Pesch (*Die grösse Welträtsel*, I, 373), mucho mejor sabemos lo que es movimiento que lo que son espacio y tiempo. Lo que hay de cierto en la, mencionada explicación, es que el cambio de lugar se nos presenta como *paso* del sitio donde está la cosa a otro donde no está todavía, pero *puede* estar. Hallándose el cuerpo en algún sitio, posee la posibilidad de ir a un sitio distinto. La realización apuntada se encamina, pues, esencialmente a manifestarse como cambio de lugar, que implica una coexistencia por yuxtaposición y una concomitancia por sucesión. Mirado en relación con la primera, origina el concepto de espacio, y, mirado con relación a la segunda, origina el concepto de tiempo. Por la una, se señala la dirección del movimiento, y, por la otra, se mide su duración.

una magnitud. Los contrarios son diferentes específicamente y no forman una sola cosa. Luego las diferencias susodichas son las de lugar.

Una señal de que el movimiento de A hacia B es contrario al de B hacia A es que, cuando se producen simultáneamente, se detienen mutuamente, y se interrumpen. Dígase lo mismo del círculo. El movimiento que parte de A sobre un arco B, es contrario al que, partiendo de A, recorre T, y ambos se detienen mutuamente, porque los contrarios se destruyen y se oponen mutuamente. En cambio, entre los movimientos transversal y hacia lo alto no hay contrariedad.

Lo que prueba, sobre todo, que el movimiento rectilíneo no puede ser continuo es que, para reemprender el camino, tiene que detenerse, y no sólo en el transporte sobre una recta, sino incluso sobre un círculo, porque no es lo mismo ser transportado circularmente que serlo siguiendo un círculo,[799] ya que lo movido puede continuar su movimiento volviendo al punto de partida y recomenzando el camino.

No sólo por la sensación, mas también por el razonamiento, nos persuadimos de esa necesidad de detenerse. Nuestro principio es que hay tres cosas: el comienzo, el medio, el fin. El medio se relaciona con los otros dos, y, siendo uno numéricamente, es doble lógicamente. Por ende, hay que distinguir lo que está en potencia de lo que está en acto. Así, un punto cualquiera de la recta, situado entre los extremos, es medio en potencia, mas no en acto, a menos que el móvil divida la recta por su mitad al detenerse. Luego el medio tórnase comienzo y fin, comienzo de la línea que sigue, y fin de la primera, como si lo transportado A se detiene en B y luego continúa hacia T. Pero, cuando el transporte es continuo, no es posible que A llegue a estar en B, ni que se aleje, sino sólo que esté en el instante, y no en un tiempo que no sea el del instante en cuanto es una división, practicada en A B T Pero, si se admite que A ha llegado a estar en B, y se aleja de B, entonces lo transportado A deberá estar siempre detenido, porque es imposible que a la vez A haya llegado a estar en B y a alejarse de él. Luego esto será en otro punto del tiempo, y mediará tiempo en el intervalo, de modo que en B, A estará en reposo. Igual razonamiento vale para los demás puntos. Por eso, decimos que lo transportado A se sirve del medio B como de fin y de comienzo, por lo que tiene algo de doble. Pero de hecho el móvil se ha alejado del punto A, término inicial

---

[799] De la consideración que hace Aristóteles puede desprenderse que, para él, únicamente la revolución del cielo es específicamente circular. El giro, cien veces rehecho, del corredor o andarín no lo considera circular más que *por accidente*. De ahí la distinción que en el texto apunta.

del movimiento, y ha llegado a estar en T, cuando el movimiento ha terminado, y se ha detenido.

He aquí cómo se debe contestar a una dificultad real, que es la siguiente. Si la línea E es igual a la línea Z, y si A es transportado de un modo continuo desde la extremidad hacia Γ, y si al mismo tiempo que A se sitúa en B,Δ es por otra parte transportado de la extremidad de Z hacia H, de manera uniforme y con igual velocidad que A, entonces Δ habrá llegado a II antes que A haya llegado a Γ, porque lo que parte primero debe llegar primero, porque no ha llegado A a B al mismo tiempo que se ha alejado, y porque de no haberse detenido, no habría llegado con retraso. Así, no se debe admitir que en el mismo tiempo en que A había llegado a estar en B, Δ se movía a partir del extremo de Z, so pretexto de que si A había llegado a estar en B es preciso que se aleje de él, y que ello no suceda en un mismo tiempo. Lo que hay que decir es que no estaba en el tiempo mismo, sino en una interrupción del tiempo.

No se tiene derecho a alegar esta distinción de la llegada y la partida a propósito del movimiento continuo, pero se debe hacer en el caso de que el móvil vuelva sobre su marcha. Si II hubiese sido llevado hacia Δ, y desanduviese camino para ir hacia abajo, haría del extremo Δ su fin y su comienzo, y usaría un punto único como si fuese doble, puesto que tendría que detenerse en él, no siéndole posible llegar a Δ, y alejarse de él al mismo tiempo. No se puede decir que la distinción de la llegada y partida de II a Δ no se aplica, porque es necesario que el fin a que llega esté en acto y no en potencia. Es, pues, el punto medio el que está en potencia, pero el otro extremo está en acto. Lo bajo es un fin, y lo alto un comienzo. Así que lo que reemprende camino en un movimiento rectilíneo debe necesariamente detenerse, porque el movimiento sobre una recta no puede ser continuo y eterno.

De idéntico modo hay que contestar a los que argumentan con el razonamiento de Zenón, y piensan que, puesto que hay que pasar siempre por la mitad, y las mitades son infinitas en número, es imposible recorrer lo infinito, con lo cual el movimiento se hace imposible. Razonan otros que, al recorrer el móvil la media línea, cuenta, una a una, cada media línea producida, de modo que, cuando la línea ha sido recorrida, cuenta un número infinito, pero está probado que esto es imposible.

En nuestras exposiciones sobre el movimiento dimos una solución, fundada en que el tiempo tiene elementos en número infinito. Nada de absurdo hay, pues, en que se recorra lo infinito en un tiempo infinito, y lo infinito existe semejantemente en la magnitud y en el tiempo. Pero si esta solución basta para contestar la pregunta[800] (se preguntaba si en un tiempo finito era posible recorrer o contar los infinitos), no basta para resolver la cosa misma en la realidad. Dejando a un lado la cuestión de saber si es posible recorrer el infinito en un tiempo finito, la solución no sería suficiente, sino que habría que buscar la verdad, que ahora enunciaremos.

Si se divide la recta continua en dos mitades, se utiliza como doble un punto único, porque se ha determinado un comienzo y un fin. Ahora bien: tanto monta lo que numera como lo que divide en mitades. Con tal división, ni la línea ni el movimiento son continuos, porque el movimiento continuo tiene relación con lo continuo, y, si en lo continuo se contienen mitades en número infinito, no es en acto, sino en potencia. Si se les toma en acto, no habrá movimiento continuo, antes al contrario, se detendrá, lo que ocurre, naturalmente, a aquello que numera las mitades, porque forzosamente numerará como dos el punto único, fin, efectivamente, de una mitad y comienzo de la otra, ya que no se cuenta la línea continua,

---

[800] Los dialécticos de las escuelas de Elea y de Megara pretendían demostrar las proposiciones físicas como proposiciones matemáticas. Los grandes maestros de la filosofía griega sólo empleaban el método dialéctico allí donde verdaderamente tenía aplicación oportuna. Pero los eleatas y los megarienses lo utilizaban a troche moche, sin advertir la imposibilidad en que se encontraban de explicar cómo la apariencia podía nacer en el seno de aquel ser que suponían único e inmutable. Añádase a esto el absurdo de la negación del movimiento, que les llevaba a mirar con desprecio todo esfuerzo científico en el orden cosmológico, y a concluir, como el sofista. Protágoras, que "las aserciones diametralmente opuestas son igualmente verdaderas". Dios sabe qué mágica virtud era la que se atribuía al planteamiento de cuestiones capciosas, para obligar al interlocutor a condenar sus propias tesis. Sin embargo, el arte célebre de hacer parecer buena una causa que es mala, ha, encontrado modernamente un apologista en Lewes (*Biographycal history of philosophy,* I, 228), que se en ese arte una dialéctica para uso de gentes prácticas, o dígase, "el arte de ser abogado de sí mismo". Llámese como se quiera a esta dialéctica degenerada de Zenon, pero dialéctica verdadera no lo es, y Aristóteles con dificultad sabe dominar prudentemente la irritación habitual que le causa, el sistema eleático, al que acusa de haber contribuido al descrédito de la filosofía griega. Por este camino, claro es que se llegó a la pedantería y a la tenacidad de juicio, que se prolongaron en la escuela de los llamados académicos o escépticos. Su jefe, Carneades, que se mantuvo siempre en el campo de la especulación pura, se valía de la interrogación, de la ironía y de la crítica sutil, en sus controversias filosóficas. Pero el reverso de la medalla se evidenciaba muy a menudo. Aulo Gelio (*Nocte atticae,* XVII, xv) dice que, en ocasiones, Carneades disputaba con tantos bríos contra sus adversarios, que, antes de discutir con ellos, se purgaba con el elévoro, para fortificarse la cabeza.

sino dos medias líneas. Por donde, a quien pregunta si cabe recorrer el infinito, sea en el tiempo o sea en la longitud, debe respondérsele que sí en un sentido, y que no en otro. Si existe en entelequia, es imposible, y posible si existe en potencia, porque, en efecto, lo movido de modo continuo recorre el infinito por accidente, pero no en absoluto, ya que es un accidente para la línea sea una infinidad de semi-líneas, y su esencia y su realidad son otras. Añádase que, si no se relaciona el punto, que divide el tiempo en anterior y ulterior, con lo que para la cosa en cuestión es lo ulterior, la misma cosa simultáneamente será y no será, y cuando se haya producido, no se producirá. Seguramente, el punto es común a los dos, a lo anterior y a lo ulterior, por ser idéntico y uno numéricamente, mas no. lógicamente. Es el fin de lo uno y el comienzo de lo otro. Pero, cuanto a la cosa, pertenece siempre a la afección ulterior. Sea A T B el tiempo y Δ la cosa. Es blanca en todo el tiempo A y no blanca en B. Luego en el tiempo T será blanca y no blanca, ya que es cierto decir que es blanca en cualquiera parte de A, puesto que es blanca en todo ese tiempo, y en B que no es blanca, pero en T será las dos cosas. No hay, pues, que aceptar que sea blanca en todo el tiempo A, sino exceptuar el último instante, T, Esto es ya lo ulterior, y, si todo el tiempo A se ha empleado, sea en la generación de la blancura que la cosa no tenía, sea en la destrucción de esta blancura, en todo caso en T es donde acaba la generación o esa generación o esa destrucción, y en ese punto habrá que decir por primera vez que la cosa es blanca o no blanca. Acabada su generación, no existiría, y, acabada su destrucción, existiría, o bien será necesariamente blanca y no blanca al mismo tiempo, así que, de modo general, existirá y no existirá Por otra parte, si lo que es y no era deber ser engendrado para que sea, al efectuarse su generación, no existe. Si el sujeto T es engendrado blanco en el tiempo A y acaba de ser engendrado (o que retorne a lo mismo, si existe en un tiempo B, indivisible y contiguo), mientras estaba en un tiempo B, indivisible y contiguo), cuando estaba engendrándose en A, no existía, mientras que si existía en B, de modo que modo que debe haber una generación entre los dos, y un tiempo en que la generación se produzca. Para el que no admite paralelos del tiempo, esta razón no valdrá. Pero es en una parte de ese tiempo en la que sucedía la generación en la que ha sido acabada y existe, en su punto extremo, punto al que nada hay contiguo ni consecutivo, mientras que los tiempos paralelos son consecutivos. Así que si la generación de la cosa se hace en el tiempo A entero, no hay en el tiempo en que ha acabado de ser engendrada después de estar engendrándose ninguna demasía por relación a aquel en que ella se hacía solamente.

Tales son las razones, sacadas de la propia naturaleza de las cosas discutidas, sobre las cuales podemos apoyarnos. Pero parece que un examen lógico debe conducir a la misma conclusión. Para cuanto está movido de una manera continua, el punto adonde ha llegado según el transporte es aquel hacia el que era transportado desde luego. Si ha llegado a B, es que era transportado hacia B desde el comienzo de su movimiento. Dígase igual de las demás clases de movimiento. Y lo que va de A a T, cuando llega a T, volverá a A, si está animado de un movimiento continuo, y será transportado a la vez por un movimiento que va de Γ a A, de suerte que le mueven movimientos contrarios con arreglo a la recta. Al mismo tiempo, su cambio ha tenido por punto de partida un término que no es uno para él. Si esto es imposible, es preciso detenerse en Γ. Así que el movimiento rectilíneo, puesto que se interrumpe por una parada, no es uno.

He aquí otras razones cuya evidencia es más general aún. Si todo lo movido lo es por uno de los movimientos dichos, o está en uno de los reposos que le son opuestos (no hay, fuera de él, otros); si lo que no es siempre movido por cierto movimiento (hablo de movimientos específicamente diferentes, y no del que sea una parte de un movimiento total) debe necesariamente permanecer en un reposo opuesto; si, en fin, los movimientos en línea recta son contrarios, y no pueden coexistir, lo que es transportado de A hacia T, no podrá ser transportado de T hacia A. Pero, pues que los transportes no coexisten, y pues que debe moverse con movimiento contrario, ha debido necesariamente reposar precedentemente en T, porque es el reposo opuesto al movimiento que parte de T El movimiento en cuestión no es, pues, continuo.

Un argumento aún más adecuado es el que sigue. Admitamos que lo no blanco sea destruido y lo blanco engendrado al mismo tiempo. Si la alteración hacia lo blanco o a partir de lo blanco es continua, y, si no permanece un cierto tiempo, simultáneamente lo no blanco será destruido y lo blanco engendrado, así como lo no blanco, y los tres en un mismo tiempo.

Que el tiempo sea continuo, no es una razón para que el movimiento lo sea también, ya que puede ser consecutivo. ¿Cómo, en la demasía, sería el extremo el mismo con los contrarios, como lo blanco y lo negro? El movimiento circular, por lo contrario, será uno y continuo, sin que resulte imposible, porque lo transportado partiendo de A será a la vez transportado hacia A en virtud de una misma tendencia, ya que el punto a que ha de llegar es el mismo que aquel desde el cual se mueve, sin que por eso coexistan los movimientos contrarios. En efecto: no todo movimiento dirigido hacia un punto del que parte es contrario, sino que son contrarios los movimientos rectilíneos (los contrarios se hallan según el lugar, como en el movimiento sobre el diámetro), y opuestos los movimientos según la misma longitud. Nada obsta para que el movimiento circular sea, pues, continuo, y no se interrumpa durante ningún tiempo, ya que va de un punto al mismo punto, mientras que el movimiento en recta va de uno a otro.

El movimiento circular no se produce nunca sobre los mismos puntos, mientras que el movimiento en línea recta sí. El movimiento que está ahora en un punto y luego en otro, puede ser continuo, mientras que el que pasa por los mismos no lo puede ser jamás, porque haría falta que movimientos opuestos fuesen coexistentes. Tampoco puede haber movimiento continuo sobre el semicírculo, ni otra parte de la circunferencia, ya que el término no coincide con el comienzo. En cambio, la coincidencia se verifica en el movimiento circular, único perfecto.

Por esta distinción apreciamos que los demás movimientos no pueden tener continuidad, ya que todas las mismas cosas son repetidamente atravesadas por el movimiento, como los intermedios en la alteración, las magnitudes medias en el movimiento según la cantidad, y lo mismo en la generación y en la destrucción. No importa que para las cosas que atraviesa el cambio se admita un número pequeño o grande, ni que se quite o agregue alguna cosa en el intervalo. En todos los casos, el movimiento repite su paso por las mismas cosas.

Se ve, pues, que los fisiólogos se equivocan cuando aseveran que todas las cosas sensibles están en perpetuo estado de movimiento. Este movimiento será necesariamente uno u otro de los distintos géneros de movimiento. Alegan sobre todo, la alteración, afirmando que sin cesar todas las cosas pasan y se desvanecen, por donde, para ellos, generación y destrucción son alteración.[801] La teoría presente ha expuesto que, de un

---

[801] En este sentido, suponía Empédocles ser puramente mecánico el proceso de generaciones y de destrucciones en el universo. Alteraciones innumerables y apropiadas a sus fines, producen el nacimiento y el acabamiento de los seres cósmicos, por el juego, repetido hasta, lo infinito, de la procreación y de la disolución, juego en que no persiste, en definitiva, más que lo que adquiere un carácter de duración en su constitución relativamente accidental. Por meras alteraciones de la materia y del movimiento explicaba también Anaxágoras las incesantes generaciones y destrucciones de la naturaleza, si bien, como Empédocles, creyó deber admitir elementos primitivos, que fuesen desemejantes en razón de la cualidad. Demócrito, por lo contrario, fue de parecer que la desigualdad se limitaba a la cantidad. Partiendo del postulado de ser homogéneos e invariables por su cualidad los elementos primitivos, Demócrito negó que hubiese *estados internos* en la generación y en la destrucción, que redujo a cambios producidos por agregación o disgregación de partes. Y, como estas partes no eran, para Demócrito, otra cosa que los átomos, todo lo demás lo rechazó, y, a

modo general para todo movimiento, la continuidad no es posible más que en el movimiento circular, y no en la alteración o en el crecimiento. Ningún cambio es infinito ni continuo, a no ser ese transporte circular.

CAPÍTULO IX

PRIMACÍA DEL TRANSPORTE CIRCULAR

Es evidente que el transporte circular es el primero de los transportes. Todo transporte, como hemos dicho precedentemente, es circular, rectilíneo o mixto, y aquéllos necesariamente son anteriores a éste, puesto que éste es compuesto, y el circular al rectilíneo, porque es más simple y más perfecto.[802] No puede haber transporte sobre una recta infinita, porque el infinito no existe, y, si existiera, nada sería movido, porque lo imposible no se produce, y es imposible recorrer lo infinito. El movimiento sobre una recta finita, cuando vuelve sobre sí mismo, está compuesto de dos movimientos, y, cuando no, es imperfecto y destructible. Lo perfecto es anterior a lo imperfecto, según la naturaleza, según la noción y según el tiempo, y lo indestructible es anterior a lo destructible. Por ende, un movimiento que puede ser eterno es anterior al que no puede serlo, y el movimiento circular puede serlo, mientras que ninguno de los otros lo puede ser, ya que necesita que se produzca una parada, y, si hay parada, el movimiento queda destruido.

Parece razonable que el movimiento circular sea uno y continuo, y que el rectilíneo no lo sea. El comienzo, el fin y el medio del rectilíneo están determinados de modo que haya para la cosa movida un punto de partida y otro de llegada, en cuyos límites inicial y terminal existe siempre reposo. En el movimiento circular, todo esto, al contrario, es indeterminado, pues ¿qué punto entre los de un círculo podría ser el límite mejor que otro? Cada punto es con igual título comienzo, medio y fin. Luego una cosa que

---

su parecer, las diferencias de generación y de destrucción, no consistían sino en la formación, agrupación y posición externas. "Tomando, sin más examen, la *divisibilidad* por *división* primitiva y constante, formó el concepto de átomo como principio mínimo e invariable de todo lo existente. De esta manera, el atomismo descendió, en los puntos esenciales, al sistema, de los jonios, sólo que los atomistas daban por real lo que los pensadores de Jonia habían logrado". (Pesch, *Die grösse Welträtsel*, I, 83.)

[802] Según Aristóteles, su perfección le viene de ser e movimiento peculiar al firmamento (στέρεωμα).

en círculo se mueve[803] está siempre y no está en el fin y en el comienzo. También la esfera es movida y, en un sentido, en reposo, porque ocupa el mismo lugar. La razón es que todas sus propiedades pertenecen al centro, que es a la vez comienzo, medio y fin. De donde se sigue que, estando este punto fuera de la circunferencia, no hay otro punto donde el móvil deba quedar en reposo una vez hecho su recorrido. El transporte, en efecto, ha tenido lugar en torno al medio, pero no en dirección al extremo final. Por eso, la esfera permanece en su sitio, y, en un sentido, la masa total está siempre en reposo, a la vez que se mueve de un modo continuo.

Otra prueba se obtiene de esta reciprocidad. Dado que el transporte circular es la medida de los movimientos, debe ser el primero (porque para todo es medida lo primero), y porque es el primero es la medida de los otros. Sólo el transporte circular, puede, además, ser uniforme.[804] Las cosas movidas sobre una recta no son uniformemente transportadas del principio al fin, porque cuanto más se alejan del estado de reposo en que se hallaban, más rápido es el transporte, mientras que para el movimiento circular el comienzo y el fin no están naturalmente en él, sino fuera de él.

Cuantos han mencionado el movimiento atestiguan que el transporte de lugar es el primero de los movimientos, atribuyendo el principio del movimiento a los motores de tal movimiento, porque la reunión y la separación son movimientos de lugar. Así mueven el amor y el odio, uno reuniendo, y otro separando.[805] Y según Anaxágoras, la inteligencia separa, en tanto es motor primero.[806] Los que pretenden que el movimiento se debe al vacío razonan igual, ya que, a su entender, es un movimiento

---

[803] Este sentido parece el más probable, aunque el texto mismo es incierto, como anota Carteron (*La physique d'Aristote,* II, 137).

[804] No es Aristóteles tan osado que afirme ser su afirmación aplicable a un movimiento forzado o contra naturaleza, como el de los proyectiles. El movimiento a que se refiere, es el movimiento natural.

[805] Empédocles hacía del amor y del odio cualidades de los elementos primitivos. En intervalos inconmensurables, tan pronto triunfa el uno como el otro. Si el amor reina como dueño absoluto, todos los elementos reunidos gozan de una paz armoniosa, y forman una esfera inmensa. Si el odio logra poderío, todo se dispersa y se separa. En ambas hipótesis, no existen seres aislados, y la vida terrestre está suspendida por entero de las alternativas que conducen al universo esférico, por la fuerza progresiva del amor, a una unión pacífica, y, por la fuerza creciente del odio, al resultado opuesto. Véase a Stuke, *Empédocles Agrigentinum,* 324, 337, 341.

[806] En el sistema de Anaxágoras, esa separación la hace el νοῦς en la primitiva y confusa mole de elementos juntos en uno, sin figura y sin adorno todavía.

local el movimiento de los cuerpos naturales y elementales. El movimiento debido al vacío es un transporte, como en un lugar.[807] Cuanto a los otros movimientos, piensan que ninguno pertenece a los cuerpos elementales, sino a los ya formados, y afirman que el crecimiento y la alteración provienen de la reunión y separación de los cuerpos paralelos. Así piensan también los que consideran la generación y la destrucción como viniendo de la condensación y de la rarefacción, y explicando estos fenómenos por reuniones y por disgregaciones.[808] Agreguemos, en fin, los que hacen al alma causa del movimiento,[809] porque aseguran que lo que lo que se mueve a sí mismo es el principio de los movidos, y todo ser viviente o animado se mueve a sí mismo con movimiento local. Entiéndase que hablamos de lo que se mueve en tal sentido principal, que es lo movido por movimiento de lugar, mientras que si la cosa está en reposo en un sitio, y crece, disminuye o se altera, hablamos de su movimiento en cierto sentido, no en absoluto. Y, con esto, queda definitivamente explicado que el movimiento ha existido y existirá siempre; cuál es el principio del movimiento eterno; cuál es el único movimiento capaz de ser eterno; y cómo el primer motor permanece inmóvil.

CAPÍTULO X

EL PRIMER MOTOR ES INEXTENSO

Establezcamos ahora que el primer motor inmóvil carece de partes, y que no tiene dimensión alguna, pero antes determinemos varias proposiciones preliminares. Una es que nada finito puede mover o moverse en un tiempo infinito. Es preciso, en efecto, distinguir tres factores: el motor, lo movido y el tiempo. Estos tres factores son, o todos

---

[807] Los atomistas atribuían realidad objetiva al espacio, y lo concebían como un lugar *indeterminado,* es decir, como un vacío e inmenso receptáculo. Pero ningún lugar indeterminado puede ser causa de movimiento, según Aristóteles. Para que el movimiento se produzca, requiérese un lugar *cuantificado* y *cualificado* concretamente.

[808] En esta hipótesis, el concepto de una medida mínima, que determina las relaciones de volumen, y el concepto de cambio de lugar, que condensa o que rarifica, reuniendo o disgregando las cosas, desemboca en el concepto último de la divisibilidad de la materia, el cual parece necesario para que el movimiento pueda efectuarse por to das dimensiones.

[809] Tal fue la opinión de Platón (*Phaedrus,* 845, c; *De leaibus,* 896, e)

infinitos, o todos limitados, o solamente algunos, sean dos de entre ellos, sea uno solo. Llamemos *A* al motor, *B* a lo movido, y T a un tiempo infinito. Si suponemos que Δ, una parte de *A*, mueve a una parte de.*B*, verbigracia, *E*, no será, ciertamente, en un tiempo igual a *T*, porque al mayor móvil corresponde el mayor tiempo, y, por ende, este tiempo Z no es infinito. Desde entonces, añadiendo a E, agotaremos a *A*, y, añadiendo a *E*, agotaremos a *B*, pero no agotaremos el tiempo quitando siempre una cantidad igual, puesto que le hemos considerado infinito. *A* por entero moverá a *B* por entero en un tiempo limitado, que es una parte de T. Luego ningún movimiento infinito puede ser producido por un motor finito.

Es, pues, evidente que lo limitado no es susceptible de mover o de moverse durante un tiempo ilimitado. En una dimensión finita, es imposible resida una fuerza infinita, y esto resulta muy fácil de demostrar. Consideremos la fuerza mayor como siendo siempre la que causa un efecto igual en un tiempo menor: por ejemplo, una fuerza de calentamiento, o de reblandecimiento, o de lanzamiento, de movimiento, en suma. Bajo la acción de una cosa limitada, pero que posea una fuerza infinita, el paciente padece, y más que por cualquiera otra acción, dado que la fuerza infinita es mayor que otra cualquiera. Y, sin embargo, en lo que concierne al tiempo de esa acción, no cabe asignarle ninguno.[810] Sea *A* el tiempo en que la fuerza infinita ha calentado, o reblandecido, o lanzado, y sea *A B* el tiempo finito de una fuerza finita. Añadiendo a esta fuerza finita una fuerza finita mayor, y ello constantemente, llegaremos. a un instante en que su movimiento se habrá cumplido durante el tiempo *A*, ya que, agregando siempre a lo finito, se sobrepujará toda finitud, y, cercenando, se caerá por debajo de ella, conforme a la misma ley, de suerte que la fuerza finita moverá o se moverá en un tiempo igual al de la fuerza infinita, lo que es imposible. No se concibe que nada finito posea una fuerza infinita, y tampoco es posible que una fuerza finita resida en una cosa infinita. Se dirá, no obstante, que una fuerza mayor puede estar en una dimensión menor, pero es más natural que haya una mayor en, otra mayor. Sea *A B* una dimensión infinita, y *B T* una cierta fuerza que mueve

---

[810] Compárese con el capítulo del libro VI. Con diligente cautela pone los ojos Aristóteles en su principio de que todo cambio supone un tiempo determinado. Siguiendo el tenor de la significación de este principio, es evidente que, en el límite, un tiempo determinado sólo consiente un efecto finito. Mas, para producirlo, a una fuerza infinita le bastaría un tiempo nulo.

a Δ en un cierto tiempo, por ejemplo, EZ.[811] Si tornamos el doble de B T el movimiento tendrá lugar en un tiempo mitad de EZ (si admitimos esta proporción), y, por tanto, en Z θ. Procediendo así continuamente, no alcanzaremos el fin de AB, y obtendremos un tiempo siempre inferior al tiempo dado. Así, la fuerza será infinita, por rebasar de toda dimensión finita. Por otra parte, para toda fuerza finita, el tiempo debe ser finito también. Si tal fuerza mueve o se mueve en tal tiempo, la fuerza mayor moverá en un tiempo menor, pero determinado, y esto según la proporción inversa.[812] Pero toda fuerza, como todo número y toda magnitud, es infinita cuantas veces desborda de toda cantidad finita. Y aun puede demostrarse esto de otra manera, tomando una fuerza homogénea respecto de lo que está en la magnitud infinita, pero que se suponga existente en una magnitud finita, en cuyo caso esa fuerza es la que deberá medir la fuerza limitada que se ha admitido en una cosa ilimitada.[813]

Pero, con relación a los cuerpos transportados, bueno es que discutamos una objeción. Si todo movido lo es por algo, ¿cómo, entre las cosas que no se mueven por sí mismas, algunas (verbigracia, los proyectiles) continúan moviéndose sin que las toque el motor? Si se afirma que el motor, además de ser movido, mueve a otra cosa, por ejemplo, el aire, el cual movería siendo movido, resulta imposible que haya movimiento del aire, sin que el motor originario le toque y lo mueva. Mas, por lo contrario, todo eso obra conjuntamente, tanto para el movimiento como para su detención, cuando el primer motor deja de mover. Y ello es indispensable, hasta si el motor mueve a la manera del imán, es decir, haciendo que lo movido mueva a su vez. Es, pues, necesario estatuir que el que ha movido primero, ha hecho capaces de moverse, o al aire, o al agua, o a las demás cosas que por naturaleza mueven y son movidas. Con todo, la cosa no cesa de mover y de ser movida en el mismo tiempo. Cesa de ser movida cuando el motor deja de mover, pero es todavía motriz en este momento. Y lo mismo cabe razonar respecto de una cosa movida, que está en contigüidad con otra. Pero la acción tiende a cesar cuando la energía motora es cada vez más débil con

---

[811] BT es parte de AB, y EZ lo es del tiempo que tarda. AB en mover a Δ

[812] "Mientras que las fuerzas y las extensiones crecen proporcionalmente, ocurre lo inverso en la relación de las fuerzas con los tiempos". (Carterón, *La physique d'Aristote*, II, 140.)

[813] Evidente cosa es que, en este punto, se plantea a la filosofía el siguiente dilema: o negar la unidad (mejor, *unicidad*) de lo infinito, o suponer que conservará, in definidamente, un resto de fuerza siempre superior a la fuerza mensurante.

relación al término contiguo que aborda, y acaba de cesar cuando el penúltimo motor no rinde movimiento, pues entonces se detienen simultáneamente el motor, lo movido y todo el movimiento. El cual se produce en las cosas que pueden estar, ora en movimiento, ora en reposo, y no es continuo, aunque tenga la apariencia de tal, en su conexión con las cosas consecutivas o en contacto. El motor en efecto, no es único, sino que hay una serie de motores mutuamente contiguos, y esto ocasiona que semejante movimiento se verifique en el aire y en el agua, por lo que algunos le llaman *retorno al rechazo*. Pero es imposible resolver las dificultades de otro modo que como se ha expuesto. Con la sustitución recíproca, todos los términos deben ser movidos y mover al mismo tiempo, y, consiguientemente, dejar de ser movidos y de mover. Pero aquí nos hallamos ante una cosa que se mueve de una manera continua. ¿Por cuál motor lo será, ya que ella misma no es el motor?

Considerando, pues, que hay en la realidad un movimiento a la vez continuo y único, movimiento que exige una magnitud (dado que lo que carece de magnitud no se mueve), y una magnitud única, y la acción de un motor único (sin el cual desaparecería la continuidad del movimiento, reemplazada por movimientos contiguos y separados), resulta que dicho motor, o mueve siendo movido, o mueve estando inmóvil. Si mueve siendo movido, participará de la suerte del móvil, es decir, que cambiará, pero al mismo tiempo que lo mueva algo. Por consiguiente, habrá que detenerse, y que llegar a considerar el movimiento como producido por un motor inmóvil, que no cambie con el móvil mismo, sino que conserve siempre la fuerza de mover (ya que mover así no cuesta ningún trabajo). Tal movimiento será uniforme, o él solo de por sí, o él más que los otros, porque su motor no sufre ningún cambio. Pero el móvil tampoco lo sufrirá relativamente al motor en cuestión, si se quiere que el movimiento permanezca semejante a sí mismo. Desde entonces, es necesario que el motor esté, o en el centro, o en la periferia, conforme a los principios geométricos de la esfera. Y, como son, las cosas más próximas al motor las que se mueven más rápidamente, hay que deducir que en la periferia está el motor.

Mas queda por resolver una dificultad. ¿Es posible que una cosa movida mueva de una manera continua, y no por empujes sucesivos y repetidos, ya que la continuidad no es más que una consecutividad? Un motor de este género debe, en efecto, o empujar, o tirar, o hacer ambas cosas, o es otra la que debe eventualmente recibir y transmitir la acción de término a término, como en el caso antes indicado de los proyectiles. Ahora bien: aunque el aire y el agua sean motores, merced a su fácil divisibilidad, no lo son sino siendo movidos, y, en ambos casos, el movimiento no es único, sino que se produce por contigüidad. Únicamente es continuo el que procede de un motor inmóvil, porque, obrando siempre igual, hállase, con respecto al móvil, en una relación continua e invariable. Por ende, es imposible que el primer motor, que es inmóvil, tenga una magnitud cualquiera. Si la tuviese, sería finita o infinita. Pero la imposibilidad de una magnitud infinita cumplidamente se demostró en el libro III. Por otra parte, acabamos de probar la no menor imposibilidad, para una magnitud finita. de tener una fuerza infinita, y también, para un motor finito, de mover algo durante un tiempo infinito. Así, el primer motor mueve en verdad en un tiempo infinito y con un movimiento eterno, por ser indivisible, carecer de partes, y no tener magnitud alguna.

FIN

EL CRÍTICO y EDITOR - JUAN BAUTISTA BERGUA

Juan Bautista Bergua nació en España en 1892. Ya desde joven sobresalió por su capacidad para el estudio y su determinación para el trabajo. A los 16 años empezó la universidad y obtuvo el título de abogado en tan sólo dos años. Fascinado por los idiomas, en especial los clásicos, latín y griego, llegó a convertirse en un célebre crítico literario, traductor de una gran colección de obras de la literatura clásica y en un especialista en filosofía y religiones del mundo. A lo largo de su extraordinaria vida tradujo por primera vez al español las más importantes obras de la antigüedad, además de ser autor de numerosos títulos propios.

SU LIBRERÍA, LA EDITORIAL Y LA "GENERACIÓN DEL 27"

Juan B. Bergua fundó la Librería-Editorial Bergua en 1927, luego Ediciones Ibéricas y Clásicos Bergua. Quiso que la lectura de España dejara de ser una afición elitista. Publicó títulos importantes a precios asequibles a todos, entre otros, los diálogos de Platón, las obras de Darwin, Sócrates, Pitágoras, Séneca, Descartes, Voltaire, Erasmo de Rotterdam, Nietzsche, Kant y los poemas épicos de La Ilíada, La Odisea y La Eneida. Se atrevió con colecciones de las grandes obras eróticas, filosóficas, políticas, y la literatura y poesía castellana. Su librería fue un epicentro cultural para los aficionados a literatura, y sus compañeros fueron conocidos autores y poetas como Valle-Inclán, Machado y los de la Generación del 27.

EL PARTIDO COMUNISTA LIBRE ESPAÑOL Y LAS AMENAZAS DE LA IZQUIERDA

Poco antes de la Guerra Civil Española, en los años 30, Juan B. Bergua publicó varios títulos sobre el comunismo. El éxito, mucho mayor de lo esperado, le llevó a fundar el Partido Comunista Libre Español que llegaría a tener mas de 12.000 afiliados, superando en número al Partido Comunista prosoviético oficial existente. Su carrera política no duró mucho después que estos últimos le amenazaran de muerte viéndose obligado a esconderse en Getafe.

LA CENSURA, QUEMA DE LIBROS Y SENTENCIA DE MUERTE DE LA DERECHA

Juan B. Bergua ofreció a la sociedad española la oportunidad de conocer otras culturas, la literatura universal y las religiones del mundo, algo peligrosamente progresivo durante esta época en España.

En el 1936 el ejército nacionalista de General Franco llegó hasta Getafe, donde Bergua tenía los almacenes de la editorial. Fue capturado, encarcelado y sentenciado a muerte por los Falangistas, la extrema derecha.

Mientras estuvo en la cárcel temiendo su fusilamiento, los falangistas quemaron miles de libros de sus almacenes por encontrarlos contradictorios a la Censura, todas las existencias de las colecciones de la Historia de Las Religiones y la Mitología Universal, los libros sagrados de los muertos de los Egipcios y Tibetanos, las traducciones de El Corán, El Avesta de Zoroastrismo, Los Vedas (hinduismo), las enseñanzas de Confucio y El Mito de Jesús de Georg Brandes, entre otros.

Aparte de los libros religiosos y políticos, los falangistas quemaron otras colecciones como Los Grandes Hitos Del Pensamiento. Ardieron 40.000 ejemplares de La Crítica de la Razón Pura de Kant, y miles de libros más de la filosofía y la literatura clásica universal. La pérdida de su negocio fue un golpe tremendo, el fin de tantos esfuerzos y el sustento para él y su familia…fue una gran pérdida también para el pueblo español.

Protegido por General Mola y exiliado a Francia

Cuando General Emilio Mola, jefe del Ejército del Norte nacionalista y gran amigo de Bergua, recibe el telegrama de su detención en Getafe intercede inmediatamente para evitar su fusilamiento. Le fue alternando en cárceles según el peligro en cada momento. No hay que olvidar que durante la guerra civil, los falangistas iban a buscar a los "rojos peligrosos" a las cárceles, o a sus casas, y los llevaban en camiones a las afueras de las ciudades para fusilarlos.

–El General y "El Rojo"–Su amistad venia de cuando Mola había sido Director General de Seguridad antes de la guerra civil. En 1931, tras la proclamación de la Segunda República, Mola se refugió durante casi tres meses en casa de Bergua y para solventar sus dificultades económicas Bergua publicó sus memorias. Mola fue encarcelado, pero en 1934 regresó al ejército nacionalista y en 1936 encabezó el golpe de estado contra la República que dio origen a la Guerra Civil Española. Mola fue nombrado jefe del Ejército del Norte de España, mientras Franco controlaba el Sur.

Tras la muerte de Mola en 1937, su coronel ayudante dio a Bergua un salvoconducto con el que pudo escapar a Francia. Allí siguió traduciendo y escribiendo sus libros y comentarios. En 1959, después de 22 años de exilio, el escritor regresó a España y a sus 65 años comenzó a publicar de nuevo hasta su fallecimiento en 1991. Juan Bautista Bergua llegó a su fin casi centenario.

Escritor, traductor y maestro de la literatura clásica, todas sus traducciones están acompañadas de extensas y exhaustivas anotaciones referentes a la obra original. Gracias a su dedicado esfuerzo y su cuidado en los detalles, nos sumerge con su prosa clara y su perspicaz sentido del humor en las grandes obras de la literatura universal con prólogos y notas fundamentales para su entendimiento y disfrute.

Cultura unde abiit, libertas nunquam redit.
Donde no hay cultura, la libertad no existe.

LA CRÍTICA LITERARIA
www.LaCriticaLiteraria.com

TODO SOBRE LITERATURA CLÁSICA, RELIGIÓN, MITOLOGÍA, POESÍA, FILOSOFÍA...

La Crítica Literaria es la librería y distribuidor oficial de Ediciones Ibéricas, Clásicos Bergua y la Librería-Editorial Bergua fundada en 1927 por Juan Bautista Bergua, crítico literario y célebre autor de una gran colección de obras de la literatura clásica.

Nuestra página web, LaCriticaLiteraria.com, es el portal al mundo de la literatura clásica, la religión, la mitología, la poesía y la filosofía. Ofrecemos al lector libros de calidad de las editoriales más competentes.

LEER LOS LIBROS GRATIS ONLINE
www.LaCriticaLiteraria.com

La Crítica Literaria no sólo está dedicada a la venta de libros nacional e internacional, también permite al lector la oportunidad de leer la colección de Ediciones Ibéricas gratis online, acceso gratuito a más que 100.000 páginas de estas obras literarias.

LaCriticaLiteraria.com ofrece al lector un importante fondo cultural y un mayor conocimiento de la literatura clásica universal con experto análisis y crítica. También permite leer y conocer nuestros libros antes de la adquisición, y tener la facilidad de compra online en forma de libros tradicionales y libros digitales (ebooks).

COLECCIÓN LA CRÍTICA LITERARIA

Nuestra nueva **"Colección La Crítica Literaria"** ofrece lo mejor de los clásicos y análisis de la literatura universal con traducciones, prólogos, resúmenes y anotaciones originales, fundamentales para el entendimiento de las obras más importantes de la antigüedad.

Disfrute de su experiencia con nosotros.

www.LaCriticaLiteraria.com

www.ingramcontent.com/pod-product-compliance
Lightning Source LLC
Chambersburg PA
CBHW020742100426
42735CB00037B/173